普通高等教育“十四五”规划教材·氢能系列
中国石油和石化工程教材出版基金资助项目

氢安全技术及其应用

Hydrogen Safety Technologies and Applications

赵杰 杨凯 王伟 闫东雷 单智伟 等编

中国石化出版社
·北京·

图书在版编目(CIP)数据

氢安全技术及其应用/赵杰等编. —北京：中国石化出版社，2023. 9(2025. 8 重印)
普通高等教育“十四五”规划教材·氢能系列
ISBN 978-7-5114-7151-2

Ⅰ. ①氢…　Ⅱ. ①赵…　Ⅲ. ①氢能-安全管理-高等学校-教材　Ⅳ. ①TK911

中国国家版本馆 CIP 数据核字(2023)第 151839 号

未经本社书面授权，本书任何部分不得被复制、抄袭，或者以任何形式或任何方式传播。版权所有，侵权必究。

中国石化出版社出版发行
地址:北京市东城区安定门外大街 58 号
邮编:100011　电话:(010)57512500
发行部电话:(010)57512575
http://www. sinopec-press. com
E-mail:press@ sinopec. com
北京捷迅佳彩印刷有限公司印刷
全国各地新华书店经销
*
787 毫米×1092 毫米 16 开本 19 印张 472 千字
2023 年 12 月第 1 版　2025 年 8 月第 2 次印刷
定价:48. 00 元

氢能技术与应用系列教材编委会

（以姓氏笔画为序）

主　　任： 宇　波

副 主 任： 王晓东　公茂琼　杜小泽　单智伟　屈治国　焦　魁

编　　委： 万忠民　王　伟　王　凯　王　茜
王晓东　公茂琼　伍龙燕　任　诚
宇　波　闫东雷　闫循华　杜小泽
李玉星　李汉勇　李兆亭　李卓谦
李建立　李敬法　杨　光　杨　凯
严姣兰　余晓忠　邹　玉　宋焕巧
张立芳　张　伟　张　璟　张卫义
易玉峰　周　蕾　单智伟　屈治国
赵　杰　荆丰梅　侯　燕　徐　超
高建村　黄　龙　彭佩兰　焦　魁
靳殷实　雷俊勇　綦长茂

序

2020 年，在第 75 届联合国大会一般性辩论上我国明确提出“双碳”战略目标：“中国将力争 2030 年前实现碳达峰、2060 年前实现碳中和。”2021 年，“碳达峰”和“碳中和”被写入全国两会政府工作报告，发展清洁低碳能源已成为我国能源战略的主体。在众多新型能源中，氢能来源广泛、清洁无碳的特点为“双碳”战略目标的实现提供了有力保障。2022 年 5 月，国家发展改革委、国家能源局按照《氢能产业发展中长期规划（2021—2035 年）》部署，研究推动氢能多元化应用，为重点领域深度脱碳提供支撑，从国家层面加快出台相关鼓励氢能产业链发展的顶层设计，明确了氢能是未来国家能源体系重要组成部分，是用能终端实现绿色低碳的重要载体。

面对氢能人才的迫切需求，2022 年 5 月，教育部印发了《加强碳达峰碳中和高等教育人才培养体系建设工作方案》，将加快储能和氢能相关学科专业建设放在“双碳”领域三大紧缺人才的首位，并提出要以大规模可再生能源消纳为目标，推动高校加快储能和氢能领域人才培养，服务大容量、长周期储能需求，实现全链条覆盖。

北京石油化工学院坐落于北京市大兴区，办学宗旨是立足北京、面向全国，全力打造新时代首善之区工程师摇篮，努力建成具有特色鲜明的高水平应用型大学。2019 年获批新能源科学与工程专业以来，学校审时度势、周密论证，于 2021 年以大兴区建设世界一流的“大兴国际氢能示范区”为契机，最终确定了“以氢能为特色，其他新能源为补充”的专业办学思路，出台了以氢能为特色的人才培养方案。图书市场现有氢能相关书籍多以氢能科普和专著为主，无法满足高等学校氢能全产业链的人才培养需求，我校联合西安交通大学、华北电力大学、中国石油大学（华东）、天津大学、湖南理工学院等高校，中科院理化所、中国航天科技集团公司一院十五所等研究所，以及深圳市燃气集团股份有限公司、中石化巴陵石油化工有限公司、北京天海低温设备有限公司、北京久安通氢能科技有限公司、京辉氢能集团有限责任公司、北京中科致远科技有限公司等企业提出了国内首套《氢能技术与应用系列教材》的编写计划。

该套教材共 8 本，即《氢能概论》《制氢工艺与技术》《储氢工艺及设备设计》《纯氢及掺氢天然气输送技术与管理》《加氢站设计与管理》《氢燃料电池》《氢安全技术及其应用》及《新能源专业英语》。经过一年的准备工作，2022 年 5 月成立了由来自6所高校、2家研究所和多家领军企业共43位专家组成的氢能系列教材编委会。随后，按照“顶层规划、教授挂帅、企业合作、内练师资”的原则，迅速有序地展开了各部教材的编写工作。

该套教材在内容规划、编写原则、受众定位等方面都进行了充分论证，总体而言具有以下主要特点：

（1）定位明确，特色鲜明

本套教材定位于培养氢能领域高级应用型工程技术人员，既可为新能源科学与工程、氢能科学与工程、储能科学与工程、智慧能源工程等本科专业提供人才培养基本支撑，又可为从事氢能研究的技术人员提供参考。整套教材知识体系上前后递进、序贯相接，强调基础理论知识的工程应用，体例统一，具有鲜明的特色。

（2）内容系统，与时俱进

涵盖“制氢—储氢—输氢—用氢—安全”的氢能全产业链，根据学科支撑规律有效衔接各门课程之间关系，与氢能企业技术创新紧密结合，整套系列教材形成一套完整、系统、反映氢能领域科技新成果的知识结构体系。

（3）注重实践，应用性强

面向氢能企业对高级应用型人才的迫切需求，着眼于增强教学内容的联系实际和灵活运用，以大量章节习题训练为落脚点，理论与实践相结合，培养具有大工程观的高级应用型人才。

（4）思想引领，价值启迪

正面客观展现我国在氢能领域的科技实力，引导学生致力于科技创新，为国家科技进步、建设绿色家园奋斗；与时代所遇的问题紧密结合，育心育德，价值引领，培养具有爱国情怀的新世纪人才。

最后，感谢参加本系列教材编写和审稿的各位老师及企业专家付出的大量卓有成效的辛勤劳动。由于编写时间仓促，难免存在一些不足和错漏。我们相信，在各位读者的关心和帮助下，本系列教材一定能不断地改进和完善，对助力氢能人才培养，推进氢能学科建设，促进氢能产业发展，推动“双碳”战略目标的实现有一定的促进作用。

编委会

2023年3月

前　言

本教材是北京石油化工学院组织编写的国内首套氢能系列教材之一，根据新能源科学与工程专业人才培养方案以及氢能在“制氢—储氢—输氢—用氢”全产业链对氢安全技术及其应用的迫切需求，结合最新的研究成果和应用技术，以氢安全基础、材料的氢脆及应力腐蚀和氢安全检测设备为基础，对典型的制氢、储氢、输氢和用氢过程中存在的风险因素进行分析，并结合国家及行业标准提出针对性的安全技术要求，在此基础上以典型案例方式展开介绍氢安全评价技术，基于安全评价结果实施氢控制系统的设计与应用，最后讲授了氢安全事故的应急管理与救援。本教材在编写过程中，紧密结合了安全学原理、材料科学、流体力学及控制工程等基本原理，并吸收了企业现役氢安全运行过程中的典型案例，从氢安全理论、安全技术、安全评价、安全控制及应急管理全过程对氢安全进行系统阐述，并恰当融入课程思政。全书知识面宽，语言通俗易懂，章节附有大量习题，通过大量例题和习题的讲解强化对基本理论的理解，并提高实际应用能力。本教材适合于高等院校与氢安全相关的教师、研究生、本科及高职学生，同时也适合于作为相关科研与安全管理工作者的参考书。

全书共十章，包括：绪论、氢脆及应力腐蚀、氢安全检测设备、制氢安全、储氢安全、氢输运安全、氢利用安全、氢安全评价技术、氢控制系统设计与应用、氢事故应急管理与救援。其中，第一章和第七章由赵杰和高建村共同编写，第二章由赵杰和单智伟共同编写，第三章由王伟和綦长茂共同编写，第四章由赵杰和闫东雷共同编写，第五章和第六章由赵杰编写，第八章由杨凯和高建村共同编写，第九章由王伟和闫东雷共同编写，第十章由杨凯和綦长茂共同编写。全书由赵杰和杨凯统稿。

在本书编写和出版过程中，得到了北京石油化工学院宇波教授，机械工程学院、安全工程学院及学校教务处领导，西安交通大学的刘明副教授和解德刚副教授，京辉氢能集团有限公司的李爱莹和齐丽丽高工，空气化工产品（中国）投资有限公司的葛颂总经理，四川天采科技有限责任公司的王荣工程师等专家的大力支持和帮助，他们在本教材编写过程中提出了宝贵的意见，本书的课程思政得到了北京石油化工学院冷文勇副教授的指导，同时，本书还参阅了众多专家学者的论著，在此一并向他们表示感谢！

由于本书内容涉及领域广，加之编者水平有限，时间紧迫，书中难免有不足之处，敬请读者批评指正。

编者

2023 年 3 月

目　　录

第1章　绪论

目前，人类能源消耗的主体仍是不可再生的化石能源(如煤炭、石油和天然气)和非化石能源(如铀矿中获取的核燃料)。同时，这些不可再生能源存在诸多问题。例如，不可再生能源的储备有限，人类将面对在有限的时间内这些能源耗尽的风险。此外，不可再生能源还会对环境和公共卫生造成严重的后果。二氧化碳(CO_2)、甲烷(CH_4)和一氧化二氮(N_2O)的排放将加剧温室效应，导致全球变暖和异常的气候波动；二氧化氮(NO_2)、臭氧(O_3)和芳香族化合物等有毒气体的释放对公共卫生和环境造成严重的影响；臭氧(O_3)和悬浮颗粒(PM2.5)形成的雾霾，以及核能源废料的衰退期长可能在自然界中长期留存的风险均会损害人类的健康。

碳中和是国家重大发展战略，2020年9月22日，习近平总书记在第75届联合国大会提出，我国二氧化碳排放力争于2030年前实现“碳达峰”，争取2060年前实现“碳中和”的目标。可再生能源，如水能、太阳能、风能、地热能和氢能是优良的碳能源替代品。

在大量可再生能源中，氢能是清洁可储存的无碳高能燃料。气态氢在与氧的燃烧反应过程中只产生水，因此，其堪称人类的终极燃料。常压下，液态氢(温度降至-252.8℃)密度比气态氢(室温下)密度高约800倍。然而，地球上没有自由状态的氢，必须由其他能源来制备，而且氢气密度低，液态氢的储存需要特殊的低温设备，这是个技术难题。另外，氢气和其他化石能源一样需要用储罐或管网输送，且在氢的制、储、运和用的过程中也存在一定的技术瓶颈。

氢气作为一种优质的能源载体，同时也是一种十分重要的工业原料，广泛应用于石油、化工、电子、冶金、油脂、航天、轻工业等领域。在炼油工业中，氢气被广泛用于对石脑油、粗柴油、燃料油、重油的脱硫、石油炼制、催化裂化，以及不饱和烃等的加氢精制以提高油品的质量。在化学工业中，氢气是合成氨、甲醇等的主要原料之一，尼龙塑料、农药、油脂化学和精细化学品加工都需要氢气生产相应的产品。在电子工业中，氢气主要用作保护气体，电子材料、半导体材料和器件、集成电路及电真空器件生产都需要高纯氢作为还原气、携带气和保护气。在冶金工业中，有色金属如钨、钼、钛等生产和加工使用氢作为还原剂和保护气；在硅钢片、磁性材料和磁性合金生产中，也需要高纯氢气作为保护气，以提高磁性和稳定性；在精密合金退火、粉末冶金生产中，薄板和带钢轧制中常用氢—氮作为保护气。在油脂工业中，将液态油氢化为固态或半固态脂肪，生产人造奶油或肥皂工业用的硬化油，可稳定储存，并能抵抗细菌生长，提高油的黏度；氢气还用于动植物油脂硬化，如制造人造奶油、脆化奶油、润滑脂等。在航天工业中，氢是重要的燃料。由于氢气具有良好的燃烧性能，且其相关法规也日益完善，因此，氢气在未来具有巨大的市场潜力。氢能燃料电池能够保证陆用、水用、航天及铁路交通工具足够的行驶里程，且比传统汽油、柴油内燃机车更环保。在轻工业中，如石英玻璃、人造宝石的制造和加工、浮法玻璃生产都使用氢气作为燃烧气或保护气。

虽然氢应用广泛，但氢能源的安全一直以来存在争议。与常规能源相比，氢具有着火范围宽、易泄漏、火焰传播速度快且易爆炸等不利于安全的属性，但也有扩散系数和浮升速度大、单位体积的爆炸能量低等有利于安全的属性。氢气与汽油、天然气的燃爆特性比较见表 1－1。燃爆危险性数据表明，在某些方面，氢气是一种安全性比较高的气体，其安全风险防控不比天然气、汽油难度大。例如，氢的扩散系数比汽油大 12.2 倍，可以在很短的时间扩散成不爆炸的安全混合物。因此，可以证明氢比汽油安全，但氢的燃烧浓度范围很宽，按照体积比氢的燃烧浓度为 4.0%～75.0%，所以不能因为氢的扩散能力强就对氢的燃烧爆炸风险放松警惕。

表 1－1　汽油、天然气、氢气燃爆特性

物性	汽油	天然气	氢气
燃烧浓度范围/%	1.0～7.6	5.3～15.0	4.0～75.0
爆炸浓度范围/%	1.1～3.3	6.3～13.5	18.3～59.0
扩散系数/(m^2/s)	5×10^{-6}	1.6×10^{-5}	6.1×10^{-5}
相对蒸气密度(空气＝1)	3.4～4.0	0.55	0.0695
自燃温度/℃	228	540	585
单位体积发热量/(mJ/Nm^3)	242.7	55.5	12.8
单位体积爆炸能/(Gtnt/Nm^3)	44.22	7.03	2.02

数据来源：王广生.《石油化工原料与产品安全手册》[M]. 北京：中国石化出版社，2010。

未来人类要想大规模用氢，必须在制、储、运和用等环节掌握氢破坏的危害程度、氢破坏机理、氢安全风险评估、氢安全检测及控制等关键技术。这样，才能将氢能安全大规模为人类服务，正如古人云："非止排难於变切，亦将防患於未然。"

1.1　氢的基本性质

1.1.1　气态氢性质

气态氢的主要特征见表 1－2，氢气在常温常压空气中的燃烧范围为 4%～75%（体积分数）。泄漏氢气在空气中扩散积聚，其最小点燃能量低（0.017mJ），当达到一定浓度时，遇到火源就会燃烧，甚至爆炸，危害性较大。此外，气态氢还具有泄漏扩散和火焰白天不易察觉等特征，掌握气态氢的这些特性是有效制定安全防护措施的基础。

表 1－2　气态氢的主要特征

项目	物化性能
特征	无色、无臭、无味

续表

项目	物化性能
分子量	2.016
密度(0.1MPa，20℃)/(kg/m^3)	0.083
常温常压空气中可燃极限(体积分数)/%	4～75
常温常压氧气中可燃极限(体积分数)/%	4.1～94
常温常压空气中爆轰极限(体积分数)/%	18.3～59
常温常压氧气中爆轰极限(体积分数)/%	15～90
空气中自燃温度/℃	585
最小点火能量/mJ	0.017
常温常压空气中的燃烧速度/(m/s)	2.65～3.25
常温常压空气中的爆轰速度/(m/s)	1480～2150
氢在空气中的火焰温度/℃	2045
燃烧热/(kJ/g)	119.93～141.86

数据来源：GB/T 29729《氢系统安全的基本要求》。

(1)不易察觉性

氢气是无色、无臭、无味的气体，因此不易被人类感觉到。这一特征导致尽管氢气是无毒的，但可通过稀释空气中的氧气导致人类窒息，当氧气浓度低于19.5%(按体积计)时，即被认为是缺氧状态①。此外，由于氢气的不易察觉性，也增加了安全隐患排查的难度。

(2)泄漏性

氢在元素周期表中排在第1位，氢分子直径小且质量轻，与其他气体和液体燃料相比更容易从缝隙中或孔隙中泄漏。在相同条件下，氢气的泄漏速度(体积流量)约是空气的2倍。液氢的泄漏速度约是汽油的100倍，因此，工程中认为氢不可能达到绝对的密封状态。尽管氢气的特征决定了氢的泄漏是不可避免的，但在开放空间中，任何泄漏的氢都有可能通过快速扩散、湍流对流和浮升扩散降低其在空气中的浓度，从而大大降低了氢的危险性。

(3)扩散性

氢气密度约为空气密度的1/14，与其他气体或液体燃料相比，氢气在空间上能够以很快的速度上升，同时进行快速的横向移动扩散。因此，当氢气泄漏时，氢气将沿着多个方向迅速扩散，随着氢气浓度下降，从而减少着火危险，但饱和氢蒸气比空气重，会靠近地面聚集并扩散。当温度上升时，饱和氢蒸气密度减小，就会增加向上扩散的可能性。氢气在常温常压空气中的浮升速度为1.2～9m/s，速度大小取决于空气和氢蒸气的密度差异。因此，液氢泄漏会迅速汽化向四周扩散，产生冷的高密度氢蒸气，最初在地面附近

① GB 8958《缺氧危险作业安全规程》。

扩散，其上升速度比标态燃料气体慢，若升温至0℃，换算成标准大气压下体积将增大790倍。

(4)火焰可见性

氢-空气火焰主要辐射光谱在红外线和紫外线区域，在白天几乎看不见，但可以感受到氢火焰对皮肤的热辐射。低压下氢火焰为淡蓝色或紫色(图1-1)，暴露在泄漏的氢火焰中的人员可能会受到严重高温灼烫，十分危险。通常白天能看到的氢火焰都是由空气中的杂质(如水分或颗粒)而引起的。在黑暗中容易看到氢火焰，工业中常采用夜晚关闭所有照明排查氢装置中氢泄漏着火的安全隐患。

(5)易燃性

氢气的燃点是585℃，与空气混合可燃范围非常广，为4%~75%(体积分数)，且点燃能量小。氢的可燃性和氧化物浓度密切相关。对于氢，如果混合物中的氧含量小于5%(体积分数)，则在常温常压空气中观察不到火焰传播。氢气一旦燃烧，所产生的火焰温度很高，如空气中浓度为19.6%的氢燃烧火焰温度测量值为2045℃，如果发生爆燃或爆轰，其火焰温度可能会更高。图1-2所示为消防部门检测“网红气球”的爆炸威力，装有氢气的气球遇到明火后瞬间爆燃，消防员穿着避火服也能感受到热量。氢燃烧的速度快，氢的层流燃烧速度取决于压力、温度和混合气体当量比，常温常压下空气中燃烧速度为2.65~3.25m/s。和甲烷相比，氢的层流燃烧速度比甲烷高一个数量级(甲烷在空气中的最大层流燃烧速度约为0.45m/s)，氢燃烧传播的速度快，说明氢具有更高的风险。氢一旦燃烧会产生很高的热辐射，暴露在氢火焰热辐射中会导致严重热灼烧，同时火焰热辐射危害强度很大程度上取决于大气中的水蒸气含量，大气中的湿空气能够吸收从火灾中辐射出来的热能，从而降低了氢燃烧火焰热辐射对人类的伤害。

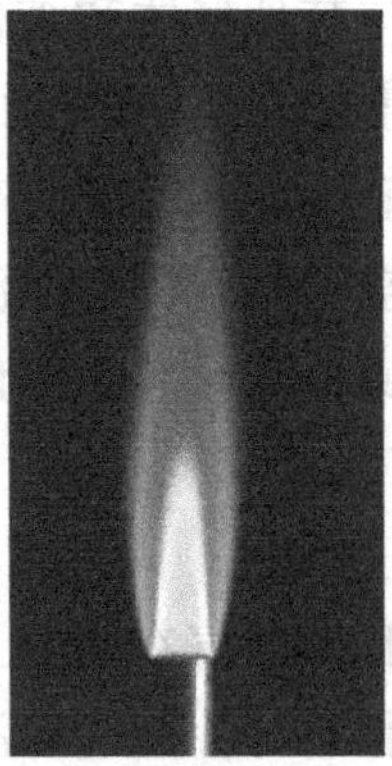

图1-1 氢气火焰

图1-2 装有氢气的气球遇到明火后瞬间爆燃

1.1.2 液态氢性质

液态氢的主要特征见表1-3，液态氢是一种无色、无味的透明液体，沸点低，容积汽化热小，具有易蒸发、低温冻堵及温升超压风险和易静电积累等特征，掌握液态氢的这些特征对于制定合理措施降低冻伤及燃爆风险具有重要意义。

表1-3 液态氢的主要特征

项目	物化性能
特征	无色、无味、透明
摩尔质量/(kg/mol)	2.0159
标准大气压下的沸点/℃	-252.8
凝固点/℃	-259.2
在空气中的燃烧极限范围(体积分数)/%	4~75
标准大气压下的密度/(kg/m^3)	70.79
变为标准大气压下气体体积倍数	790
临界温度/K	33.1
临界压力/MPa	1.3
危险货物编号	UN1966
危险货物类别	第二类气体中易燃气体

数据来源：GB/T 40060《液氢贮存和运输技术要求》。

(1)易蒸发

液态氢容易蒸发，因此气态氢所具有的危害随着液态氢蒸发为气态氢后都有可能存在。将氢作为液体储存在密闭容器中会导致连续蒸发，使其状态由液态氢转变为气态氢。为了平衡压力，必须将蒸发的氢气排放到安全位置或暂时安全收集。储存氢的容器应保持正压，以防止空气进入产生可燃混合物。在液态氢储存容器的反复充装或加压过程中，凝固结晶的空气数量会增加，从而产生与氢气的爆炸性混合物，诱发爆炸风险。

(2)低温冻堵及温升超压风险

氢在大气压下的沸点为-252.8℃(20.3K)，任何溅在皮肤或眼睛上的液态氢都可能导致冻伤或体温过低。最初吸入蒸气或冷气体会引起呼吸不适，进一步吸入会导致窒息。储存液态氢容器的通风口和阀门可能被潮湿大气形成的积冰堵塞，从而诱发压力过高，导致机械故障(容器或部件破裂)。喷射释放氢气，也可能导致沸腾液体膨胀、蒸气爆炸等危害。

除此之外，在有截留或温升环境中，还会导致液态氢的压力急剧上升，例如在2个阀门之间的管道中，最终会温升至环境温度，从而导致明显的压力升高，引发超压风险。液态氢储存容器泄漏时会立即产生高密度饱和蒸气，氢气云可能会水平或向下移动一段时间，使得低空扩散面积大，造成低空大范围的安全隐患。

(3)液态氢的静电积累

液态氢的电阻率在10^{17}~10^{19} Ω/cm范围内，其半衰期为数小时以上，是易积累静电荷的高绝缘物质，在高速流动、泄漏喷射或摩擦分离时都容易产生很高的静电位。氢气中混有水分时，静电位可达到5.4kV；氢气中如有固体粉尘时，静电位可达到7.2kV；液态氢饱和蒸气高速排空时，静电位高达12kV。而氢气液两相流产生的静电位比单相流的静电位高90%。

氢的击穿电场强度为15.5kV/cm，点火能量很小，所以在积累静电后具有很大的危险性。低温氢气密度比常温氢气大，因此低温氢气的静电积累危险性更大。当积累的静电位大于3.1kV，放电火花释放能量大于0.017mJ，周围环境氢浓度在爆燃极限范围内时，会引起氢爆燃。因此，放空管瞬时高速排放液态氢饱和蒸气与设备故障造成液态氢或气态氢高速泄漏喷射，都可能引起静电积累，造成爆燃。

1.2 氢的危险性分析

氢通常的单质形态是氢气，无色无味，是最轻的气体。氢气在空气中容易点燃，但由于氢气很轻，其泄漏时往往扩散很快，因此通风环境下不太会发生爆炸。但在密闭空间中，氢气在氧气或空气中点火时，氢气可以燃烧甚至会有爆炸的风险。由于氢分子最小最轻、氢气易燃易爆的特征，避免氢气泄漏是行之有效的氢安全防护措施。就氢的特性而言，其危险性可从物理危险性和化学危险性2个角度进行分析。

1.2.1 物理危险性

由于氢的原子半径小，加速了向金属材料的渗透，造成临氢或富氢设备发生氢脆及氢损伤，同时，氢在低温下储存也会引起设备的低应力破坏，这些因素均会引起临氢或富氢设备的物理危害。

(1)氢脆

氢脆是金属因暴露于氢而变脆并产生微小裂纹的过程，呈现沿晶断裂的断口形貌，图1-3所示为氢脆沿晶脆性断口，图1-4所示为低熔点脆性沿晶断口(晶界上有Cu等低熔点元素偏聚)。一般而言，氢脆发生的周期较长，是临氢或富氢设备长期工作在氢的环境中，而使金属或非金属材料的机械性能退化和失效，导致泄漏和爆炸，并对周围环境造成危害。氢脆引起的爆炸大多数是由设备因氢脆破裂后，泄漏的氢气在非开放空间被点燃而引起的。因此，从安全角度出发，临氢或富氢设备及管道在设计、维修和改造中均需给予充分考虑，避免出现上述问题。

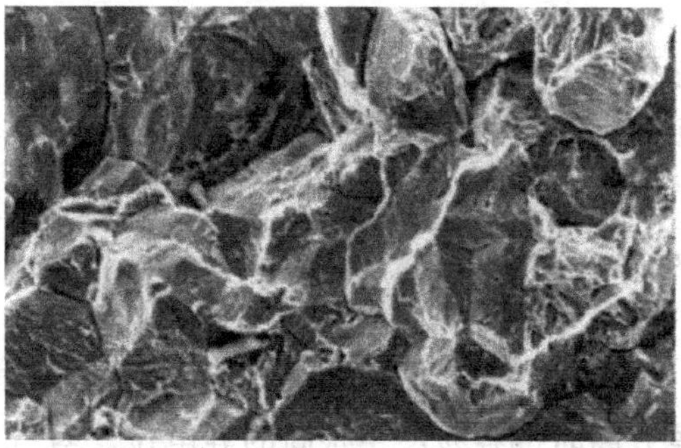

图1-3 氢脆沿晶脆性断口

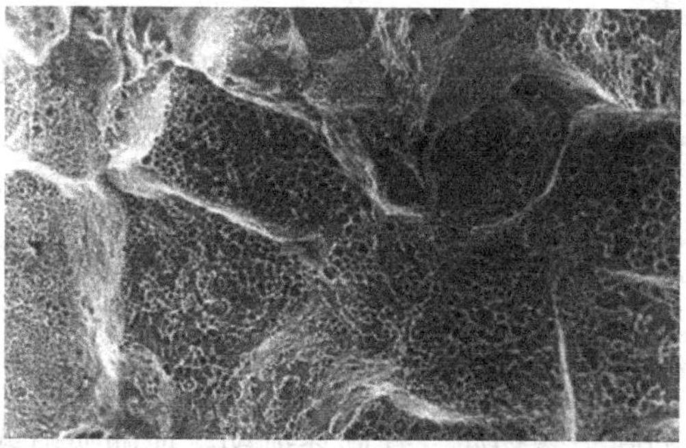

图1-4 低熔点脆性沿晶断口

尽管氢脆机理在学术界尚未形成统一的认识，但氢的浓度、纯度、工作压力和环境温度、材料的应力状态、物理机械性能、微观结构，表面条件和材料裂纹尖端的性质等诸多因素都会影响氢脆速率。

(2)低温脆化和热收缩

低温下由于晶体结构会发生相变，从而导致材料的机械和弹性性能发生变化，还可能出现材料性能由韧性到脆性的转变，在极低温下还会出现非常规塑性变形。在承装液氢设备的选材上，要充分考虑材料的低温脆化和热收缩性能。

材料的低温脆化是指在较低的温度下，特别是在极低温下，材料由韧性变为脆性的现象。这种变化可使储氢容器或管道在低温下发生脆性断裂而导致事故发生。图1－5所示为几种金属材料在不同温度下的夏比冲击功，9%镍钢的延展性随着温度的降低逐渐丧失，201不锈钢在280K(7℃)以下、C1020碳钢在120K(－153℃)以下的逐步脆化，说明这些材料不适合液氢环境，尽管2024－T4铝合金在低温下的塑性变化不大，但其强度较低，因此作为储氢材料仍然不能满足要求，304不锈钢的夏比冲击功强度随着温度的降低而增加，这表明它是一种适合建造液化储氢容器和管道的材料。储氢容器和管道的常用金属材料还有S31603、S31608不锈钢和6061铝合金，T/CATSI 05006《固定式真空绝热液氢压力容器专项技术要求》推荐使用液氢容器专用奥氏体不锈钢S31608－LH。

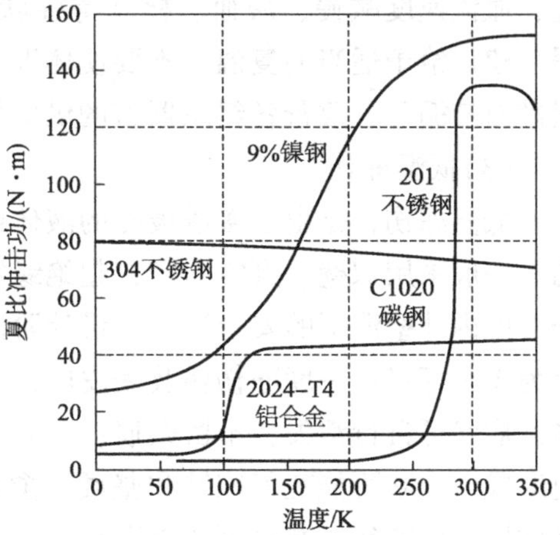

图1－5 不同材料随温度变化的夏比冲击功

此外，在低温下使用，应考虑不同材料的热收缩量不同，材料在温度变化时会产生热胀冷缩的特性，不同的结构材料具有不同的热收缩系数，设计时应给予充分考虑，否则可能会出现因热收缩量不同而引发的泄漏事故。一般来说，大多数金属从室温到接近氢液化温度(－252.8℃)的收缩率小于1%，而大多数普通结构塑料的收缩率为1%～2.5%。

1.2.2 化学危险性

氢化学危险性主要是对人体健康的危险和理化危险。

健康危险：是指人暴露于火焰、辐射热、极低温度或空气冲击波后的伤害或死亡，如氢的积聚导致空气中氧浓度下降进而导致缺氧性窒息。直接接触冷的气态或液态氢会引起皮肤麻木和发白导致冻伤。液氢温度较低，导热系数较高，其危险性高于液氮。因此，氢气与空气混合物发生泄漏、着火或爆炸时，在场人员可能会受到多种类型的伤害。

(1)窒息

氢是无毒的，不会造成人体急性或长期的生理危害。氢在生理学上是惰性气体，仅在高浓度时，由于空气中氧分压降低才会引起窒息，在很高的氢分压下，氢气可呈现麻醉作用。当空气中由于氢气的积聚使得氧气的体积分数降至19.5%以下时，则存在缺氧窒息危险。如发生缺氧性窒息应及时将窒息人员移至通风良好处，对于轻型人员采用通风输氧，对于不能呼吸和心跳停止的人员需进行人工呼吸，并迅速就医。

(2)体温过低

在未采取适当的预防措施的前提下接触大量液态氢可能导致体温过低，体温下降到35℃以下即可定为体温过低，下降到32.2℃以下将危及生命。体温过低，会导致机体代谢缓慢、精神状态萎靡不振、懒言，身体会出现明显的不舒服症状。如果体温过低，可能会引发器官功能性危险，如血液循环受到影响，危害脏器功能，甚至可能出现一些电解质紊乱、血流速度减慢、瘀血、栓塞等症状危及生命。如果出现体温过低的情况，应注意保暖，建议给予适当的复温，不要使体温持续下降。同时，要多喝一些温开水，可以有效地促进血液循环，改善各组织器官的供血情况。

(3)低温冻伤

低温冻伤，是由于接触极冷的液体或容器表面造成的人体内细胞破坏而造成的组织损伤。一般采用双壁、真空夹套、超绝缘容器等来储存液氢等低温和超低温液体，设计时充分考虑内外壁泄漏的安全泄放，设计阶段充分考虑避免冻伤的可能性。按损伤的不同程度分为3个等级：一度冻伤伤及表皮层，又称红斑性冻伤，局部红肿、充血，感觉热痒、刺痛，症状可自行消失，不留瘢痕；二度冻伤伤及真皮，又称水泡性冻伤，有红肿，伴有水疱形成，皮肤可能变得冻结和坚硬，愈后可能会有轻度的疤痕；三度冻伤伤及皮肤全层，又称坏死性冻伤，有时可达皮下组织、肌肉、骨骼，甚至整个肢体坏死等，治愈后可能会有功能障碍或者残疾等。

理化危险：与氢的特点紧密相关，大气压力下空气中点火的气态氢的最小能量约为0.017mJ，空气中燃烧范围为体积分数的4%～75%，空气中爆轰范围为体积分数的18.3%～59.0%，空气中火焰温度可达到2045℃，空气中最容易点燃的体积分数为29%。氢的点火能量低，使得逸出的氢气很容易被点燃，一般撞击、摩擦、不同电位之间的放电、各种引爆药物的引燃、明火、热气流、烟、雷电感应、电磁辐射等都可点燃氢与空气混合物。氢气(作为燃料)要着火，需要与空气(氧气作为氧化剂)混合，并且混合物必须在可燃范围内，因此，技术层面上避免氢气泄漏，并严格控制点火源存在是防止氢发生燃烧、爆炸引发高温灼烫和冲击波峰值超压损伤等化学危害的重要举措。

(1)高温灼烫

氢气在空气中的燃点是585℃，与空气混合可燃范围非常广，氢气与空气、氧气或其他氧化剂混合物的可燃极限取决于点火能量、温度、压力、氧化剂等环境因素，以及设备、设施或装置的尺寸等空间特征。氢气燃烧的条件必须满足燃烧三要素，即氢气、氧化剂、点火源。氢气排出多少就燃烧多少，不会爆燃，就像燃气灶燃烧燃气一样。在101.3kPa和环境温度下，氢气在干燥空气中向上传播的可燃范围为4%～75%(体积分数)。在101.3kPa和环境温度下，氢气在氧气中向上传播的可燃范围为4.1%～94.0%(体积分数)。当压力降低到101.3kPa以下时，可燃范围会明显缩小。氢气燃烧的主要因素是点火源的存在，为保证安全，含有氢气系统的建筑物或密闭空间内要消除或安全隔离如明火、电气设备或加热设备等，在氢气系统设备运行和操作过程中也应确保不能出现不可预见的点火源。

氢燃烧火焰的高温辐射热被人体吸收所造成的身体伤害称为高温灼烫，由于氢燃烧时不含碳，且燃烧产物水蒸气吸热，因此与烃类火焰相比，氢火焰的辐射热要小得多。辐射热与燃烧时间、燃烧速率、燃烧热、燃烧表面积等诸多因素成正比。对于氢燃烧引发高温灼烫的主要原因是氢气火焰在白天几乎看不见，致使受害者猝不及防。相对而言，氢燃烧火焰持续时间短，使得造成的损失比当量烃类燃烧火焰引发的损失轻，主要原因是氢的火焰蔓延速度快，从而导致燃烧速率高。此外，氢的浮升速度大，如果是液氢，液氢蒸气的产生率高也会缩短燃烧时间。研究表明，当量氢燃烧的持续时间只是烃类燃烧持续时间的1/10～1/5。

燃烧所造成的高温灼烫程度取决于灼伤位置、深度及体表面积。不同深度高温灼烫创面的临床特点不同，一般分为3个等级：一度灼伤达表皮角质层，红肿热痛，感觉过敏；二度灼伤达真皮浅层，剧痛，感觉过敏，有水疱；三度灼伤达皮肤全层，甚至伤及皮下组织，肌肉和骨骼，痛觉消失，无弹力，皮肤坚硬如皮革样，蜡白焦黄或炭化。

(2)冲击波峰值超压损伤

通常所说氢气的爆炸是爆燃、爆轰的合并现象。氢气爆燃是指氢气混合物在一定条件下以极高速度燃烧，瞬间放出大量能量，同时产生巨大声响的现象。以亚音速传播的燃烧波，其速度低于冲击波，破坏力巨大。发生爆燃的条件是首先满足浓度，再达到点燃条件。在一定条件下，爆燃将向爆轰转变，氢气爆轰是爆燃的进一步扩大。爆轰发生的条件是氢气的量要比爆燃时充足。其次环境应使冲击波有反射的条件，在恒定体积内产生爆轰压力可猛增20倍，如氢气系统中运行的某些玻璃监测仪器往往在爆轰中炸得粉碎。综上，氢气与空气或氧气的混合物是十分危险的，在一定的密闭状态下更危险。在工程上，一般通过安装氢气探测警报器与排风扇来共同控制氢气浓度，使其保持在4%的爆炸下限以下。

氢气爆轰是氢气与助燃气体混合物的一种比氢气爆燃更强烈燃烧的现象。特征是火焰传播速率超过冲击波速度(燃烧系统中的音速)，并在未反应介质中以超声速传播的过程，火焰传播速率最高可达到2000m/s，最大压强建压时间为2～7ms，爆轰波两侧的压强比为20，当爆轰冲击波撞击障碍物时，障碍物受到的压强比会增大2～3倍，当爆燃转化为爆轰时，局部地区的压强可达到起始压强的300倍。爆轰是化学反应区与诱导激波①耦合，诱导激波加热、压缩并引发化学反应，化学反应释放的能量支持诱导激波并推动其在反应气体中传播，所以爆轰具有很大的破坏力。

在高压液氢储存时遇到的爆炸现象是沸腾液体膨胀蒸气爆炸，典型的诱导原因是外部火焰烧烤液氢容器壳体，导致容器壳体失效而突然破裂。高压液氢释放到大气中，迅速汽化并被点燃形成近乎球形的燃烧云，即“火球”(图1－6)。

冲击波对人体的损伤分为直接损伤和间接损伤。直接损伤主要是压力突然增加，会导致人体的肺部和耳朵等对压力敏感的器官受损，人体受冲击波的伤害程度取决于冲击波峰特性和相对于冲击波的位置。间接损伤主要是爆炸事件产生的碎片、弹片和碎片对人体的

① 激波：超声速气流被压缩时，一般不能像超声速气流膨胀时那样连续变化，而以突跃压缩的形式实现，我们把气流中产生的突跃式的压缩波称为激波。

图 1-6　氢气爆炸形成的“火球”燃烧云

冲击、倒塌的结构或由于爆炸产生的冲力和随后与坚硬表面的碰撞而导致的身体剧烈移动等。爆炸产生的冲击波由于超压和爆炸持续时间的组合而造成超压伤害或死亡，冲击波峰值超压在 0.0035MPa 以下时，人不会受到任何直接的内部损伤；冲击波峰值超压为 0.021MPa 时，冲击波能把人卷起抛出；冲击波峰值超压为 0.035MPa 时会造成人耳鼓膜的破裂；更高的冲击波峰值超压直接导致内部器官损伤，甚至死亡。

氢爆轰时的冲击波峰值超压计算可用在爆炸源附近的液体推进剂爆炸波和 TNT（三硝基甲苯）的爆炸波相似律公式计算得到。通常，在爆炸源附近的液体推进剂爆炸波和 TNT 的爆炸波有所不同，推进剂的爆炸冲量大于 TNT 的爆炸冲量，推进剂的超压峰值小于 TNT 的超压峰值，只有当距离爆炸源大于 20m 时，它们的爆炸波才有相同的特性。装药位置不同，空气冲击波峰值超压计算公式也不同。

当 TNT 球状装药（或形状相似的装药）在开阔空间中爆炸时，空气冲击波峰值超压计算公式见式（1-1）：

$$\Delta P_{m}=\left[0.84\frac{\sqrt[3]{M_{TNT}}}{r}+2.7\frac{\sqrt[3]{M_{TNT}^{2}}}{r}+7\frac{\sqrt[3]{M_{TNT}^{3}}}{r}\right]/9.8 \tag{1-1}$$

开阔空间中爆炸是指炸药在无边界的空中爆炸。这时，空气冲击波不受其他界面的影响。一般认为，开阔空间中爆炸时，装药的对比高度应符合式（1-2）：

$$H/\sqrt[3]{M_{TNT}}\geqslant 0.35 \tag{1-2}$$

当装药在刚性地面爆炸时，空气冲击波峰值超压计算公式见式（1-3）：

$$\Delta P_{mgr}=\left[1.06\frac{\sqrt[3]{M_{TNT}}}{r}+4.3\frac{\sqrt[3]{M_{TNT}^{2}}}{r}+14\frac{\sqrt[3]{M_{TNT}^{3}}}{r}\right]/9.8 \tag{1-3}$$

当装药在普通土壤地面爆炸时，空气冲击波峰值超压计算公式见式（1-4）：

$$\Delta P_{mr}=\left[1.02\frac{\sqrt[3]{M_{TNT}}}{r}+3.99\frac{\sqrt[3]{M_{TNT}^{2}}}{r}+12.6\frac{\sqrt[3]{M_{TNT}^{3}}}{r}\right]/9.8 \tag{1-4}$$

式中：ΔP_{m} 为在开阔空间爆炸时空气冲击波峰值超压，MPa；ΔP_{mgr} 为在刚性地面（混凝土、岩石一类地面）爆炸时空气冲击波峰值超压，MPa；ΔP_{mr} 为在普通土壤地面爆炸时空气冲击波峰值超压，MPa；M_{TNT} 为 TNT 的装药质量，kg；r 为距离爆炸中心的距离，m；H 为装药离地面的高度，m。

1.3　氢安全通则

21 世纪初以来，受全球气候变化和环境问题影响，节能减排和能源清洁化步伐加快，氢能在能源转型中的潜力再次获得人们关注。氢能作为清洁的二次能源，成为实现“深度脱碳”的重要路径。也是实现“双碳”目标新的能源载体，是一种人们期待的新二次能源。

氢能要想成为清洁高效的终极能源，占有更大的能源市场份额，在“制取—储存—运输—使用”的全产业链中得到大规模的发展，首先要解决的是安全问题。通用的氢安全防护可以从氢环境安全、氢泄漏积聚时的安全、氢泄漏并着火爆炸时的安全防护等方面提出。

1.3.1 氢环境安全

①消除火源，严禁吸烟和明火。

②必须使用防爆工具，在爆炸危险区域内所有电气设备必须防爆。

③必须穿防火、防静电服装。

④封闭区域需顶部通风，避免氢气在天花板处聚集。

⑤将所有仪器、拖车和气瓶组等接地。

⑥安装雷电保护设备。

1.3.2 氢泄漏积聚时的安全

①及时切断气源，并迅速撤离泄漏污染区人员至上风处。

②对泄漏污染区进行通风，对已泄漏的氢气进行稀释，若不能及时切断时，应采用惰性气体进行稀释，防止氢气积聚形成爆炸性气体混合物。

③若泄漏发生在室内，宜使用吸风系统或将泄漏的气瓶移至室外，以避免泄漏的氢气四处扩散。

④高浓度氢气会使人窒息，应及时将窒息人员移至通风良好处，进行人工呼吸，并迅速就医。

⑤氢气瓶、储氢罐和长管拖车等的储氢压力为十几兆帕至上百兆帕，不要靠近压力释放装置的排气出口。液氢温度为 -252.8℃(20.3K)，应防止液氢泄漏引起的冻伤或其他严重伤害。

1.3.3 氢泄漏并着火爆炸时的安全防护

①及时切断气源。若不能立即切断气源，应用冷却水降低气源储存设备温度(如储氢罐或储氢瓶，液氢储罐泄漏着火例外)。

②氢气系统应保持正压状态，防止氢气系统发生回火。

③采取措施防止火灾扩大，如采用大量消防水雾喷射其他引燃物质和相邻设备进行降温(但液氢储罐或罐车着火时，禁止消防水喷洒氢气放空口附近区域，以免造成结冰堵塞从而导致更严重的罐体爆炸事故①)。如有可能，可将燃烧设备从火场移至空旷处。

---

① 美国在20世纪70年代曾发生过消防员喷洒液氢储罐放空口，致使结冰堵塞氢气无法及时排出，从而导致严重的罐体爆炸，致现场多名人员伤亡的惨烈事故。正确的处理是，切断气源阀门，疏散现场人员，让剩余氢气烧完。

④氢火焰肉眼不易察觉，消防人员应佩戴自给式呼吸器，穿防火、防静电服进入现场，注意防止外露皮肤烧伤。

对于安全技术人员，除了掌握上述通用的氢安全防护技术外，在氢能全产业链的“制取—储存—运输—使用”等一系列环节中开展针对性的氢安全保障显得尤为重要，如图1-7所示，本书在后续章节逐一进行讲解。

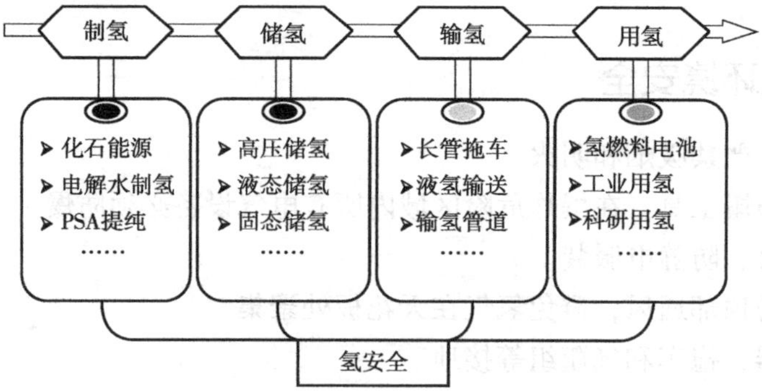

图1-7　氢能全产业链安全技术

1.4　氢安全法律法规与标准规范

1.4.1　我国氢安全法规标准

我国氢安全的法规标准是“以安全技术规范为核心内容的法规标准体系”框架，即“法律—行政法规—部门规章—安全技术规范—技术标准”五个层次。

法律是第一层次，由全国人民代表大会或省人民代表大会通过和批准。我国现行与氢安全有关的法律主要有《中华人民共和国安全生产法》《中华人民共和国特种设备安全法》等基础法律。

行政法规是第二层次，包括国务院颁布的行政法规和国务院部委以令的形式颁布的与氢安全相关的部门行政规章，主要有《特种设备安全监察条例》《国务院关于特大安全事故行政责任追究的规定》等。

部门规章是国务院各部门、各委员会、审计署等根据法律和行政法规的规定和国务院的决定，在本部门的权限范围内制定和发布的调整本部门范围内行政管理关系的，并不得与宪法、法律和行政法规相抵触的规范性文件。与氢安全有关的部门规章有《特种设备事故报告和调查处理规定》《锅炉压力容器压力管道特种设备安全监察行政处罚规定》《气瓶安全监察规定》《特种设备作业人员监督管理办法》等。

安全技术规范指经过规定的编制、审定程序，由国家质量监督检验检疫总局领导授权签署(以下简称“国家质检总局”)，以国家质检总局的名义公布，安全技术性内容较突出的文件(规程、规则等)，主要有3大类：监督管理规定、办法类，安全监察规程类和技术检验规则类。与氢安全有关的主要有《压力容器压力管道设计许可规则》《固定式压力容器安全技术监察规程》《移动式压力容器安全技术监察规程》《安全阀安全技术监察规程》《爆破片装置安全技术监察规程》等。

技术标准是指由行业或技术团体提出，经有关管理部门批准的技术文件，有国家标准、行业标准和企业标准之分，国家鼓励优先采用国家标准。国家标准需要在全国范围内统一产品技术要求，由国家标准管理委员会发布，是其他各类标准必须遵守的共同准则和最低要求。行业标准是在没有国家标准又需要在全国某一行业范围内对其产品进行统一规定而制定的标准，在相应的国家标准实施后，行业标准即废止。国家标准和行业标准又分为强制性标准和推荐性标准。根据《中华人民共和国标准化法》的规定，涉及安全卫生的领域必须实行国家强制性标准。目前，我国与氢安全有关的标准比较多，主要标准有 GB 4962《氢气使用安全技术规程》、GB 50177《氢气站设计规范》、GJB 5405《液氢安全应用准则》、GB/T 150. 1～150. 4《压力容器》和 JB 4732《钢制压力容器——分析设计标准》等。

对于氢气管理，目前主要参考原国家安全生产监督管理局发布的《危险化学品目录(2022 调整版)》作为危险化学品进行管理。

《危险化学品目录(2022 调整版)》列出了2828 项化学品，其中氢的序号为1648。其危险性类别为易燃气体，类别为1，加压气体。同样，目前常用的能源，如石油、汽油、柴油、天然气、甲醇、乙醇都列于《危险化学品目录(2022 调整版)》中。

早期氢气主要用于工业原料，并按照危险化学品进行管理，对氢气生产的地点、规模，氢气的运输和使用都有严格的管理要求。

目前，氢气在能源领域得到快速的推广应用，出现越来越多的氢能示范和商用，氢气已成为能源的新品种。比如，“国家统计局”宣布，从 2020 年起，单独统计全国的氢气产量。标准普尔全球普氏能源资讯(S&P Global Platts)宣布发布全球第 1 个氢价评估产品，目前在其官网上已经出现了第 1 条氢价格信息。这表明和石油、天然气一样，氢气在国际上已经将要享受大宗能源商品的待遇。

由于石油、汽油、柴油和天然气作为能源被广泛应用，国家能源局、工业和信息化部等对石油和天然气都有专项法律法规、规章及规范性文件，使得石油、汽油、柴油和天然气虽列于《危险化学品目录(2022 调整版)》，但仍以能源管理的要求输送到工厂、企业和千家万户。氢则不然，氢不在现有的能源法律法规、规章及规范性文件中，因此氢的生产、储运和应用只能按照危险化学品进行管理，极大地限制了氢能源应用。许多氢能工作者都呼吁有关部门给作为能源使用的氢气以能源管理模式。2020 年，国家统计局首次将氢气纳入能源统计。未来，我国氢气也会像汽油、柴油和天然气一样，虽然列于危险化学品目录，但同时也能作为能源应用，按照能源管理，这将有利于推动氢能产业的快速发展。

我国氢能和燃料电池的相关标准主要由国家标准化管理委员会(Standardization Administration of the People’s Republic of China，SAC)管理。该机构是国务院授权履行行政管理职能、统一管理全国标准化工作的主管机构。其所管辖的数百个分技术委员会中，有 4 个分技术委员会负责制定、审议和实施与氢有关的国家标准，分别是全国氢能标准化技术委员会(编号 SAC/TC 309)、全国燃料电池及液流电池标准化技术委员会(编号 SAC/TC 342)、全国汽车标准化技术委员会(编号 SAC/TC 114)和全国气瓶标准化技术委员会(编号 SAC/

TC 31)。经过多年的努力，我国一共发布百余项氢能国家标准，涉及氢制取、氢储运、加氢基础设施、燃料电池及应用、氢系统等诸多方面，其中与氢能安全有关的代表性国家标准见附录1-1。

1.4.2 国际氢安全法规标准

(1)GTR法规

1998年在联合国框架下，由美国、日本和欧盟发起，31个国家缔结了全球汽车技术法规协定(Global Technical Regulation，GTR)。该协定旨在统一和协调全球范围内轮式车辆的安全使用技术规范。截至2019年，GTR共发布了20条技术法规，其中《氢和燃料电池汽车全球技术法规》是GTR发布的第13号法规，编号为GTR13。GTR13的最终目的是使氢和燃料电池车辆达到与传统汽油动力汽车同等的安全水平，把可能发生的人员伤害降低到最低程度。

在性能要求部分，GTR13对压缩氢气储存系统的完整性提出了要求。压缩氢气储存系统包含高压氢气瓶和与高压氢气瓶相通的一级封闭装置，公称压力不高于70MPa，使用寿命不超过15年。压缩氢气储存系统主要包括：高压氢气瓶、超压泄放装置、截止阀、单向阀，以及将高压储存系统与燃料系统、与外部环境相隔离的所有部件、配件和管道。

对于氢气储存系统的性能测试包含4个部分，分别为：①基本性能验证试验，用于确定爆炸压力中值和压力循环寿命；②耐久性验证试验，基于道路性能的耐久性测试；③预期使用性能验证试验，基于系统期望的道路性能测试；④火灾中使用终止条件验证试验，用于验证氢气储罐在氢气不能继续储存的极端严重情况下的防破裂性能。除此之外，还规定了氢气瓶上必须贴有永久性标签。

(2)国际标准化组织(ISO)在氢安全标准方面的工作

国际标准化组织(International Organization for Standardization，ISO)成立于1947年，是由各国标准化团体组成的世界性联合会，是一个全球性的非政府组织。ISO负责除了电工、电子领域和军工、石油、船舶制造之外的很多重要领域的标准化活动。ISO的任务是促进全球范围内的标准化及相关活动，旨在促进国际间产品与服务的交流，在知识、科学、技术和经济活动中发展国际间的相互合作。制定国际标准通常由ISO的技术委员会完成。

ISO下设的氢能标准化技术委员会TC197成立于1990年，秘书处位于加拿大，负责氢的生产、储存、运输、测量、使用系统和装置领域的标准化工作。TC197成立的宗旨包括：

①执行协商一致的规则以确保氢能应用的安全，将人员和设备的风险降到可接受的水平。

②消除国际贸易壁垒，简化繁琐的监管程序，提供具体的氢能应用标准，使新近出现的技术得以早日应用。

③通过允许选择合理数量和类型的产品、流程和服务来控制产品种类，从而满足当前需求。

④统一各种形式的氢气使用所需的试验方法和质量标准。

⑤保护环境免受由氢相关的产品、工艺和服务的影响而造成的不可接受的损害。

TC197 的工作目标如下：

①氢燃料产品规范标准的制定。

②为氢气加注和储存基础设施制定通用标准，如移动和固定应用的储存技术（纳米管和固态储存系统）、加氢站、氢气管线等。

③制定或合作开发终端产品的标准（如燃料电池、内燃机、氢气燃烧器等）。

④合作制定可在道路车辆上使用的氢装置标准（如道路车辆氢气储罐、加氢口等）。

⑤制定与使用氢有关的安全标准。

⑥制定可再生能源（如水电能、太阳能、风能等）制氢技术及小型蒸汽重整装置等化石燃料的小型制氢技术的标准。

⑦制定在氢系统中通用的氢气组件标准，如检测设备（如电子探测器等）和安全相关设备（如减压阀、压力调节器等）。

TC197 设置了 12 个工作组，工作内容主要涉及制氢、储氢、运氢、加氢设备及氢气品质要求。

另外，ISO 下设的 TC58 气瓶技术委员会及 TC22 道路车辆技术委员会也参与并协助部分氢能标准的制定，这 3 个技术委员会之间存在相互协助的关系，如图 1－8 所示。

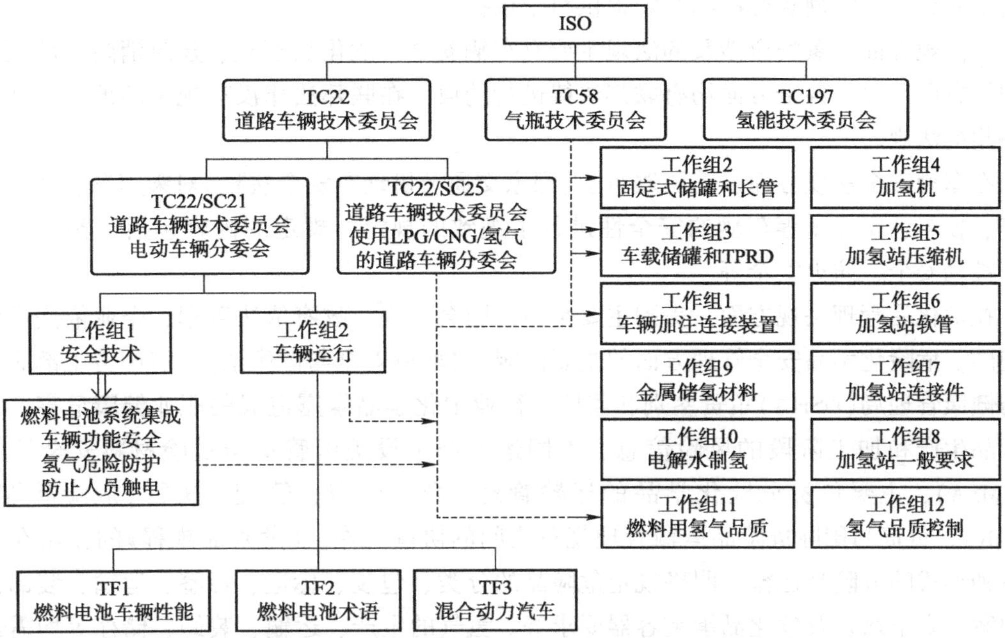

图 1－8　ISO 框架下各个技术委员会在氢能标准方面的合作关系

氢能技术委员会 TC197 非常重视并致力于氢能安全标准的协调和制修订工作。截至目前，ISO TC197 已发布了 18 项标准，待发布的标准有 17 项，其中有许多标准中都融入了安全方面的规定，还针对氢安全专门制定了 2 项标准，所有 TC197 主导的标准列表详见附录1－2。ISO制定的标准被很多国家部分或全文直接引用作为本国标准。

(3)美国氢安全法规与标准

美国政府在2002年颁布的《国家氢能发展路线图》中将“规范与标准”列为氢能系统的7个组成部分之一。该路线图指出，在氢能技术体系的设计、制造、操作等环节建立统一的规范和标准，显著加速了氢能技术从实验室走向市场的脚步，而政府和业界的合作将加速规范和标准的制定过程，促进国际性统一标准和法规的形成。

美国与氢能相关的政策、技术标准、法规、市场化及安全监管等方面工作的归口管理部门是美国能源部燃料电池技术办公室(Fuel Cell Technology Office，FCTO)。由FCTO来协调相关政府部门、科研机构、企业及各个标准制定组织(Standard Development Organizations，SDOs)共同推动氢能及燃料电池的商业化。

氢安全是FCTO非常关注的问题，也是影响氢能及燃料电池公众接受度和商业化进程的重要因素之一。美国能源部通过FCTO资助的项目中有一个很重要的板块就是开展与氢安全相关的法规和标准方面的研究，包括安全管理、氢安全技术、氢安全相关的法规和标准、及时准确地向产业界和公众传播相关的信息等。

此外，森蒂亚国家实验室、可再生能源国家实验室、洛斯阿拉莫斯国家实验室，以及太平洋西北国家实验室是参与FCTO氢安全研究的4个主要实验室。研究领域包括加氢站及氢能基础设施的量化风险分析(QRA)，零部件、设备及系统的测试方法研究，氢气行为及后果研究，为法规和标准的制定提供科学依据。

在法规方面，氢安全涉及的法规主要有车辆安全、危化品管理、建筑消防、承压设备管理等方面，以上各个方面均有联邦法律进行约束，在联邦法律没有规定的地方，优先采用各州的法规。

在车辆安全法规方面，美国颁布了《国家交通及机动车安全法》，对乘用车、客车、载货车、校车、摩托车等车辆的安全性进行了细致的规定，规定的内容包括车辆的主动安全、被动安全、防火安全等。

在危化品管理法规方面，美国主要是通过国会立法、政府依法管理、企业依法运作来实现的。危险化学品安全管理方面的主要法规是《职业安全与健康法》。美国劳工部职业安全与健康管理局(OSHA)负责鉴别和监控各行业中化学品暴露造成的职业健康危害，掌握化学品生产和加工阶段的风险信息。美国运输部下设美国管道与危险材料安全管理局(PHMSA)，主要负责危险化学品的运输管理，负责起草、管理、执行《危险品规程》(HMR)，负责与国际危险品运输管理规章之间的协调工作。《危险品规程》的作用在于针对各种形式的危险品运输，明确规定危险品的分类、包装、标记、标签、运输、装卸，安全预案、安全培训及危化品承装容器要求等。氢气的生产、运输、装卸、储存等均需遵守《职业安全与健康法》及《危化品规程》的要求。

在建筑消防法规方面，美国于1974年发布了《1974联邦消防法案》，至今未进行修订。在美国的消防领域，最权威的机构应数美国消防协会(NFPA)，NFPA制定的标准和规范涉及的领域非常广泛，包括消防装备与产品、建筑防火、消防系统的设计安装和维护、消防管理、从业资质及培训等方面。虽然NFPA的标准和规范本身并不具备法律地位，但其绝大多数都被美国各州的立法机构和国家消防局采用，因而成为具有法律效力的法规。在氢能领域，NFPA 制定的标准和法规主要有 NFPA 2(氢气技术法规)、NFPA 55(便携式和固定容器，钢瓶和储罐中压缩气体和低温流体的使用和处理标准)，并参考 NFPA 52(压缩天然气车辆燃料系统标准)。氢燃料车辆的研制、生产、销售及加氢站的设计、建设和运营均应遵守国家消防法和 NFPA 相关法规和标准的要求。

在承压设备管理法规方面，美国大多数州要求承压设备必须按照美国机械工程师协会(ASME)锅炉、压力容器规范制造并在国家锅炉压力容器检查协会(NB)注册。NB 负责制定并实施《锅炉与压力容器检查规范》(NBIC)，NBIC 被美国国家标准协会(American National Standards Institute，ANSI)批准为美国国家标准。NB 现在的主要工作还包括向各州立法机关推荐其制定的《锅炉与压力容器安全管理法案》，促使其成为各州法规。NB 还负责对全国锅炉压力容器检查员及修理员进行培训并颁发资格认证。各类氢气储罐，包括固定式和便携式的储罐，其设计、制造、检测、定期检查、维修等各个方面都需在 NB 相关标准和法规的框架下进行。

ANSI 成立于 1918 年，是非盈利性质的民间标准化组织，受政府的委托发布和管理美国国家标准，并代表美国参加国际标准化组织的活动。该机构致力于协调民间自愿型标准体系，并将反映整个国家利益的企业标准或行业标准上升为国家标准，同时它也对国家 SDO 的资格提供认证。涉及氢能领域的主要 SDOs 组织包括美国石油研究院、美国气体协会、高压气体协会等 18 个组织。在 SDOs 组织与私营部门、科研机构、政府及相关部门的合作下，除已提到的相关法规外，共发布了 49 项与氢安全相关的标准和法规，如 ASME 831. 12《氢气管路与管道标准》、ANSI/CSA HGV 4. 1《加氢系统》等。除此之外，美国交通部已批准采用 GTR13 第一阶段作为美国联邦机动车安全标准(氢燃料电池车辆)的一部分。

在上述 SDOs 组织与私营部门、科研机构、政府及相关部门的合作下，除已提到的相关法规外，共发布了 49 项与氢安全相关的标准和法规，见附录 1 - 3。

(4)欧洲氢安全标准与法规

欧洲法律，如指令(directives)、条例(regulations)、欧洲规则(European rules)优先于各个国家的法律。一项指令(directive)对所针对的每个成员国都具有约束力，但需要得到各个国家议会的批准，才在当地具有法律效力。条例具备一般的适用性，无须各个国家的批准，直接适用于各个成员国。

在氢能安全条例方面，欧洲经济委员会(Economic Commission of Europe，ECE)于 2015 年制定并发布了 ECE R134《氢能和燃料电池车辆》条例。该条例主要内容与 GTR13 基本一致，但内容较 GTR13 要少，没有包括电力总成的电气安全、碰撞后的燃料系统完整性以及液氢储存系统方面的内容。另外，ECE 在 2019 年 1 月发布了 ECE R146《L 类氢燃料电池汽车》条例，对 L 类氢燃料电池车辆(摩托车)的氢安全方面进行了专门规定，其压缩氢气储存系统、零部件、燃料系统的测试方法与 ECE R134 一致，但要求 L 类车辆的氢气储罐为金属内胆全缠绕气瓶，且容积不得大于 23L。

在氢安全相关的指令方面，欧洲并没有专门的氢气指令，但主要有以下几条指令适用于氢气。

①ATEX(ATmosphères EXplosibles)1999/92/EC 号指令，也被称为 ATEX137，规定了处于爆炸性危险环境中的工人健康和安全防护的最低要求，以及工作环境的防爆要求。该指令主要规定了工作环境可能存在爆炸性气体或粉尘时，雇主对于工人健康和安全防护的最低要求，而不是规定设备制造商或建设方的责任；该指令主要包括对工作环境中爆炸性气体的释放和点燃的可能性进行风险评估、预防爆炸性气体的释放和点燃、事故后果缓解、根据风险评估对工作环境的各个区域进行风险分区、设立警示标志并建立安全运行的记录文档等内容。

②ATEX94/9/EC 指令，也被称为 ATEX100A，规定了拟用于潜在爆炸性环境的设备应有的技术要求及设备的防爆要求。拟用于潜在爆炸性环境中的设备必须经过 ATEX100A 的合格评定程序的测试，并张贴防爆 CE 标志，才能投放到欧洲市场。

③PED(Pressure Equipment Directive)97/23/EC 号指令，发布于 1997 年，并在 2002 年成为强制性指令。该指令规定了所有使用压力大于 0.5bar 的压力容器及其附件的技术要求。在氢能领域，它适用于加氢站的所有压力容器(气瓶)和安全附件(阀门、柔性软管、连接器)。与 ATEX100A 一样，压力容器及其附件设备必须满足该指令的合格评定程序的测试，并张贴压力容器 CE 标志，才能投放到欧洲市场。

④TPED(Transportable Pressure Equipment Directive)1999/36/EC 号指令，发布于 1999 年，于 2003 年成为强制性指令，规定了可运输的压力容器、运输必需的附件设备及车辆的技术要求。在氢能应用的情况下，它与氢气的运输相关，适用于在车辆上使用的 H_2 压力罐、管道及运输车辆。与 PED 指令不同，TPED 除了涉及设备的设计和制造外，还涉及设备的定期检验和操作规程。

⑤塞维索Ⅲ指令《减少技术灾害风险指令》，主要规定了危险化学品储存区域关于预防和缓解可能发生的有毒、冷冻、火灾、爆炸等灾害的技术要求，对各类安全距离、人身伤害标准、设备伤害标准及个人风险值给出了具体规定。欧洲加氢站、制氢站及其他氢气储存的固定区域均使用该指令。

除了上述指令之外，与氢相关的指令还有：

①MD(Machinery Directive)98/37/EC 号指令，规定了所有设备的机械要求。

②LVD(Low Voltage Directive)97/23/EEC 号指令，规定了所有低压电设备的电气要求。

③ECD(Electromagnetic Compatibility Directive)89/336/EEC 号指令，规定了电磁环境下使用设备的电磁兼容性要求。

在氢安全相关的标准方面，主要由欧洲标准化委员会及各个标准化组织负责协调、制定、发布、实施相关标准。

欧洲标准化体系的构成主要包括欧洲标准化委员会(CEN)、欧洲电工标准化委员会(CENELEC)及欧洲电信标准化协会(ETSI)、欧洲各国的国家标准化机构，以及一些行业和协会标准团体。CEN、CENELEC 和 ETSI 是目前欧洲最主要的标准化组织，也是接受委托制定欧洲协调标准的标准化机构。CEN 由欧洲经济共同体(EEC)、欧洲自由贸易联盟

(EFTA)所属的国家标准化机构组成，其职责是贯彻国际标准，协调各成员的标准化工作，加强相互合作，制定欧洲标准及从事区域性认证，以促进成员之间的贸易和技术交流。

欧盟标准大多数是自愿执行的，CEN 负责对行业参与者进行评估和认证，以确认其是否采用欧洲标准，并颁发相应的资质认证证书。获得认证的行业参与者能够在欧盟单一市场内进行无差别化的生产、贸易活动。

每一个欧盟国家只有一个国家标准化组织是欧洲标准化组织的成员，并由其负责许可或授权每个经过批准的欧洲标准转化为本国标准，如德国的 Deutsches Institut fur Normung (DIN)、英国的 British Standards Institution(BSI)、法国的 Association Francaise de Normalisation(AFNOR)、西班牙的 Asociacion Espanola de Normalizacion(AENOR)等。

CEN 目前尚未成立专门的氢能技术标准委员会，而是通过以下 3 个技术标准委员会开展氢能技术标准化工作，分别是 CEN TC 268(低温容器和特定的氢气技术应用)、CEN JTC 6(能源系统中的氢)及 CEN JTC 17(热电联产燃料电池燃气器具)。

TC 268 主要针对欧盟 PED 指令要求，制定符合该指令要求的欧洲标准，为低温容器的设计、操作要求和设备规范制定标准化方法，目前 TC 268 已颁布并实施了 21 项标准，氢安全方面的标准主要由 TC 268 制定。除此之外，TC 268 还直接全文引用了 10 项 ISO TC 197 所颁布的标准。

JTC 6 成立于 2017 年，是新成立的一个联合技术标准委员会，主要协调能源系统中的氢系统，并为其提供必要的技术标准，包括系统的技术安全和公共安全、技术的可靠性，以及确保欧洲相应技术的互操作性。目前 JTC 6 还没有标准颁布。

JTC 17 与 JTC 6 一样属于 CEN 新近成立的联合技术标准委员会，旨在推进燃料电池在建筑方面的安全、合适的用途，合理使用能源，健全功率测量的要求和测试方法，以及在使用寿命结束时的标记及合理化建议方面的标准化进程。

欧盟是直接引进国际标准最为积极的组织，目前欧盟在氢能技术标准化方面整体还是在 ISO TC 197 的框架内，也积极参与 ISO TC 197 相关标准的制定工作。但是在欧盟的标准体系中，还欠缺氢能相关的组件、设备的技术工艺设计，以及基础设施方面的相关标准，在燃料电池、氢能专用零部件和设备、加氢站以及氢燃料电池动力车辆方面也缺少专有的本地化标准，采用了直接全文引用 ISO、IEC 等国际标准的方式。

TC 268 主要针对欧盟 PED 指令要求，制定符合该指令要求的欧洲标准，为低温容器的设计、操作要求和设备规范制定标准化方法，目前 TC 268 已颁布并实施了 20 余项标准，氢安全方面的标准主要是由 TC 268 制定的，具体如附录 1－4 所示。

(5)日本氢安全法规与标准

日本氢安全法规的制定主要由 2 个部门负责，国土交通省制定关于道路交通车辆方面的法规，经济产业省制定高压气体安全方面的法规。在日本，燃料电池汽车相关法规修订完善的准备工作开始于 2005 年，这项工作由经济产业省、国土交通省等部门负责，日本汽车研究所等有关组织和企业共同配合推进。

2005 年，日本国土交通省制定的《氢燃料电池车辆安全法规》，主要包括氢系统的安全、电气系统安全，还对传动系统、燃料系统的安全制定了基本的技术要求。

日本经济产业省制定的《高压气体安全法》，主要规定涉及一般高压气体的设备的技术规范、定期检查、抗震设计，适用于高压氢气。该法于1959年发布第一版，最新的版本为2017年修订的，增加了氢燃料电池两轮车的高压氢气的安全要求及标识、报废等安全管理方面的内容。

2013年，在国土交通省和经济产业省的支持下，日本参与制定了GTR13法规，2014年2月，国土交通省协调将《氢燃料电池车辆安全法规》与GTR统一，2014年5月，经济产业省协调将《高压气体安全法》中压力容器检验方面的内容与GTR实现统一。2016年，国土交通省和经济产业省正式引入GTR13，作为法规在日本生效。

日本其他与氢安全相关的法规还有总务省主导的《消防法》《消防组织法》《消防法实施令》，国土交通省主导的《建筑基准法》，还有与危化品管理相关的法规条令等，加氢站、制氢站等氢能基础设施的建设和运营均需遵守上述法律。

2013年，日本再兴战略发布，燃料电池被列为支柱战略之一。在这一背景下，为保证燃料电池车辆按照计划于2015年上市，日本经济产业省等政府部门进一步加快了燃料电池车辆相关储罐、电堆等一系列标准的评估和制定工作。2014年，日本放宽了之前《容器安全法规》中燃料电池车载氢气储罐一次充气压力的安全上限，由70MPa提高到87.5MPa。

日本在修订或制定氢燃料电池车辆相关标准法规的过程中，注重与国际标准结合和受国际标准法规的影响。例如，日本在研发和试验验证方面积累了大量的经验和数据，曾主导GTR13燃料电池车统一标准的制定工作，这也为日本的氢燃料电池车辆进入国际市场打下了坚实的基础。目前，日本还在主导GTR13第二阶段标准的修订工作。

在氢能基础设施方面，日本也是目前世界上进展最快的国家之一。日本氢能基础设施相关法规的修订完善工作开始于2002年，2010年加氢站进入商业化建设阶段。2012年年底，日本政府相关部门根据日本《法规、制度改革相关方针》，协商提出了“氢能基础设施需要制修订标准的推进工作表”，该表列出了经济产业省、国土交通省、总务省各自管理的《高压气体安全法》《消防法》《建筑基准法》等法律相关的16条制修订任务。2013年，日本政府进一步提出重新梳理后需要推动的制修订的12条新任务列表。截至2015年，2010年提出的16条制修订任务只有6条得到彻底解决，2条得到部分解决，2013年提出的12条新任务，有8条得到彻底解决，还有4条在执行中。2015年6月，日本内阁又针对氢能基础设施建设提出了18条制修订建议，包括加氢站氢气的制备、储存、运输，加氢站设备规格，加氢站所用材料，加氢站建筑规格，安全距离及运营管理等各个方面。截至2018年年底，已有6条建议落实。这些制修订建议的落实极大地推动了日本加氢站的发展，也使得日本成为国际上拥有商业化运营加氢站最多的国家。例如：2012年起到2014年年底，日本为了增加燃料电池车辆的续航里程，相继制定了82MPa加氢站的相关法规，制定了加氢站与加油站、加气站混建的法规，放宽了加氢站相关的安全系数，缩短了安全距离，并将加氢站储氢容器的材质由钢制扩展到复合材料，以及其他大量法规的制修订使得建设符合乘用车的低建设成本和低运营成本的加氢站成为可能。

日本的标准体系由日本工业标准化、日本农林物资标准化及日本医药标准化3个部门组成，氢能领域属于日本工业标准化责权范围内。

日本工业标准(Japanese Industrial Standards，JIS)的制定主要有2条路径：一是由各主管大臣自行制定标准方案，再交由日本工业标准委员会(Japanese Industrial Standards Committee，JISC)审议，审议通过后即成为日本工业标准；另一条路径是相关利益关系人或民间团体可以根据各个主管省厅的规定，以草案的形式，将应制定的工业标准向主管大臣提出申请，该主管大臣认为应制定与该申请有关的标准时，须将该工业标准方案交付JISC讨论审议，审议通过后即成为日本工业标准。目前日本绝大部分标准的制定是通过第二条路径实现的。

日本氢能领域相关标准直接引用ISO和IEC相关的标准，ISO和IEC未能覆盖的领域主要由各个行业协会向日本经济产业省主管大臣提出草案，并交由JISC审议的方式发布，主要涉及的行业协会有：日本电器制造商协会、日本汽车制造商协会、日本高压气体安全协会、日本高压技术协会，以及由日本经济产业省牵头成立的日本氢能与燃料电池战略协会等。目前通过大部分JISC审议并颁布实施的氢能方面的标准都是安全性和性能测试方面的，如附录1－5所示。

习题与思考题

1. 氢事故引发的生理危害有哪些？

2. 简述冲击波峰值超压对人体伤害的关系。

3. 试计算下列条件下氢爆轰时的空气冲击波峰值超压值，TNT的装药质量($M_{TNT}=9kg$)和距离爆炸中心的距离($r=28m$)均相同，分别计算在开阔空间中爆炸、在刚性地面爆炸、在普通土壤地面爆炸时的空气冲击波峰值为多少？并讨论在哪种位置的冲击波破坏威力最大？

4. 试计算下列条件是否可以认为是氢在开阔空间中爆炸？

①TNT的装药质量$M_{TNT}=9kg$，装药位置位于4楼，离地面的高度$H=12m$；

②TNT的装药质量$M_{TNT}=9kg$，装药位置位于1楼，离地面的高度$H=1m$；

5. 氢事故诱发的物理危害有哪些？

6. 氢事故诱发的化学危害有哪些？

7. 从氢气的爆炸讨论何为爆燃和爆轰，二者之间的关系及造成破坏的危害程度有什么区别？

8. 什么是激波？

9. 氢的特性参数中哪些参数是氢安全事故的主导因素？

10. 气态氢的基本特征有哪些？

11. 试结合气态氢的基本特征讨论气态氢可能引发的安全事故。

12. 结合表1－1的燃烧和爆炸的体积浓度范围、扩散系数等参数定量讨论氢气、汽油与天然气的安全性。

13. 液态氢的基本特征有哪些？

14. 试结合液态氢的基本特征讨论液态氢可能引发的安全事故。

15. 液态氢积累的静电位、放电火花释放能量、周围环境氢浓度等参数达到什么条件会引起氢爆燃？

16. 我国与氢安全相关的法规标准体系有哪些？

17. 列举5个现役的国内涉及氢的法规和技术标准。

18. 列举5个现役的国际涉及氢的法规和技术标准，并讨论各国氢标准规范的适用范围。

19. 标准是人类文明进步的成果，复杂而严密的标准体系已成为国际上衡量产品质量和安全性能的定心丸。结合我国在全球范围内的氢安全法规与标准方面所处的地位，研讨在未来的发展过程中，中国要想通过标准化在激烈的国际竞争中取得主动，实现从制造大国到创造强国的转变，作为新时代大学生该怎样为提升中国在国际标准体系中的话语能力做贡献？

20. 从氢的使用环境谈谈如何进行氢安全防护？

21. 当氢泄漏积聚时如何进行安全防护？

22. 当氢泄漏并着火爆炸时如何进行安全防护？

23. 习近平总书记在多次讲话中提到："始终把人民生命安全放在首位""构筑安全生产红线""安全生产责任不能只贴在墙上""各级党委和政府务必把安全生产摆到重要位置，树牢安全发展理念，绝不能只重发展不顾安全，更不能将其视作无关痛痒的事，搞形式主义、官僚主义"等等。结合我国以人为本的科学发展观、以人民为中心的新发展理念，从自身专业出发，研讨氢安全在国民经济发展中的重要性。

24. 查阅文献了解国内外典型的氢安全事故和典型的氢安全评估案例并进行分析。

第 2 章　氢脆及应力腐蚀

材料在冶炼、焊接、酸洗及氢处理的过程中、在高温高压 H_2 中、在含 H_2S 的溶液或其他酸性水溶液中有氢的进入，对马氏体时效钢、铝合金及某些金属间化合物，在大气中服役就会有氢进入。氢进入金属后会使材料性能退化，产生如钢中白点①、焊接冷裂纹、酸洗和电镀裂纹、H_2S 浸泡裂纹、高温氢蚀、氢化物及氢致马氏体等各种不可逆的氢损伤。当存在外载荷时，氢能使材料塑性降低，引起滞后断裂，这些总称为氢损伤或氢脆。材料在各种环境中服役时，即使无载荷也会发生腐蚀，导致失重，当存在拉应力时，在特定环境中的腐蚀会引起裂纹形核扩展，导致滞后断裂，称为应力腐蚀。一部分应力腐蚀由阴极过程产生的氢所控制，称为氢致开裂型应力腐蚀，其本质是氢致滞后断裂；另一部分应力腐蚀由阳极过程控制，称为阳极溶解型应力腐蚀，研究已提出多种阳极溶解型应力腐蚀机理。当然，工业中也有利用氢脆的特点，如在金属粉末的制备中利用氢化－脱氢法（HDH），即利用原料金属易吸氢增脆的特性，在一定的温度下使金属与氢气发生氢化反应生成金属氢化物，然后借助机械方法将所得金属氢化物破碎成期望粒度的粉末，再将破碎后的金属氢化物粉末中的氢在真空条件下脱除，从而得到金属粉末。但在大多数领域需要关注的是氢脆的预防。

本章着重介绍氢损伤和氢致开裂、氢脆及应力腐蚀开裂的成因、影响因素和破坏机理。

2.1　氢脆

按其与外力作用的关系，氢脆可分为第一类氢脆和第二类氢脆两类。第一类氢脆是在负荷之前材料内部已存在某种氢脆断裂源。在应力作用下裂纹迅速形成与扩展，因而随着加载速度的增加，氢脆的敏感性增大。如白点、氢蚀、氢化物致脆等都属于这个类型。第二类氢脆则是在负荷之前，材料内部并不存在氢脆断裂源，加载后由于氢与应力的交互作用才形成断裂源，裂纹逐渐扩展而导致脆断，因而氢脆的敏感性是随着加载速度的降低而增大。第二类氢脆又分可逆性氢脆与不可逆性氢脆。可逆性氢脆是指材料经低速变脆后，如果卸载并停留一段时间再进行正常速度形变，原先已脆化材料的塑性可以得到恢复。不可逆性氢脆则是指已脆化的材料，卸载后再进行正常速度形变时，其塑性不能恢复。

当材料中的氢浓度超过临界值，不论是否存在应力，都会引起各种氢损伤，如氢鼓泡或氢压裂纹、高温高压氢蚀等。一般来说，除 316 或 310（数字代号 S31608 或 S31008）奥氏体不

---

① 白点（flake or snow flake）是钢中氢压引起的裂纹，常常在铸钢、大型锻件和厚板中被发现，断口有银白色的斑点，故称为白点。

锈钢外，上述氢损伤均是不可逆的，当把原子氢在室温或200℃除氢后，氢损伤仍存在。如果存在外加应力或内应力，则进入试样的原子氢通过扩散、富集使材料塑性下降，称为氢致塑性损失。在恒载荷或恒位移条件下，原子氢的扩散、富集会引起氢致裂纹的形核和扩展，称为氢致滞后开裂。很多学者把所有氢损伤，即氢致塑性损失和氢致滞后开裂统称为氢脆。

2.1.1 氢压裂纹

(1)氢鼓泡特征

材料内部充满氢气的孔洞或裂纹等空腔称为氢气泡(hydrogen bubble)。当气泡内的氢压足够大，就会在气泡周围发生塑性变形。当气泡处于试样近表层时，塑性变形使气泡鼓出表面，从而称为氢鼓泡(hydrogen blister)。由于试样内部的氢气泡和表层氢鼓泡本质相同，可统称为氢鼓泡。氢鼓泡凸出试样表面，可用光学形貌仪和透射电镜(TEM)来观察氢鼓泡表面形貌，也可测量其空间尺寸。图2-1所示为铝在320K温度下充氢后形成的表面鼓泡。图2-2所示为等离子体充氢后在铝表面形成的氢鼓泡。

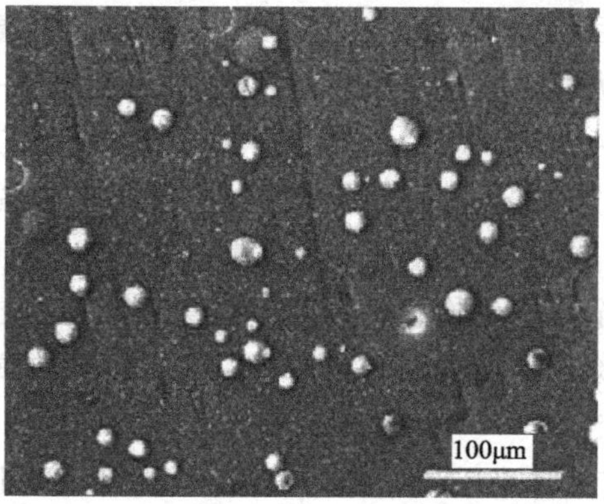

图2-1 铝在320K温度下充氢后形成的氢鼓泡

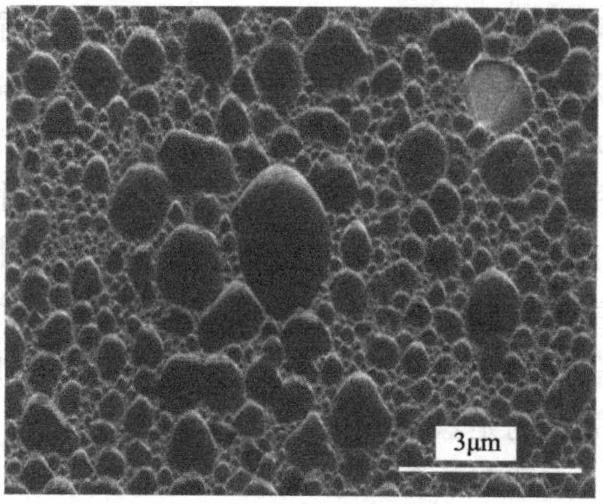

图2-2 铝在等离子体充氢后形成的氢鼓泡

(2)氢鼓泡形核

在与空气相通的试样表面或试样内部空腔中，原子氢(H)复合成分子氢(H_2)就变成气体，因为氢气必然要占据一个空腔体积，而不会出现在完整晶格中。一个大型构件，内部有可能存在一些含空腔的缺陷，如微裂纹及未压合的枝晶空隙等，原子氢进入预先存在的空腔就会复合成分子氢，并产生内压。

在充氢时，当氢浓度大幅度升高，空位就为氢鼓泡的形核奠定基础，如图2-3所示，即从完整晶体中形成含 H_2 的孔洞。4个空位(或4个空位V和原子氢H的复合体V-H)可以形成一个空位四面体，它围成一个原子氢H可进入的空腔，见图2-3(a)。多个原子氢H进入空位四面体ABCD就会复合成分子氢 H_2，一旦含分子氢 H_2，空位四面体就成为稳定的氢气泡核心，见图2-3(b)。因为室温时分子氢 H_2 不能分解成原子氢H，从而分子氢 H_2 不能跑出四面体，故带分子氢 H_2 的空位四面体不会解体。随着带氢空位V-H的不断进入，空位四面体不断长大，同时，氢气泡中的氢浓度或氢压也升高，见图2-3(c)。当气泡内的氢压所引起的应力等于材料屈服强度时就会使气泡周围材料屈服；如果气泡接近表面，塑性形变会使材料表层鼓出，从而成为氢鼓泡，见图2-3(d)。随着氢压继续升高，氢压形成的正应力等于被氢降低了的原子键合力，原子键断裂，从而微裂纹从鼓泡壁形核，见图2-3(e)。

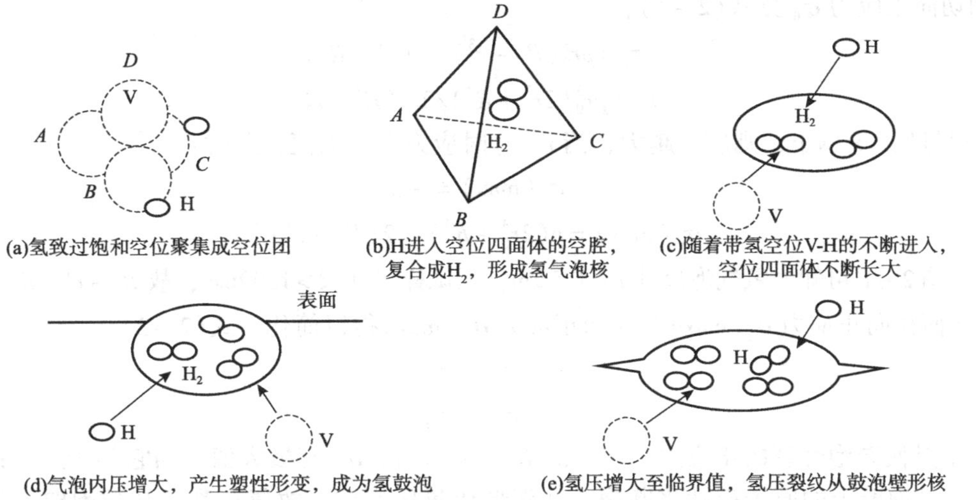

图2-3 氢鼓泡形核和开裂示意

通过环境透射电镜原位观察氢鼓泡形成过程，如图2-4所示，主要经历了界面弱化、金属变形和氧化物变形3个阶段。首先，氢在金属/氧化物界面上偏析导致M—O变化为M┈H—O(虚线代表弱键，实线代表一次键，即强键)，导致界面弱化；其次，表面扩散驱动金属表面形貌发生乌尔夫重构①引起金属变形形成纳米空腔；最后，氢气在纳米空腔中聚集达到一定气压后引起氧化皮鼓出形成鼓泡，从而引发氧化物变形阶段。

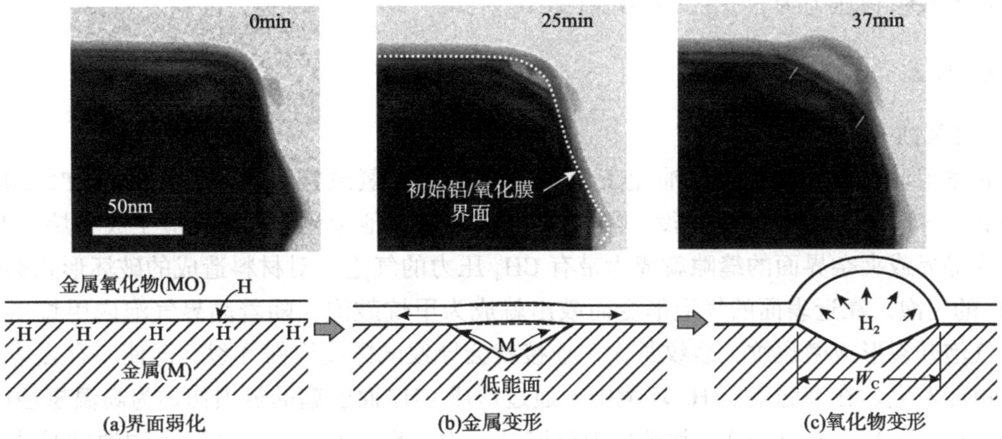

图2-4 通过环境透射电镜原位观察氢鼓泡形成过程

(3)氢压裂纹

对于如图2-3(d)所示的氢鼓泡，随着空位V和原子氢H的复合体V-H进入鼓泡，氢压不断升高，当氢压引起的应力σ或应力强度因子K_I等于被氢降低了的原子键合力$\sigma_{th}(H)$

① 乌尔夫重构是指晶体的形貌通过表层原子扩散向总表面能最小的平衡形貌发生转变。

或被氢降低了的断裂韧性 $K_{Ic}(H)$ 或 K_{IH}时，微裂纹从鼓泡壁形核，如图 2-3(e)所示。一个半径为 R 的球中心有一个半径为 r_0 的孔洞，充满内压 p，距离孔中心 r 处的径向正应力 σ_r 和切向正应力 σ_θ 见式(2-1)：

$$\sigma_r = pr_0^3(R^3 - r^3)/r^3(r_0^3 - R^3)$$

$$\sigma_\theta = pr_0^3(2r^3 + R^3)/2r^3(R^3 - r_0^3) \tag{2-1}$$

很显然，r 越小，则应力越大，当 $r = r_0$ 时应力有最大值，此时：

$$\sigma_r(\max) = -p$$

$$\sigma_\theta(\max) = p(2r_0^3 + R^3)/[2(R^3 - r_0^3)]$$

由图 2-1 可知，氢气泡尺寸 $r < 1.5\mu m$，而试样尺寸 $R > 1500\mu m$，故 $R^3 - r_0^3 \approx R^3 + 2r_0^3 \approx R^3$，从而径向正应力 $\sigma_r(\max)$ 和切向正应力 $\sigma_\theta(\max)$ 得以简化为式(2-2)：

$$\sigma_r(\max) = -p$$

$$\sigma_\theta(\max) = p/2 \tag{2-2}$$

σ_θ 是使鼓泡开裂的正应力，在鼓泡壁上($r = r_0$)，σ_θ 有极大值。当它等于原子键合力 σ_{th}时，鼓泡壁上的原子键就将断裂，从而形成氢压裂纹，故氢压裂纹从鼓泡壁上形核的临界条件如式(2-3)所示：

$$p/2 = \sigma_\theta = \sigma_{th} \tag{2-3}$$

原子键合力和弹性模量 E 有关，即

$$\sigma_{th} = (0.04 \sim 0.18)E$$

对钢材质，$E = 2\times10^5$MPa，$\sigma_{th}(H) \geq 8\times10^3$MPa，即氢压裂纹形核临界压力为 $p_i = 1.6\times10^4$MPa。考虑固溶氢能降低原子键合力，假定最大降低 4/5，即 $\sigma_{th}(H) = 0.2\sigma_{th}$，则氢压裂纹形核压力为 $p_i = 3.2\times10^3$MPa。

2.1.2 高温氢蚀

(1)氢蚀

化学工业、石油炼制、石油化工及煤化工中的临氢或富氢装置常在温度 $T \geq 200$℃，压力 $p \geq 3$MPa 的含氢环境下服役。氢和钢中 Fe_3C 或其他碳化物的碳反应生成甲烷(CH_4)，它进入晶界或夹杂界面的缝隙就成为带有 CH_4 压力的气泡，对材料造成的破坏形式类似于含 H_2 的气泡。靠近表面的气泡形变而鼓出就成为甲烷鼓泡，随着晶界气泡内甲烷压力增大，气泡开裂形成微裂纹，裂纹长大、连接就会导致试样或构件开裂，即使不存在应力条件下也能发生。在高温高压 H_2 环境中，通过形成 CH_4 而引起的氢损伤称为高温氢蚀(high temperature hydrogen attack)，常被称为氢腐蚀。由于腐蚀(corrosion)这个词通常是指存在电子转移(阳极金属溶解)的电化学反应，高温高压氢蚀不涉及电子转移(阳极金属溶解)而仅仅是化学反应，即 $Fe_3C + 2H_2 \longrightarrow CH_4 + 3Fe$。因此本书用“氢蚀”这个词来描述这一类氢损伤。

氢蚀由 CH_4 引起，故鼓泡或气泡中的气体是 CH_4。这一点已被大量实验所证实。对表面出现的大鼓泡钻孔，取气体分析，大部分氢蚀鼓泡内只有 CH_4，但也有一部分鼓泡内不仅有 CH_4，也有 H_2。这可以理解为由于表面存在脱碳层，当扩散进入表层鼓泡中的碳含量不足时，过量的 H 就会复合成 H_2。

(2) CH_4 引起的脱碳

高温下钢中的 Fe_3C 或其他碳化物会分解出碳，即：

$$Fe_3C \longrightarrow 3Fe + C$$

在构件表面 C 和 H_2 反应生成甲烷气体，即：

$$C + 2H_2 \longrightarrow CH_4$$

CH_4 逃逸出构件，使构件表层的含碳量降低，从而引起脱碳。类似于氢气泡，CH_4 气体不能在构件内部完整晶体中形成。它只能处于晶界或第二相界面开裂处等预先存在的空隙中，或过饱和空位团形成的空腔内，并产生内压。由于构件表面的碳浓度降低，从而引起构件内外的碳浓度差，使得构件内部的碳向表面扩散。在高温下碳扩散至构件表面与 H_2 形成 CH_4 而逸出金属构件。碳在 α－Fe① 中的扩散很慢，因而表层脱碳是个很慢的过程。

对任何发生高温氢蚀的构件，表面均存在脱碳层。因为表层的碳很容易扩散至外表面和 H_2 生成 CH_4，而逸出金属构件；另一部分碳扩散进入附近的空腔和原子氢 H 复合成 CH_4，变成 CH_4 鼓泡。脱碳层厚度主要受碳的扩散速率控制。

(3) 高温氢鼓泡、孔洞和裂纹

钢中 H 的扩散远比 C 要快，在蠕变初期，H 就已进入试样。如存在预先存在的缝隙，或过饱和空位团等空腔，周围的 C 和 H 很容易扩散进入空腔而复合成 CH_4（有时还有 H_2），产生内压就成为气泡。近表面气泡形变时就会鼓出表面，产生 CH_4 鼓泡。低碳钢 1020 在 450℃，压力为 6.4MPa 的 H_2 中放置 88h，表面出现大量鼓泡，见图 2－5(a)。放大后可发现鼓泡呈现出台阶状，见图 2－5(b)。当鼓泡中 CH_4 的压力等于屈服强度 σ_s 时，就会使基体发生塑性变形，鼓泡体积增大，压力下降，变形停止。随着 C 和 H 扩散进入鼓泡，压力又会升高到 σ_s。形变继续，鼓泡又长大，2 次长大间的停顿就会在表面产生痕迹线，它就是图 2－5(b) 中的台阶。在某些鼓泡下方存在 MnS 夹杂，见图 2－5(c)。1020 钢在 525℃、3.5MPa 的 H_2 中放置 240h，表层下方出现一个氢蚀裂纹，不断增大的内压使表面层鼓出，见图 2－5(d)。

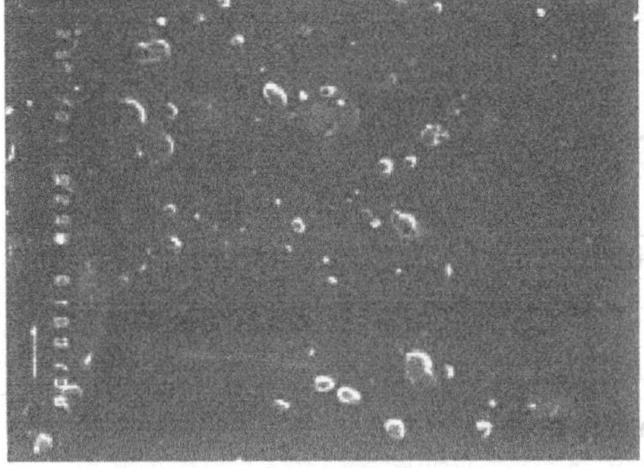

(a)表面鼓泡

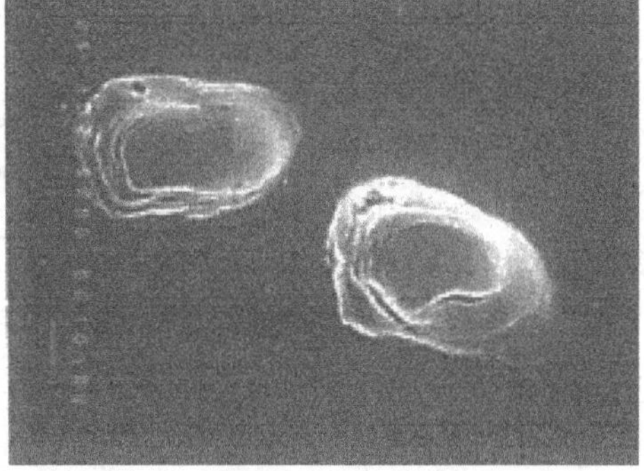

(b)鼓泡表面有止裂台阶

图 2－5 1020 钢中的 CH_4 鼓泡

① 纯铁在室温下是体心立方晶格结构，称为 α－Fe。

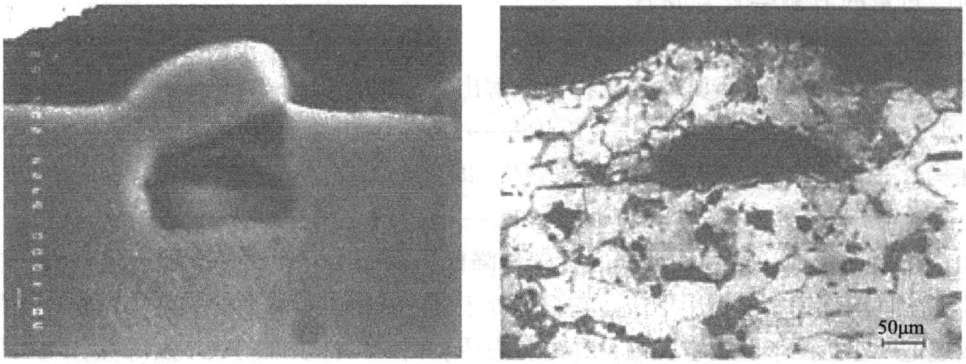

(c)鼓泡下方有MnS夹杂　　(d)近表面裂纹中的CH_4压力使表面层鼓出

图2－5　1020钢中的CH_4鼓泡(续)

(4)氢蚀规律

低碳钢试样在高温、高压H_2中保持一定时间后测量面缩率，当面缩率开始变化时，所对应的时间就定为氢蚀的孕育期t_0。气泡的形核和扩展是个连续的过程，只有当它长大到一定尺寸和数量时才能被发现。只有当气泡长大到某一临界值时才会对面缩率等材料性能有影响。因此，实验测出的孕育期t_0是个相对值，它和所用的监测手段有关。

如要低碳钢在服役时不发生氢蚀，当环境氢分压为6.9MPa时，使用温度不能超过260℃。如服役温度超过260℃，就要选用合金钢。对每一种低合金钢，如1.0Cr－0.5Mo钢、1.25Cr－0.5Mo钢、2.25Cr－1.0Mo钢，均有其不发生氢蚀所对应的温度－氢压曲线，它们构成的曲线就是Nelson曲线。各种钢不发生氢蚀的温度随着氢分压变化的Nelson曲线见图2－6，其中虚线表示表面脱碳，实线表示内部氢蚀。

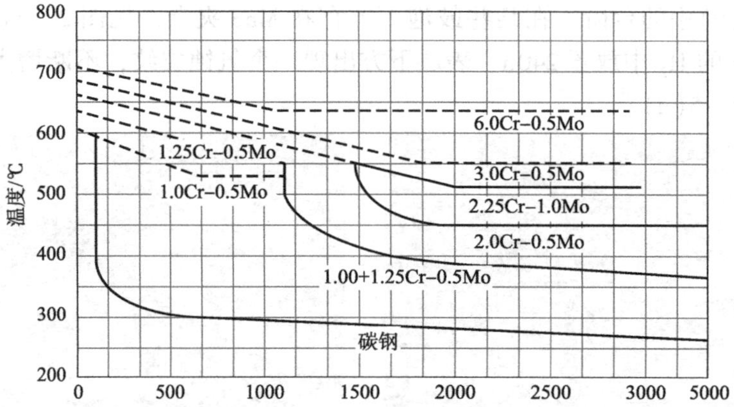

图2－6　Nelson曲线

(5)氢蚀机理

由于绝大多数气泡在晶界形核，即C和H扩散进入晶界缝隙的空腔内就会反应生成CH_4，内压使它成为稳定的气泡核。因此，绝大多数氢蚀理论仅研究气泡的长大，称为CH_4气泡长大理论。当气泡长大到临界值，能通过表面金相检查、力学性能测试等手段检测到材料性能损失时，就达到氢蚀的孕育期。研究者普遍采用图2-7的模型来研究晶界气泡的长大，晶界气泡长轴直径为$2a$，间距为$2b$，球帽形顶角为ψ，气泡体积V可表达为式(2-4)：

$$V=4\pi a^3h(\psi)/3 \tag{2-4}$$

其中，$h(\psi)=[(1+\cos\psi)^{-1}-0.5\cos\psi]/\sin\psi$

因为$\dot{V}=4\pi a^2h(\psi)\dot{a}$，故气泡长大速率可表达为式(2-5)：

$$\dot{a}=\dot{V}/[4\pi a^2h(\psi)] \tag{2-5}$$

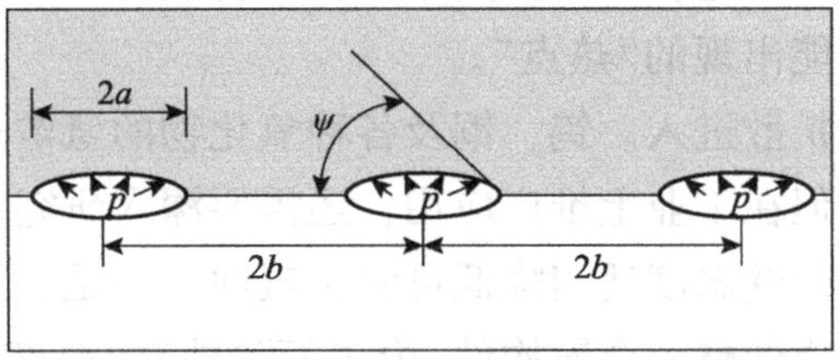

图2-7 晶界气泡形状及尺寸

气泡内的压力由CH_4和H_2构成，如果是碳钢使用温度低，Fe_3C容易分解，则CH_4很容易形成，产生的气泡压力用p_{CH_4}表示。因为合金碳化物不易分解，故合金钢气泡内的C量不足，气泡内过剩的H复合成H_2，产生的气泡压力不能被忽略，用p_{H_2}表示，即气泡内压力可表达为式(2-6)：

$$p=p_{CH_4}+p_{H_2} \tag{2-6}$$

在p的作用下，氢引起的过饱和空位就向气泡内扩散，从而使气泡体积增大，其速率$\dot{V}_D$为扩散过程控制的气泡长大速率。高温蠕变也可能使气泡长大，其速率为$\dot{V}_C$，故气泡体积增大速率可表达为式(2-7)：

$$\dot{V}=\dot{V}_D+\dot{V}_C \tag{2-7}$$

如果存在外加拉应力，则促进气泡长大，压应力则抑制气泡长大。当$a/b=0.9$时，气泡聚集并开裂，导致沿晶断裂。

(6)氢蚀对策

①按Nelson曲线选材。

②用抗氢蚀合金或耐火材料作衬里，或选用多层复合板。有些高温高压临氢装置用合金钢制作容器和管道，但合金钢高压容器价格昂贵。此外，当合金钢板很厚时，增加了制造困难，为了解决这一问题，常常使用带合金衬里的碳钢容器，这种衬里可以使抗氢蚀能力较低的钢不与高温、高压氢直接接触。常用合金钢或奥氏体不锈钢作衬里，以便在使用条件下不发生氢蚀。合金钢及不锈钢衬里即使能够抵抗氢蚀，也不能防止氢的扩散进入。通过衬里进入高温、高压装置的氢量与温度、压力及衬里的合金含量有关。例如，在300℃、29.6MPa氢压条件下，氢通过5mm厚的1% Cr钢的速率为0.5mL/(cm²·h)。在同样条件下，通过17% Cr钢的速率为0.03mL/(cm²·h)，即随着钢中铬含量增加，氢的扩散速率降低。但氢总是会扩散通过衬里并聚集于衬里和普通碳钢的壳体之间。如衬里能

够抵抗氢蚀，还需考虑壳体也应当能抵抗氢富集的损伤作用，或采取措施减少氢的富集。经常采用隔热衬里而不用合金钢衬里的一个原因是经济，另一个原因是许多高温构件中隔热衬里必不可少。耐火材料衬里很稳定，一般的黏土耐火材料在使用温度都能抗氢蚀。但问题是有时高温 H_2 由于物理或机械的原因穿过衬里，进入壳体而引进氢蚀。这往往与设计或安装不良有关，越过衬里的高温 H_2 使金属壳体局部过热，出现“热点”。高压能升高氢的扩散。因为氢的热导率高，热量能更有效地传到金属壳体上去，防止出现“热点”要有良好的设计。耐火衬里不应有裂纹或不连续处，衬里材料要经过严格的质量检查，对其安装也应严加监管。作为安全措施，所有使用耐火材料衬里的容器和管道均应在外面涂以指示温度的涂层，以显示可能出现的“热点”。

③表面覆层阻碍氢的扩散进入。钨、铜及各种氧化物的氢渗透系数很小，作为表面覆层能阻碍氢的扩散进入。但在工业上推广应用，还需要深入研究。

④降低外壁温度。把外壁温度适当降低可防止氢蚀。一是，有些压力容器是把容器壁作为一个传热面，这样可降低整个金属构件(内表面除外)的温度，使其处于安全使用的范围内。这种设计可以用碳钢或低合金钢来代替价格昂贵的合金钢。在放热的加氢过程中，这种结构还提供了一个控制温度甚至回收热量的途径。二是，采用内部隔热，使压力容器处于较低的温度，从而减弱氢蚀并提高钢的蠕变强度。

⑤避免温度的快速波动。因为在高温时，钢中含有大量的氢，这时氢在钢中的溶解度较高，扩散也较快；如果迅速冷却，此时金属被原子氢过饱和，原子氢进入孔洞或其他不连续处，复合成 H_2 形成氢压，在金属中形成鼓泡或开裂。因此对于临氢、富氢装置，规定了最大的冷却速率，以使收缩应变不致过大，由此装置规定最大冷却速率不得超过42℃/h。

2.1.3 氢致塑性损失

预充氢试样在空气中慢拉伸、未充氢试样在 H_2 中或能产生原子氢的溶液中慢拉伸①，则延伸率 δ、断面收缩率 φ 或断裂应变 ε_f 等塑性指标会下降，塑性相对下降量称为氢致塑性损失，它导致材料变脆，故通常也称氢脆。

氢脆敏感性用 I_{HE} 表示，计算见式(2-8)：

$$I_{HE}=(1-\varphi_H/\varphi_0)\times100\%$$

或

$$I_{HE}=(1-\delta_H/\delta_0)\times100\% \tag{2-8}$$

式中：φ_0 和 δ_0 分别为未充氢试样在惰性气体中(如空气)的断面收缩率和延伸率值，φ_H 和 δ_H 为充氢试样在惰性气体中断面收缩率和延伸率值，或未充氢试样在含氢环境中慢拉伸值。对于超高强度钢或金属间化合物，φ 和 δ 均很小，充氢后改变量的绝对值小，测量困难。故用抗拉强度相对下降量作为氢脆敏感性 I_{HE}，可表达为式(2-9)：

---

① 慢应变速率拉伸(Slow Strain Rate Tension，SSRT)，为评价材料在特定介质中的应力腐蚀敏感性而设计的拉伸速率小于某一临界值的拉伸试验方法。国标规定，测量拉伸性能时所用应变速率应小于 $\dot{\varepsilon}_0=(2.5\sim8)\times10^{-3}s^{-1}$。因此，测量氢脆敏感性时所用慢拉伸速率应小于 $1\times10^{-3}s^{-1}$。

$$I_{HE}=(1-\sigma_H/\sigma_0)\times100\% \tag{2-9}$$

式中：σ_0 为未充氢试样的抗拉强度；σ_H 为含氢环境慢拉伸时的抗拉强度。如果使用缺口试样，则可用缺口名义断裂应力相对下降量作为氢脆敏感性，可表达为式(2－10)：

$$I_{HE}=[(1-\sigma_{NB(H)}/\sigma_{NB})]\times100\% \tag{2-10}$$

式中：σ_{NB}为空拉时缺口试样的名义断裂应力；$\sigma_{NB(H)}$为在含氢试样或含氢环境中慢拉伸时的名义断裂应力。

如果试样预先充氢(如电解充氢或气相充氢)，然后在空气中慢拉伸，这时显示出来的氢脆是由试样内部原子氢产生的，一般称为“内氢脆”。而原来不含氢的试样在 H_2 环境(或其他致氢环境，如 H_2S 及各种水介质)中慢拉伸所引起的氢脆，一般称为“外氢脆”。早期的研究认为，这两种氢脆行为的本质是不同的。但目前均认为这两种“氢脆”的本质相同。如果充氢时不产生不可逆氢损伤(如白点或氢压裂纹、氢化物和马氏体)，则试样在200℃烘烤除氢后再在空气中慢拉伸，塑性能恢复，这时 $I_{HE}=0$。因此，氢致塑性损失是原子氢引起的，是可逆的。

2.1.4　氢致滞后开裂

预充氢或环境中进入的含氢试样在恒载荷或恒位移下会通过应力诱导扩散而富集氢，当富集的氢浓度等于临界值 c_{th}后就会引起氢致裂纹的形核、扩展，直至滞后断裂。一旦把预充氢试样烘烤或移出致氢环境，即去除原子氢，则氢致裂纹不再形核，正在扩展的裂纹将止裂。因此氢致滞后开裂是原子氢引起的，也是可逆的。因为滞后开裂应力或应力强度因子低于抗拉强度 σ_b 或断裂韧性 K_{IC}，故发生低应力脆断。很多人把氢致滞后开裂、氢致塑性损失(原子氢引起的氢脆)、各种氢损伤(氢压裂纹、高温氢蚀、氢化物和氢致马氏体)统称为氢脆，然而从破坏的机理而言这个概念还是有差别的。氢致滞后断裂的表征量如下：

(1)氢致滞后断裂临界应力 σ_c

氢致滞后断裂临界应力见式(2－11)：

$$\sigma_c=(\sigma_y+\sigma_n)/2 \tag{2-11}$$

需要满足$(\sigma_y-\sigma_n)\leqslant0.1(\sigma_y+\sigma_n)$，其中，$\sigma_y$ 为发生滞后断裂的最小应力；σ_n 为在截止时间内不发生断裂的最大应力。

(2)氢致滞后断裂门槛应力强度因子 K_{IH-F}

定义氢致滞后断裂门槛应力强度因子 K_{IH-F}见式(2－12)：

$$K_{IH-F}=(K_{Iy}+K_{In})/2 \tag{2-12}$$

需要满足$(K_{Iy}-K_{In})\leqslant0.1(K_{Iy}+K_{In})$，其中，$K_{Iy}$为发生滞后断裂的最小应力强度因子；$K_{In}$为在试样滞后断裂后记录的时间内不发生断裂的最大应力强度因子。

(3)氢致裂纹止裂门槛应力强度因子 K_{IH-S}

把止裂后的裂纹长度代入应力强度因子公式(2－13)，即可获得止裂门槛应力强度因子 K_{IH-S}：

$$K_{IH}=\frac{EVY(a/W)}{\sqrt{a}C(a/W)} \tag{2-13}$$

式中：V 为加载位移；E 为弹性模量，MPa；a 为裂纹长度，m；W 为试样宽度，m；$Y(a/W)$ 和 $C(a/W)$ 为随 a/W 变化的函数；C 为无量纲柔度；Y 为裂纹形状因子。变化关系如图 2-8 所示。

(4)裂纹扩展速率 da/dt

对螺钉加载的恒位移试样，用显微镜测量带载荷的试样前后表面裂纹长度随时间的变化，用平均值作图可获得裂纹长度随时间变化的 $a-t$ 曲线，见图 2-9。可知，氢致开裂曲线上某一 a_i 值的斜率就是裂纹扩展速率 da/dt。

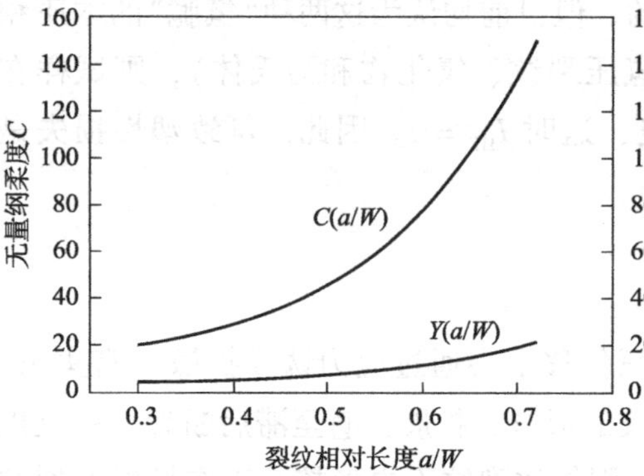

图 2-8　$Y(a/W)$ 和 $C(a/W)$ 随 a/W 变化关系曲线

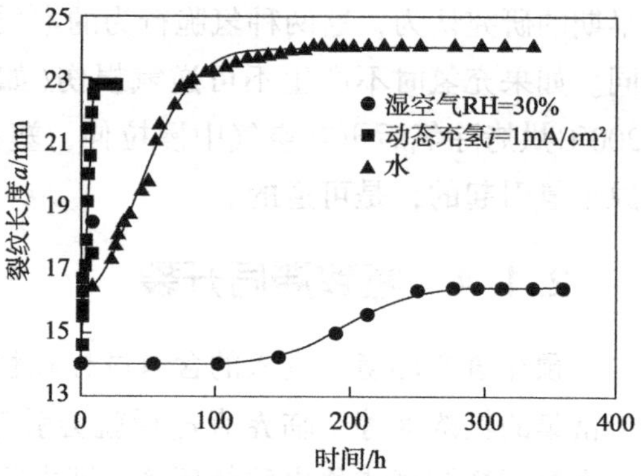

图 2-9　T250 钢恒位移试样在充氢环境下裂纹长度随时间的变化曲线

显然，材料强度、成分和微观结构会影响氢致滞后断裂临界应力 σ_c、氢致滞后断裂门槛应力强度因子 K_{IH-F}、氢致裂纹止裂门槛应力强度因子 K_{IH-S}、裂纹扩展速率 da/dt 等表征参量，从而影响可逆氢脆的敏感性，加载速率和温度、进入试样的氢浓度等也会影响上述表征参量。

2.1.5　典型体系氢脆

氢脆是指溶于钢中的氢，聚合为氢分子，造成应力集中，超过钢的强度极限，在钢内部形成细小的裂纹。氢脆只可防，不可治。氢脆一经产生，就消除不了。在材料的冶炼过程和零件的制造与装配过程(如电镀、焊接)中进入钢材内部的微量氢(10^{-6}量级)在内部残余的或外加的应力作用下导致材料脆化甚至开裂。在尚未出现开裂的情况下可通过脱氢处理(如加热到200℃以上数小时，可使材料内部的氢减少)恢复钢材的性能。

(1)氢脆类型

由 2.1 节可知，部分学者通常把所有氢损伤，如氢致塑性损失、氢致滞后开裂和氢蚀统称为氢脆，由此可将氢脆类型分为环境氢脆、内部氢脆和反应氢脆。

环境氢脆是指金属或合金可能在气态氢的环境中发生塑性变形，导致表面裂纹增加、延展性损失和断裂应力下降。

内部氢脆是指由氢吸收引起的内部氢脆，导致某些金属过早失效，内部开始出现裂缝。

反应氢脆是指由吸收的氢与一种或多种金属成分的化学反应引起的反应氢脆，如与钢中的碳形成脆性金属氢化物或 CH_4。高温有利于这种现象的发生。

(2)氢脆机理

应力集中部位的金属缺陷多(如原子点阵错位、空穴等)，零件内部的氢会向应力集中的部位扩散聚集，氢扩散到这些缺陷处，氢原子变成氢分子，产生巨大的压力，这个压力与材料内部的残留应力及材料受的外加应力组成一个合力。当这个合力超过材料的屈服强度时，就会导致断裂发生。氢脆与氢原子的扩散有关，而扩散是需要时间的，扩散的速度与浓度梯度、温度和材料种类有关。因此，氢脆通常表现为延迟断裂。

(3)氢脆的主要影响因素

尽管氢脆的机理尚不完全清楚，但很多因素会影响氢脆速度，如压力和环境温度，氢的纯度、浓度和暴露时间，以及材料的应力状态、物理和机械性能、微观结构、表面条件和裂纹尖端的性质等。一般而言，由氢引起的金属(或合金)的敏感性随着金属强度增大而增加；内部和环境氢脆率在 $-73 \sim 27$℃($200 \sim 300$K)的温度范围内最大，而反应氢脆在高于室温的温度下发生；钢对氢脆的敏感性随着氢气纯度的增加而增加；脆化的敏感性通常随着拉应力的增大而增加；脆化通常会由裂纹扩展导致金属疲劳。

此外，材料表面和表面薄膜的状态、电火花加工方式及氢捕获点位置也会成为氢脆的主要影响因素。

①表面和表面薄膜的影响：亚稳态奥氏体不锈钢①的氢相容性在很大程度上取决于金属表面光洁度。通过去除机械加工层，可有效降低材料表面开裂和延展性损失。在金属表面上自然形成的钝化膜限制了氢的吸收，主要是由于钝化膜的氢渗透性低于金属基体，从而降低了氢脆产生的概率。如果是用于降低氢渗透吸收的人工合成表面膜应尽量在其工作温度下制备。通常推荐使用铜和金，这两种金属膜在较宽的温度范围内仍能保持延展性。

②电火花加工的影响：临氢设备或零部件通常采用电火花加工孔、异形孔、深槽、窄缝和切割薄片等，可能增加氢脆。在这种加工方式中，氢的来源主要是通过放电电离使用的介电流体(通常是植物油或煤油)分解产生。

③氢捕获点的影响：氢可能被捕获在金属结构内的各种位置，包括位错处、晶粒和相界、间隙或空位群、空隙或气泡、氧或氧化物夹杂物、碳化物颗粒和其他材料缺陷。捕获在低温下最明显，不同环境温度中氢脆程度也不相同。

---

① 所谓“不锈”，只具有相对的含义。当钢中铬含量超过12%时，在大气中不会生锈，因此习惯上将Cr含量大于12%的钢种统称为不锈钢。若室温是体心立方的马氏体，则称为马氏体不锈钢，如403、410、420等。若室温是铁素体则称为铁素体不锈钢，如405、409、430等。若加入扩大奥氏体 γ 区的Ni、Mn、N使面心立方的 γ 相保持至室温，则称为奥氏体不锈钢，如304、316、310等。若同时存在奥氏体和铁素体则称为双相不锈钢，如Cr22Ni7、Cr23Ni5Mo3等。一般认为304型不锈钢低温冷加工或充氢能产生马氏体。对316型不锈钢，大多数研究认为和304钢一样，低温形变和充氢后时效能产生马氏体，即产生氢致马氏体相变，因此，304和316型不锈钢称为亚稳定型奥氏体不锈钢。对Ni更高的310钢及Mn、N含量高的钢，低温变形和充氢不会生成马氏体；充氢时能形成马氏体，但室温时效就会大部分或全部分解消失，这类钢称为稳定型奥氏体不锈钢。

(4)氢脆的防控

防止氢脆的主要措施有采用氧化物涂层、消除应力集中、使用氢添加剂、保持适当的晶粒尺寸和添加合金。此外，下列措施也可用于有效地消除金属中的氢脆：

①铝因对氢的敏感性低，可被用作结构材料。

②加工零部件的中等强度钢(用于气态氢)和不锈钢(用于液氢)应增加厚度、表面光洁度和采用适当的焊接工艺。

③在没有测试数据支撑的情况下，金属零部件的抗疲劳性设计需要大幅提高(可提高到5倍)。

④不使用铸铁、氢化物形成金属和合金作为储氢设备的材料。

对于不同的金属材质，氢脆的特征、评价手段及产生的后果不尽相同，本节重点介绍储氢装备常用的铁素体钢(高强钢和低强钢)、奥氏体不锈钢和铝合金等材质的氢脆特征。

2.1.5.1 铁素体钢的氢脆

1. 铁素体钢氢致不可逆损伤的主要形式

铁素体钢氢致不可逆损伤的主要形式有钢中白点、H_2S溶液浸泡裂纹、酸洗和电镀裂纹、焊接冷裂纹及高温高压氢蚀。

钢中白点：当炼钢和浇注时进入钢锭中的氢量较多时，在冷却时过饱和的氢将扩散进入空隙位置而复合成H_2，产生内压。当氢气泡内氢压产生的应力等于被氢降低了的原子键合力，气泡壁的原子键就会断裂并产生裂纹。这些氢压裂纹在断口上显示银白色的脆断区，称为钢中白点。在随后的热加工过程中，大锻件或厚板内部的氢来不及扩散逸出构件，故在冷却时又会向缺陷处聚集，产生氢压裂纹。降低炼钢和浇注时进入钢中的氢浓度及在白点形成温度以上缓慢冷却，让氢有足够的时间逸出，是防止白点产生的有效措施之一。

H_2S溶液浸泡裂纹：石油和天然气中含有H_2S，H_2S分解出的H能扩散进入输油、输气管线，它们富集在夹杂(如长条形MnS)和基体界面的空隙中，复合成H_2，产生内压，在管线表面就会出现氢鼓泡。当氢压进一步升高就会以夹杂为发源点出现台阶状的不连续裂纹。降低钢中S含量、Ca处理使夹杂球化，以及降低带状偏析(如控制Mn含量)是减轻管线钢对H_2S裂纹敏感性的有效措施。

酸洗和电镀裂纹：酸洗和电镀都是充氢过程，如果工艺控制不当，将产生氢致裂纹，其本质也是一种氢压裂纹。只要严格执行酸洗和电镀工艺，特别是在酸洗、电镀后充分除氢，即可有效防止出现裂纹。

焊接冷裂纹：焊接相当于局部冶炼过程。当焊接工艺不合适时，进入的氢量过多，从而冷至室温后就会出现焊接冷裂纹，其本质就是氢压裂纹。通过改进焊接工艺，如采用经烘烤的低氢焊条、气体保护下焊接等，以及焊后局部退火可一定程度上避免焊接冷裂纹出现。

高温高压氢蚀：很多石化产品或中间产物要在高温高压氢气中发生反应，高温时钢中碳化物(如Fe_3C)会分解出C，它和H_2分解的H扩散进入晶界处的空隙，反应生成CH_4，产生内压。当内压大到等于晶界蠕变断裂强度时，晶界处原子键断裂从而形成裂纹。加入形成稳定碳化物的合金元素 Cr 和 Mo，使 Fe_3C 被不易分解的 M_7C_2 或 $M_{23}C_6$（M 表示 Cr 或 Mo）代替。也就是说，根据服役时的温度和氢压，按 Nelson 曲线来选材（用 Cr－Mo 钢代替碳钢），就可避免氢蚀。

上述氢损伤一旦产生，再除去原子氢（室温或 200℃热处理），这时氢鼓泡和裂纹仍然存在，故称为不可逆氢损伤。发生不可逆氢损伤所需的临界氢浓度高于氢致塑性损失的临界氢浓度。也就是说，在不发生氢损伤的氢浓度下，仍然可以发生氢致塑性损失和氢致滞后开裂。它们是可逆的，如预充氢后把原子氢除去（室温或 200℃热处理），则不再显示氢脆。本节主要讨论铁素体钢的可逆氢脆和滞后开裂，并把铁素体钢分为高强钢（抗拉强度大于 1000MPa）和低强钢分别介绍。

2. 铁素体钢的可逆氢滞后开裂表征及规律

铁素体钢的可逆氢滞后开裂表征及规律详见 2.1.4 节。显然，各种因素（内因和外因）会影响到表征参量，从而影响可逆氢脆的敏感性。材料本身的内因包括材料强度、成分和微观结构等。实验条件属于外因，包括加载速率和温度、进入试样的氢浓度等。下面将分别研究上述因素对高强钢和低强钢可逆氢脆和滞后开裂的影响。

3. 高强钢的可逆氢脆和滞后开裂

（1）强度对高强钢氢脆的影响

一般把抗拉强度大于 1000MPa 或 1200MPa 的钢称为高强钢。对于抗拉强度小于 1000MPa 的称为中、低强钢，氢脆敏感性和强度无关。抗拉强度 $\sigma_b > 1000\text{MPa}$ 的高强钢，氢脆敏感性或氢致滞后断裂敏感性随着强度升高而升高，氢致滞后断裂门槛应力 σ_c 或氢致滞后断裂门槛应力强度因子 K_{IH} 均随着强度升高而急剧下降。

（2）组织结构对高强钢氢脆的影响

一般认为低合金回火马氏体高强钢的板条状马氏体结构的氢脆敏感性较低，而内部具有孪晶结构的针状马氏体的氢脆敏感性则较高。

（3）应变速率和温度对高强钢氢脆的影响

在慢拉伸过程中，原子氢通过应力诱导扩散向最大应力处富集，当富集的氢浓度达到临界值就会使氢致裂纹形核、扩展。如果快速加载，原子氢来不及富集就已断裂，并不显示氢脆敏感性。因此，可逆氢脆敏感性将随着加载速率下降而升高，这个结论对高强钢也适用。

一般情况下，高强钢在 H_2 中裂纹扩展第Ⅱ阶段速率（和 K_I 无关的稳态速率）随着温度的变化呈倒 V 字形，即存在极大值，如图 2－10 所示。在低温区，随着温

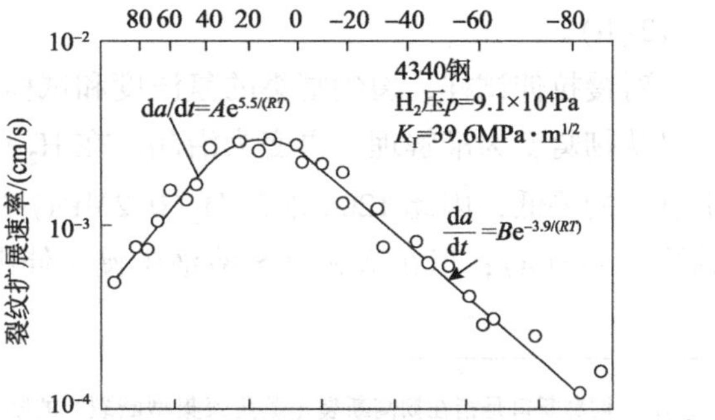

图 2－10 高强钢在氢中裂纹扩展第Ⅱ阶段速率随温度的变化曲线

度升高扩展速率升高，在高温区随着温度升高扩展速率下降；这和 H_2 的化学吸附有关，原子氢在金属表面的吸附量随着温度的变化存在极值。

(4)高强钢氢脆的断口形貌

对于恒载荷或恒位移试样，不涉及应变速率，氢致滞后断裂断口形貌随钢的强度 σ_s、试样中氢浓度 c_0 及裂尖应力强度因子 K_I 的变化而变化。一般情况下，随着强度升高，断口形貌由韧窝变为准解理，再变为沿晶，各种断口形貌见图 2-11。随着氢浓度升高或裂尖应力强度因子 K_I 降低，也有相同的变化倾向，即从韧窝到准解理到沿晶。成分和组织对氢致滞后断裂的断口形貌也有影响，特别是加入少量杂质就能改变氢致滞后裂纹断口形貌。

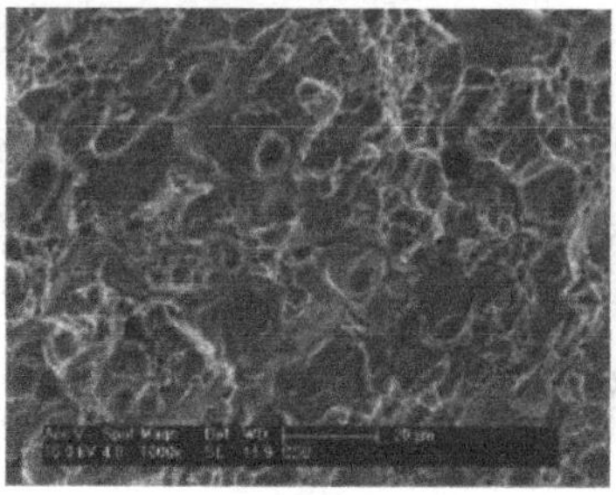

(a)韧窝断口①

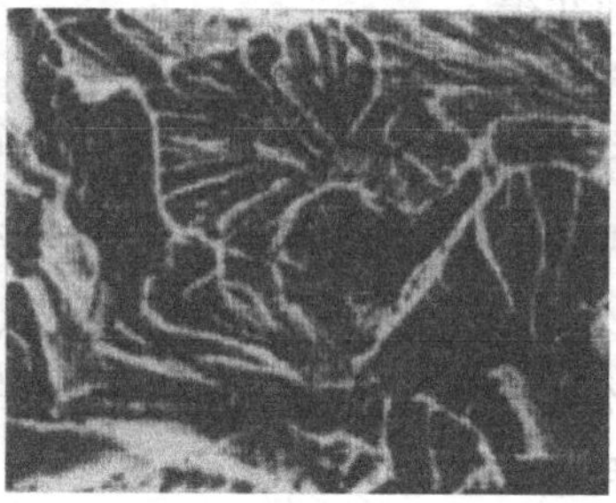

(b)准解理断口②

(c)沿晶断口③

图 2-11　高强钢氢脆的断口形貌

对于光滑或缺口慢拉伸试样，随着应变速率降低，氢致滞后断裂时间增加，通过应力诱导扩散而富集在裂尖的氢浓度也升高。也就是说，氢致断裂的裂尖富集氢浓度和试样中氢平均浓度 c_0 成正比，而且随着应变速率降低而升高。因此，随着应变速率降低，裂尖富集氢浓度 c_0 升高，断口从韧窝变为准解理，再到沿晶。例如，对 T200 马氏体时效钢，缺口试样在饱和 H_2S 溶液中慢拉伸，随着裂纹扩展，裂尖区 K_I 升高，到断裂时 K_I 达到最大值 K_{Ic}。故断口上缺口根部的 K_I 最小，试样中心 K_I 最大，见图 2-12(a)，故根部是沿晶断口形貌，然后是准解理断口形貌，最后是韧窝形貌。沿晶和准解理交界区的放大见图 2-12(b)。

对慢拉伸试样，裂尖富集的氢浓度和试样中平均氢浓度 c_0 成正比。因此随着 c_0 升高，断口从韧窝变为准解理，再变为沿晶。在 H_2 中慢拉伸时进入试样的 c_0 远比饱和 H_2S 溶液中进入的要低，因此 T200 钢在 H_2(0.2MPa)中慢拉伸(2.5×10^{-5}mm/s)获得准解理断口，见图 2-13(a)；但在饱和 H_2S 溶液中慢拉伸则获得沿晶断口，见图 2-13(b)。光滑拉伸

---

① 韧窝断口是指在韧窝断裂（微孔聚集型断裂）的断口上，覆盖着大量显微微坑，这些微坑(窝坑）称为“韧窝”，韧窝是金属塑性断裂的主要微观特征。

② 准解理断裂是高强钢较为常见的一种断裂形式，常发生在脆性转折温度附近。准解理断裂的断口是由平坦的“类解理”小平面、微孔及撕裂棱组成的混合断裂。

③ 沿晶断裂是指金属材料中的裂纹沿晶界扩展而产生的一种断裂。多数情况下沿晶断裂属于脆性断裂，但也可能出现韧性断裂，如高温蠕变断裂。沿晶断口的晶粒特别粗大时形成石块或冰糖状断口，晶粒较细时形成结晶状断口。

试样和缺口拉伸试样相比，后者的氢脆敏感性更高，因为缺口前端存在应力集中和三向应力，抗拉强度 σ_b 远比光滑拉伸试样的 $\sigma_b=\sigma/3$ 要高。因此在慢拉伸时，缺口顶端富集的氢浓度远比光滑试样中要高，因此缺口试样断口形貌显示更大的脆性。

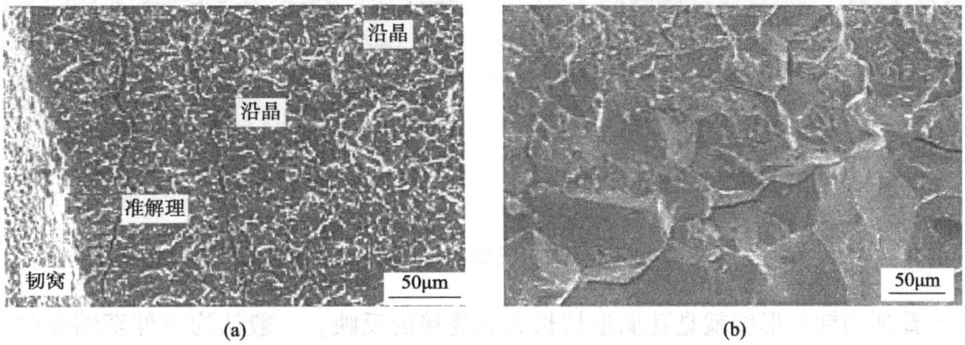

图 2-12　T200 马氏体时效钢在饱和 H_2S 中慢拉伸，缺口根部(右边)为沿晶，然后为准解理，中心为韧窝(a)及放大的沿晶和准解理交界区(b)

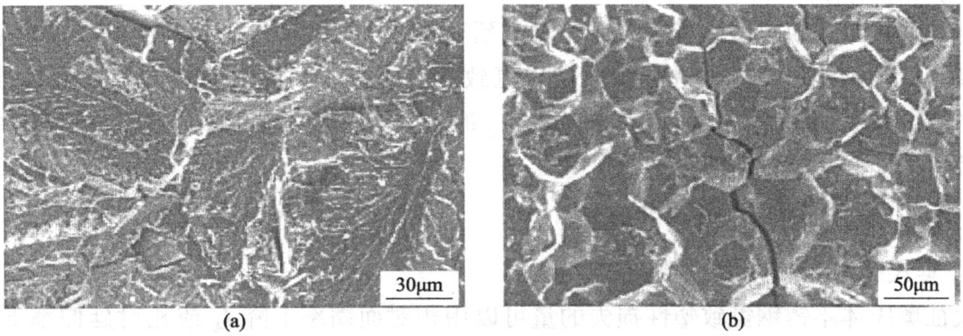

图 2-13　T200 马氏体时效钢在 H_2(a)和饱和 H_2S 溶液(b)中慢拉伸的断口

4. 低强钢的可逆氢脆和滞后开裂

(1)氢对低强钢断口形貌的影响

对抗拉强度小于 1000MPa 的中、低强钢，氢脆敏感性对强度的依赖关系并不明显。对低强钢，往往是氢致塑性损失 I_{HE} 较高，但断口形貌却仍为韧窝。充氢后韧窝大小可能有变化，但没有定论。也有可能氢脆敏感性升高的同时，断口也由韧窝变为准解理乃至沿晶。对抗拉强度 $\sigma_b=435$MPa 的铁素体不锈钢，以及抗拉强度 $\sigma_b=630$MPa 的贝氏体压力容器钢，在 10MPa 的 H_2 中慢拉伸($5.5\times10^{-5}s^{-1}$)，氢致塑性损失均为 48%，断口则由韧窝(空气)变为准解理，见图 2-14。对大多数低强钢，充氢后仍为韧窝断口，但也可以得到准解理断口(部分或全部)，乃至沿晶断口(部分或全部)。

(2)氢对孔洞形核、长大和连接的影响

低强钢在拉伸过程中随着塑性变形的增加，由于形变不协调而作用在第二相(夹杂或碳化物质点)界面上的应力也随着增加，当它超过界面的结合强度时就会导致第二相界面开裂从而形成孔洞。随着塑性变形增加，已形成的孔洞不断长大，同时又会在其他质点处产生新的孔洞。通过孔洞的连接就会在拉伸试样的中心产生裂纹，并使之长大直至断裂。

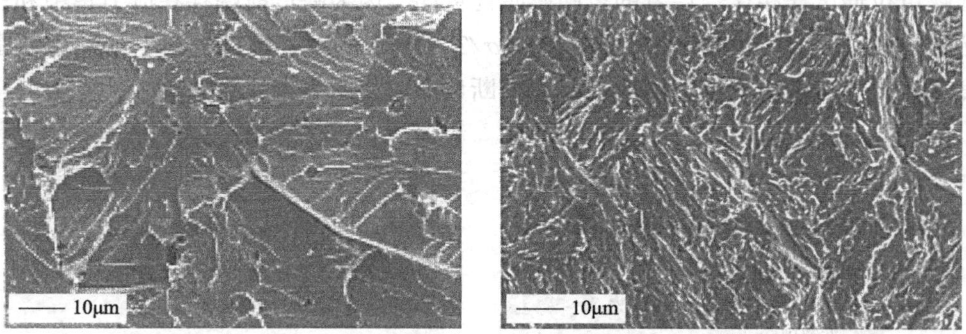

(a)　(b)

图 2-14　铁素体不锈钢(a)和贝氏体钢(b)在 H_2 中慢拉伸的准解理断口

在断口上看到的韧窝形貌就是孔洞形核长大和连接的反映。一般认为拉伸至缩颈时出现三向应力，第二相上的应力集中使界面开裂形成孔洞。但也有人认为在缩颈之前孔洞就会形核，随着变形量升高，孔洞不断长大。

(3)低强钢的氢致滞后断裂

纯铁薄板单边缺口试样带着载荷充氢或预充氢后在空气中加恒载荷，均能产生氢致滞后断裂。低碳钢能通过应力诱导扩散产生氢致滞后断裂。预充氢后在空气中慢拉伸($2\times10^{-6}s^{-1}$)以及充氢时慢拉伸，当 $K_I=0.52K_C$ 时，氢致裂纹开始形核，这和恒载荷的结果相一致，均能产生氢致滞后断裂。

2.1.5.2　奥氏体不锈钢的氢脆

1. 奥氏体不锈钢的氢致塑性损失

表征奥氏体不锈钢氢致塑性损失的量可以用相对面缩率下降 I_ψ 或相对延伸率下降 I_δ，$\Delta\psi_H$ 为原子氢扩散富集引起低应力断裂导致的塑性损失。实验时应选择合适的溶液和充氢电流以保证不会产生微裂纹，相对面缩率 RRA 见式(2-14)，相对面缩率下降 I_ψ 或相对延伸率下降 I_δ 作为氢脆敏感性的度量如式(2-15)和式(2-16)所示：

$$RRA=\psi_H/\psi_0 \tag{2-14}$$

$$I_\psi=(1-\psi_H/\psi_0)\times100\% \tag{2-15}$$

$$I_\delta=(1-\delta_H/\delta_0)\times100\% \tag{2-16}$$

其中 $I_\psi=1-RRA$，ψ_H 和 ψ_0 分别为含氢和不含氢试样的面缩率，ψ_H/ψ_0 越小，氢脆敏感性越高。应当指出，一般情况下用 I_ψ 来衡量氢脆比用 I_δ 来衡量更为敏感。例如，经高能高速锻压后的 304L 不锈钢在 68.6MPa 的氢气中长期充氢后拉伸，延伸率不但没有下降，反而升高 17%，但面缩率却下降 10%；高能高速锻压不锈钢 21-6-9 在高压氢中充氢后延伸率仅下降 3%，而面缩率则下降 20%。

总体来看，只要试样中预先进入的氢浓度超过发生氢脆的临界值，则任何不锈钢在空气中或 H_2 中慢拉伸均能显示氢脆。304 不稳定型不锈钢发生氢脆的临界氢浓度较低，故直接在 H_2 中慢拉伸就显示氢脆。对于 310 稳定型不锈钢，发生氢脆的临界氢浓度很高，因此未充氢试样直接在 H_2 中慢拉伸，进入的氢浓度达不到临界值，故不显示氢脆。当预先充入的氢浓度大于临界值后在空气或 H_2 中慢拉伸就能显示氢脆。在阴极充氢时慢拉伸也有可能使进入的氢浓度超过临界值而引起氢脆。

下面分别讨论应变速率、氢浓度、敏化处理和晶粒尺寸等因素对不锈钢氢脆的影响。

(1)应变速率对不锈钢氢脆的影响

奥氏体不锈钢的氢脆和低合金钢一样，均由原子氢的扩散和富集所引起，因而明显依赖试验温度和应变速率。310 不锈钢电解充氢 24h 后在室温空气中拉伸，氢脆敏感性随着应变速率 $\dot{\varepsilon}$ 的下降而升高，见图 2－15。但是也有研究表明，氢脆敏感性对应变速率的依赖性不强。例如，347 不锈钢在 350℃、20MPa 的 H_2 中热充氢并使整个横截面($d=3.15$mm)的氢均匀分布，在空气中慢拉伸氢脆敏感性 I_ψ 似乎并不依赖应变速率，见图 2－16。

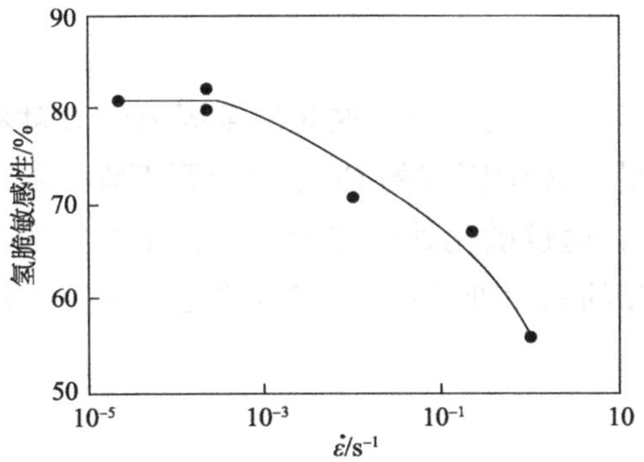

图 2－15 310 不锈钢电解充氢后在空气中拉伸氢脆敏感性随 $\dot{\varepsilon}$ 的变化

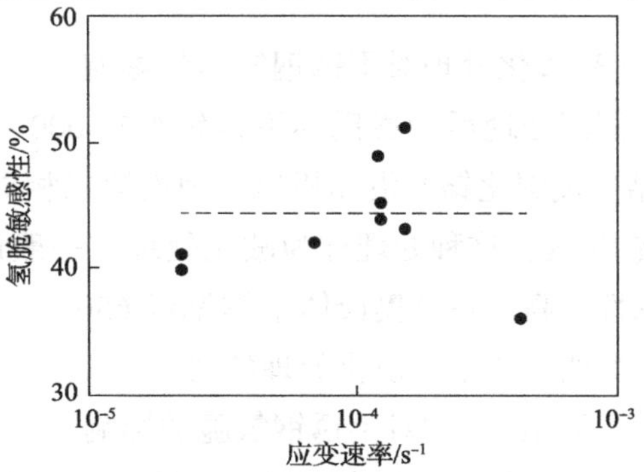

图 2－16 347 不锈钢热充氢后氢脆敏感性随应变速率 $\dot{\varepsilon}$ 的变化

(2)氢浓度对不锈钢氢脆的影响

不同钢种不同充氢条件下的氢浓度产生的氢脆敏感性不同，详见表 2－1。只有氢浓度超过临界值才能使 310S 稳定型奥氏体不锈钢显示氢脆，而且随着氢浓度升高，氢脆敏感性也升高。

表 2－1 不同充氢条件下的氢浓度和氢脆敏感性 I_δ

钢种	厚度/mm	充氢条件	氢浓度/(mg/L)	氢脆/%
316L	0.5	NaOH，50mA/cm^2，95℃，72h	28	19
		NaOH，100mA/cm^2，95℃，144h	95	17
		0.5mol/L，H_2SO_4，50mA/cm^2，50h	54	—
		熔盐，150℃，5h	47	13
		117℃ $MgCl_2$ 开路，72h，216h	6，17	—
	2	H_2，14MPa，450℃，48h	44	—
		H_2，18MPa，600℃，48h	54	—
304；316；310	4.8	H_2，69MPa，347℃，504h	50～70	13～85
304L；21－6－9；310	0.08	$H_2SO_4+As_2O_3$，25mA/cm^2，100℃	400～450	63～91
304；316；309S	5	H_2，24.1MPa，240h	55	—

续表

钢种	厚度/mm	充氢条件	氢浓度/(mg/L)	氢脆/%
310S	0.03	$H_2SO_4 + As_2O_3$，40mA/cm^2	662～1480	13～47
304L	0.2	$H_2SO_4 + As_2O_3$，(1～500)mA/cm^2	30～367	26～62
316；10.3－13.5Ni	4	H_2，138MPa，300℃，240h	120～150	12～43
Cr23Ni5Mo3 双相钢	2.1	H_2SO_4，20mA/cm^2	19	66
		NaOH，20mA/cm^2	26	75
		NaOH + As_2O_3，20mA/cm^2	64	86
		$H_2SO_4 + As_2O_3$，20mA/cm^2	190	89

(3)敏化处理对不锈钢氢脆的影响

固溶处理后的奥氏体不锈钢如在600～800℃长时间加热，这时原来固溶的C就将和Cr结合成碳化铬并沿晶析出。因而第二相周围的基体中固溶的Cr量就急剧下降，形成沿晶贫Cr区，这种处理称为敏化处理。一般认为，通过敏化处理将使奥氏体不锈钢的氢脆敏感性升高。各种奥氏体不锈钢经650℃、100h的敏化处理后热充氢(含氢50mg/L)的塑性损失明显比未经敏化处理的要高。

(4)晶粒尺寸对不锈钢氢脆的影响

一般而言，晶粒大氢脆敏感性高。当然这也与钢的种类、处理方式、晶粒大小等多种因素有关，并非一定存在晶粒大氢脆敏感性高的特性。如表2－2所示，无论对321钢还是347钢，无论是固溶处理还是敏化处理，粗晶(No.9)和细晶(No.13)的氢脆敏感性并没有明显区别。

表2－2　不同晶粒尺寸的321和347钢敏化前后的氢脆敏感性　　单位:%

项目	321钢		347钢	
	粗晶(No.9)	细晶(No.13)	粗晶(No.9)	细晶(No.13)
固溶处理	65	67	63	67
敏化处理	57	57	55	64

2. 奥氏体不锈钢的氢致滞后断裂

早期研究认为奥氏体不锈钢不会发生氢致滞后断裂。但大量研究表明，无裂纹拉伸试样预充氢后加恒载荷①或恒载荷下动态充氢均能发生氢致滞后开裂(或断裂)。恒位移试样②充氢时能通过局部塑性变形(蠕变或氢致滞后塑性变形)使裂纹前端应力松弛，从而不会引起滞后断裂。研究表明：对强度较低的固溶处理不锈钢，恒位移试样不会发生氢致滞后开裂，但对于时效硬化或加工硬化不锈钢，由于强度高，恒位移试样就有可能发生氢致

① 恒载荷试样，是测试应力腐蚀破裂性能的一种方法。将试样的一端固定，另一端加上恒定的拉伸静载荷。

② 恒位移试样，通常借助装在试样一个臂上的加载螺栓，顶住另一个臂上的固定平台进行自加载，或者是两个臂上的两个螺栓相对进行自加载。

滞后开裂。对恒载荷试样，随着氢致裂纹扩展，K_I 增大，当 $K_I = K_C$ 时试样就瞬时断裂，这时的断口形貌是韧窝，和空拉相同。当氢浓度较高且外加 K_I/K_C 较低时，在裂纹扩展的初始阶段，断口是准解理。断口形貌随 K_I 和 c_0 的变化见图 2－17。在 AB 曲线以下是准解理，AB 曲线以上则是韧窝，在 AB 曲线上有 4 个数据显示混合断口(韧窝加准解理)。该结果和高强度钢氢脆断口相类似。

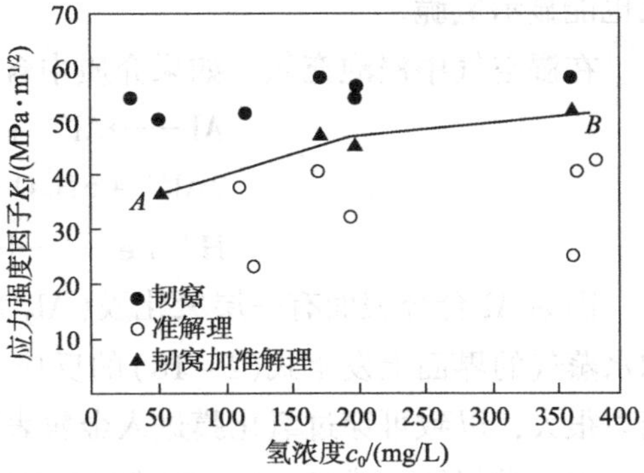

图 2－17 304L 氢致滞后断裂断口形貌随 K_I 和 c_0 的变化

2.1.5.3 铝合金的氢脆

1. 氢在铝合金中的行为

铝和铝合金电解充氢时能出现氢鼓泡及氢压裂纹。图 2－18 所示为 Al 充氢时产生的氢鼓泡和裂纹。

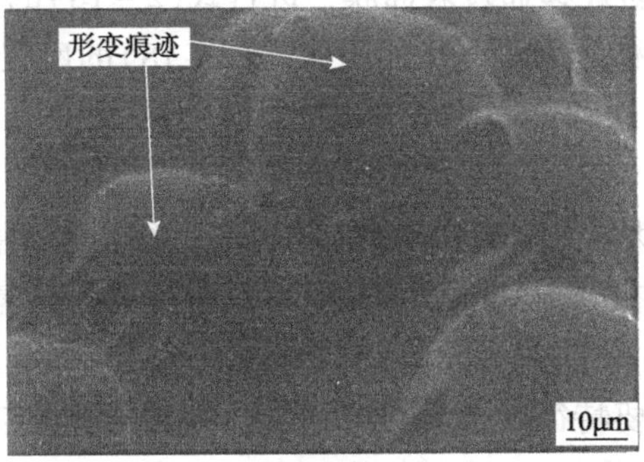

(a)氢鼓泡

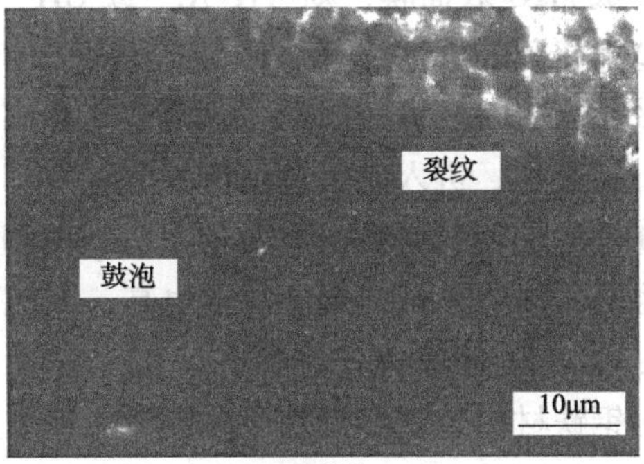

(b)裂纹

图 2－18 铝充氢时产生的氢鼓泡及从鼓泡壁形核的裂纹

2. 铝合金氢脆的特征

铝合金在干燥氢气中不发生氢脆，研究表明，任何铝合金在高压氢气中慢位伸不会显示明显的塑性损失。预制裂纹试样在干燥的高压氢中也不会产生滞后开裂。例如，6061－T6 和 7075－T73① 光滑或缺口试样在 70MPa 的高压氢中强度和塑性并不下降。和钢不同，铝合金表面存在一层致密的氧化膜，正是这层氧化膜的存在阻碍了分子氢的吸附和分解，即在高压氢中原子氢不能进入试样，从而不会显示塑性损失。基于此，如 H_2 中混有活性的原子氢，则它就能进入铝合金从而引起氢致塑性损失。可以认为，铝合金在 H_2 中不显示氢脆的原因是分子氢不能通过表面吸附(物理吸附和化学吸附)而进入试样内部。预先给试样充氢后慢拉伸，则铝合金就能显示塑性损失，这就是内氢脆。在溶液中边慢拉伸边充

① 铝合金牌号 1××× 表示纯铝；2××× 表示以铜为主的 Al－Cu 系合金；3××× 表示以 Mn 为主的 Al－Mn 系；4××× 表示 Al－Si 系；5××× 表示 Al－Mg 系；6××× 表示以 Mg 和 Si 为主的 Al－Mg－Si 系；7××× 表示以 Zn 为主的 Al－Zn 系；8××× 表示以其他元素为主的铝合金。T 为合金热处理状态，如 T6 为固溶后人工时效处理，T73 为固溶后分级时效处理。

氢也能显示氢脆。

在湿空气中浸泡充氢，如果介质中含有水蒸气，则可通过下述反应形成原子氢：

$$Al \longrightarrow Al^{3+} + 3e^- \tag{2-17}$$

$$2Al^{3+} + 6H_2O \longrightarrow 2Al(OH)_3 + 6H^+ \tag{2-18}$$

$$H^+ + e^- \longrightarrow H \tag{2-19}$$

因为 Al 合金表面有一层氧化膜(Al_2O_3 或 MgO)，因而 Al^{3+} 经过氧化膜后，在氧化膜和水蒸气的界面上发生式(2-18)的反应。若水分解($H_2O \longrightarrow OH^- + H^+$)后 OH^- 的活动能力很大，以致可穿过氧化膜进入金属表层，式(2-18)就可在氧化膜和合金表层的界面上发生。类似地，式(2-19)的放电过程可在氧化膜和水蒸气的界面上发生，但如 H^+ 穿透氧化膜的能力较大，则可在金属表层发生放电反应。很显然，在后一种条件下原子氢更容易进入合金内部。

影响原子氢进入试样的主要因素有以下几个：

①氧化膜的本质。有研究表明，如氧化膜是无定形的 Al_2O_3，则能阻碍 Al^{3+} 的迁移。如果生成 MgO 表面膜，则可使 Al^{3+} 或 OH^- 容易迁移通过表面膜，进行式(2-18)的反应。

②氧化膜的厚度。氧化膜越厚，离子的迁移越困难，从而阻碍式(2-18)的反应进行。

③预充氢时环境的温度。温度升高时离子迁移能力增大，式(2-17)~式(2-19)反应进行得更快，进入的氢量也更多。

④环境的相对湿度。湿度越高(H_2O 浓度大)反应式(2-18)越容易进行，产生的 H^+ 浓度也高，故进入试样中的氢量也高。因此，在湿空气中放置充氢可获得极高的含氢量。

3. 铝合金氢脆的可逆性

对钢铁材料来说，氢致塑性损失的一个重要特征就是具有可逆性，即如果充氢后接着把氢除去，则其塑性就和未充氢试样相同。由此可知，氢致塑性损失是由原子氢控制的。对铝合金来说，情况和钢完全一样。

由于铝合金充氢后可以产生韧性断口，因而氢致塑性损失就并不总和脆性断口相联系，和钢材质一样，充氢铝合金的断口形貌还和其他因素有关，因而在相同的塑性损失条件下，断口形貌可以完全不同。

4. 铝合金的氢脆机理

铝合金的氢脆机理较为复杂，本节主要介绍氢与位错交互理论和合金元素在晶界的偏析理论。

(1)氢与位错交互理论

位错是氢的陷阱，氢在铝中的迁移依赖于位错，固溶氢会被铝合金的某些晶体结构所捕获，这些晶体结构也可看作是氢陷阱，当氢陷阱达到饱和时，如果位错的滑移经过该饱和氢陷阱区，会被这个区域所阻碍，使其很难继续运动，从而降低了铝合金的位错能。近年来，在氢与位错交互作用的理论基础上又有学者提出了铝合金氢脆的新机理：氢存在偏聚现象会促进局部塑性变形，即使外加的应力相对于断裂应力比较低的情况下，氢依然会促进位错的发射和运动并且达到裂纹萌生和扩展的最小值，导致合金在局部产生应力集中，氢的应力集中降低了原子键合力，裂纹开始萌生并扩展，最终导致氢致脆性断裂。

(2)合金元素在晶界的偏析理论

高强铝合金厚板沿厚度方向的应力腐蚀及腐蚀疲劳裂纹主要是沿晶界扩展，因此晶界的化学性质在这些过程中必然起着十分重要的作用。然而，到目前为止还没有人从理论上系统地研究晶界偏析在高强铝合金氢致断裂过程中的作用，因此仍有进一步深入探讨的必要。从理论上搞清晶界偏析与氢致断裂的关系，对于深入了解高强铝合金的氢脆本质及寻找提高其抗应力腐蚀性能的途径将有着十分重要的理论和实际意义。

本节分别采用自由电子理论和准化学理论讨论晶界偏析对晶界强度的影响，并对高强铝合金的氢致断裂机理进行探讨。

自由电子理论：众所周知，金属原子间的结合能可以反映金属的强度，原子间结合能为负值，其绝对值越大，金属的强度也越大。但结合能越大，则空位形成能也越大。空位形成能是指由晶体内部原子正常位置上取出2个原子放在晶体的表面点阵位置上所需的功(假设晶面是粗糙的，加入1个原子在表面上不增加表面积，只增加1个原子的体积，如图2-19所示)。

对于贵金属(如Cu、Ag、Au等)的空位形成能，假定金属中的正离子电荷是均匀分布的，电子是以自由电子的形态在晶体中运动。可以分2步来考虑：第1步，先把一个正离子的正电荷均匀地分摊到基体中，然后把这个不带电的原子取出去，这样的晶体还是保持电中和；第2步将其放在表面上并恢复其电荷。在第1步中所起的主要作用是形成一个正离子的空位，正电荷密度分布可用图2-20的“陷阱”来表示，电子云的分布相应也有变化，在陷阱处的电子密度有所降低，但不为0。这是因为如果在陷阱处的电子密度为0，构成如此分布所对应的波必定包括波长较短的成分，这将使电子能量过分提高。相反，如果电子云仍然是均匀的，出现在陷阱处的负电荷对整个电子云起着干扰电荷的作用，也会使电子云的静电势提高。这2个矛盾因素决定了电子云的不均匀分布。所以，第1步中主要计算电子云不均匀分布对电子能量的提高，这将是空位形成能的组成部分。在第2步中，将正离子放在晶体表面上造成晶体体积膨胀，这将使电子的费米能降低，计算空位形成能时也要考虑这一点。如果略去空位周围原子因松弛而发生的位移，则空位形成能就是由上面2部分组成的。

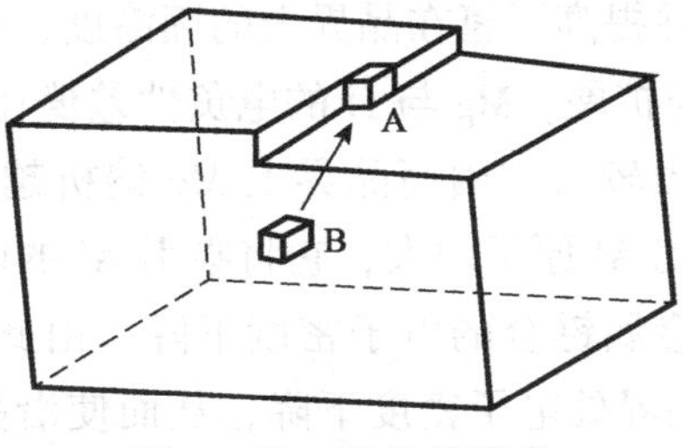

图2-19　空位的形成

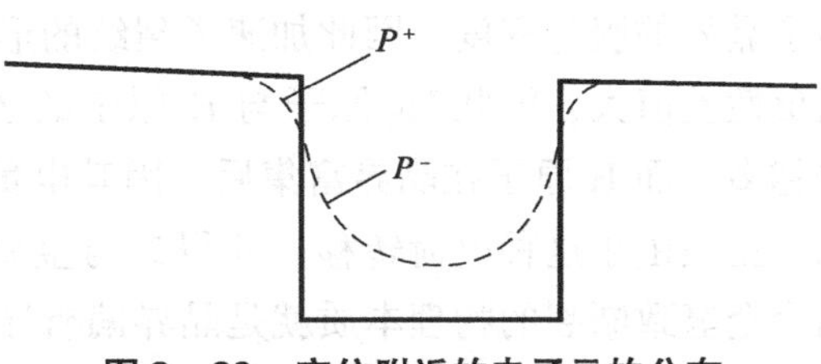

图2-20　空位附近的电子云的分布

通常，正电和负电是均匀分布的，且到处是电中和状态。图2-19中B点处的一价正离子的电荷加入基体中，将这个不带电的原子拿走，B点出现一个负电荷，变成一个电场的中心，但是B点周围正负电分布不均匀，在负电荷为中心的周围被过剩的正电荷所屏蔽。电荷分布有了这样的改变，整个体系静电势能将增加，这就是自由电子理论。

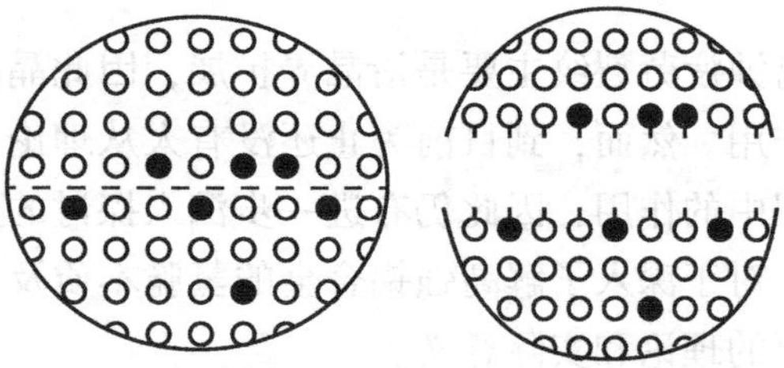

图 2-21　二元合金界偏析与晶界断裂示意

准化学理论：二元合金晶界偏析与晶间脆性理论是基于准化学理论提出的，二元合金晶界偏析对晶间脆性的影响采用演绎与归纳相结合的方法进行分析，二元合金晶界偏析引起晶界断裂的模型如图 2-21 所示。

假设晶界在室温条件下开裂后溶质原子没有重新分布，则破断穿过晶界的键所需的能量由悬挂键数目及其能量之和所决定，而这些能量可由升华焓(热)来计算。在溶质 B 溶于溶剂 A 的二元合金系统中，考虑晶界的一侧对另一侧的原子对相互作用，单位面积升华焓较基体金属 A 为低的杂质 B，是脆化杂质，反之，为韧化杂质。假设杂质 B 是 Mg，随着晶界上 Mg 偏析浓度的增加，晶界上每个原子的平均结合能随之减小，结合力也随之下降，即 Mg 偏析脆化了晶界。之所以出现这样的规律，是由于带有 2 个价电子的 Mg 原子在晶界上取代了具有 3 个价电子的 A 原子后，改变了晶界局部电子密度状态，相对于无 Mg 偏析的晶界，Mg 的偏析导致晶界处 Al 原子间的电子密度减小。根据量子力学理论，电子密度及其分布状态是影响金属晶体原子间结合力的基本因素之一，电子密度越小，则原子间的结合力越弱。高强铝合金的应力腐蚀开裂敏感性随着晶界 Mg 偏析浓度的增加而增大，因为随着 Mg 偏析浓度的增加，晶界原子结合能减小及结合力下降，导致晶界脆化，从而使晶界的断裂应力也下降，因此合金的应力腐蚀开裂敏感性随之升高。假设杂质 B 是 Mg 和 H，随着晶界 Mg、H 偏析浓度的增加，沿晶断裂功下降百分数随之增大，即沿晶断裂功随之下降，且在相同偏析浓度的情况下，H 比 Mg 脆化晶界强烈，约是 Mg 的 3 倍。结果表明：Mg、H 同时偏析导致的沿晶断裂功下降量略小于 Mg、H 分别偏析时而导致的沿晶断裂功下降量的叠加。由此可知，Mg 原子与 H 原子之间的相互作用较 Al 原子与 H 原子之间的相互作用强，即 Mg 与 H 有可能形成复合体。然而，Mg-H 复合体并未进一步脆化晶界，其原因在于 Mg 和 H 之间较强的相互作用降低了 H 脆化 Al 晶界的作用。

根据上述理论，很容易解释 Mg 晶界偏析在高强铝合金氢致断裂过程中的作用。一方面，Mg 偏析引起晶界结合力及沿晶断裂功下降，导致晶界脆化；另一方面，由于 Mg-H 之间较强的相互作用而促进 H 的吸收，加速其扩散并提高了氢在晶界上的固溶度，从而大大增强了晶界的脆化程度，因此加速了裂纹的形成与扩展。Mg 与 H 的电负性差值比 Al 与 H 的电负性差值大，因此 Mg 原子与 H 原子的亲和力较大，因而晶界上 Mg 偏析越多，H 富集也越多。而 H 原子在晶界富集后，因其电负性比 Al 原子的大，它将吸引 Al 的电子到其周围。正是由于这种电荷转移，使得参与金属-金属键合的电子密度下降。由此可见，高强铝合金氢致断裂的物理本质就是晶界偏析导致晶界处电子密度下降，从而使沿晶断裂功也随之下降，因而晶界发生脆化。

5. 影响铝合金氢脆的因素

(1)形变速率和试验温度对氢脆的影响

由氢脆的可逆性可知，它是由原子氢所控制的，因而也必然和原子氢的扩散过程有关。因此和钢一样，试验温度和形变率必然会明显影响氢致塑性损失。7075-T651 在

pH =1的 HCl 中电解充氢，在 -100℃附近氢致塑性损失有最大值，试验温度比它高或低都将使塑性损失下降，见图2-22(a)。随着位移速率升高，氢脆敏感性下降；当位移速率大于10mm/s，不再显示塑性损失，见图2-22(b)。

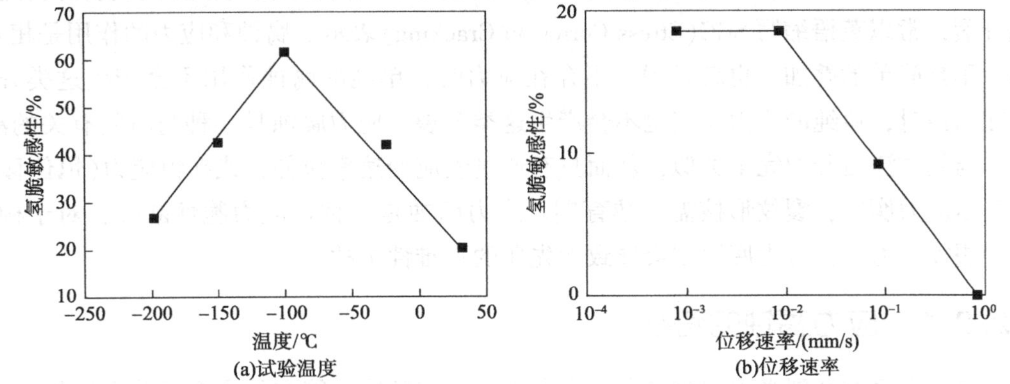

图2-22 7075-T651 在 pH =1 的 HCl 中充氢后氢脆敏感性随试验温度和位移速率的变化

(2)氢浓度对氢脆的影响

铝合金的内氢脆随着试样氢含量的增加而变得更为敏感，纯铝随着充氢时间增长(进入试样的平均氢浓度升高)断裂应变下降，即氢脆敏感性升高。

(3)成分和微观结构对铝合金氢脆的影响

图2-23 所示为加入不同合金元素后氢脆敏感性随充入氢量的变化。可以看到，在相同氢含量下，加入 Te、Zn、As 能使塑性损失明显增加，而 Zr、Cr、Mn 则相反。从充氢后的拉伸断口也可以看出这种变化。Al-8Mg 合金饱和充氢后是沿晶断口，而加入 Zr、Cr 之后则成韧窝断口，加入 Mn 仅保留少量沿晶断口。相反，加入 Te、Zn、As 则使沿晶断裂的倾向更加明显。

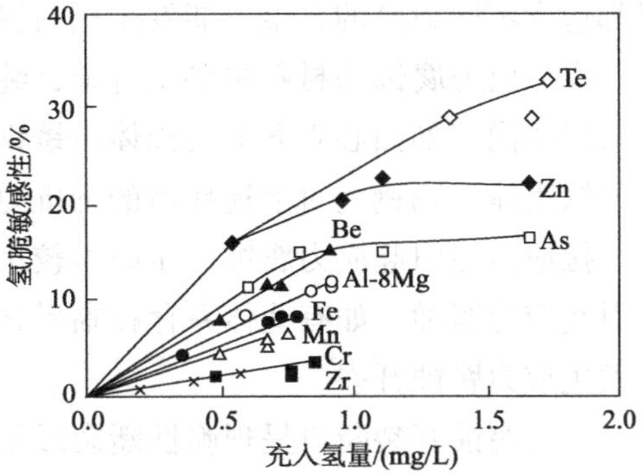

图2-23 含0.3%不同元素的 Al-8Mg 的氢脆敏感性随充入氢量的变化

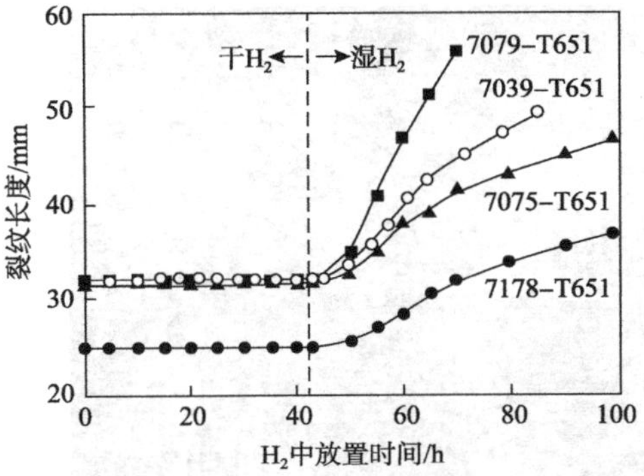

图2-24 铝合金恒位移试样在干 H_2 和湿 H_2 中裂纹的扩展

6. 铝合金的氢致滞后开裂

大量研究表明，铝合金在干燥的高压氢气中不会产生氢致滞后开裂。在湿氢气中会发生氢致滞后开裂，如4种高强度铝合金(7079、7075、7039、7178全为T651状态)的恒位移预制裂纹试样在干燥的 H_2 中裂纹并不扩展，但如果通入水蒸气(相对湿度100%)，则裂纹立即开始扩展，见图2-24。

2.2 应力腐蚀

应力腐蚀开裂是金属结构在拉应力和特定腐蚀环境共同作用下引起的破裂，简称应力腐蚀开裂，常以英语缩写 SCC(Stress Corrosion Cracking)表示。腐蚀和应力的作用是相互促进的，不是简单的叠加。也就是说，不存在应力时，单纯的腐蚀作用不会产生这类开裂；不存在腐蚀时，单纯的应力作用也不会产生这类开裂。应力腐蚀是一种与时间有关的滞后破坏，与氢致滞后开裂完全类似，从而只有通过慢应变速率拉伸，或在恒应力(恒位移)下才能显示应力腐蚀，裂纹形核需要孕育期。应力腐蚀是一种低应力脆性断裂，对于构件，在低的服役应力下，应力腐蚀就会导致无先兆的灾难性事故。

2.2.1 应力腐蚀的特征

产生应力腐蚀开裂必须同时具备 3 个条件：特定环境、特定的合金成分和结构，足够大的拉应力。

对于每一种金属或合金，只有在特定的介质环境中才能发生应力腐蚀开裂，每一类材料都包含不同成分的合金，能发生应力腐蚀的介质并不相同。

发生应力腐蚀的材料主要是合金，纯金属极少发生。合金结构差异致使发生应力腐蚀的情况不同，如面心立方的奥氏体不锈钢在氯化物溶液中很容易产生应力腐蚀，但体心立方的铁素体不锈钢则对上述环境的抵抗力要强得多。

拉应力能引起应力腐蚀，压应力较小时会阻止或延缓应力腐蚀。但压应力过大时，也会引起应力腐蚀。如有些体系存在临界开裂应力时，当应力状态大于临界开裂应力时，体系发生应力腐蚀开裂。

应力腐蚀开裂断口呈现脆性断裂形貌。对氢致开裂型的应力腐蚀，如高强钢在水介质中，其断口形貌和钢的屈服强度 σ_s、外加恒应力大小(或 K_I 高低)及应力腐蚀进入的氢浓度 c_H 有关。当 σ_s 较低、K_I 较高、c_H 较低时得到韧窝断口；随着 σ_s 升高，K_I 降低或 c_H 升高(如存在 H_2S)，可变为准解理或沿晶断口。断口形貌可分为沿晶应力腐蚀、穿晶应力腐蚀(图 2－25)和混合应力腐蚀(图 2－26)3 类。

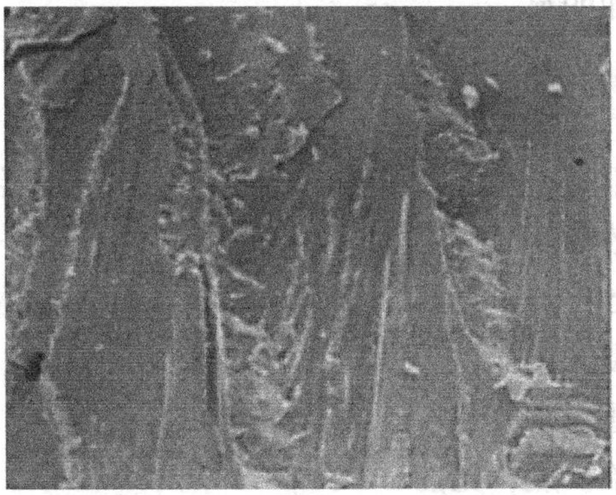

(a)穿晶断口

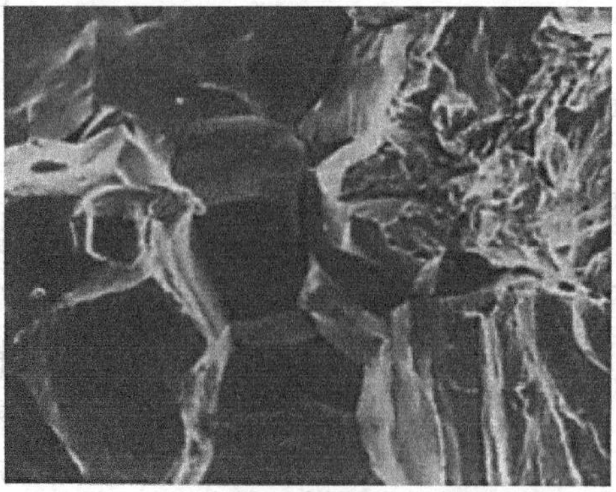

(b)沿晶断口

图 2－25 阳极溶解型应力腐蚀($Ag-Au$ 在 $HClO_4+KCl$ 溶液)穿晶和沿晶断口

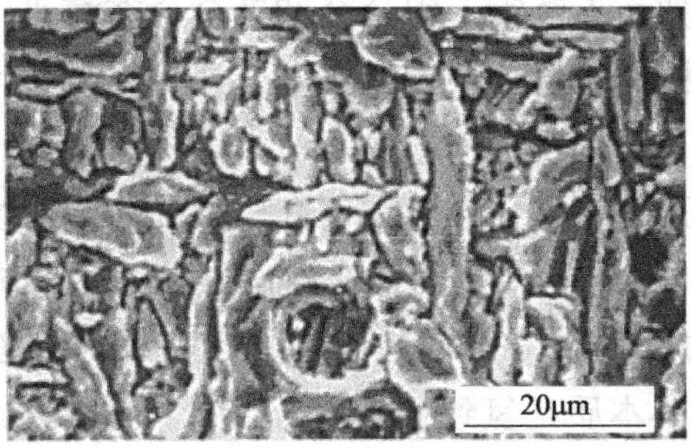

(a)Ti_3Al+Nb在甲醇溶液中

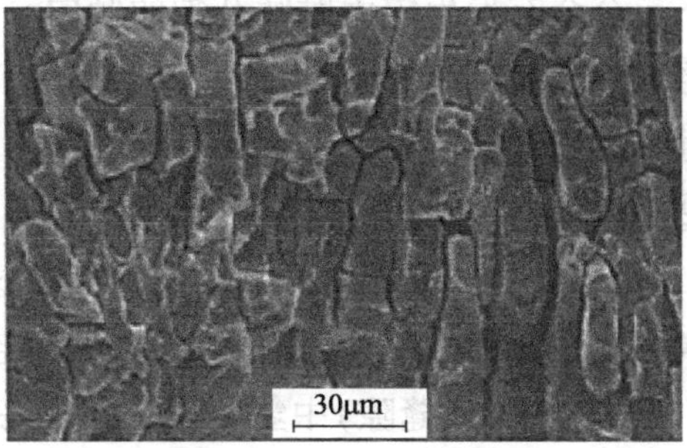

(b)双相不锈钢在H_2S溶液中

图2-26 混合应力腐蚀断口

2.2.2 应力腐蚀的环境因素

腐蚀是材料在环境作用下产生的破坏或变质，因此环境因素应首先考虑。研究表明：引起应力腐蚀开裂的合金和介质具有一定的特殊组合性，影响应力腐蚀开裂的环境因素有温度、介质的种类和浓度、溶液的 pH 值等。

(1)合金-环境特殊组合

并非给定的合金在任意环境下都会发生应力腐蚀开裂，也并非给定的环境使所有合金都发生应力腐蚀开裂。不同的“合金-环境”组合对环境的依赖性不同，且产生应力腐蚀开裂的机理也不相同，产生应力腐蚀开裂的特定合金与介质组合见表2-3。

表2-3 产生应力腐蚀开裂的特定合金与介质组合

材料	介质
低强度钢	NaCl 水溶液、氨水、NaOH 溶液、$CO-CO_2-H_2O$、硝酸盐或碳酸盐溶液、土壤、H_2S 水溶液
高强度钢	湿空气、水介质、有机溶剂、HCN 溶液、H_2S 水溶液
奥氏体不锈钢	热盐溶液、NaOH 溶液、高温纯水、NaCl 水溶液、连多硫酸、H_2S 溶液、$H_2SO_4+CuSO_4$ 溶液
镍合金	高温水、热盐溶液、卤素化合物溶液、$H_2S+CO_2+Cl^-$、NaOH 溶液、$S_2O_3^{2-}$ 和 $S_2O_5^{2-}$ 溶液
铝合金	湿空气、含 Cl^- 的水溶液、高纯水、有机溶剂
铜合金	氨溶液、$NaNO_2$、乙酸钠、酒石酸钾、甲酸钠溶液、纯水
钛合金	水溶液、有机溶剂、热盐、发烟硝酸、N_2O_4
镁合金	湿空气、高纯水、$KCl+K_2CrO_4$ 溶液
锆合金	水溶液、热盐溶液、有机溶剂、CCl_4、$CHCl_3$、卤素蒸气
金属间化合物	水溶液、甲醇溶液
非晶	水溶液

研究表明，一般促进合金发生应力腐蚀开裂的介质有以下3种情况：

①在介质中有促使合金表面形成钝化膜的物质，同时又含有破坏钝化膜完整性离子的

情况下，合金有发生应力腐蚀开裂的倾向。例如，不锈钢、铝合金和钛合金在海水中表面均可形成钝化膜，海水中含有破坏钝化膜完整性的氯离子，所以这些合金在海水中均有应力腐蚀开裂的倾向。

②介质能向合金提供足够的氢以引起氢致开裂，并且合金在该介质中的均匀腐蚀速度很低，合金(特别是氢脆倾向大的合金)在这种介质中具有发生应力腐蚀开裂的倾向。例如，高强钢在蒸馏水中，表面不能形成稳定的钝化膜，但均匀腐蚀速度很低，表面缺陷(表面裂纹、缺口或缝隙)中氢离子浓度很高，其本质是氢致开裂，所以对氢脆敏感的高强钢在这种介质中具有应力腐蚀开裂的倾向。

③在介质有促使浸入的合金表面形成钝化膜，不含有破坏膜完整性离子的情况下，若具有以下一种或几种特点：钝化剂量不足；介质在金属表面缺陷中能激发内部金属溶解或激发缺陷内介质析氢；介质形成低强度的钝化膜时，合金也具有应力腐蚀开裂的倾向。

(2)温度

一般来说，环境温度越高，应力腐蚀开裂越快，有的应力腐蚀体系存在一个临界开裂温度。如316L不锈钢在1% NaOH溶液中漫应变速率拉伸试验时，当温度由200℃提高到280℃，试样的延伸率、断裂时间和最大断裂应力均明显下降。

(3)介质的种类和浓度

对应腐蚀开裂起特定作用的“特性介质”浓度，在适当范围内时，发生应力腐蚀的可能性较大，开裂时间较短。浓度很低时，往往开裂时间很长，有时甚至不开裂。但浓度影响究竟如何，需视具体的“合金－环境”特殊组合体系而言。

(4)溶液的pH值

溶液pH值也对应力腐蚀有重要影响，一般pH值下降会使应力腐蚀开裂的敏感性增大。

2.2.3 应力腐蚀的力学因素

只有存在应力(特别是拉应力)时，才能产生应力腐蚀开裂。这种应力可以是内应力，如加工和热处理过程中引入的残余应力、腐蚀产物的楔入作用而引起的拉应力，也可以是外加应力。

在残余应力中以焊接应力为主，如焊接管道在土壤中发生应力腐蚀，平行焊缝在热影响区形成应力腐蚀开裂，见图2－27。304L不锈钢退火酸洗后在42% $MgCl_2$沸腾溶液中放置3个月，发现断面上有穿晶应力腐蚀裂纹，见图2－28。这是因为点蚀坑中的固体腐蚀产物比体积大，能起到楔子的作用，从而产生横向拉应力。

除了材料的内应力外，结构和零件在使用过程中还要承受工作应力，实际工件或零件发生应力腐蚀的应力是工作应力和内应力的叠加。虽然实际构件的工作应力很小，与内应力叠加的结果可能产生较高的拉应力，高的应力达到发生应力腐蚀开裂的临界应力以上，从而在腐蚀环境中产生应力腐蚀开裂。应当指出，宏观压应力在某些情况下也可以产生应力腐蚀开裂。

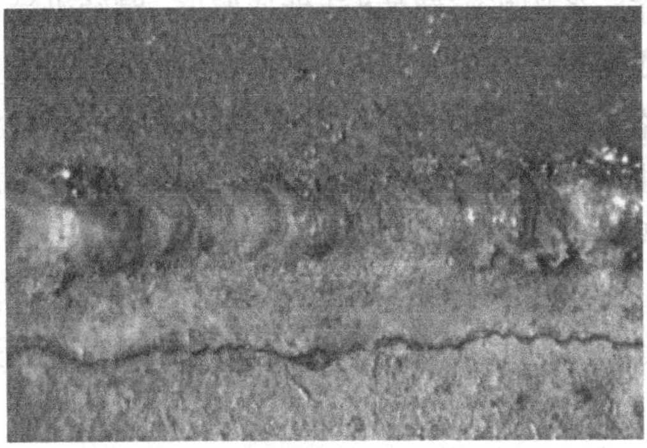

图2-27 焊接管道在土壤中的SCC

图2-28 不锈钢在42%$MgCl_2$沸腾溶液中的SCC

2.2.4 应力腐蚀的机理

应力、氢和腐蚀介质是材料的3个损伤因素，每个因素本身、2个或3个因素耦合都有可能使材料损伤。单加应力能导致过载断裂或疲劳断裂。腐蚀介质本身会产生均匀腐蚀。氢本身能导致不可逆氢损伤，如钢中白点、高温氢蚀、金属氢化物和氢致马氏体相变等。应力和腐蚀介质耦合会导致应力腐蚀、腐蚀疲劳，以及其他和应力有关的腐蚀，如图2-29中Ⅰ区所示。应力和氢耦合引起氢致可逆塑性损失或氢致滞后开裂，如图2-29中Ⅱ区所示。氢和腐蚀介质耦合包括氢促进腐蚀和氢影响钝化膜，如图2-29中Ⅲ区所示。应力、氢和腐蚀介质三者耦合，如图2-29中Ⅳ区所示。它包括2层含义：一是指氢致开裂型的应力腐蚀，这时氢来源于应力腐蚀过程（阴极析氢过程）；二是指预先充入试样的氢，或应力腐蚀过程中进入试样的氢对阳极溶解型应力腐蚀的促进作用。

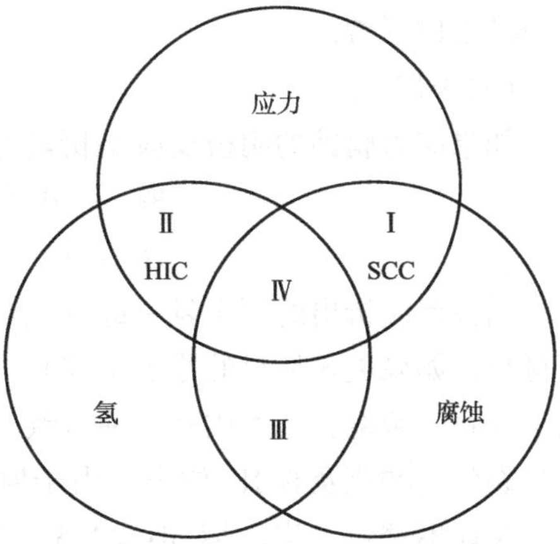

图2-29 氢、应力和腐蚀介质对材料协同作用示意

根据应力腐蚀开裂的机制不同，一般认为应力腐蚀可分为2大类：一类是阳极溶解型，另一类是氢脆型。但对于许多“合金-环境”体系，阳极溶解或氢脆可能同时起作用。

（1）阳极溶解机理

如果应力腐蚀的阴极反应是吸氧过程，即：

$$Fe \longrightarrow Fe^{2+} + 2e^- \quad \text{阳极金属溶解}$$

$$H_2O + 1/2O_2 + 2e^- \longrightarrow 2OH^- \quad \text{阴极吸氧}$$

这时不涉及氢，故应力腐蚀是由阳极溶解过程所控制的。但也有涉及氢的情况下仍然是阳极溶解型应力腐蚀，如高强钢在水溶液中的应力腐蚀就是氢致滞后开裂的一个特例。如果阴极反应进入材料的氢不足以引起裂纹的形核、扩展，这时应力腐蚀仍由阳极溶解过程所控制，H的进入对应力腐蚀裂纹形核和扩展仅起促进作用，甚至没有影响。这时尽管阴极是析氢反应，但仍属于阳极溶解型应力腐蚀。

电化学阳极溶解理论的观点认为合金中存在一条阳极溶解的“活性通路”，腐蚀沿这些途径优先进行，阳极侵蚀处就形成狭小的裂纹或蚀坑。在腐蚀环境中，当活性通路与周围的主体结构产生相适应的电位关系，即活性通路成为电偶中的阳极时，电化学腐蚀就是沿着这条路线进行。这条路线很窄，窄缝前缘的曲率半径可能只有原子大小。它可能沿着晶界，如铝合金和黄铜，也可能穿过晶粒，如奥氏体不锈钢和镁合金。

“活性通路”通常多为晶粒边界、塑料变形引起的滑移带，以及金属间化合物、沉淀相，或者由于应变引起表面膜的局部破裂。当有较大应力集中时，会使这些活性通路处进一步产生变形，形成新的活性阳极。

阳极溶解机制较好解释了应力腐蚀开裂的一个主要特征，即金属和介质的特定组合。但是，纯粹的电化学溶解机制在许多情况下难以说明应力腐蚀开裂的速度，也不能很好地解释其断口形貌。

(2)氢脆机理

如果应力腐蚀的阴极反应是析氢过程，即：

$Fe \longrightarrow Fe^{2+} + 2e^-$　　阳极金属溶解

$H^+ + e^- \longrightarrow H$　　阴极析氢

阴极反应析出的原子氢一部分复合成 H_2 跑出溶液，另一部分 H 则通过吸附解离后进入材料。如果进入材料的原子氢控制了应力腐蚀裂纹的形核和扩展，这时应力腐蚀体系就属于氢致开裂型，其本质是一种氢致开裂，也称为氢脆。目前研究认为氢致开裂机理的依据是裂尖的酸化及有 H_2 放出，由于腐蚀产物的水解作用，蚀坑底部和裂尖内溶液酸化。对奥氏体不锈钢，当环境 pH = 4.5 ~ 8.2 时裂尖的 pH = 0.7 ~ 2.0，一般测量值约为 1.0，裂尖酸化为阴极析氢反应提供了条件。奥氏体不锈钢在氯化物中应力腐蚀时有 H_2 气放出，这点已被很多研究所证实。

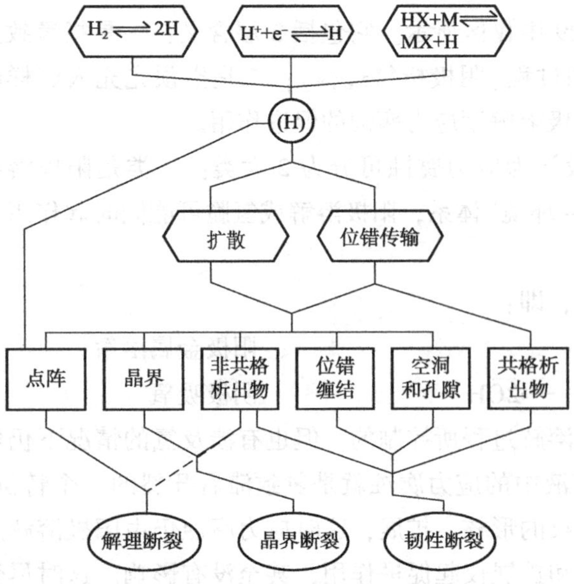

图 2-30　氢脆的过程

使材料变脆可能通过以下几种途径：氢原子进入金属空穴，生成 H_2，造成高压氢，使材料承受载荷能力下降；氢扩散到蚀坑或裂纹尖端三轴应力区，使材料结合力下降；生成脆性氢化物；裂尖吸附氢，降低表面能，使材料易于开裂。

如图 2-30 所示，大致概括了氢的来源、传输方式和去向，以及氢脆应力腐蚀引起的断裂方式。环境中氢离子在阴极还原后，变成氢原子，氢原子通过点阵扩散、位错扩散或界面扩散进入晶格、集中于位错线或集中于界面，可以产生解理断裂、晶界断裂或韧性断裂。

2.2.5 典型体系应力腐蚀

2.2.5.1 铁素体钢的应力腐蚀

铁素体钢在一定条件下会发生应力腐蚀，如高强钢在含水的介质中、油管钢在 H_2S 环境中、埋地管线在土壤中、低强钢在热碱中等均可发生应力腐蚀开裂，下面以铁素体钢在 H_2S 体系中会产生应力腐蚀为例进行讨论。当油田含 H_2S 时，采油用的油管、套管及抽油杆等中、低强钢都能发生 H_2S 应力腐蚀，故必须使用能抗 H_2S 的钢种。作用在埋地输油、输气管上的应力一般并不大，但在 H_2S 中浸泡能出现氢鼓泡和裂纹。在某些情况下管线所受局部应力较大(如管线受挤压、扭曲等)，即使 H_2S 浓度低，不会发生可逆氢损伤(鼓泡和裂纹)，但通过应力诱导扩散氢富集后，就会引起氢致裂纹形核、扩展，即发生 H_2S 应力腐蚀。因此，近年来对管线钢的 H_2S 应力腐蚀已开展了广泛的研究。除了油井管和输油管会和 H_2S 接触外，石化工业中很多设备和管道都有可能和 H_2S 接触。故对各种合金钢的抗 H_2S 应力腐蚀开展了大量工作。由于 H_2S 本身是 H 复合成 H_2 的毒化剂，从而促使更多的原子氢进入试样。故在 H_2S 中应力腐蚀时，进入试样的氢浓度远高于在 H_2 中充氢及大电流电解充氢时进入的氢浓度。因此在 H_2S 中引起的氢脆敏感性比 H_2 中更大，H_2S 应力腐蚀断口为沿晶，而 H_2 中则为准解理。此外，钢的成分、组织、硬度等参数都会对 H_2S 的应力腐蚀有影响。

2.2.5.2 奥氏体不锈钢的应力腐蚀

奥氏体不锈钢在特定的环境下会产生应力腐蚀开裂，如不锈钢在室温氯离子溶液中、不锈钢在热盐溶液①中、不锈钢在高温水中、不锈钢在热碱溶液中、不锈钢在连多硫酸②中、不锈钢在 H_2SO_4 和 H_2S 中、不锈钢在硫代硫酸钠($Na_2S_2O_3$)溶液中等均会产生应力腐蚀开裂。下面以奥氏体不锈钢的氯脆为例进行讨论。氯脆是奥氏体不锈钢在热浓的含 Cl^- 溶液环境中发生脆断的简称。这个问题在奥氏体不锈钢设备中较早出现，是一个典型的金属应力腐蚀问题。

奥氏体不锈钢的氯脆一般都是穿晶型，这与含有氯化物的溶液有关。但是，在某种冶金和环境条件下，断裂方式主要是晶间型，这通常与敏化的显微组织有关，这种破坏可以认为是应力协同下的晶间腐蚀。

下面以 18-8 奥氏体不锈钢为例说明其机理。研究表明，该体系可以认为是阳极溶解或氢脆机理同时作用。这一体系发生开裂的必需的化学物质是 Cl^- 和微量氧。不锈钢在有氧的环境中很易钝化，氧的存在满足第1阶段的条件。Cl^- 是破坏钝化膜的离子，满足第2阶段条件。在第3阶段，膜破坏形成裂纹源后，Cl^- 扩散入闭塞区，由于金属氯化物水解，产生盐酸，引起裂缝尖端加速腐蚀。Cl^- 在第3阶段也起了主要破坏作用。但 Cl^- 在第2和

① 一般认为，凡水溶液呈酸性的氯化物都是奥氏体不锈钢的应力腐蚀介质。

② 把 H_2S 吹入 SO_2 水溶液就可形成连多硫酸 $H_2S_3O_6$、$H_2S_4O_6$ 或 $H_2S_5O_6$。对炼油涉硫设备，服役时腐蚀形成 FeS，检修时它和空气中 O_2 和 H_2O 反应能生成连多硫酸。

第3阶段的作用不同，前者是破坏钝化，后者是产生盐酸。

裂纹中的闭塞电池，因为尺寸很小，内部的溶液不易与外部发生对流交换，溶液将不断浓缩。同时随着腐蚀过程的进行，产生金属离子富集，为保持溶液的电中性，必然出现裂纹内部的金属离子与外部的活性阴离子相向扩散迁移，在裂纹内部形成的二次腐蚀产物（如氯化物）进一步水解而使溶液酸化。有研究曾经直接测出其pH值达到3.2～3.4，这样就使腐蚀大大加快。也有研究以18－8奥氏体不锈钢在42% $MgCl_2$ 溶液中测定，裂纹内部的腐蚀电流密度 $i\approx10^{-5}A/cm^2$，而裂纹尖端则高达 $i\geqslant0.5A/cm^2$，说明腐蚀速度相当快。

2.2.5.3 铝合金的应力腐蚀

铝合金应力腐蚀的表征和钢相同，对无裂纹试样，可用慢拉伸的应力腐蚀敏感性 I 及门槛应力 σ_c 来表征。对预制裂纹或缺口试样，可用应力腐蚀门槛应力强度因子 K_{ISCC} 和裂纹扩展速率 da/dt 来表征。有时也可用恒载荷下应力腐蚀断裂时间来表征。对铝合金来说，应力腐蚀敏感性（如门槛应力 σ_c）和材料的屈服强度 σ_s 并不存在对应关系。这一点和钢不一样。这表明，对铝合金来说强度和断裂韧性并不是应力腐蚀敏感性的控制因素。

除了超高强的AlZnMg合金（7系）及高强度的AlCuMg合金（2系）有极高的应力腐蚀敏感性外，AlZnMg合金（5系）和AlMgSiCu合金（6系）也都能产生应力腐蚀。铝合金在干燥空气（或任何其他干燥气体）中不会发生应力腐蚀，但一旦湿度超过临界值，则能产生滞后开裂。铝合金在酸中能产生应力腐蚀，如HCl、HBr和HI能促进铝合金应力腐蚀，缩短光滑试样裂纹形核时间，促进裂纹扩展。此外，高强度铝合金在含微量水（一般大于0.03%）的甲醇、乙醇等有机溶剂中也会产生应力腐蚀开裂，铝合金在有机溶剂中的应力腐蚀本质上是一种水介质应力腐蚀，这一点和低合金钢相同。本节以铝合金卤素阴离子应力腐蚀开裂为例进行讨论。

典型的铝合金卤素阴离子应力腐蚀开裂如潮湿的海洋大气中、喷洒了融冰盐的公路上等，甚至在一般大气中也发生。引发开裂所需的水分很少，如有 Cl^- 存在还会加速应力腐蚀。在水溶液中只有 Cl^-、Br^- 和 I^- 会加速铝合金的应力腐蚀开裂。Cl^-、Br^- 和 I^- 不仅是引起和促进铝合金应力腐蚀的特性离子，也是引起和促进铝合金孔蚀、缝隙腐蚀和晶间腐蚀的特性离子。

铝合金应力腐蚀开裂的机理非常复杂，影响因素很多，目前为止尚无统一的理论。总体上看，铝合金的应力腐蚀按机理可分为阳极溶解和氢致开裂2类。阳极溶解理论认为，阳极金属与腐蚀介质的电化学反应导致铝合金基体的不断溶解，进而导致应力腐蚀裂纹的萌生。对于阳极溶解的作用机制、产生机理等问题还存在一些争论和难点，这些问题目前还不是十分清楚。围绕这些问题提出了许多阳极溶解模型，如滑移溶解、阳极择优溶解、膜破裂、腐蚀产物楔入、蠕变、隧道腐蚀、表面合金化等。这里重点介绍滑移溶解机理、阳极择优溶解理论、隧道腐蚀。

（1）滑移溶解机理

金属或合金在腐蚀介质中会形成一层钝化膜（氧化膜），见图2－31，应力使滑移面上的位错（图上用⊥符号表示）开动。位错滑出表面产生滑移台阶，使膜破裂，露出无膜的新鲜金属。膜破裂部位相对有膜部位是阳极，会发生局部溶解，在外层会出现腐蚀产物。被溶解的缺口表面在溶液中会发生再钝化，钝化膜重新形成后溶解就停止。已经溶解区域的顶端(如裂尖或蚀坑底部)存在应力集中，因而该处的再钝化膜会通过位错运动而破裂，又发生局部溶解。这种膜破裂(通过滑移)、金属溶解、再钝化过程的循环重复，导致应力腐蚀裂纹的形核和扩展。

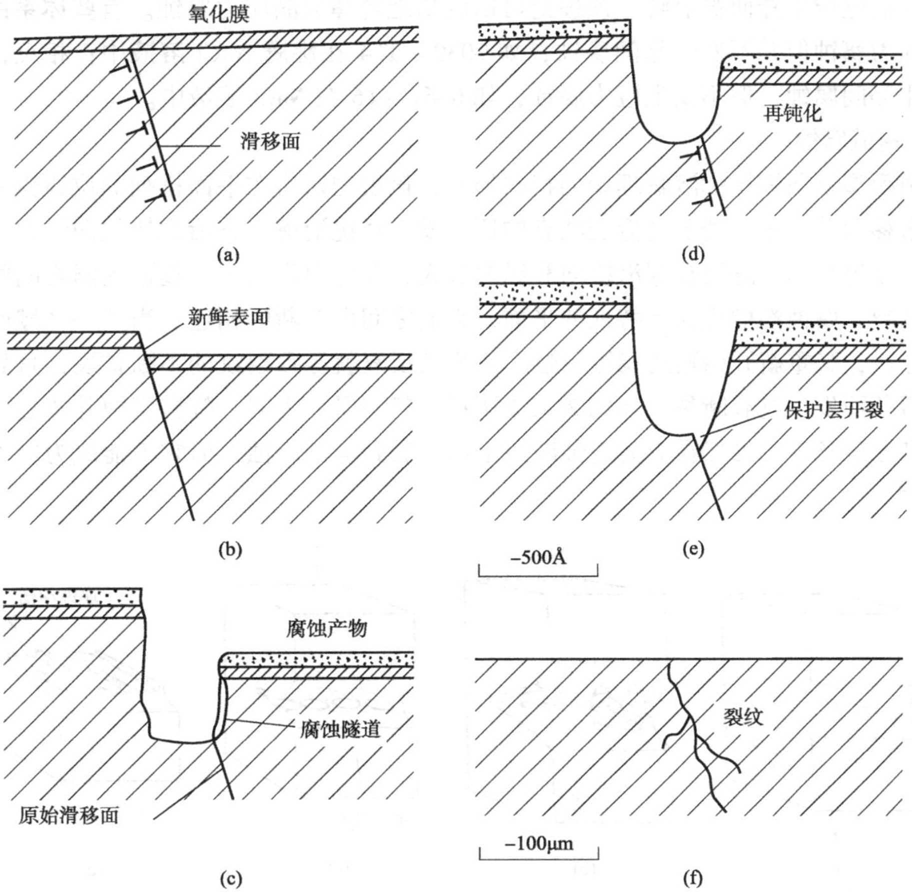

图2–31 滑移溶解机理示意

对于铝合金而言，阳极极化时，应力腐蚀以阳极溶解为主，其阳极溶解的影响比较复杂，在应力腐蚀裂纹内，裂尖(或蚀孔底部)形状和阳极溶解这2个因素促进应力腐蚀裂纹的扩展，活性阳极区与有膜部分发生溶解，伴随这一阳极溶解产生新的钝化膜。钝化膜重新形成后阳极溶解即停止。随后在应力的继续作用下，已经溶解的区域的钝化膜再一次发生破裂，然后再次发生阳极溶解，如此周而复始，造成裂纹扩展直至断裂。滑移溶解能够解释许多实验现象，但是对于无钝化膜的应力腐蚀和非连续性裂纹形核的情况却无法用滑移溶解机理进行解释。

(2)阳极择优溶解理论

阳极择优溶解也称活性通路–电化学理论，其认为在合金中存在一条易于腐蚀的、大致是连续的路径，即“活性通路”。对于沉淀强化合金，引起晶间腐蚀的活性通路是由于晶界存在以下3种电位不同的区域：晶内固溶基体(包含弥散分布的晶内沉淀析出相)；晶界析出相、偏析或者吸附的溶质原子；晶界附近的某种元素贫乏的固溶体区。时效热处理状态的7系列铝合金由于晶界连续分布的 $MgZn_2$ 相，或2系列铝合金晶界附近的溶质贫化区(无沉淀区)择优溶解而导致沿晶应力腐蚀。应力一方面使溶解形成的裂纹张开，使沿晶阳极相进一步溶解；另一方面，应力可使各个被溶解阳极相之间的孤立基体(桥)撕裂，或使孤立基体的电位下降而被溶解。该理论可以成功地解释沿晶应力腐蚀。有些体系的铝合金能发生应力腐蚀但并不发生晶间腐蚀，如7039 – T64在沸腾NaCl溶液中；相反，有些体系能发生晶间腐蚀，但不发生应力腐蚀，如6061 – T6在NaCl溶液中。

(3)隧道腐蚀

隧道模型是阳极择优溶解理论的特殊形式，该模型认为在平面排列的位错露头处或新形成的滑移台阶位置，处于高应变状态的原子发生择优溶解，它沿位错线向纵深发展，形成一个个隧道孔洞，隧道孔洞沿横向和纵向长大，在应力作用下，隧道孔洞之间的金属产生机械撕裂。腐蚀沟槽成为无特征的平面，它们之间由韧断区相连。当某一区域因机械撕裂而停止后，又重新开始隧道腐蚀。这个过程的反复就导致裂纹的不断扩展，直到金属不能承受载荷而发生过载断裂，如图2 – 32所示。然而研究表明，隧道腐蚀并非是应力腐蚀的必要和充分条件。虽然在应力腐蚀断口上偶尔看到沟槽腐蚀，但它不能成为应力腐蚀的控制机理。

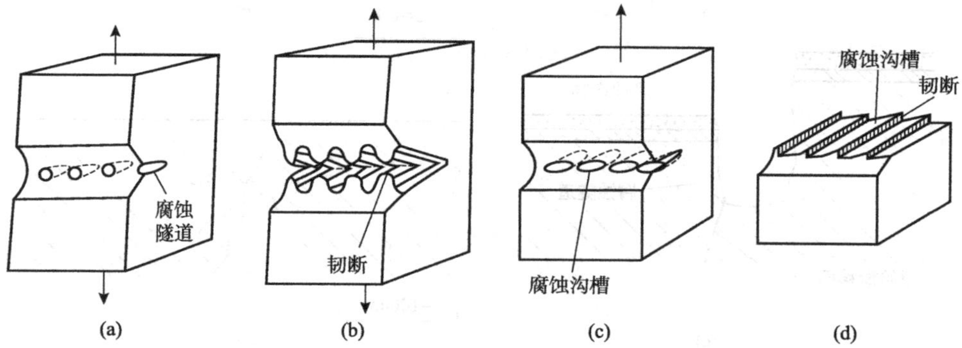

图2 – 32　隧道腐蚀示意

防止铝合金的应力腐蚀开裂首先应从正确的设计和选材来考虑，选用已知的最耐应力腐蚀的合金品种和热处理方式。喷丸处理可以产生压应力，如果喷丸后再涂一层保护漆，则效果更好。但如果发生孔蚀，透过表面压应力层，则可能引起应力腐蚀。

习题与思考题

1. 氢破坏的形式有哪些？

2. 简述氢鼓泡的形核过程，并画简图示意出氢的空位团形成、氢气泡成核、氢气泡长大、氢鼓泡和氢压裂纹形核5个过程，讨论微裂纹能从鼓泡壁形核的条件是什么。

3. 氢压裂纹形核临界压力一般为多少能引起氢压裂纹？

4. 已知：氢气泡尺寸 $r = 80\text{nm}$，球形试样半径 $R = 2\text{mm}$，材料的弹性模量 $E = 2\times$

10^5MPa，原子键合力与材料弹性模量之间的关系为 $\sigma_{th}=0.08E$，假设固溶氢的存在使得原子键合力 σ_{th}降低了4/5，试计算此时氢压裂纹形核的临界压力为多少？

5. 常用的氢致滞后断裂的表征量有哪些？

6. 简述氢鼓泡和氢蚀中的气体成分及气泡成因。

7. 结合图2－5中1020钢中的甲烷鼓泡微观形貌，讨论鼓泡呈现台阶状的成因是什么。

8. 简述氢蚀的甲烷气泡长大理论，从而深入理解氢蚀机理。

9. 抗氢蚀的对策有哪些？

10. 从抗氢蚀的角度讨论为什么一些临氢富氢装置规定了最大冷却速率不得超过42℃/h？

11. 何为“内氢脆”，何为“外氢脆”。这2种氢脆行为的本质是什么？

12. 什么叫作“钢中白点”，讨论其产生的原因，在炼钢过程中如何预防？

13. 在石油和天然气中含有 H_2S，什么叫作“H_2S 溶液浸泡裂纹”，讨论其产生的原因，如何预防？

14. 常见的高强钢氢脆断口形貌有哪些，强度对高强钢的氢脆性能有哪些影响？

15. 奥氏体不锈钢氢致塑性损失的表征量有哪些？

16. 常见的应力腐蚀断口形貌有哪些，并讨论断口形貌与屈服强度 σ_s、外加恒应力大小(或 K_I 高低)及应力腐蚀进入的氢浓度 c_H 参量的关系如何？

17. 简述对铁素体钢氢脆的影响因素。

18. 简述铁素体钢的应力腐蚀开裂机理及影响因素。

19. 简述铁素体钢强度对其氢脆和应力腐蚀开裂的影响。

20. 简述对奥氏体不锈钢氢脆的影响因素。

21. 简述奥氏体不锈钢的应力腐蚀开裂机理及影响因素。

22. 从阴极的反应过程讨论如何区分奥氏体不锈钢的应力腐蚀开裂是氢致开裂型，还是阳极溶解型？

23. 简述奥氏体不锈钢SCC的电化学阳极溶解理论，“活性途径”通常是指什么？

24. 从氢与位错交互理论谈谈铝合金的氢脆机理。

25. 从自由电子理论和准化学理论讨论晶界偏析对高强铝合金晶界强度的影响。

26. 简述铝合金的应力腐蚀开裂机理及影响因素。

27. 试用滑移溶解机理和阳极择优溶解理论解释铝合金的应力腐蚀开裂。

28. 氢、应力和腐蚀介质对材料协同作用可能产生哪些破坏体系？

29. 太原钢铁公司的“手撕钢”项目历经700多次失败，攻克170多个设备难题、450多个工艺难题，于2019年获冶金科学技术特等奖，填补了国内市场空白，维护了国内高端钢产品供应链产业链的稳定，结合“手撕钢”的研发精神和自身专业谈谈在氢对金属材料的破坏研究中如何才能“守得住清贫、耐得住寂寞、经得起诱惑、稳得住心神、负得起责任、扛得起使命”，为实现科技强国做好技术储备。

第3章　氢安全检测设备

氢气无色、无味的性质使其危险性大大增加，因为一旦发生泄漏，在氢气浓度达到爆炸水平之前是难以被感知的。通过灵敏、精准、可靠的氢气检测技术来提升其安全性，不仅可以对泄漏进行量化和检测，同时氢传感器等设备也是氢气检测系统设计的核心与基础。本章重点介绍检测技术基础、氢气传感器的类别、工作原理、光电探测器的工作原理。通过传感器的选型、调理电路的设计，实现氢泄漏检测系统和氢火焰探测系统的设计。

3.1　传感器的概述

在现代科学发展过程中，非电量的测量技术已经在各个应用领域中成为必不可少的部分。如果没有传感器对原始信息进行精确可靠的获取和转换，那么一切测量和控制都不能实现。

3.1.1　传感器的基本概念及组成

(1)传感器的定义

传感器是将被测物理量转换为与之有确定对应关系的输出量的器件或装置，或者把从被测对象中感受到的有用信息进行变换、传送的器件。传感器也称为变送器、变换器、换能器、探测器等。

传感器首先是一个测量装置，它以测量为目的；其次是一个转换装置，在不同量之间进行转换。尽管有些装置也能在不同量之间进行转换，但不是以测量为目的，因而不是传感器。

(2)传感器的作用

传感器是测试与控制系统的一部分，其作用类似于人类的感觉器官。如果一个人失去了某种感官的能力，即使有健全的大脑和发达的四肢，也很难对外界某些信息做出反应。

传感器也可以认为是人类感官的延伸，因为人类可以借助传感器去探测人类无法用或不便用感官直接感知的事物，如测量炙热物体的温度、测量海水深度和水下地貌形态等。因此，可以说传感器是人类认识自然界事物的有力工具，是测量仪器与被测量事物之间的接口。

传感器处于测试系统的输入端，是测试系统的第1个环节，其性能直接影响整个测试系统，对测试精度至关重要。

(3)传感器的组成

由于被测量种类繁多，传感器对信息的感受、获取和转换的方式又不尽相同，因此，传感器的组成方式也有很大的差别。可能做得很简单，也可能做得很复杂。也就是说，传感器的组成形式根据用途、测量原理、方式等不同而有差异。

传感器是利用物理、化学和生物等学科的某些效应或原理按照一定的制造工艺研制出来的。尽管传感器的组成差异很大，但是一般来说，传感器由敏感元件、转换元件、测量电路和其他辅助电路组成，如图 3－1 所示。

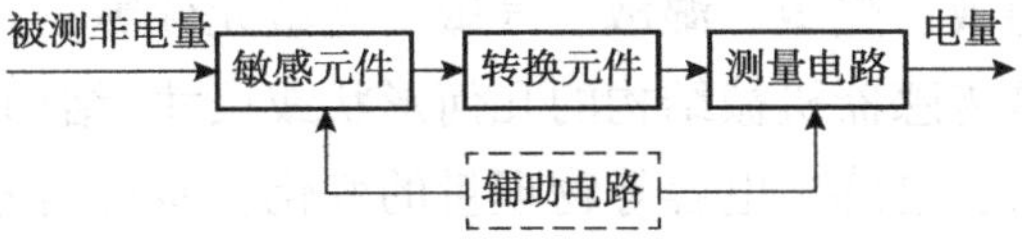

图 3－1 传感器的组成

敏感元件：直接感受被测量，并输出与被测量成确定关系的某一物理量的元件。

转换元件：把敏感元件的输出转换成电路参数。

测量电路：将敏感元件和转换元件输出的电路参数进行转换、调理成一定形式的电量输出。

辅助电路：通常包括电源，有些传感器系统采用电池供电。

实际上，有些传感器很简单，仅由一个敏感元件(兼作转换元件)组成，它感受被测量时直接输出电量。有些传感器由敏感元件和转换元件组成，没有转换电路。有些传感器转换元件不止一个，要经过若干次转换。

3.1.2 传感器的分类

由于被测参量种类繁多，其工作原理和使用条件又各不相同，因此传感器的种类和规格十分繁杂，分类方法也很多。

(1)按照输入量即测量对象分类

如输入量分别为温度、压力、位移、速度、湿度、光线、气体等非电量时，则相应的传感器称为温度传感器、压力传感器、位移传感器等。

这种分类方法的优点是明确地说明传感器的用途，给使用者提供方便，容易根据测量对象来选择所需的传感器。缺点是这种分类方法是将原理互不相同的传感器归为一类，很难找出每种传感器在转换机理上有何共性和差异，因此，对掌握传感器的一些基本原理及分析方法是不利的。

(2)按照工作(检测)原理分类

检测原理指传感器工作时所依据的物理效应、化学效应和生物效应等机理。按照检测原理分类，有电阻式、电容式、电感式、压电式、电磁式、磁阻式、光电式、压阻式、热电式、核辐射式、半导体式传感器等。

这种分类方法的优点是便于传感器专业工作者从原理与设计上进行归纳性的分析研究，避免传感器的名目过于繁多，故最常采用。缺点是用户选用传感器时会感到不够方便。有时也常把用途和原理结合起来命名，如电感式位移传感器、压电式力传感器等，以方便用户选择使用。

(3)按照传感器的结构参数在信号变换过程中是否发生变化分类

物性型传感器：在实现信号的变换过程中，结构参数基本不变，而是利用某些物质材料(敏感元件)本身的物理或化学性质的变化而实现信号变换的。

这种传感器一般没有可动结构部分，易小型化，故也被称作固态传感器，它是以半导体、电介质、铁电体等作为敏感材料的固态器件。如热电耦、压电石英晶体、热电阻，以及各种半导体传感器如力敏、热敏、湿敏、气敏、光敏元件等。

结构型传感器：依靠传感器机械结构的几何形状或尺寸(结构参数)的变化而将外界被测参数转换成相应的电阻、电感、电容等物理量的变化，实现信号变换，从而检测出被测信号，如电容式、电感式、应变片式、电位差计式等。

(4)根据敏感元件与被测对象之间的能量关系分类

能量转换型(有源式、自源式、发电式)：在进行信号转换时不需要另外提供能量，直接由被测对象输入能量，把输入信号能量变换为另一种形式的能量输出使其工作。

有源传感器类似一台微型发电机，它能将输入的非电能量转换成电能输出，传感器本身无须外加电源，信号能量直接从被测对象取得。因此，只要配上必要的放大器就能推动显示记录仪表。这类传感器中有一部分能量的变换是可逆的，也可以将电能转换为机械能或其他非电量。

能量控制型(无源式、有源式、参量式)：在进行信号转换时，需要先供给能量即从外部供给辅助能源使传感器工作，并且由被测量来控制外部供给能量的变化等。

对于无源传感器，被测非电量只是对传感器中的能量起控制或调制作用，需通过测量电路将它变为电压或电流量，然后进行转换、放大，以推动指示或记录仪表。配用测量电路通常是电桥电路或谐振电路。

(5)按照输出信号的性质分类

模拟式传感器：将被测非电量转换成连续变化的电压或电流，如要求配合数字显示器或数字计算机，需要配备模/数(A/D)转换装置。前面提到的传感器基本上属于模拟传感器。

数字式传感器：能直接将非电量转换为数字量，可以直接用于数字显示和计算，可直接配合计算机，具有抗干扰能力强、适宜远距离传输等优点。目前这类传感器可分为脉冲、频率和数码输出3类。

(6)按照传感器与被测对象的关联方式分类

接触式：接触式的优点是传感器与被测对象视为一体，传感器的标定无须在使用现场进行。缺点是传感器与被测对象接触会对被测对象的状态或特性不可避免地产生或多或少的影响，如电位差计式、应变式、电容式、电感式等。

非接触式：非接触化测量可以消除因传感器介入而使被测量受到的影响，提高测量的准确性，同时，可使传感器的使用寿命增加。但是非接触式传感器的输出会受到被测对象与传感器之间介质或环境的影响。因此传感器标定必须在使用现场进行。

3.1.3 传感器的选用原则

传感器在原理与结构上千差万别，如何根据具体的测量目的、测量对象及测量环境合理地选用传感器，是在进行某个量的测量时要解决的问题。当传感器确定后，与之相配套的测量方法和测量设备即可确定。测量结果的成败，在很大程度上取决于传感器的选用是否合理。

(1)根据测量对象与测量环境确定传感器的类型

要进行一个具体的测量工作，要考虑采用何种原理的传感器，这需要分析多方面的因素后才能确定。因为，即使是测量同一物理量，也有多种原理的传感器可供选用，哪一种原理的传感器更为合适，则需要根据被测量的特点和传感器的使用条件考虑量程的大小；被测位置对传感器体积的要求；测量方式为接触式还是非接触式；信号的引出方法，有线还是无线测量；传感器的来源，国产还是进口，价格能否承受，还是自行研制等具体问题。

在考虑上述问题后就能确定选用何种类型的传感器，然后再考虑传感器的具体性能指标。

(2)灵敏度的选择

通常，在传感器的线性范围内，希望传感器的灵敏度越高越好。因为只有灵敏度高时，与被测量变化对应的输出信号的值才比较大，有利于信号处理。但要注意的是，传感器的灵敏度高，与被测量无关的外界噪声也容易混入，也会被放大系统放大，影响测量精度。因此，要求传感器本身应具有较高的信噪比，尽量减少从外界引入的干扰信号。

传感器的灵敏度是有方向性的。当被测量是单向量，而且对其方向性要求较高，则应选择其他方向灵敏度小的传感器；如果被测量是多维向量，则要求传感器的交叉灵敏度越小越好。

(3)频率响应特性

传感器的频率响应特性决定了被测量的频率范围，必须在允许频率范围内保持不失真的测量条件，实际上传感器的响应总有一定延迟，希望延迟时间越短越好。

传感器的频率响应高，可测的信号频率范围就宽，而由于受到结构特性的影响，机械系统的惯性较大，因此频率低的传感器可测信号的频率较低。

(4)线性范围

传感器的线性范围是指输出与输入成比例的范围。从理论上讲，在线性范围内，灵敏度保持恒定。传感器的线性范围越宽，则其量程越大，并且能保证一定的测量精度。

在选择传感器时，当传感器的种类确定以后要看其量程是否满足要求。但实际上，任何传感器都不能保证绝对的线性，其线性度也是相对的。当所要求测量精度较低时，在一定的范围内，可将非线性误差较小的传感器近似看作线性的，这会给测量带来极大的方便。

(5)稳定性

传感器使用一段时间后，其性能保持不变的能力称为稳定性。影响传感器长期稳定性的因素除传感器本身结构外，主要是传感器的使用环境。因此，要使传感器具有良好的稳定性，传感器必须要有较强的环境适应能力。

在选择传感器之前，应对其使用环境进行调查，并根据具体的使用环境选择合适的传感器，或采取适当的措施，减小环境的影响。

传感器的稳定性有定量指标，在超过使用期后，在使用前应重新进行标定，以确定传感器的性能是否发生变化。

在某些要求传感器能长期使用而又不能轻易更换或标定的场合，所选用的传感器稳定性要求更严格，要能够经受住长时间的考验。

(6)精度

精度是传感器的一个重要的性能指标，它是关系到整个测量系统测量精度的一个重要环节。传感器的精度越高，其价格越昂贵，因此，传感器的精度只要满足整个测量系统的精度要求即可，不必选得过高。这样就可以在满足同一测量目的的诸多传感器中选择比较便宜和简单的传感器。

如果测量目的是定性分析的，选用重复精度高的传感器即可，不宜选用绝对量值精度高的；如果是定量分析，必须获得精确的测量值，就需选用精度等级能满足要求的传感器。对某些特殊使用场合，无法选到合适的传感器，则需自行设计制造传感器。自制传感器的性能应满足使用要求。

(7)防护要求

防爆安全等级是否适用于工作场所，安全是否经过认证，有防爆认证或是仅具有本质安全设计，防电磁波等级。

3.2 氢气传感器

长期以来，人们一直在寻找选择性好、灵敏度高、响应速度快、能耗低、稳定性好、制作工艺简单且易集成化的廉价氢气传感器。根据工作原理的不同，氢气传感器主要有电化学型、半导体型、热电型和光纤型等几种类型，其中，金属氧化物半导体型氢气传感器已实现工业化。

3.2.1 氢气传感器的分类

氢气传感器的种类很多，原理各异，目前尚无统一的分类方法。通常是以不同角度，突出某一侧面来分类。

1. 按工作原理分

按照氢气传感器的工作原理，以物理和化学原理、规律和效应作为分类依据。根据工作原理不同，氢气传感器主要分为物性型和复合型 2 大类。

物性型氢气传感器是基于敏感元件材料的物理或化学特性直接将被测氢浓度转换成电信号，如 Pd 膜电阻氢气传感器、SnO_2 氢气传感器等。这类传感器多以半导体为敏感元件材料，具有响应速度快的特点，易于集成化、小型化、智能化，而且便于和计算机连接。

复合型氢气传感器是指将中间转换环节与物性型氢敏感材料复合而成的传感器。其工作过程是：先将氢浓度变换成能转换成电量的某种非电量，然后再利用相应的物性型敏感元件将其转换成电信号。这类传感器的性能不仅与物性型敏感元件的优劣及选用是否得当密切相关，而且还与中间转换环节设计的好坏及是否选用合适关系甚大。如基于 Pd 膜的光纤氢气传感器、表面声波氢气传感器。

2. 按敏感材料分

按照传感器的材料将氢气传感器分为半导体氢气传感器、光纤氢气传感器、电化学氢气传感器等。这种分类方法是目前氢气传感器领域广泛采用的分类方法。

3. 按能量关系分

根据能量关系，将氢气传感器分为有源氢气传感器和无源氢气传感器 2 大类。有源氢气传感器是将氢气浓度转换为电能，通常它们配有电压测量和放大电路。无源氢气传感器是氢气浓度仅对传感器中的能量起控制或调节作用，必须有辅助电源。

3.2.2 氢气传感器的动态特性

对于一般传感器而言，在时间域内研究其动态特性常用阶跃信号的瞬态响应进行分析，在频率域内研究其动态特性时采用正弦信号来分析系统的频率响应。而对于气体传感器而言，动态特性的研究还未达到十分成熟的程度。由于传感器的响应速度一般比较低，在氢气传感器的研制过程中，其动态特性通常用实验方法求得。

1. 响应时间

氢气传感器的响应时间定义为从传感器接触一定浓度氢气时刻开始到传感器输出响应达到稳态值的时间。图 3－2 所示为某纳米管氢气传感器对体积分数为 500×10^{-6}氢气的 2 次响应过程。可以看出，该传感器对体积分数为 500×10^{-6}氢气的响应时间 T_{rise} 约为 60s。一般而言，同一传感器所处背景气体(载气)、氢气浓度、传感器工作温度不同时，其响应时间不一致，浓度越高，响应时间越短，如图 3－3 所示。由于某些传感器的输出响应完全达到稳态值的时间较长，有时用达到响应时间稳态值的 90% 或 60% 时间来衡量氢气传感器的响应速度。

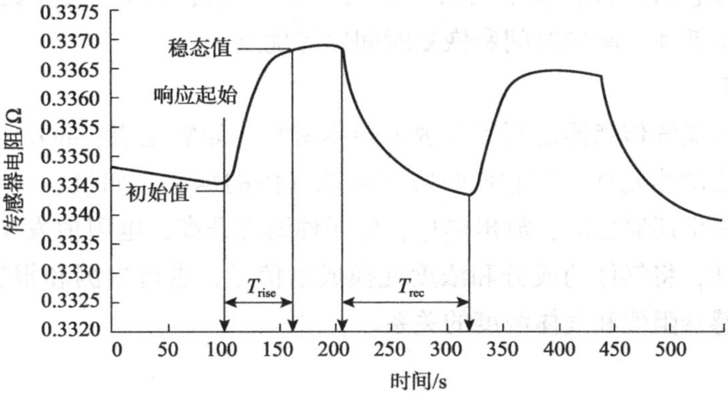

图 3－2 某纳米管氢气传感器对体积分数为 500×10^{-6}氢气的响应过程

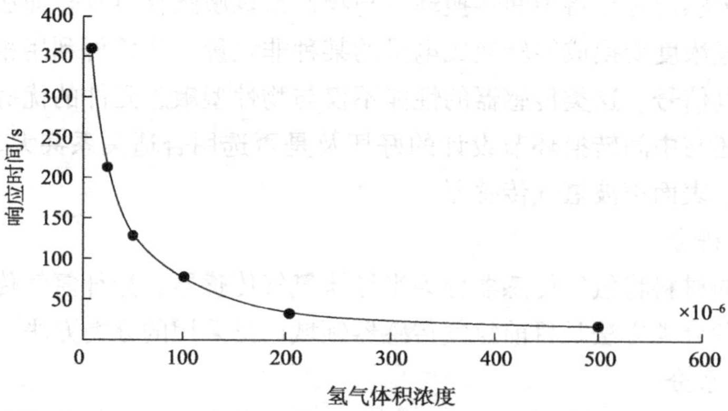

图 3-3 某纳米管氢气传感器对不同浓度氢气的响应时间

2. 恢复时间

氢气传感器的恢复时间定义为传感器与氢气脱离接触后，传感器的输出值从稳态值恢复到初始输出值的时间。如图 3-2 所示，该传感器对体积分数为 500×10^{-6} 氢气响应的恢复时间 T_{rec} 约为 120s。与响应时间一样，传感器的恢复时间也受所处环境和氢气浓度的影响。

3.2.3 半导体氢气传感器

半导体氢气传感器是一种采用半导体为主要使用材料的传感装置，它利用与气体接触时使半导体的导电率等物理性质发生变化来检测待测气体的成分和浓度。并且，它具有灵敏度高、响应时间和恢复时间快、使用寿命长及价格低等优点，因此，成为世界上产量最大、使用最广的传感器之一。半导体氢气传感器包括电阻式和非电阻式 2 大类。电阻式半导体氢敏元件是利用敏感材料接触气体时，其阻值变化来检测气体成分或浓度；非电阻式半导体氢敏元件(结型、MOSFET 型、电容型)是利用其他参数，如二极管伏安特性和场效应晶体管的阈值电压变化来检测气体的成分或浓度。

1. 电阻式氢气传感器

电阻式氢气传感器是目前应用最为广泛的一种氢气传感器。具有灵敏度高、操作方便、体积小、成本低廉、响应时间和恢复时间短等优点。

(1)工作原理

电阻式半导体氢气传感器是利用氢敏半导体材料，如氧化锡(SnO_2)、氧化锰(MnO_2)等金属氧化物制成敏感元件，当它们吸收了可燃气体的烟雾，如氢、一氧化碳、烷、苯、天然气等时，会发生还原反应，放出热量，使元件温度升高，电阻值发生变化。利用半导体材料的这种特性，将气体的成分和浓度变换成电信号，进行检测和报警。图 3-4 所示为电阻式氢气传感器阻值和气体浓度的关系。

(2)结构

2008 年，Aroutiounian 等设计了一张由多孔硅掩盖 TiO_{2-X} 或 ZnO <Al> 薄膜的氢气传感器结构，如图 3-5 所示。灵敏度测试结果表明：在室温下和 40℃ 环境下，当 Pt/TiO_{2-X}/PS

结构检测体积分数为 5000×10^{-6} 的氢气时，其电阻值分别下降 2.5 倍和 4 倍；而在同样条件下，Pt/ZnO < Al < /PS 结构的电阻值将下降 2 倍；2 种结构的响应和恢复时间均接近 20s，同时对氢的响应均具有相当高的重复性和选择性。

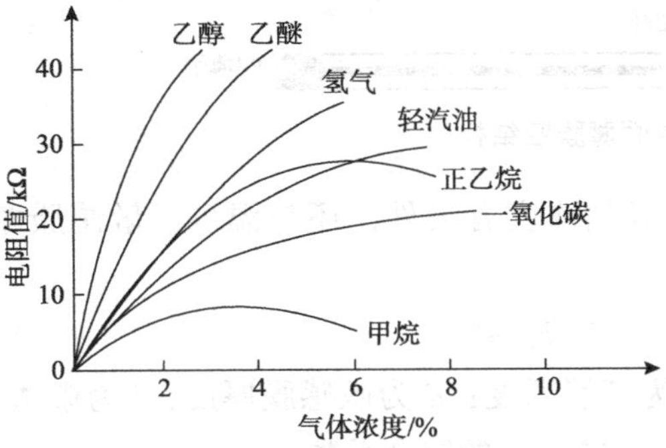

图 3-4　电阻式氢气传感器电阻值和气体浓度的关系

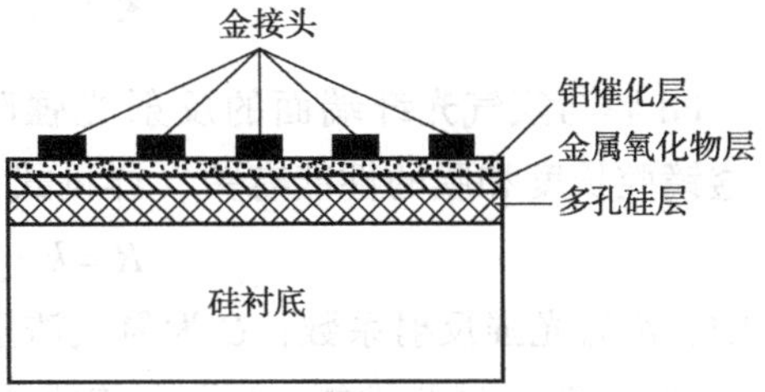

图 3-5　电阻式氢气传感器结构简图

2. 肖特基二极管型氢气传感器

(1)工作原理

肖特基二极管型氢气传感器是在半导体上沉积一层很薄的金属形成肖特基结，肖特基结将 H_2 分子离解成 H 原子，使其快速扩散至金属/半导体界面处，由此改变肖特基结的势垒，实现对氢浓度的检测。

肖特基二极管的氢敏性能与半导体基体材料、催化金属的形态、肖特基结的厚度及微观结构有很大的关系，基结越薄，晶界密度越高，氢原子扩散越容易，灵敏度越高。

(2)结构

虽然肖特基二极管型氢气传感器只需简单的电子电路即可运行，但肖特基二极管不能长期稳定工作，可靠性较差。在金属与半导体之间添加一层高质量的栅极绝缘体(图 3-6)，制作成金属绝缘体半导体(MIS)型传感器，称为金属氧化物半导体(MOS)型传感器。可提高工作稳定性和氢敏性能。但是金属氧化物半导体氢气传感器必须在有氧条件下才能工作，使用范围受限。

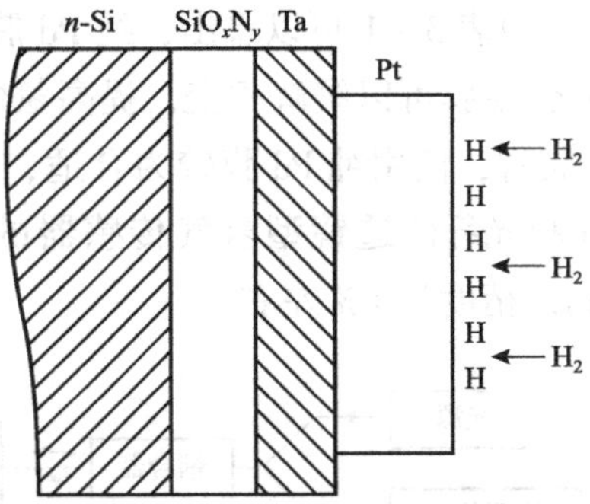

图 3-6　MOS 型肖特基二极管截面图

3.2.4　光学氢气传感器

光学氢气传感器主要基于可逆化学反应产生的物理参数变化造成光学特性改变来检测氢的浓度。根据检测原理的不同，有基于红外吸收和光散射技术及基于氢气与某种特殊物质(如 Pd、Pt 和 SnO_2 等)的可逆化学反应。

1. 微透镜型光纤氢气传感器

在单模或多模光纤端面蒸镀一层氢敏感 Pd 膜或其他 Pd 合金膜(膜厚度为 10～50mm)就构成了微透镜型光纤氢气传感器，其结构如图 3-7 所示。当光波从光纤未镀 Pd 膜的一端射入金属 Pd 表面时，将产生反射。如果环境中存在氢并与 Pd 发生可逆化学反应生成 PdH_x，此时薄膜的反射率将发生变化，由于不同氢浓度下光纤端面的氢化钯（PdH_x）反射率不同，必将导致反射光强的变化。通过检测反射光强，即可得到氢气的浓度值。

图 3-7　光纤端面薄膜腔结构

Pd 膜与氢气光纤端面的反射光强除了与氢气浓度有关外，还与温度、敏感膜厚度、微透镜腔长度和膜的性能有关，详见式(3-1)：

$$R = k \cdot f(C,\ T,\ d,\ l,\ c) \tag{3-1}$$

式中：R 为光强反射系数；C 为氢气浓度；T 为环境温度；d 为敏感膜厚度；l 为微透镜腔的长度；c 为敏感膜性能；k 为由传感器的整体性能决定的综合系数。

几种典型的 Pd 膜光纤微透镜型氢气传感器响应度如表 3-1 所示。

表 3-1　Pd 膜光纤微透镜型氢气传感器响应度

氢敏感膜结构	响应度/%
$Pd_{90}Ag_{10}$	0.4
$Pd_{90}Ni_{10}$	1.0
Pd	2.4
$Pd_{95}Ni_{5}$	2.4

由表 3-1 可以看出，纯 Pd 膜的响应度高，Pd/Ag 合金膜响应度相对较低。但是 Pd/Ag 合金膜可以缓解相变，提高氢气敏感的线性度，因此在检测低浓度氢或定性检测高浓度氢时，使用纯 Pd 膜较为合适，而检测高浓度氢时，通常采用 Pd 合金膜或 Pd 复合膜。Pd 膜光纤微透镜型氢气传感器的检测范围可达到 4%（体积分数），响应时间一般小于 25s，精度为 1% 左右。

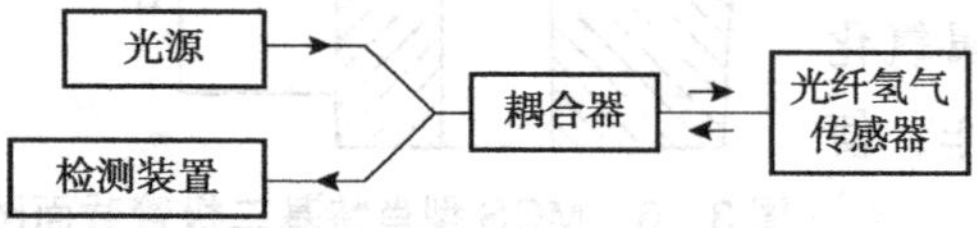

图 3-8　微透镜型光纤氢气传感器测量原理

图 3-8 所示为微透镜型光纤氢气传感器测量原理。当光源发出的光经耦合器进入光纤氢气传感器，在光纤氢气传感器的敏感元件（PdH_x）上产生反射，反射后的光再进入耦合器进入检测装置，通过检测装置接收到的光信号就可以实现对氢气浓度的测量。

2. 光纤等离子共振型氢气传感器

光纤等离子共振型氢气传感器是利用镀在光纤侧面或圆弧对称方向的 Pd 膜或 Pd 合金膜产生表面等离子共振，来检测外界氢气浓度变化的一种氢气传感器。其基本结构如图 3-9 所示，当光波经过敏感区时，Pd 膜在光波的激发下产生表面等离子波，当导波与表面波的传播常数相等时产生表面等离子共振，此时光能量产生最大损耗。这种传感器具有很高的灵敏度，理论上折射率可达到 1×10^{-6}RTU（折射率单元）。

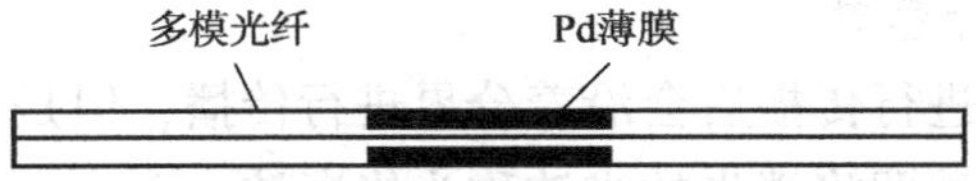

图 3-9 多模光纤表面等离子共振氢气传感器

传输光强变化除与氢气浓度有关外，还与温度、敏感膜厚度、镀膜长度、缓冲层厚度及敏感膜的表面性能有关，详见式(3-2)：

$$R = k \cdot f(C, T, d_1, d_2, l, c) \tag{3-2}$$

式中：R 为光强反射系数；C 为氢气浓度；T 为环境温度；d_1 为敏感膜厚度；d_2 为缓冲层厚度；l 为微透镜腔的长度；c 为敏感膜性能；k 为由传感器的整体型决定的综合系数。

这种传感器结构简单，由多模光纤、半导体激光器和一个光纤光谱仪构成，测试装置成本低。不同的光纤等离子共振型氢气传感器结构，其制作工艺、测量范围和灵敏度不同。

3. 光纤光栅氢气传感器

在光纤布拉格光栅上溅射 Pd 膜，如图 3-10 所示。Pd 膜遇到 H_2 后发生可逆化学反应生成 PdH_x，由于 PdH_x 膜形状随着氢气浓度变化产生收缩或膨胀而引起光栅形状的变化，从而导致布拉格波长 λ_B 的改变，通过测量 λ_B 即可获得氢气浓度的变化，如图 3-11 所示。

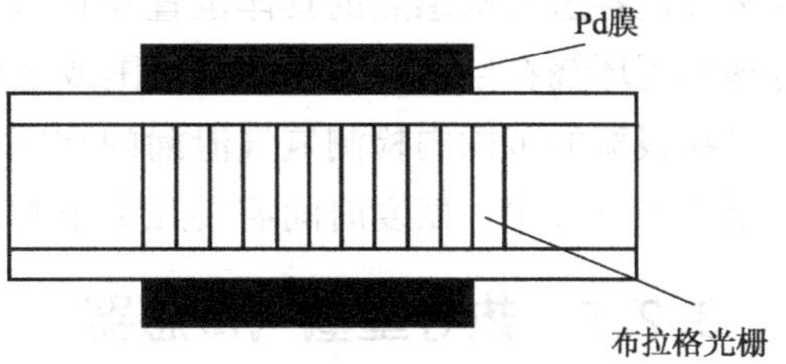

图 3-10 光纤光栅氢气传感器结构

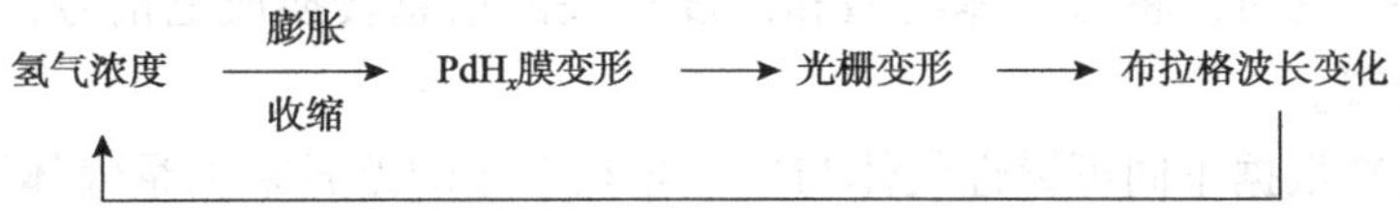

图 3-11 布拉格光纤光栅氢气传感器原理示意

如果要进行多点氢泄漏检测，可以在一根光纤上制作多个布拉格光栅，使每个光栅的工作波长相互分开，并在各自的布拉格光栅上镀 Pd 膜，用波长检测解调系统测出每个光栅的波长和波长偏移，从而实现分布式光纤氢气传感器，基本结构如图 3-12 所示。

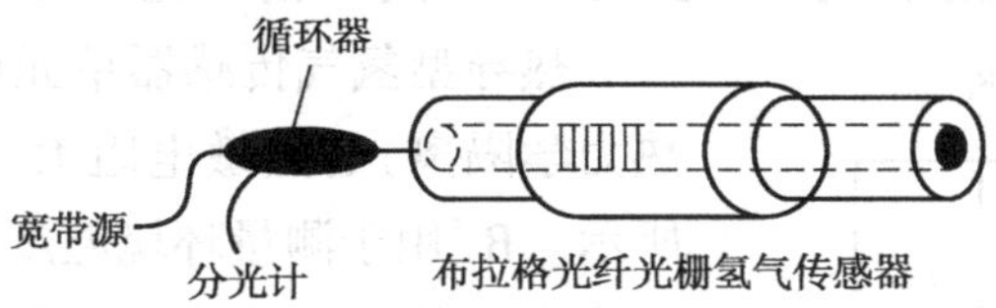

图 3-12 光纤光栅氢气传感器

光纤光栅氢气传感器具有不导电、体积小、质量轻、响应速度快、耐腐蚀、不依赖于光强、对电磁干扰有很好的免疫力、灵敏度高、性能稳定等优势。但是传感器的制作工艺复杂，传感器整体成本较高，并且测量时还需大功率的宽带光源以满足波长偏移的需要，致使其分辨率和测量范围受到限制。

4. 光纤倏逝场氢气传感器

光在全反射时，光波进行传播后会沿着分界进行传播，但是传播的距离会比过去短很多，很快消失不见，将这种即将消失的光波称为倏逝波。

光纤倏逝场氢气传感器探头结构如图 3－13 所示，其基本敏感单元是镀上氢敏感膜的裸光纤。光源信号在光纤内传输时，在光纤层附近产生一个渐势场，它利用金属涂层中倏逝波场的变化来检测氢气浓度。

图 3－13　光纤倏逝场氢气传感器示意

倏逝场氢气传感器可以用来监测较大范围的氢气泄漏。如果在一根光纤上分段制造出相同的 Pd/WO_3 氢敏感膜段，则可用于对三维空间的多点进行氢气监测，采用光时域反射方法确定各氢气敏感点的具体位置及其氢气浓度值，从而得到氢气泄漏的空间分布。这种传感器可环绕在巨大的氢气储罐周围或氢气管道上检测氢气泄漏，硅树脂扩散光纤传感器可以在很宽的范围内检测氢气泄漏的空间分布，灵敏度较高，其缺点是响应速度较慢(在室温干燥空气中，恢复时间需要几个小时)。

3.2.5　热导型氢气传感器

热导型氢气传感器是一种电子式气体传感器，是一种能够感知环境中某种气体及其浓度的装置或器件。它可以将与气体类型和浓度相关的信息转换成电信号，以便进行检测、监控、分析和报警。

导热氢敏材料根据不同可燃性气体与空气导热系数的差异来测量气体浓度。通常导热系数的差异通过电路转化为电阻的变化，传统的检测方法是将热导传感器置于充满待测气体的气室中，用恒定电流对热导传感器进行加热，热导传感器通过周围气体向气室壁四周散热。被测气体的导热系数越高，散热条件越好，热平衡时传感器的温度就越低，传感器的电阻值就越小；反之，被测气体的导热系数越低，散热条件越差，热平衡时传感器的温度就越高，传感器的电阻值就越大。被测气体热导率的变化，反映了气体浓度的变化。

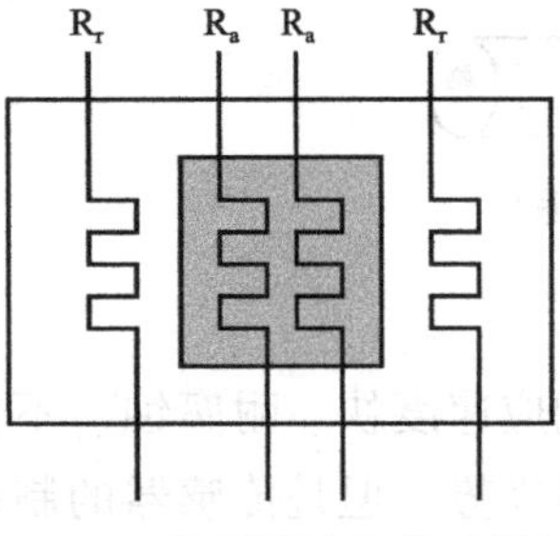

图 3－14　热导型氢气传感器示意

热导型氢气传感器单元由 2 个安装在硅板(进行热力学隔离)的热敏电阻 R_r 和 R_a 组成，如图 3－14 所示。R_r 用于测量环境温度，则 R_a 用于调节高于环境温度的某个温度点。如果传感器内部空间混合气体成分发生变化，则必将引起气体的热导率变化，从而导致 R_a 更快或更慢冷却。为了保持 R_a 的温度始终比环境温度高一个值，需要通过微控制器进行调节，如果混合气体热导率变大，引起 R_r 冷却，那么为了 R_r 恒温，必须为 R_r 提供更多的功率。在实际使用中，电阻消耗的功率就是传感器的测量值。

依据相关热力学公式，为保持电阻 R_a 恒温而引入的功率，即传感器内部空间中混合气体传递的热量 Q 见式(3-3)：

$$Q = -\lambda_M \Delta T g_{eo} \tag{3-3}$$

式中：λ_M 为传感器内部空间混合气体热导率；ΔT 为温差信号，根据温度-阻值关系曲线，通过两电阻阻值换算成温度求得，$\Delta T = -(T_a - T_r)$；g_{eo}为几何因素，由传感器几何形状确定，$g_{eo} = A/d$。

为了进一步换算出氢气浓度，考虑混合气体的热导率，见式(3-4)：

$$\lambda_M = X_H \lambda_H + X_A \lambda_A \tag{3-4}$$

式中：X_H 为氢气的体积分数；X_A 为氢气背景空气的体积分数；λ_H 为氢气的热导率；λ_A 为空气的热导率。

若只有空气和氢气混合，则 $X_H + X_A = 1$。将其代入式(3-4)，得出氢气的体积分数(浓度)见式(3-5)：

$$X_H = \frac{\lambda_M - \lambda_A}{\lambda_H - \lambda_A} \tag{3-5}$$

制造热导型氢气传感器的材料除了包括起催化作用的 Pt、Pd 等以外，还包括将温差转换为电信号的热电材料。热电材料要求具有热容小、传热快等性能。常用的热电材料有 NiO、SiGe 等。

热导系数是气体的固有物理特性，因此这类传感器不会消耗被测气体，不会因氧化物腐蚀而使气敏性能变差，使用寿命较长，有良好的稳定性。测量范围大，可测浓度高达 100%。这种传感器要求待测气体与环境空气的热导系数有很大差别，因此特别适合于氢气的泄漏检测。但是对氢气的选择性和灵敏度低于电化学型和半导体型传感器。

3.2.6 氢气传感器在氢泄漏检测中的应用

基于多个氢气传感器的氢泄漏检测系统框图如图 3-15 所示。包括传感器、信号调理电路、电压/电流转换电路、信号传输、电流/电压转换电路、信号采集、数据处理和人机接口等。

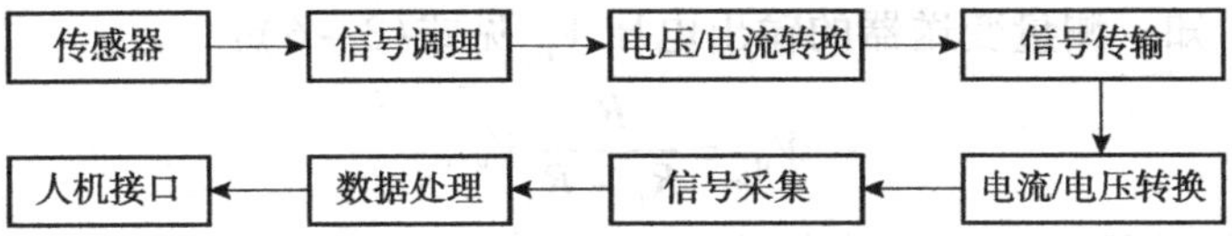

图 3-15 氢泄漏检测系统框图

1. 传感器电路设计

氢气传感器是氢泄漏测量变送器的核心部件，采用 TGS821 氢气专用气体传感器(图 3-16)，其引脚与基本测试电路如图 3-17 所示，引脚 1 或 3，引脚 4 或 6 是氢气传感器，引脚 2 或 5 是加热器。测量变送器的硬件设计包括传感调理电路设计、传感器加温电路设计、电压电流转换电路设计。

图 3-16 TGS821 氢气传感器

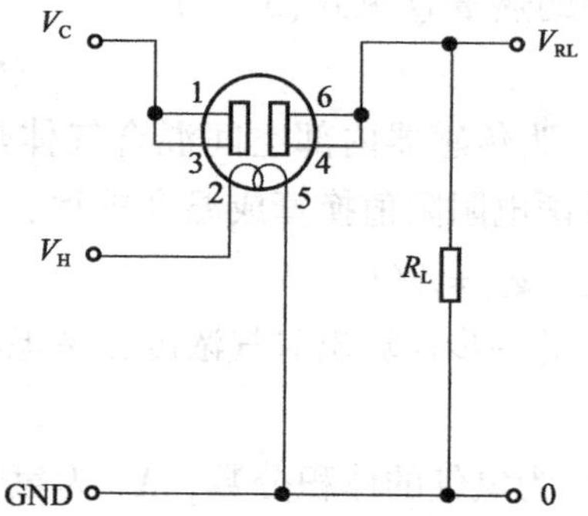

图 3-17 TGS821 氢气传感器基本测试电路

(1)传感调理电路设计

传感调理电路是传感器电路和信号调理电路的简称。传感器工作电路包括标准电压源模块(V_C、V_H)、氢气传感器输出信号(氢敏材料的电阻值)。信号调理电路包括电压放大电路和滤波电路。由于 TGS821 氢气传感器直接输出的电压值较大，且受传感器探头的封装限制，所以信号不需要放大，直接进行信号的滤波处理。

(2)传感器加温电路设计

传感器加温电路包括电压转换和传感器加温，电压转换是将工业电源转换为 +5V 电压。由于 TGS821 氢气传感器加热电阻(38Ω)较小，两端加载 +5V 电压，其电流可达到 0.13A。所以实际使用中采用单独电源供电。

(3)电压/电流转换电路设计

为了实现信号的远距离传输，测量变送器采用专用芯片及其外围电路将传感器输出电阻变化引起的电压变化转换为电流形式进行传输。

2. 参数设计

氢气泄漏检测测量变送器参数设计包括灵敏度计算和量程设计。为了便于分析，假设测量变送器负载电路是理想的电路。仅讨论测量变送器电压(输出)与浓度(输入)的关系。

(1)灵敏度计算

由图 3-17 可知，测量变送器的输出电压 V_{R_L} 见式(3-6)：

$$V_{R_L}=\frac{R_L}{R_L+R_S}V_{REF} \tag{3-6}$$

式中：R_S 为氢气传感器内阻；R_L 为负载电阻；V_{REF} 为标准参考电压。

当氢气浓度在氢气传感器测量范围内时，R_S 与氢气浓度近似呈对数关系，见式(3-7)：

$$R_S=AC^{-\alpha} \tag{3-7}$$

式中：A 为与氢气传感器有关的参数；C 为氢气浓度；α 为氢气传感器以对数刻度浓度表示的响应曲线的斜率。

由于氢气传感器对其他可燃性气体也敏感，因此典型的氢气传感器的灵敏度是用传感器在不同气体浓度下的阻值 R_S 与某一特定气体在特定浓度下的传感器阻值 R_0 之比来表示的，如图 3－18 所示。

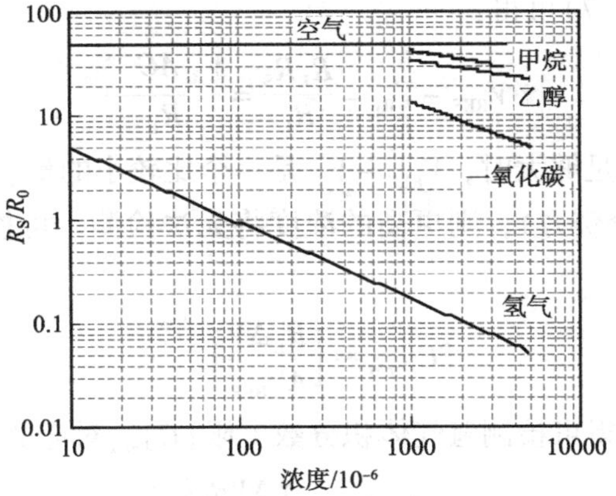

图 3－18　TGS821 氢气传感器灵敏度特性曲线

注：R_S—传感器在不同浓度气体中的电阻值；R_0—传感器在氢气体积分数为 100×10^{-6} 的氢气/空气中的电阻值。

以 TGS821 氢气传感器为例，假设传感器在空气中的电阻值为 R_{air}，利用图 3－18 可得该阻值与 R_0 之比 k_a，见式(3－8)：

$$R_0 = R_{air}/k_a \tag{3-8}$$

将式(3－8)代入式(3－6)，若待检测气体为体积分数为 C 的氢气，则测量变送器输出电压见式(3－9)：

$$V_{R_L}(C) = \frac{R_L}{R_L + k_H(C)R_{air}/k_a} \tag{3-9}$$

式中：$k_H(C)$ 为氢气体积分数为 C 时，传感器阻值 $R_S(C)$ 与 R_0 之比，即 $k_H(C) = R_S(C)/R_0$。

传感器在空气中的电阻值可通过式(3－10)测得：

$$R_{air} = \frac{R_L(V_{REF} - V_{R_L(air)})}{V_{R_L(air)}} \tag{3-10}$$

式中：$V_{R_L(air)}$ 为测量变送器的传感器与空气反应对应的输出电压值。

将式(3－10)代入式(3－9)可得式(3－11)：

$$k_H(C) = \frac{V_{R_L(air)}k_a[V_{REF} - V_{R_L(c)}]}{V_{R_L}(C)(V_{REF} - V_{R_L(air)})} \tag{3-11}$$

理论上，有 $k_H(C)$ 和传感器灵敏度特性曲线(见图 3－18)即可求出对应氢气体积分数 C。由式(3－9)可知，测量变送器输出电压 $V_{R_L}(C)$ 随着氢气体积分数 C 变化的灵敏度见式(3－12)：

$$S = \frac{dV_{R_L}(C)}{dC} = -\frac{V_{REF}R_L}{[R_L + k_H(C)R_{air}/k_a]^2}\frac{R_{air}}{k_a}\frac{dk_H(C)}{dC} \tag{3-12}$$

由式(3－12)可知，选定传感器和标准参考电压后，R_{air}、k_a、$k_H(C)$ 均已确定，系统灵敏度主要取决于负载电阻 R_L。

(2)量程的设计

由式(3－6)和式(3－7)可得：

$$V_{REF}-V_{R_L}=\frac{R_L R_S}{R_L}=\frac{V_{R_L}AC^{-\alpha}}{R_L} \tag{3-13}$$

若电阻 R_L 过大且 C 足够大时，$V_{REF}-V_{R_L}$是一个比较小的量。如果 $V_{REF}-V_{R_L}\leqslant\Delta V$($\Delta V$为数字测量系统的电压分辨力)，则更高的浓度将无法检测。可检测的氢气体积分数上限见式(3－14)：

$$[C]_{max}\approx\left[\frac{R_L\Delta V}{AV_{REF}}\right]^{-1/\alpha} \tag{3-14}$$

或由式(3－12)，可得可检测氢气体积分数上限$[C]_{max}$对应的电阻值比见式(3－15)：

$$k_H\ [C]_{max}\approx\left[\frac{\Delta VR_Lk_a}{V_{REF}R_{air}}\right] \tag{3-15}$$

同理，可得可检测氢气体积分数下限$[C]_{max}$($V_{R_L}\approx\Delta V$)对应的电阻值比见式(3－16)：

$$k_H\ [C]_{min}\approx\left[\frac{(V_{REF}-\Delta V)R_Lk_a}{\Delta VR_{air}}\right] \tag{3-16}$$

若待测氢气体积分数上下限已知，则可选的阻值范围见式(3－17)：

$$\frac{\Delta V\ [k_H(C)]_{min}R_{air}}{(V_{REF}-\Delta V)k_a}<R_L<\frac{V_{REF}[k_H(C)]_{max}R_{air}}{\Delta Vk_a} \tag{3-17}$$

3.3 火焰检测传感器

火焰探测技术采用非接触式的光电检测方法，这种检测方法的核心部件是光电传感器，实际应用中有2大类：一类是红外或紫外传感器，另一类是光电耦合图像传感器。红外或紫外传感器是通过检测火焰燃烧过程中的光谱信息，得到燃烧过程中的火焰辐射幅值、闪烁频率等信息。光电耦合图像传感器是通过获取燃烧过程中的火焰图像信息。

3.3.1 光电效应

光电式传感器是基于光电元件的光电效应。每个光子具有的能量为 $h\upsilon$(υ 为光的频率，$h=6.62621\times10^{-34}$J·s 为普朗克常数)。用光照射某一物体，即为光子与物体的能量交换的过程，这一过程称为光电效应。光电效应按其作用原理分为外光电效应和内光电效应。

1. 外光电效应

在光照作用下，物体内电子从物体表面逸出的现象称为外光电效应，亦称为光电子发射效应。向外发射的电子称为光电子。

一个光子具有的能量为：

$$E=h\upsilon \tag{3-18}$$

当物体受到光辐射时，其中的电子吸收一个光子的能量 $h\upsilon$，该能量一部分用于使电子由物体内部逸出所做的逸出功 A，另一部分则为逸出电子的动能$\frac{1}{2}mv^2$，即爱因斯坦光电

效应方程

$$h\upsilon = \frac{1}{2}mv^2 + A \tag{3-19}$$

式中，m 为电子质量，kg；v 为电子逸出速度，m/s；A 为物体的逸出功，J。

(1)光电子逸出表面的必要条件是 $h\upsilon > A$，即光子的能量大于物体表面电子的逸出功。不同的物质具有不同的逸出功，因此每一种物质均有一个确定的光频率阈值。当入射光的频率低于该阈值时，无论入射光的强度多大，均不能产生外光电效应而反射光电子。反之，如果入射光的频率超过该阈值，即使光强极小，也会有光电子反射。该频率阈值称为红限频率 υ_0，由式(3-19)可得：

$$\upsilon_0 = \frac{A}{h} \tag{3-20}$$

对应的波长称为红限波长 λ_0，即：

$$\lambda_0 = \frac{hc}{A} \tag{3-21}$$

式中：c 为光速，$c = 3 \times 10^8$ m/s。

(2)当入射光的频率成分不变时，单位时间内发射的光电子数与入射光强成正比。光强越大，意味着入射的光子数目越多，逸出的光电子数也就越多。

(3)由于光电子逸出物体表面时具有初始动能，因此对外光电效应元件来说，只要有光照射，就会有光电流产生。要使光电流为0，必须外加一反向截止电压 U_0。

(4)外光电效应从光照射到发射光电子几乎是瞬间发生的，时间小于 10^{-9} s。

2. 内光电效应

在光照作用下，物质的导电性能如电阻率发生改变的现象称为内光电效应。内光电效应释放的电子不会逸出物体表面，只会在物体内部运动而使其电特性发生变化。当光照射到半导体材料上，处于价带的电子吸收光子能量后，会通过禁带进入导带，使导带内电子增多和价带内空穴增多，如图3-19所示。显然，电子的能量必须大于禁带宽度 ΔE_g，才能产生内光电效应。内光电效应也存在红限波长 λ_0。内光电效应又可分为光电导效应和光生伏特效应。

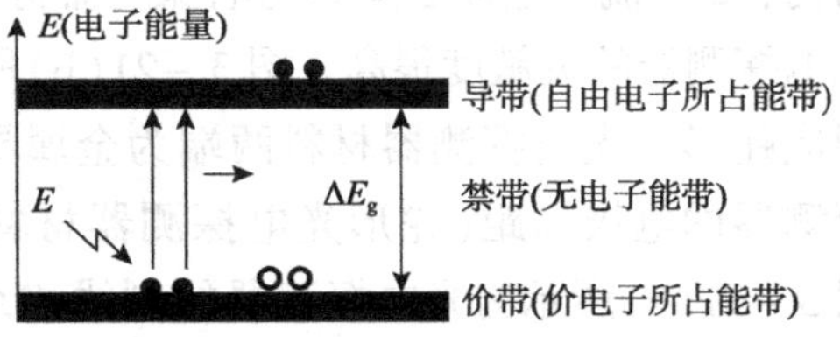

图3-19 半导体材料内光电效应

(1)光照在半导体材料上，吸收了光子能量的电子摆脱了原子的束缚而成为自由电子，从而引起半导体材料的电阻率发生变化的现象称为光电导效应。光电导效应元件主要有光电探测器及由光电探测器制成的光导管。光电探测器也称为光电导探测器，是火焰探测器的核心部件。

(2)在光线作用下能够使物体产生一定方向的电动势的现象叫作光生伏特效应。光电池就是基于光生伏特效应。

3.3.2 光电探测器

1. 光电探测器的基本原理

光电探测器的工作原理是基于光电导效应。图 3－20(a)所示为金属封装的硫化镉光电探测器的结构。在玻璃板上均匀地涂上一层薄薄的半导体物质，称为光导层。半导体两端有金属电极，金属电极与引出线端连接。光电探测器的测量电路如图 3－20(b)所示。为了减小潮湿对灵敏度的影响，光电探测器必须带有严密的外壳封装。

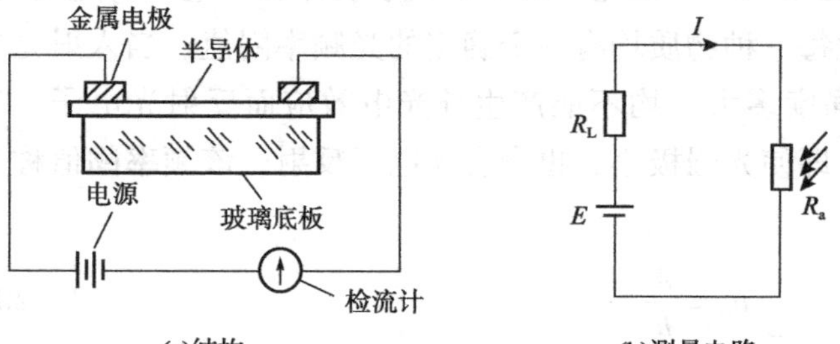

(a)结构　(b)测量电路

图 3－20　光电探测器

当光照射到光电探测器上时，其阻值会随着光照度变化。光电探测器在不受光照射时的阻值称为暗电阻，此时流过的电流称为暗电流。光电探测器在受光照射时的电阻称为亮电阻，此时流过的电流为亮电流。一般希望暗电阻越大越好，亮电阻越小越好。实际光电探测器的暗电阻在兆欧量级，亮电阻在几千欧以下。亮电流与暗电流之差称为光电流。光电流的大小表征了光电探测器的灵敏度。

光电探测器的特点是灵敏度高、光谱响应范围宽，可以从紫外到红外，且体积小、性能稳定。

2. 光电探测器的基本结构

光电探测器有 3 种基本结构，如图 3－21 所示。图 3－21(a)所示为光电探测器的梳状结构，2 个梳状电极之间为光电探测器材料，由于 2 个梳状电极靠得很近，电极间距很小，光电探测器的灵敏度很高。图 3－21(b)所示为光电探测器的蛇形结构，光电探测器材料制成蛇形，光电探测器材料两端为金属导电材料，并在其上设置电极。显然，这种光电探测器的电极间距(蛇形光电探测器材料的宽度)也很小，提高了光电探测器的灵敏度。图 3－21(c)所示为光电探测器的刻线式结构，在制备好的光电探测器衬底基片上刻出狭窄的光敏材料条，再蒸涂金属电极构成刻线式结构的光电探测器。

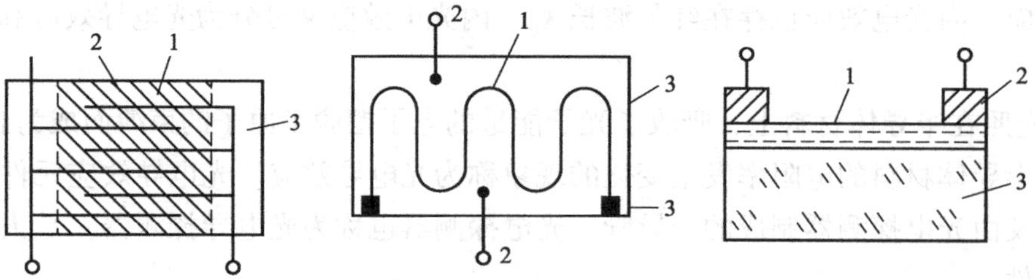

(a)梳状结构　(b)蛇形结构　(c)刻线式结构

图 3－21　光电探测器结构示意

1—光电探测器材料；2—电极；3—衬底材料

3. 光电探测器的基本特性

(1)光照特性

光照特性是指光电流和光通量之间的关系。图3－22所示为硫化镉(CdS)光电探测器的光照特性，当照度很低时，曲线近似线性，随着照度增加，线性关系变坏，当照度很高时，曲线近似为抛物线形。

(2)伏安特性

在一定照度下，光电探测器两端的电压与流过光电探测器的电流关系称为光电探测器的伏安特性。图3－23为CdS光电探测器的伏安特性。光电探测器的本质就是电阻，伏安特性曲线符合欧姆定律。图中虚线为允许功耗或额定功耗线，使用时应使光电探测器的实际功耗不超过额定值。在设计光电探测器变换电路时，应使光电探测器的工作电压或电流在额定功耗线之内。

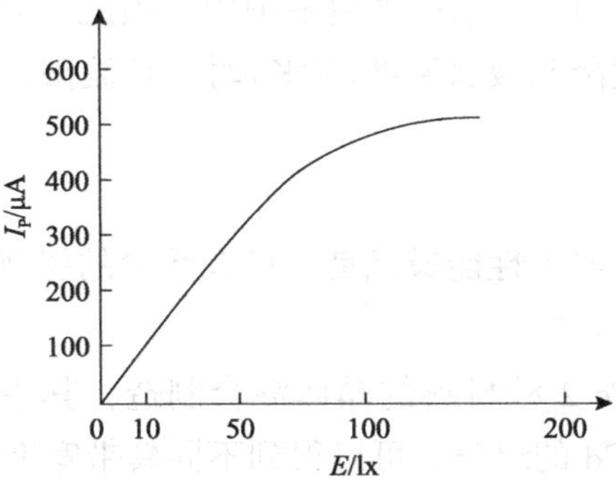

图3－22 CdS光电探测器的光照特性

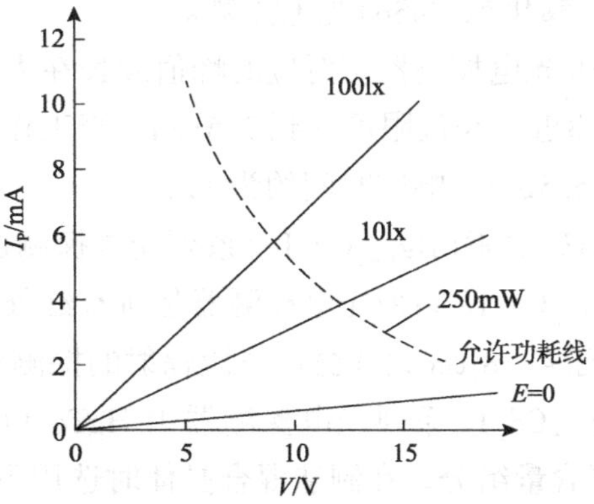

图3－23 CdS光电探测器的伏安特性

(3)光谱特性

光电探测器对入射光的光谱具有选择性，即光电探测器对不同波长的入射光有不同的灵敏度。光电探测器的灵敏度与入射波长的关系称为光电探测器的光谱特性，亦称为光谱响应。图3－24为几种不同材料光电探测器的光谱特性曲线。光电探测器的光谱特性与材料性质、制造工艺等有关。

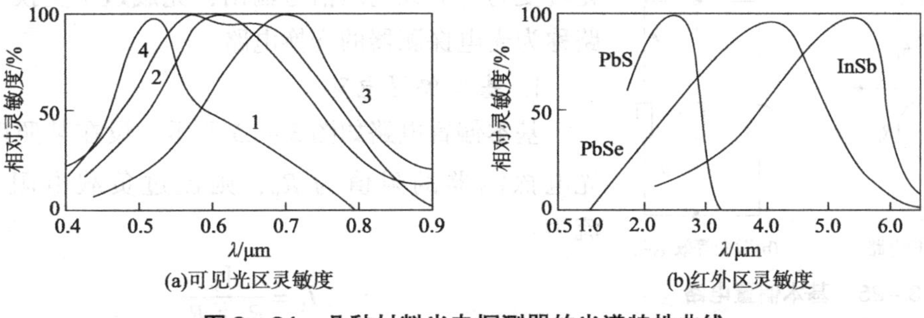

图3－24 几种材料光电探测器的光谱特性曲线

1—硫化镉单晶；2—硫化镉多晶；3—硒化镉多晶；4—硫化镉与硒化镉混合多晶

4. 典型的光电探测器

(1)硫化镉(CdS)光电探测器

CdS 光电探测器是最常见的光电导器件，它的光谱特性最接近人眼光谱光视效率，它在可见光波段范围内的灵敏度最高。CdS 光电探测器的光敏面常为蛇形光敏面结构。CdS 光电探测器的峰值波长为 0.52μm，亮电阻与暗电阻比约为 10^6，在 10lx 照度上可达到 10^{11}，在 100lx 下时间常数约为几十毫秒。

(2)硫化铅(PbS)光电探测器

PbS 光电探测器是近红外波段最灵敏的光电导器件。随着工作温度降低，其峰值波长和长波限向红外波段延伸。其主要缺点是响应时间长，室温条件下为 100～300μs，在低温下(如 77K)可达到几十毫秒。由于 PbS 光电探测器在 2μm 附近红外辐射的探测灵敏度较高，因此，常用于火灾等领域的探测。

(3)锑化铟(InSb)光电探测器

InSb 光电探测器所对应的峰值波长在大气窗口 3～5μm 光谱范围内，因此得到广泛的应用。室温下长波限可达到 7.5μm，当工作温度降到液氮温度(77K)时，长波限由 7.5μm 降低到 5.5μm，响应时间约为 1μs。

(4)碲镉汞($Hg_{1-x}Cd_xTe$)系列光电探测器

$Hg_{1-x}Cd_xTe$ 系列光电探测器是所有红外探测器中性能最优良、最有前途的探测器，尤其是对于 4～8μm 大气窗口波段辐射的探测更为重要。

$Hg_{1-x}Cd_xTe$ 系列光电探测器由 HgTe 和 CdTe 2 种材料的晶体混合制造，其中 x 标明 Cd 元素含量组分。在制造混合晶体时选用不同 Cd 的组分，可以得到不同禁带宽度 E_g，便可制造出不同波长响应范围的 $Hg_{1-x}Cd_xTe$ 系列光电探测器。一般组分 x 的变化为 0.18～0.4，长波长的变化为 1～30μm。

3.3.3 光电探测器的变换电路

光电探测器的阻值随着入射辐射量的变化而变化，因此，可以用光电探测器的光学信息变换为电学信息。但是，电阻值的变化信息不能直接被人们所接收，需要将电阻值的变化转变为电流或电压信号输出，完成这个变换工作的电路称为光电探测器的变换电路。

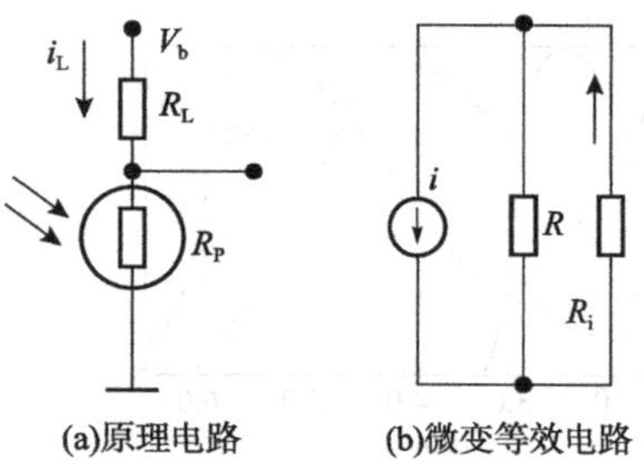

图 3-25 基本偏置电路

1. 基本偏置电路

基本偏置电路如图 3-25 所示。设在某照度 E_v 下，光电探测器的阻值为 R_P，则流过负载电阻 R_L 的电流为：

$$I_L = \frac{V_b}{R_P + R_L} \tag{3-22}$$

若用微变量表示，式(3-22)变为：

$$dI_L = \frac{V_b}{(R_P + R_L)^2} dR_P \tag{3-23}$$

而 $dR_P = -R_P^2 S_g dE_v$，因此

$$dI_L = \frac{V_b R_P^2 S_g}{(R_P + R_L)^2} dE_v \tag{3-24}$$

在用微变量表示变化量时，设 $i_L = dI_L$，$e_v = dE_v$，则式(3-24)为：

$$i_L = \frac{V_b R_P^2 S_g}{(R_P + R_L)^2} e_v \tag{3-25}$$

加在光电探测器上的电压为 R_P 与 R_L 对电压 U_b 的分压，即 $U_{R_P} = R_P U_b / (R_P + R_L)$，因此，光电流的微变量为：

$$i = U_{R_P} S_g e_v = \frac{V_b R_P}{R_P + R_L} S_g e_v \tag{3-26}$$

由式(3-25)和式(3-26)可得：

$$i_L = \frac{R_P}{R_P + R_L} i \tag{3-27}$$

由式(3-27)可以得到如图3-25(b)所示的光电流的微变等效电路。

负载电阻两端的电压为：

$$u_L = i_L R_L = \frac{V_b R_p^2 R_L S_g}{(R_P + R_L)^2} e_v \tag{3-28}$$

从式(3-28)可以看出，当电路参数确定后，输出电压与弱辐射入射辐射量(照度)呈线性关系。

2. 恒流电路

在图3-25所示的基本偏置电路中，当 $R_L \gg R_P$ 时，流过光电探测器的电流基本不变，此时的偏置电路称为恒流源电路。如果光电探测器自身的阻值 R_P 很大，满足恒流偏置的条件同时很难满足电路输出阻抗的要求。因此引入如图3-26所示的晶体管恒流电路。

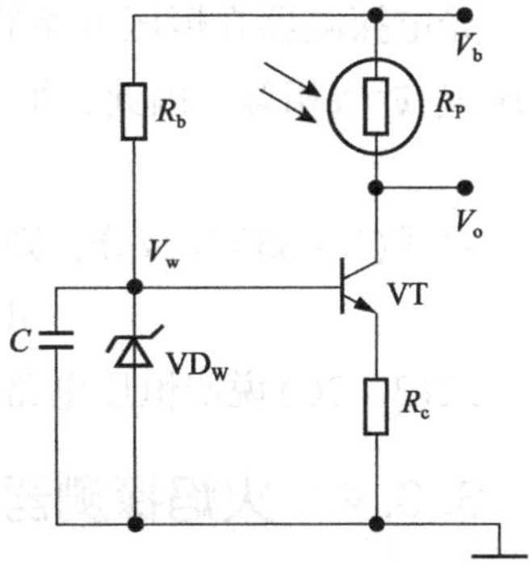

图3-26 晶体管恒流电路

电路中稳压管VD用于稳定三极管的基极电压，即 $V_B = V_W$，流过三极管发射极的电流为：

$$I_e = \frac{V_W - V_{be}}{R_e} \tag{3-29}$$

式中：V_W 为稳压二极管的稳压值；V_{be} 为三极管发射恒电压。在三极管处于放大状态时 V_{be} 基本为恒定值；R_e 为固定电阻。因此，发射极的电流 I_e 为恒定电流。三极管在放大状态下集电极电流 I_c 与发射极电流 I_e 近似相等，所以流过光电探测器的电流为恒流。

在晶体管恒流电路中，输出电压为：

$$V_o = V_b - I_c R_P \tag{3-30}$$

对式(3-30)求微分得：

$$dV_o = -I_c dR_P \tag{3-31}$$

将 $dR_P = -S_g R_P^2 dE_v$ 代入式(3-31)，得

$$dV_o = \frac{V_W - V_{be}}{R_e} R_P^2 S_g dE_v \tag{3-32}$$

或

$$u_o \approx \frac{V_W}{R_e} R_P^2 S_g e_V \tag{3-33}$$

显然，恒流源电路的电压灵敏度为：

$$S_V = \frac{V_W}{R_e} R_P^2 S_g \tag{3-34}$$

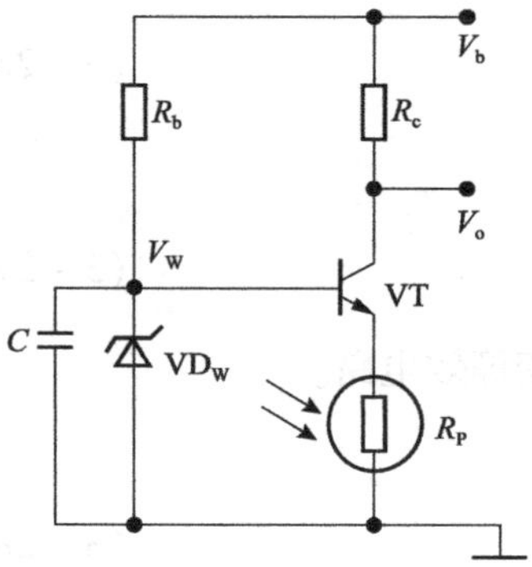

图 3-27 恒压电路

3. 恒压电路

在图 3-25 所示的基本偏置电路中，若 $R_L \ll R_P$，加在光电探测器上的电压近似为电源电压 V_b，为不随入射辐射量变化的恒定电压，此时的基本偏置电路为恒压偏置电路。显然图 3-25 所示的电路很难实现恒压电路。但是，利用晶体三极管很容易实现光电探测器的恒压电路，如图 3-27 所示。处于放大工作状态的三极管 VT 的基极电压被稳压二极管 VD_W 稳定在稳定值 V_W，而三极管发射极的电位 $V_E = V_W - V_{be}$。处于放大状态的三极管近似为 0.7V，当 $V_W \gg V_{be}$ 时，$V_E \approx V_W$，即加在光电探测器 R_P 上的电压为恒定电压 V_W。

光电探测器在恒压电路的情况下，其输出的电压 V_o 与处于放大状态的三极管发射极电压 V_e 近似相等。因此，恒压电路的输出电压为：

$$V_o = V_e - I_c R_c \tag{3-35}$$

对式(3-35)取微分，则得到输出电压的变化量为：

$$dV_o = -R_c dI_c = -R_c dI_e = R_c S_g V_W d\phi \tag{3-36}$$

式(3-36)说明恒压电路的输出信号与光电探测器 R_P 的阻值无关。

3.3.4 火焰探测器

火焰探测器(flame detector)是探测在物质燃烧时，产生烟雾和放出热量的同时，也产生可见的或大气中没有的不可见的光辐射。火焰燃烧辐射光波段火焰探测器又称感光式火灾探测器，它是用于响应火灾的光特性，即探测火焰燃烧的光照强度和火焰闪烁频率的一种火灾探测器。

火焰探测技术通常采用非接触式光电探测方法，主要是因为实现起来简单，准确度较高，信号容易处理，所以实际应用中非常广泛。

1. 火焰信息的测量

火焰探测器的核心是光电传感器，一类是应用光电导传感器(光电探测器传感器)，测量火焰燃烧过程中的光谱信息，将燃烧过程中的火焰辐射幅值、闪烁频率等信号通过转换电路转换为电信号，进行分析和处理；另一类是使用光电耦合器件(如摄像头)等，获取燃烧过程中的火焰图像，通过图像识别、算法分析，达到识别火焰的目的。

2. 火焰探测报警电路设计

图3－28所示为采用光电探测器作为敏感元件的火焰探测器报警电路。PbS光电探测器的暗电阻阻值为1MΩ，亮电阻阻值为0.2MΩ，峰值响应波长为2.2μm。

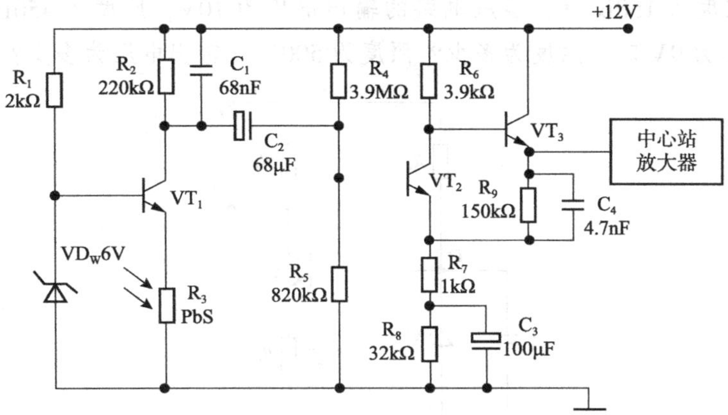

图3－28 火焰探测器报警电路

由前置放大器VT_1、电阻R_1、R_2和稳压二极管VD_W构成光电探测器R_3的恒压电路。恒压电路具有更换光电探测器的特点，只要保证光电导灵敏度S_g不变，输出电路的电压灵敏度就不会因为更换光电探测器的阻值而改变，从而使前置放大器的输出信号稳定。

当被探测物体的温度高于燃点或被点燃产生火焰时，物体将发出波长接近于2.2μm的辐射(或“跳变”的火焰信号)，该辐射光将被PbS光电探测器接收，使前置放大器VT_1的输出跟随火焰“跳变”信号，并经电容C_2耦合，送给由VT_2、VT_3组成的高输入阻抗放大器放大。火焰的“跳变”信号被放大后送给中心站放大器，并由中心站放大器发出报警信号或执行灭火动作。

习题与思考题

1. 简述传感器的定义、作用及组成。
2. 简述传感器的选用原则。
3. 简述氢气传感器的分类。
4. 简述电阻式氢气传感器的工作原理。
5. 简述肖特基二极管型氢气传感器的工作原理。
6. 简述微透镜型光纤氢气传感器的工作原理。
7. 简述光纤等离子共振型氢气传感器的工作原理。
8. 简述光纤光栅氢气传感器的工作原理。
9. 简述光纤倏逝场氢气传感器的工作原理。
10. 简述热导型氢气传感器的工作原理。
11. 在如图3－28所示的火焰探测器报警电路中，设$U_{bb}=12V$，其他电路参数如图

3-28 所示，若 PbS 光敏电阻的暗电阻为 1MΩ，在幅照度为 $1mW/cm^2$ 的情况下的亮电阻阻值为 0.2MΩ，问前置放大器 VT_1 集电极电压的变化量为多少？

12. 在题图 12 所示的恒压电路中，已知 VS 为 2CW12 型稳压二极管，其稳定电压值为 6V，设 $R_b=1k\Omega$，$R_e=519\Omega$，晶体管的放大倍数小于 80，电源电压 $U_{bb}=12V$，当 CdS 光电探测器上的照度为 150lx 时，恒压电路的输出电压为 10V，照度为 450lx 时输出电压为 8V，试计算输出为 9V 时的照度为多少？照度为 500lx 时输出电压为多少？

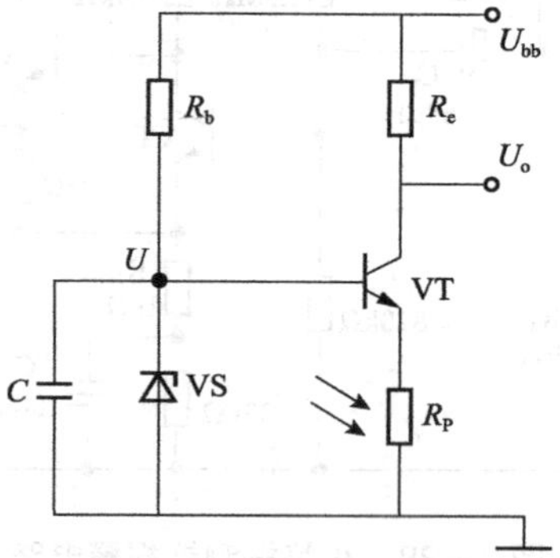

题图 12

13. 在题图 13 所示电路中，已知 $R_b=820\Omega$，$R_e=3.3k\Omega$，$U_W=4V$，光敏电阻为 R_P，当光照度为 40lx 时，输出电压为 6V，80lx 时，输出电压为 9V。(设该光敏电阻在 30～100lx 的 γ 值不变)试求：(1)输出电压为 8V 时的照度为多少？(2)若 $R_e=6k\Omega$ 增加到 6kΩ，输出电压仍然为 8V，问此时的光照度为多少？(3)若光敏面上的光照度为 70lx，问 $R_e=3.3k\Omega$ 与 $R_e=6k\Omega$ 时的输出电压各为多少？(4)该电路在输出 8V 时的电压灵敏度为多少？

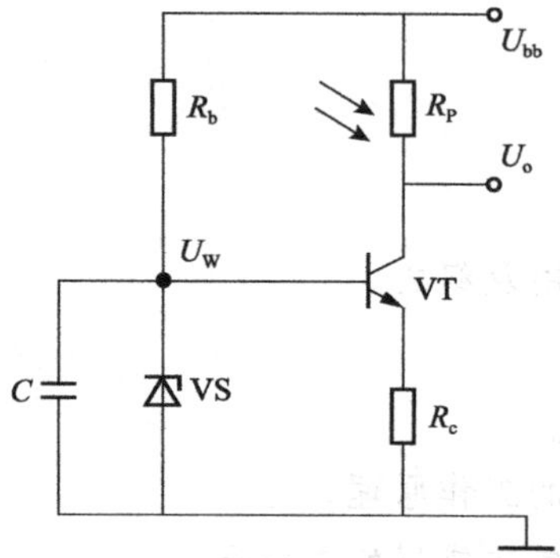

题图 13

14. 已知某光敏电阻在 500lx 光照下的阻值为 550Ω，而在 700lx 光照下的阻值为 450Ω，试求该光敏电阻在 550lx 和 600lx 光照下的阻值。

15. 试设计光敏电阻的恒压偏置电路，要求光照在 100～150lx 范围内的输出电压的变化不小于 2V，电源电压为 12V，所用光敏电阻可从下表中查找。

型号	暗电阻/MΩ	亮电阻/(Ω/100lx)	峰值波长/nm	时间响应/ms	温度系数/(%/℃)	使用温度/℃	最高工作电压/V	γ值/(100lx)	生产厂家
RGD1	0.5~10	1~25	530	30	0.15	-40~60	50	0.5~0.7	合肥半导体厂
RGD2	0.5~50	5	530	30	0.15	-40~60	100	0.5~0.7	
RGD3	10~50	5	530	30	0.15	-40~60	100	0.5~0.8	
RGD4	5~10	50	530	30	0.15	-40~60	100	0.5~0.8	
RGD5	1~50	50	530	30	0.15	-40~60	100	0.5~0.8	
MG45-5	0.5~20	0.5~100	520	30	0.15	-40~60	100	0.6	南昌市晶体管厂
MG45-7	0.5~20	0.5~100	520	30	0.15	-40~60	100	0.6	
MG45-9	0.5~20	0.5~100	520	30	0.15	-40~60	100	0.6	

16. 试举例说明与氢气监测有关的传感器(至少3种)。

17. 在如图3-28所示的火焰探测器报警电路中，电路参数如图3-28所示，若PbS光敏电阻的暗电阻为1MΩ，在辐照度为1mW/cm^{2}情况下的亮电阻阻值为0.2MΩ，问前置放大器VT_1集电极电压的变化量为多少？

第4章 制氢安全

中国是世界第一产氢大国，2019年全国氢气产量约2000万t。从氢能的来源上可将制氢工艺分为化石能源制氢和新能源制氢2大类，部分制氢方式对比详见表4-1，从各制氢路径的特点来看，传统制氢工业中以煤、天然气等化石能源为原料，制氢过程产生并排放CO_2，制得氢气中普遍含有硫、磷等危害燃料电池的杂质，对碳捕获及提纯有着较高的要求。焦炉煤气、氯碱尾气等工业副产提纯制氢，能够避免尾气中的氢气浪费，实现氢气的高效利用，但从长远看，无法作为大规模集中化的氢能供应来源；电解水制氢纯度等级高，杂质气体少，易与可再生能源结合，氢燃烧放出能量后又生成水，不造成环境污染，被认为是未来最有发展潜力的绿氢供应方式。此外，未来随着绿氨、蓝氨的发展，氨分解制氢规模将极大提升。

表4-1 部分制氢方式对比

制氢方式	适用规模	制氢成本/(元/Nm³)	主要消耗/Nm³	主要特点
水电解制氢	2~1000m³/h	2.5~3.5	脱盐水：0.82kg 电：5.5kW·h	技术较成熟，清洁无污染，无碳排放
天然气制氢	100~100000m³/h	0.8~1.5	天然气： 0.35~0.48m³	技术成熟，存在一定污染和碳排放，但较煤制氢低
煤制氢	50000~200000m³/h	0.6~1.2	煤：7.3kg 电：0.355kW·h	技术成熟，成本低廉，污染大，碳排放高
甲醇裂解制氢	<20000m³/h	1.8~2.5	甲醇：0.52kg 电：0.0556kW·h	可利用绿氢与CO_2制取，运输安全方便，存在一定碳排放
氨分解制氢	<50m³/h	2~2.5	液氨：0.52kg 电：1.3kW·h	储运方便，反应温度较高，液氨有一定毒性，无碳排放，无CO和S等杂质

无论以哪种方式制取氢气，氢安全技术都是其长周期运行的重要保障，本章将从水电解制氢、天然气制氢、煤制氢、甲醇裂解制氢等工艺引入，结合工艺中关键设备的安全性分析，展开讲解各个制氢过程中的安全技术。

4.1 水电解制氢安全

可再生能源绿电制氢是产业长期低碳化绿色发展的核心支撑，常用水电解制氢有碱性电解水制氢、质子交换膜电解水制氢和固体氧化物高温电解水制氢技术，目前电解水制氢方面国际主流技术趋势是质子交换膜、固体氧化物电解水制氢，国际领先的质子交换膜电解水制氢规模已达到20MW，几种水电解制氢方式的对比详见表4－2。我国主流的电解水制氢技术路线是碱性电解槽水电解制氢，该技术工业化应用早，已十分成熟，市场份额占比较大，面向可再生能源发展的碱性电解槽水电解制氢除了能耗大外，仍有较大的技术提升空间，本节重点介绍碱性水电解制氢工艺及安全技术。

表4－2 水电解制氢方式对比

参数	应用现状	设备规模/(Nm^3/h)	市场份额	电流密度/(A/cm^2)	特点	运行特性	设备价格万/(Nm^3/h)
碱性电解水制氢	成熟应用	50～1300	98%	0.2～0.4	设备成本低，技术成熟，占地面积大，需要KOH溶液	负荷范围30%～100%，冷启动时间约1h，需要保持氢氧压力平衡，负荷变动缓慢	0.6～1
质子交换膜电解水制氢	特殊应用，商业化起步	0.1～500	2%	1～2	设备体积小、维护成本低，设备残值高、纯水电解，系统简单	负荷范围0～130%，启动迅速，负荷响应快，适合于波动输入制氢	6～10
固体氧化物高温电解水制氢	开发验证阶段	0.1～1	—	0.5～1.5	不用贵金属，高温运行	电耗低，需高温环境	—

4.1.1 水电解制氢安全性分析

碱性水电解制氢系统结构由制氢装置的工作压力、氢(氧)气的用途、气体纯度及其允许杂质含量等因素确定。碱性水电解制氢系统框图如图4－1所示，其工艺流程如图4－2所示。工业软水经纯水装置制取纯水，并送入原料水箱，经补水泵输入碱液系统，补充被电解消耗的水。电解槽中的水，在直流电的作用下被分解成H_2与O_2，并与循环电解液一起分别进入框架中的氢、氧分离洗涤器后进行气液分离、洗涤、冷却。分离后的电解液与补充的纯水混合后，经碱液冷却器、碱液循环泵、过滤器送回电解槽循环电解。通过调节碱液冷却器冷却水流量，控制回流碱液的温度，来控制电解槽的工作温度，使系统安全运行。分离后的氢气由调节阀控制输出，送入氢气储罐，再经缓冲减压后，供用户使用。

碱性水电解制氢工艺涉及的主要装置如图4－3所示，由电解槽、气液处理器、整流装置、控制柜、加水泵、碱箱、水箱、附属设备框架、除盐水闭式冷却装置、系统内的电气及控制设备、管道、阀门和仪表等几大部分组成。碱性水电解制氢系统可分为常压型和压力型，其核心设备为水电解槽。水电解槽由若干个电解池组成，每个电解池由电极、隔膜和电解质溶液等构成，由此构成各种形状和规格的水电解制氢系统。电解槽的主要性能要求是：制得的氢气纯度高、能耗低、结构简单、制造维修方便且使用寿命长、材料的利用率高且价格低廉。目前广泛使用的是压滤式水电解槽，如图 4－4 所示。碱性水电解制氢效率较高，且工艺成熟，设备简单无污染，但耗电大，一般制氢电耗为 4.5～5.5kW·h/Nm^3，生产成本高，电费占整个生产费用的 80% 左右。

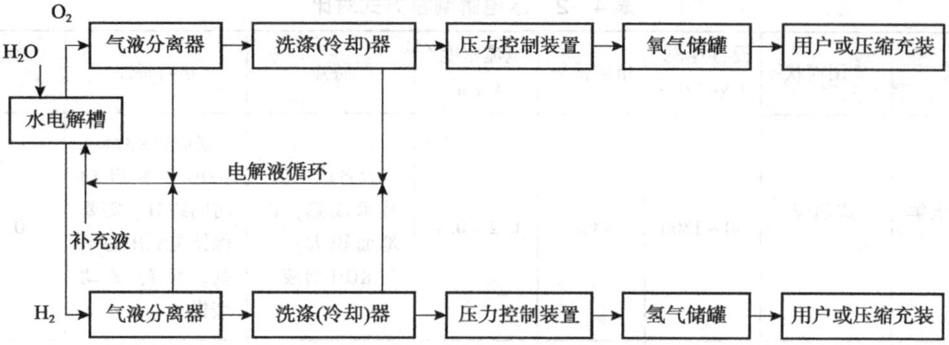

图 4－1　碱性水电解制氢系统框图

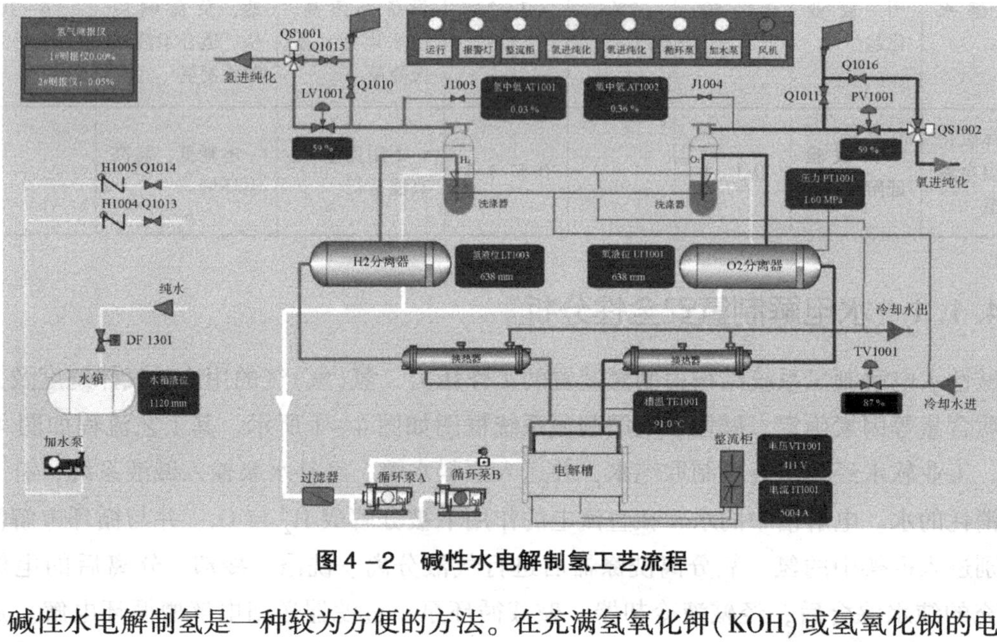

图 4－2　碱性水电解制氢工艺流程

碱性水电解制氢是一种较为方便的方法。在充满氢氧化钾（KOH）或氢氧化钠的电解槽中通入直流电，水分子在电极上发生电化学反应，分解成 H_2 和 O_2，如图 4－5 所示。其阴阳极的化学反应式如式（4－1）和式（4－2）所示，总的电极反应式见式（4－3）：

阴极：$$2H_2O + 2e \longrightarrow 2OH^- + H_2 \qquad \varphi = -0.828V \tag{4-1}$$

阳极：$$2OH^- \longrightarrow H_2O + \tfrac{1}{2}O_2 + 2e \qquad \varphi = 0.401V \tag{4-2}$$

总反应式：$$2H_2O = 2H_2\uparrow + O_2\uparrow \tag{4-3}$$

图 4－3 碱性水电解制氢装置

图 4－4 压滤式水电解槽

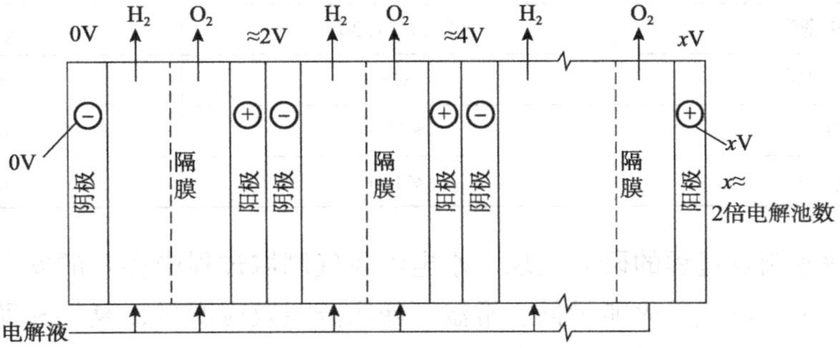

图 4－5 碱性水溶液电解原理

根据法拉第定律，气体产量与电流成正比，与其他因素无关。为改善水的导电性能、降低电耗，通常电解槽内的液体不是纯水，而是一定浓度的 KOH 水溶液。KOH 的作用在于增加水的电导率，本身不参加电解反应，理论上是不消耗的。电解液中加入五氧化二矾的作用是降低电解电压。单位气体产量的电耗，取决于电解电压，电解槽的工作温度越高，需要的电解电压越低，但同时也增加了对电解槽材料(主要是隔膜材料)的腐蚀。石棉在碱液中长期使用温度不能超过100℃，因此操作温度选择在 80～85℃。电解压力的选择主要根据用氢的需要。气体纯度决定于电解水制氢机结构和操作情况。在设备完好(主要是电解槽隔膜无损坏)操作压力正常(主要是压差控制正常)的条件下，纯度是稳定的。

目前国内的电解槽小室电压≤1.8～2.2V，单台最大产氢量可达到 $1200Nm^3/h$；电解槽工作压力可达到 1.6MPa，出槽气体温度为 90℃；经分离碱液和水后的氢气纯度可达到 99.9%、氧气纯度可达到 99.5%。若进一步经纯化装置处理，氢气的最高纯度可达到 99.999%。

为保证电解槽的正常运行和延长使用周期，KOH 纯度应符合表 4－3 标准要求，补充水的质量标准应符合表 4－4 要求，电解液的质量标准应符合表 4－5 要求。

表 4－3 KOH 的纯度

名称	含量/%
KOH	>95
NaCl	<0.5
Na_2CO_3	<0.2

表 4-4　补充水的质量标准

名称	含量/(mg/L)
$Fe^{2+}+Fe^{3+}$	<1
Cl^-	<6
干燥残渣	<7

表 4-5　电解液的质量标准

项目	含量	单位
KOH	300～400	g/L
KOH 密度	1.25～1.30	g/mL
$Fe^{2+}+Fe^{3+}$	≤3	mg/L
Cl^-	≤800	mg/L
Na_2CO_3	≤100	mg/L

通过对电解水制氢过程的研究发现，水电解氢气制取过程中存在的安全性问题通常与氧气混合有关。由于氢气点火能量低、常温下膨胀升温效应明显，氢气和助燃物质混合达到爆炸(爆轰)极限，遇火源将诱发爆炸(爆轰)事故，由此产生冲击波、高温火焰、碎片等对周围建筑物和人身安全构成极大威胁，此外还存在腐蚀、窒息、碱液灼烫、机械伤害和触电等事故风险。因此，分析水电解制氢系统危险化学品及单元设备危险和有害因素、水电解制氢系统安全隐患有助于合理预防电解水制氢的安全事故。

(1)水电解制氢系统危险化学品及单元设备事故种类

水电解制氢系统的产品、副产品涉及氢气、氧气(压缩的)，碱性水电解系统还涉及氢氧化钾或氢氧化钠，均属于危险化学品。氢气无色、无嗅、无味，分子小易泄漏，易燃易爆，高浓度使人窒息；氧气无色、无嗅、无味，比空气重，是强氧化剂，强助燃剂，能与可燃物和还原物质发生猛烈反应，与油脂、脂肪接触有着火和爆炸危险；氢氧化钾或氢氧化钠具有强腐蚀性、其粉尘刺激眼睛和呼吸道、皮肤和眼睛直接接触可引起灼伤，误服可造成消化道灼伤。水电解制氢主要单元设备储存和输送的介质及单元设备事故种类见表 4-6。

表 4-6　水电解制氢储存和输送的介质及单元设备事故种类

单元设备	介质	事故种类
电解槽	氢气、氧气、碱液	泄漏时易燃易爆、窒息、助燃、灼烫、触电
氢分离器	氢气、碱液	泄漏时易燃易爆、窒息、灼烫
氧分离器	氧气、碱液	泄漏时助燃、灼烫
碱液过滤器、冷却器	碱液	灼烫
氢气冷却器	氢气	泄漏时易燃易爆、窒息、灼烫
氧气冷却器	氧气	泄漏时助燃、灼烫
循环泵	碱液	灼烫、触电、机械伤害

续表

单元设备	介质	事故种类
补水泵	纯水	触电、机械伤害
电解液制备及储存装置	碱液	灼烫
氢气纯化器脱氧塔、干燥塔	氢气	泄漏时易燃易爆、窒息、灼烫、触电
氢气储罐	氢气	泄漏时易燃易爆、窒息
直流电源、自控装置	—	触电

(2)水电解制氢系统安全风险

碱性水电解制氢系统可能会发生碱液泄漏、火灾和爆炸、窒息、灼烫、触电及机械伤害，对其安全风险进行逐一分析。

碱液泄漏：碱性水电解系统的电解液可能由于各种原因泄漏。例如：水电解槽的结构、组件或组装过程存在缺陷，造成槽体内氢氧气体混合或向外泄漏，水电解槽泄漏严重时，槽内液体会随着气体喷射而出并雾化；承装碱液的压力容器、管道及安全附件的材料、设计、制造、安装存在缺陷，未定期检验，安全附件缺失或故障，均可造成系统泄漏，甚至引发物理或化学爆炸。

火灾和爆炸：引起水电解制氢系统可能发生的火灾和爆炸原因很多，导致氢气着火或爆炸的条件是氢气/空气(氧气)混合达到可燃或爆炸极限，并存在有效点火源。以下场景均有可能引起水电解制氢系统发生火灾和爆炸的风险。例如：对于氢氧分离器底部连通的气液处理装置，其液位控制系统异常造成氢氧气体混合。气体纯度分析仪表工作异常，未及时发现氢中氧含量或氧中氢含量超安全范围。氢气泄漏检测装置或机械通风系统故障，造成环境氢气含量超标。氢气系统在使用前置换不充分或水电解槽电源正、负极接反，造成氢气与空气或氧气混合。含有过量氧气的氢气进入氢气纯化器的脱氧塔，在催化剂的作用下和氧气复合成水，放出大量热量，造成脱氧塔内部温度过高。含杂质的氢气流速过快，作业人员未穿防静电工作服，均可能产生静电火花；作业时未使用防爆工具，因摩擦、撞击产生火花。氧气接触油脂或高速氧气流中的杂质颗粒均可导致燃烧。生产装置区的防雷设计不符合规范要求，导致雷击损坏设备，引发氢气泄漏并被点燃。电气设备由于漏电、短路、过载、接触电阻过大而产生电弧或火花，爆炸危险区域内电气设备的防爆等级不满足使用要求，也可能成为点火源。雨水或其他导电体掉落在水电解槽上，造成短路而损坏槽体，可能引发火灾或爆炸。在检修过程中，检修设备在用生产系统未采取有效隔离措施，动火作业前未彻底置换，取样分析不具备代表性或分析数据不准确，均可能引发火灾或爆炸。实际建设项目中也曾有项目案例因为氢氧管线接错(如接反)的人为因素，导致爆炸的事故。

窒息：氢气为单纯性窒息性气体，在其高浓度时，空气中氧分压降低而导致缺氧性窒息。

灼烫：制氢系统中水电解槽及其部分附属设备工作温度为60～90℃，氢气纯化器脱氧催化床工作温度可达到150℃，氢气纯化器干燥床(变温吸附)再生温度可达到350℃，人体直接接触设备表面会被烫伤。碱性水电解系统涉及的氢氧化钾或氢氧化钠，具有强腐蚀性，直接接触皮肤和眼睛可造成化学灼伤。

触电：制氢系统中可能造成人体触电事故的设备或设施包括水电解槽、整流变压器、整流柜、电气柜、电动机和输电铜排等。在操作和维护设备时，作业人员有触电危险。

机械伤害：制氢系统机械伤害主要是指机械设备的运动部件直接与人体接触所造成的伤害，与其他通用机械设备伤害具有相同特点及防护措施。

4.1.2 水电解制氢安全要求

与水电解制氢安全相关的现役标准是 GB/T 37563《压力型水电解制氢系统安全要求》，水电解制氢安全技术方面，主要应考虑制氢的环境条件、设备及管路、电气及仪表控制及应急处理几个方面。

制氢的环境条件的主要安全技术要求：制氢系统的设计和安装应考虑用户现场环境条件对设备安全运行的影响，如环境温度、环境湿度、海拔高度、抗震设防烈度等。制氢系统使用区域应通风良好，确保空气中氢气含量不超过 1%（体积分数）。制氢系统的火灾危险类别应为“甲”类，其设置场所的安全设施配备应符合 GB 50177《氢气站设计规范》的规定。制氢场所宜设置应急照明，制氢系统及其周围区域应设置禁区，禁止无关人员入内；制氢场所内应无杂物，并应保持通道畅通，制氢场所应设置符合 GB 2894《安全标志及其使用导则》规定的安全标志。有碱液区域，包括碱性电解质装卸、储存和分析取样点附近，应设置冲淋、洗眼设施，并备有浓度为 2% ~3% 的硼酸水溶液。水电解制氢间及氢气储罐区域内应被划分为爆炸性气体环境危险区域 1 区，制氢间门窗边沿以外、氢气罐外壁以外半径 4.5m 的地面、空间，以及氢气排放口周围半径 4.5m 的空间和顶部 7.5m 的区域为 2 区，如图 4－6 所示。

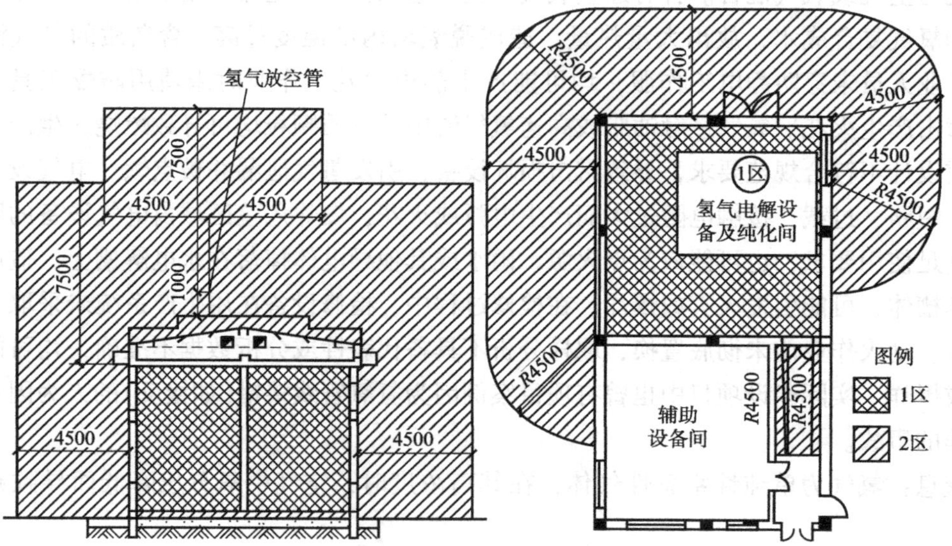

图 4－6　氢气站厂房内爆炸危险区划分

设备及管路的主要安全技术要求：制氢系统氧气回收设备、管道及其附件应按 GB 50177《氢气站设计规范》、GB/T 19774《水电解制氢系统技术要求》的规定进行设计、制造、安装验收。对于氧气直接排入设备外壳或室内的制氢系统，氧气应被通风气流有效稀释，以免形成富氧环境。设备及管道用材料的选择应综合考虑使用条件(如介质特性、工作温度、工作压力等)、材料性能(力学性能、工艺性能、物理性能和化学性能)、设备制造工艺，以及经济合理性等因素。设备及管道的布置应便于操作和维护，出现紧急情况时便于人员撤离。氢气设备、管道内的冷凝水应经排水水封排至室外。对设备、管道热胀冷缩所产生的应力和位移应采取预防措施。与氧气接触的设备、管道及其阀门、附件的脱脂应符合 GB 50030《氧气站设计规范》、HG 20202《脱脂工程施工及验收规范》的规定。根据环境条件及工艺要求，对设备、管道采取的绝热措施应符合 GB/T 4272《设备及管道绝热技术通则》的规定。在设备、管道上有发生人员高处坠落危险的部位，应配置扶梯、平台、围栏和系挂装置等附属设施。所有转动设备均应配备防护罩或采取其他防护措施。对噪声较大的设备应采取隔声、消声、减振等控制措施。设备和阀门应统一编号，管道安全标识应符合 GB 7231《工业管道的基本识别色、识别符号和安全标识》的规定。

对于水电解槽、压力容器、氢气纯化器、循环泵和补水泵等重要单体设备，以及安全泄放装置及阻火器等安全辅助设备的安全技术，还需满足表 4 –7 中的技术要求。

表 4 –7　水电解制氢单体设备安全技术要求

序号	设备	安全技术要求
1	水电解槽	水电解槽的性能参数、结构应以降低单位氢气电能消耗、减少制造成本、延长使用寿命为基本要求。应合理选择水电解槽的结构形式、电解小室及其电极、隔膜的构造、涂层和材质，控制水电解槽组装过程，以消除泄漏风险。水电解槽的安装应采用单端固定方式
2	压力容器	制氢系统的压力容器主要用于气液分离、冷却、加热和储存。压力容器的材料、设计、制造、检验和验收应符合 TSG 21《固定式压力容器安全技术监察规程》、GB/T 150. 1 – 150. 4《压力容器》、GB/T 151《热交换器》等规定。在寒冷和严寒地区，室外含湿气罐底部，应根据具体情况采取相应防冻措施
3	氢气纯化器	氢气纯化器应采取绝热措施。氢气纯化器入口宜设置流量检测仪表。氢气纯化过程的温度控制和阀门切换等操作，宜采用自动控制装置
4	循环泵和补水泵	机泵的流量、扬程、工作温度、工作压力应满足工艺要求。机泵与输送介质接触的材质应适用于碱液
5	安全泄放装置	安全阀应选用全封闭式，经校准合格铅封后，方可使用。安全阀应靠近被保护设备垂直安装，其位置应便于检查和维修
6	阻火器	氢气放空管道应设阻火器。阻火器的设置应符合 GB 50177《氢气站设计规范》的相关规定

电气及仪表控制的主要安全技术要求：制氢系统爆炸危险区域等级范围划分应符合 GB 50177《氢气站设计规范》、GB 50058《爆炸危险环境电力装置设计规范》的规定。防爆等级不应低于氢气爆炸混合物的级别、组别。在有爆炸危险环境内的电缆及导线敷设，应符合 GB 50217《电力工程电缆设计标准》的规定。水电解槽及其输电铜排周围应加装防触

电隔离设施。应有防止导电体掉落在水电解槽上的安全措施。制氢系统应设置固定式氢气检测报警仪，其技术性能应符合 GB 12358《作业场所环境气体检测报警仪通用技术要求》和 GB 16808《可燃气体报警控制器》的规定，固定式氢气检测报警仪的检测器应安装在氢气易泄漏和积聚处，当空气中的氢气含量达到 0.4%（体积分数）时，氢气检测报警仪应报警同时启动相应的事故排风机，当空气中的氢气含量超过 1%（体积分数）时，应停车检查。氢火焰检测报警仪应根据响应时间、检测距离、覆盖范围、灵敏度等因素选用，应按 GB 50058《爆炸危险环境电力装置设计规范》的规定选用。水电解槽出口端应设置氧中氢和氢中氧含量在线分析仪器，实时监测气体纯度。氢气纯化器出口应设置氢气中杂质含量分析仪器。

应急处理的主要安全技术要求：水电解制氢应急处理应按表 4－8 进行，应做到防患未然，编制应急预案，对泄漏、火灾和爆炸等事故进行快速应急处理。

表 4－8　水电解制氢应急处理

处理项目	安全技术规范要求
应急预案	应建立健全安全规章制度，制定事故应急预案，配备应急救援人员和必要的应急救援器材、设备
	应急预案应符合 GB/T 29639《生产经营单位生产安全事故应急预案编制导则》的规定，并应与相关部门和单位的应急预案相衔接。包含针对可能发生的泄漏、火灾和爆炸，编制应急预案及应急处置措施
	应定期进行应急预案演练
	应定期对应急预案进行评估，并及时根据评估结果或实际情况的变化进行修订和完善
泄漏	应迅速查明泄漏情况，根据泄漏部位和泄漏程度，采取措施阻止或控制泄漏，并按应急预案规定进行报告
	氢气泄漏污染区应被隔离，加强通风，并严禁火种。采取的措施同时应符合当空气中的氢气含量达到 0.4%（体积分数）时，氢气检测报警仪应报警同时启动相应的事故排风机；当空气中的氢气含量超过 1%（体积分数）时，应停车检查
	如有窒息人员，应及时将其救至通风良好处，实施人工呼吸，并迅速就医
	碱液少量泄漏时，可用沙土、弱酸吸收中和；大量泄漏时，应封闭排水管道，收集回收或运至废物处理场所处置
	应急处理人员应配戴个人防护装置以避免窒息或碱液灼伤
火灾和爆炸	制氢系统一旦发生火灾或者爆炸事故，应立即切断水电解槽电源并发出警报
	应使氢气系统保持正压状态以防回火，并用消防水雾强制冷却着火设备
	应采取有效措施，防止火灾扩大，如采用大量消防水雾喷射其他引燃物质和相邻设备
	氢火焰不易察觉，应急处理人员应佩戴个人防护装置，预防外露皮肤烧伤

4.2　天然气水蒸气重整制氢安全

天然气制氢主要有水蒸气重整、部分氧化和自热重整 3 种，其中水蒸气重整是主流工艺，本节重点分析天然气水蒸气重整制氢的安全性和安全技术要求。

4.2.1　天然气水蒸气重整制氢安全性分析

天然气水蒸气重整制氢是将天然气压缩、脱硫后与一定压强的水蒸气在转化炉内通过催化反应制氢的工艺，主要由转化炉、变换反应器、换热设备和变压吸附提纯装置等设备组成。天然气脱硫精制后，按一定的水碳比与水蒸气混合，预热后进入转化炉，转化炉的反应温度为820℃，反应压力为1.5～3.0MPa，停留时间为几秒，转化水碳比为3.5。在催化剂的作用下，转化反应生产出H_2、CO、CO_2等气体，为了防止催化剂积碳失活，采用过量的蒸气，过量多少取决于天然气组成和催化剂的性质。催化剂中加入碱金属(钾)、碱土金属(钙、镁)作为助剂，以加速碳从催化剂表面去除。甲烷蒸气转化反应的转化率一般为90%～92%，但该过程中会产生积碳。转化气经余热锅炉回收热量后进入变换器，将CO和水蒸气进一步变换为CO_2和H_2，经余热锅炉回收热量、冷却器后降至常温，再经变压吸附提纯装置提纯得到纯度较高的氢气。变压吸附提纯装置的解吸气中含有CO、CH_4等可燃组分，可作为转化炉的燃料气。天然气水蒸气重整制氢系统框图见图4－7，其制氢工艺流程见图4－8。

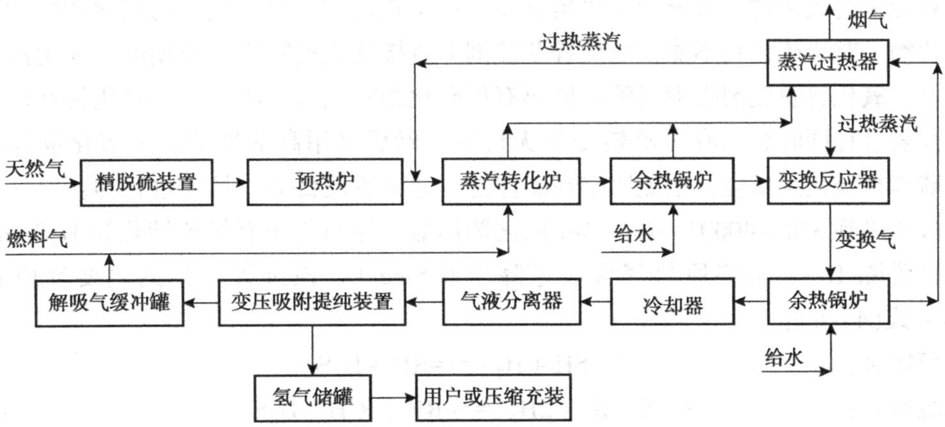

图4－7　天然气水蒸气重整制氢系统框图

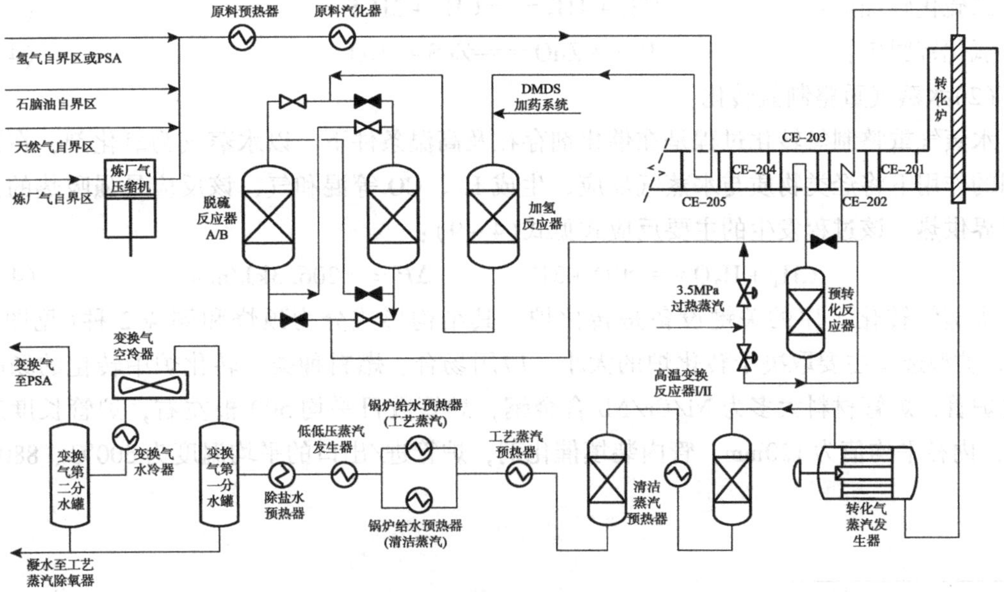

图4－8　天然气水蒸气重整制氢工艺流程

图 4－9　某企业 800m³/h 天然气制氢设备装置①

天然气水蒸气重整制氢工艺的优点是可直接利用现有天然气设施，规模经济性较好，工艺流程技术成熟、装置规模灵活（详见图 4－9），尤其适合中等规模制氢需求场合；碳排放比煤制氢更低。缺点是反应吸收热量大，反应速度慢，一次性投资高。

天然气水蒸气重整制氢整套工艺分为原料气脱硫处理、水蒸气重整制氢转化、CO 变换和氢气提纯四大单元。

（1）原料气脱硫处理

原料烃中的硫化物一般分为无机硫化物和有机硫化物，原料气中的硫化物绝大部分是有机硫化物。有机硫化物不能在氧化锌脱硫剂上直接反应被脱除，必须经加氢生成无机硫化物方可被氧化锌脱硫剂吸附脱除。原料有机硫化物有硫醇、硫醚、二硫化物和环状硫化物等，加氢过程同时会把有机硫转变为无机硫，然后采用高活性的金属氧化物为活性组分，脱硫剂与硫化氢反应，把硫固定在载体上，达到脱硫目的。具体过程为：原料气转化炉对流段预热到 350～400℃→Co－Mo 催化剂加氢→原料气中有机硫转化为 H_2S→ZnO 吸附脱硫槽脱除 H_2S，最终原料气含硫量降至 0.5mg/L。该过程发生的主要反应式见式（4－4）～式（4－8）：

硫醇加氢：$$R-SH+H_2 = RH+H_2S \tag{4-4}$$

硫醚加氢：$$R-S-R'+2H_2 = RH+R'H+H_2S \tag{4-5}$$

噻吩加氢：$$C_4H_4S+4H_2 = C_4H_{10}+H_2S \tag{4-6}$$

二硫化碳加氢：$$CS_2+4H_2 = CH_4+2H_2S \tag{4-7}$$

氧化锌脱硫：$$H_2S+ZnO = ZnS+H_2O \tag{4-8}$$

（2）水蒸气重整制氢转化

水蒸气重整制氢转化过程是在催化剂存在及高温条件下，以水蒸气为氧化剂，在镍催化剂的作用下将烃类物质与水蒸气反应，生成 H_2、CO 等混和气，该反应是强吸热的，需要外界供热。该过程发生的主要反应式见式（4－9）：

$$CH_4+H_2O \rightleftharpoons CO+3H_2 \qquad \Delta H=+206.3\text{kJ/mol} \tag{4-9}$$

水蒸气转化工序的关键设备是转化炉，其结构形式分为顶烧和侧烧 2 种（见图 4－10）。炉型选择主要取决于转化炉的大小、应用场合、燃料种类。转化炉中转化的场所是转化炉管，炉管材料大多为 Ni/Cr/Nb 合金钢，炉管数目平均 500 根左右，炉管长度约为 13m，内径平均值为 120mm，管内装填催化剂，炉管进/出口的平均温度为 600℃、880℃。

① 北京环宇京辉京城气体科技有限公司提供。

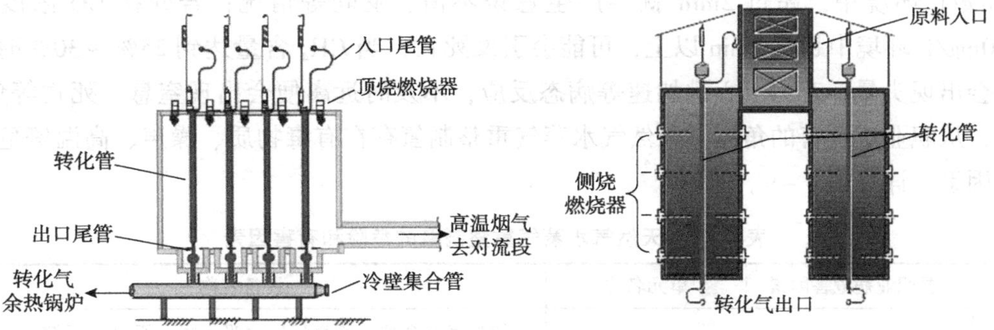

图 4-10 顶烧(左)和侧烧(右)转化炉

(3) CO 变换反应

CO 变换是使来自水蒸气重整制氢转化单元的混合气体在装有催化剂的变换炉中进行水煤气反应，CO 进一步与水蒸气反应，大部分 CO 转化为 CO_2 和 H_2。其工艺一般按照变换温度可分为高温变换和中温变换。变换后的气体经冷却后，分离工艺冷凝液，气体送氢气提纯工艺。该过程发生的主要反应式见式(4-10)：

$$CO + H_2O \rightleftharpoons CO_2 + H_2 \qquad \Delta H = -41.2\text{kJ/mol} \qquad (4-10)$$

(4) 氢气提纯处理

氢气提纯的方法有冷凝-低温吸附法、低温吸收-吸附法、变压吸附法(PSA)、钯膜扩散法等。其中，PSA 技术具有能耗低、产品纯度高、工艺流程简单等优点，PSA 装置如图 4-11 所示。吸附塔内的吸附剂吸附除氢气以外的其他杂质而使氢气得以净化，净化后的氢气纯度可达到 99.900% ~ 99.999%。变压吸附是对气体混合物进行分离提纯的工艺过程，该工艺是多孔性固体物质内部表面对气体分子的物理吸附。混合气体中的杂质组分在高压下具有较大的吸附能力，低压下具有较小的吸附能力，就是利用这种原理吸附剂吸附、解析达到循环吸附解析过程，分子筛对一般气体分子的吸附顺序为 $H_2 < N_2 < CH_4 < CO < CO_2$；活性炭对一般气体的吸附顺序为 $H_2 < N_2 < CO < CH_4 < CO_2$。

图 4-11 变压吸附(PSA)装置

天然气水蒸气重整制氢过程中除了会面临高温及略微高压的操作环境外，还会涉及可燃性气体(氢气、天然气)、有毒气体(CO)。CH_4 本身是一种活跃的温室气体，由于其燃点低极易引发火灾，而生成的 CO 的燃点也较低，在制氢过程中易发生火灾。规范设备维护与操作流程是提高天然气水蒸气重整制氢整体安全性的重要路径。

氢气与天然气都是易燃易爆气体，由式(4-4)~式(4-10)的工艺反应过程可知，整个系统中随时会有天然气、氢气、CO 等气体的局部浓度过高情况发生，一旦发生泄漏，除了可燃性气体引发的燃烧爆炸危险外，还要考虑 CO 的毒性。若人员处在 CO 浓度达到

1000mg/L 环境中，超过 2min 就会产生意识不清、呕吐等情况；若处在 CO 浓度达到 10000mg/L 环境中超过 2min 以上，可能会引发死亡；当 CH_4 含量达到 25% ~30% 时，人们便会出现头晕、乏力、心跳加速等病态反应，不及时远离便会出现窒息、死亡等危险。因此，从职业病危害的角度，天然气水蒸气重整制氢存在有毒物质、噪声、高温等危险和有害因素，详见表 4-9。

表 4-9　天然气水蒸气重整制氢的危险和有害因素

序号	主要职业病危害因素		单元名称	设备名称
1	有毒物质	硫化氢	脱硫转化工序	燃料气混合器、原料气压缩吸入罐、原料气压缩机、加氢转化器、脱硫槽
		甲烷	脱硫转化工序	燃料气混合器、原料气压缩吸入罐、原料压缩机、加氢转化器、脱硫槽、转化炉、废热锅炉
		一氧化碳	脱硫转化工序	燃料气混合器、原料气压缩吸入罐、原料压缩机、加氢转化器、脱硫槽、转化炉、废热锅炉
			变换工序	高变炉
		二氧化碳	脱碳工序	二氧化碳再生塔气体再沸器、回流液再沸塔、变化气分离罐、二氧化碳吸收塔
		羰基镍	脱硫转化工序	转化炉
		氨、联氨	锅炉	水处理设备
2	噪声		脱硫转化工序	原料气压缩机、一段炉引风机、强制风机
			脱碳工序	二氧化碳再生塔回流泵
			PSA 装置	氢气压缩机、尾气压缩机
3	高温		脱硫转化工序	转化炉、废热锅炉及汽包
			变换工序	高变炉、高变废热锅炉、低变炉
			脱碳工序	低变废热锅炉
4	粉尘		脱硫转化工序	钴钼加氢转化器、氧化锌脱硫槽、一段转化炉
			变换工序	高变炉、低变炉、小低变炉
			脱碳工序	碳酸钾制备槽

4.2.2　天然气水蒸气重整制氢安全要求

对于天然气水蒸气重整制氢安全中除了遵循化工用氢通用安全标准外，还应根据装置的特点考虑以下安全问题。

对于防毒措施，需要采用自动报警、联锁保护、安全泄压、遥控监视及隔离、通风等措施。生产时天然气水蒸气重整制氢用的催化剂是具有活性的金属镍，为防止其与空气中的氧反应放热烧坏催化剂和设备，检修卸出前要进行钝化处理，用缓慢氧化的办法预先对触媒表面进行氧化处理。完善检测报警设施，生产装置和各主要的压缩机全部采用 DCS 系统在中央控制室集中操作控制，进行自动调节和自动报警。如转化炉、天然气压缩机、

PSA变压吸附塔等设置工艺报警及自动停车等联锁装置，使整个装置能够在生产不正常或事故状态下实现紧急停车。在装置内易散发可燃气体和有毒气体(包括天然气、CO、氢气)的部位按照规范设置可燃气体和有毒气体检测报警仪。配备必要的便携式四合一检测仪、氢气检测仪、一氧化碳检测仪等仪器。对易产生泄漏的设备、管道在满足工艺的条件下，尽量露天布置，装置区采用自然通风；在压缩机厂房安装有通风排毒系统；装置控制系统均为数据控制系统，可进行集中控制、管理，减少操作工人在生产现场的停留时间。

对于高温伤害，天然气水蒸气重整制氢装置中散发热量的设备、管线均采取有效的绝热措施。表面温度超过60℃的设备和管道，在距地面或工作平台高度2.1m范围内或距操作平台周围0.75m范围内设防烫伤隔热层。

此外，对于天然气水蒸气重整制氢过程中重整器分析，可能引发的安全事故及可采取的防范措施见表4-10。可以发现：天然气水蒸气重整器的反应温度过高或过低，反应过程中压力过高，静电产生与否等，都会引发诸多的安全事故。因此，重整制氢系统内部须按照相关规范设置相应的检测装置，严格控制系统温度、压力及进料流速，同时必须设置静电消除器，并定期检修维护设备，在保证氢气纯度的同时避免事故发生。

表4-10 重整制氢过程的不安全因素汇总

序号	安全事故	原因分析	后果	安全措施	建议措施
1	天然气制氢重整器压力过高	(1)燃料气/空气进料量大； (2)脱硫效率低； (3)外部着火； (4)天然气进料温度高； (5)天然气进料压力过高； (6)重整器出料管道堵塞； (7)催化剂过量，反应失控	(1)导致反应失控，转化效率低； (2)超压严重导致爆炸； (3)重整器薄弱环节脆弱，内部重整气体外泄，人员中毒，遇火源时燃烧或爆炸	(1)天然气入口端设置流量变送器并控制流量阀门； (2)紧急情况下，对燃料气放空处理； (3)重整器设置温度指示联锁高报警； (4)重整器设置压力指示高、低报警； (5)出料管线上设置压力传感器并与原料进料管线上的压力差联锁，并设置压力差高报警； (6)重整器内设置压力传感器并控制引风机管线阀门以控制重整器压力； (7)重整器出口端设置气体含量分析传感器并联锁空气预热器进料管上的阀门； (8)紧急情况下，对变压吸附尾气排空处理； (9)自动开启固定消防灭火系统； (10)蒸气管道中设置流量变送器并控制流量阀门	(1)现场设置有毒气体报警仪； (2)催化剂装填容器仪装适量的催化剂，防止过量
2	天然气制氢重整器温度过高	(1)燃料气/空气进料量大； (2)脱硫效率低； (3)外部着火； (4)天然气进料压力过高	(1)导致反应失控，转化效率低； (2)超压严重导致爆炸； (3)重整器薄弱环节脆弱，内部重整气体外泄，人员中毒，遇火源时燃烧或爆炸； (4)重整器管道积炭而局部超温烧坏管道，转化效率低		现场设置有毒气体报警仪

续表

序号	安全事故	原因分析	后果	安全措施	建议措施
3	进料组分错误	燃料气/空气进料量大	影响转换效率，能源消耗过多	(1)天然气入口端设置流量变送器并控制流量阀门； (2)紧急情况下，对燃料气放空处理； (3)蒸汽管道中设置流量变送器并控制流量阀门，并设置流量联锁低报警； (4)紧急情况下，对变压吸附尾气排空处理； (5)天然气进料与蒸汽进料管道皆设置流量变送器并控制流量阀门	
4	静电	(1)天然气进料管道内天然气流速过快； (2)进入装置区内的人体带静电； (3)混合气体中的混合气体流速过快； (4)变压吸附尾气流速过快	产生火花，遇天然气/氢气/与空气混合物产生爆炸或燃烧	(1)天然气管道设置流速控制阀门； (2)含可燃性气体管道、变压吸附尾气管道设置阻火器； (3)含可燃性气体管道、变压吸附尾气管道设置放空管，且放空管上设置阻火器； (4)混合气体管道设置流速控制阀门	(1)进入装置区内的人员须穿防静电服； (2)装置内设置静电消除器
5	天然气制氢重整器温度过低	(1)蒸汽进料温度过低，或进料量过大； (2)天然气进料温度低； (3)外部环境温度低； (4)催化剂过量，导致吸热反应的重整制氢反应剧烈	转换效率低	(1)蒸汽管道上设置温度传感器及温度显示仪； (2)重整器设置温度指示联锁高报警； (3)水路管道上设置流量变送器元件； (4)提供重整器反应温度的燃烧炉设置燃烧指示报警	

4.3 煤制氢安全

我国是煤炭资源十分丰富的国家，目前，煤在能源结构中的比例高达70%左右，未来相当长一段时间，我国能源结构仍将以煤为主，因此利用煤制氢是一条具有中国特色的制氢路线。煤制氢的缺点是生产装置投资大，另外，煤制氢过程还排放大量的温室气体CO_2。要想使煤制氢得到推广应用，应设法降低装置投资和如何使CO_2得到回收和利用，避免使其排向大气。

4.3.1 煤制氢安全性分析

传统的煤制氢技术主要以煤气化制氢为主，此技术发展已有200年历史，在我国也有近100年历史。传统的煤制氢过程可分为直接制氢和间接制氢。煤的直接制氢包括：①煤的焦化(高温干馏)，在隔绝空气条件下，900～1000℃制取焦炭，副产品焦炉煤气中含 H_2 55%～60%、CH_4 23%～27%、CO 6%～8%，以及少量其他气体。②煤的气化，煤在高温、常压或加压下，与气化剂反应，转化成为气体产物，气化剂为水蒸气或氧气(空气)，气体产物中含有氢气等组分，其含量随着不同气化方法而异。煤的间接制氢过程，是指先将煤转化为甲醇，再由甲醇重整制氢。

我国煤气化制氢曾经是主要制造氢气的方法。随着石油工业的兴起，特别是天然气水蒸气转化制氢方法的出现，煤气化制氢技术呈逐步减缓发展态势。但是随着石油天然气资源的日益枯竭，煤炭资源利用仍具现实意义。图4－12所示为传统的煤气化制氢工艺流程，首先将煤(分为干法和湿法，干法为煤粉，湿法为水煤浆)送入气化炉，与分离空气得到的 O_2 反应，生成以CO为主的合成煤气，反应见式(4－11)，经过净化处理后，进入CO变换反应器，与水蒸气反应，产生 H_2 和 CO_2 反应见式(4－12)，产品气体分离 CO_2、变压吸附后得到较纯净 H_2 和副产品 CO_2。

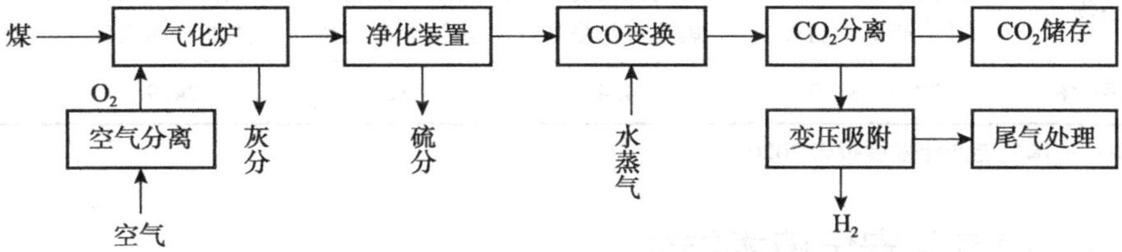

图4－12 煤气化制氢技术工艺流程

$$C + H_2O \xlongequal{} CO + H_2 \tag{4-11}$$

$$CO + H_2O \xlongequal{} CO_2 + H_2 \tag{4-12}$$

煤气化制氢的合成气中 CO_2、CO等体积分数高达45%～70%，碳排放较高，不满足低碳化的制氢路径，且含有硫化物等腐蚀性气体，而且生产过程繁琐，装置复杂，必然导致制氢投资大，制氢过程还会排放大量的 CO_2 温室气体。近年来，新型煤气化制氢技术也在不断发展，超临界水煤气化技术利用超临界水(温度≥374℃、压力≥22.1MPa)作为均相反应媒介，具有传统煤气化技术无法比拟的气化效率高、氢气组分高、污染少等优点，但目前尚未产业化，几种典型的煤制氢技术对比见表4－11。

煤制氢工艺 CO_2 排放量约是天然气制氢的4倍，未来在众多制氢工艺竞争中取得获胜需结合碳捕集与封存(CCS)技术实现减排。煤制氢装置有毒有害介质较多，如 H_2S、CO、CO_2、氢气、含氰污水、煤粉等。

H_2S 主要来自CO变换单元，H_2S 的特性是极度有毒，臭鸡蛋气味，无色气体，比空气重，具有高腐蚀性，可与氧气和空气形成爆炸混合物，当遇到强氧化剂时，会导致火灾或爆炸，硫化氢溶于水，与金属反应生成金属硫化物，与铁或钢发生反应生成硫化亚铁，在空气中容易自燃。

在煤制气的备煤和气化系统的主要危险和有害因素是粉尘、噪声和电离辐射等，气化及后处理过程中产生大量的CO、苯、甲苯等毒物，是引起急慢性中毒事故的隐患。

表4-11　典型煤制氢技术对比

煤制氢方法 / 参数	固定床	流化床	气流床(粉煤)	气流床(水煤浆)	超临界水煤气化
技术成熟度	大规模工业应用	大规模工业应用	大规模工业应用	大规模工业应用	尚未产业化
气化炉	中试加压气化炉	常压 Winkler	Shell 气化炉	多喷嘴气化炉	高压釜
气化温度/℃	560	816~1204	1450	1260	650
气化压力/MPa	2~2.5	0.1	3.0	3.8	26
合成气 H_2 占比/%	38.1~38.6	40	25.9	34.7	80
合成气 CO_2 占比/%	32.6~34	19.5	0.9	18	0.2
合成气 CO 占比/%	14~14.7	36	68.4	48.3	—
合成气硫含量	H_2S 0.3%	H_2S 0.3%	H_2S 0.13%	H_2S 0.24%	以硫化盐形式固化
其他污染物	焦油产率0.35%；轻油产率0.11%	不含酚类及焦油等污染物	不含酚类及焦油等污染物	不含酚类及焦油等污染物	不含酚类及焦油等污染物
冷煤气效率/%	79.3~81.9	74.4	82	74.9	123.9

数据来源：中国氢能产业发展报告2020。

4.3.2　煤制氢安全技术要求

针对煤制氢中产生的H_2S泄漏的场所，应设置醒目的中文警示标识。发生源多而集中且影响范围较大时，可在地面用黑黄间隔的斑马线表示区域范围。当H_2S浓度低于50mg/m^{3}时可以使用过滤式防毒用具。在H_2S浓度大于50mg/m^{3}或发生介质泄漏、浓度不明的区域内应使用隔离式呼吸保护用具。在进入H_2S区域中，应随身携带便携式H_2S检测仪，当出现报警(≥10mg/L)时，应立即撤离现场至安全地方。进入含H_2S介质的设备内作业前，应切断一切物料，彻底冲洗、吹扫、置换，加好盲板，经取样分析合格、落实好安全防护措施，并按照“作业许可证制度”办理作业票后，在有人监护的情况下进行作业。

针对含CO介质的作业区应挂牌警示，推荐动火受限空间使用连续探测仪。

因煤焦化和煤气化制氢工艺和装备的不同，煤制氢安全技术也分为煤焦化和煤气化制氢安全2部分进行分别讨论。

煤的气化工艺以目前技术较成熟且使用较广的Texaco气化工艺为例，该工艺以水煤浆为原料，以氧气为气化剂，将两者喷入气化炉后，首先被喷嘴雾化，煤颗粒均匀分散在气化剂里，部分煤燃烧为气化炉提供热量，使其温度升至1300℃以上，在高温高压下，生成以CO、H_2为主要成分的粗煤气。粗煤气进入气化炉激冷室进行洗涤后进入碳洗环节，通过碳洗将粗煤气中夹带的细灰除去，在碳洗塔和气化炉流出的黑水被送往高压闪蒸罐，进行热量回收和细渣处理。富含细渣的黑水和灰水通过灰水系统，冷却水系统进一步澄清分离，最终澄清水进入系统循环，粗渣进入锁渣罐系统排渣。

整个水煤浆气化工艺流程可分为煤浆给料系统、气化炉烧嘴冷却水系统、炭黑水系统等。除了遵循制氢的通用安全技术外，煤气化制氢的特有设备煤气化炉的温度、压力、液压差等工艺参数的变化将对水煤浆气化工艺安全影响重大，表4－12所示为气化炉可能存在的风险及采取的安全措施。

表4－12　水煤浆气化炉可能存在的风险及采取的安全措施

参数	偏差	原因	结果	安全措施
温度	温度过高	(1)O/C 比偏高 (2)煤浆浓度偏低 (3)烧嘴雾化不好	(1)损环炉砖 (2)损环气化炉内件 (3)过氧前兆	O/C 比高时停车；安装气化炉温度报警仪；定时检查，对煤浆进行分析；在冲洗阀上加盲板；在所有冲洗阀中间加导淋
	温度过低	(1)O/C 比低 (2)氧纯度低	造成炉膛结渣，严重时渣口压差增加，堵塞炉口	O/C 比低时报警；安装氧气纯度监测仪随时监测含氧量；气化炉温度低时报警
压力	压力过高	(1)后工序系统压力高 (2)渣口堵塞 (3)工艺气放空阀故障关闭	氧流量减少，炉压高	设立压差监控，系统设置安全阀，并设定压力，利用放空阀稳定调节压力
	压力过低	(1)后序系统压力降低 (2)工艺气放空阀突然误开 (3)煤浆中断 (4)泄漏	(1)降压太快容易造成炉砖脱落 (2)降压过快容易造成氧气量增加，严重可造成过氧 (3)煤浆中断可造成过氧危险	大量泄漏时停车；利用放空阀稳定调节压力；采用多点煤浆流量监测和报警装置；安装在低氧量条件下，联锁停车装置
液位	液位高	(1)气化炉排水不畅 (2)激冷水量过大 (3)液位存在假指示	(1)工艺气容易带水 (2)炉砖容易遭到浸泡而损坏	液位高时报警；气化炉严重排水不畅时，考虑停车
	液位低	(1)激冷水量过小 (2)炭黑水排放量过大 (3)液位存在假指示	(1)工艺气温度高 (2)容易造成闪蒸系统超压	液位低时报警，必要时采用联锁停车装置，进行停车

煤的焦化制氢分为4个主要工艺过程：①原料气经过脱萘脱硫预净化；②压缩及预处理；③变压吸附提纯氢气；④半产品氢气脱氧干燥，最后得到产品氢气。工艺流程如图4－13所示。由于原料气焦炉煤气中萘、硫、氨及焦油含量较高，会影响压缩机的稳定运行。因此，焦炉煤气在进入压缩机前需要进行净化，变压吸附工序采用1台吸附塔进料，3次均压的常压冲洗解吸工艺。

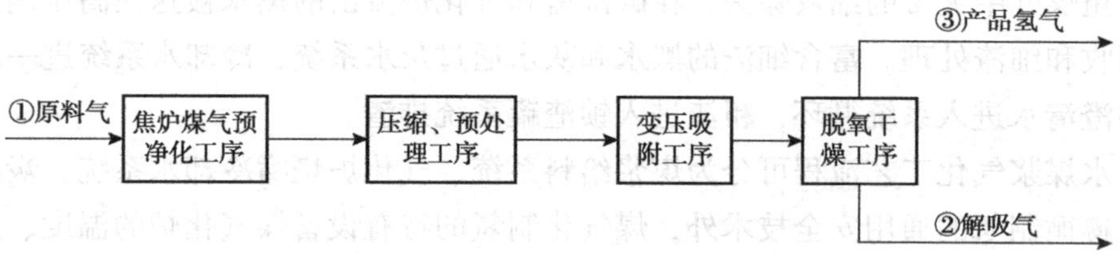

图 4－13　焦炉煤气制氢工艺流程简图

对于焦炉煤气制氢安全中除了遵循化工用氢通用安全标准外，还应遵循以下特殊情况安全处理：

焦炉煤气中氧含量超标时，检查电捕焦油器安全联锁是否动作；关注焦炉煤气中氧含量变化；观察脱硫塔、吸附塔、脱氧塔温度、氢气纯度等工艺参数的变化，上升趋势明显，应控制氧的流量。

脱硫塔的塔体温度高时，投运备用脱硫塔；关闭故障塔的进、出口可靠切断装置；打开故障塔顶部放散阀，用氮气置换故障塔内的煤气并降温；查明原因并及时处理。

产品氢气纯度低时，应检查氢气露点和氧含量分析仪工作是否正常。露点不正常，宜检查干燥塔再生温度。若温度低于标准值，检查调整蒸汽压力或延长干燥塔的加热时间。氧含量高，宜检查脱氧塔入口温度。若温度低于标准值，检查调整蒸汽压力，提高脱氧塔入口温度。

当氢气球罐泄漏故障，氢气泄漏无法在线处理时，应关闭球罐进出口阀，向氢气球罐顶部放散管通入氮气，渐开放空阀；将压力泄至常压，从球罐底部通入氮气，宜采用压力置换法置换；球罐转入检修状态。

氢气放散管着火，向氢气放散管通入氮气；检查、关紧氢气放散管阀门。

此外，还需具备防火、防雷、防静电、通风等措施，确保煤制氢站的安全运行。

煤制氢站焦炉煤气、氢气加压(压缩)厂房、焦炉煤气净化区域、制氢及储存区域均为甲类防火区域，操作与检修应按 GB 50177《氢气站设计规范》和 GB 4962《氢气使用安全技术规程》执行。煤制氢站门前应设置禁火线，大门、围墙及内部各区域设置禁火标识，站内严禁烟火。煤制氢站内严禁敲击铁器等易产生火花的作业。机动车辆不宜进入煤制氢站，如工作需要，应安装防火罩。消防器材应专人管理，定时检查，保证完好有效。

煤制氢站入口处应设静电球，煤制氢设施周围应设静电球、避雷针、风向标，定期由专业部门检验。应正确使用各种防静电防护用品，严禁穿戴合成纤维及丝绸衣物。进入站区应徒手触摸静电球。进入甲类防火区域，严禁使用手机等易产生静电的通信设施。

煤制氢站厂房应设置防爆型通风机，与固定式 CO、可燃气体浓度检测仪安全联锁。严禁在厂房内进行煤气、氢气及惰性气体放散。

4.4　甲醇制氢安全

甲醇作为一种常见的化工原料，既可从化石资源中制得，又可从生物质中制得，来源广泛且价格低廉。甲醇制氢主要有甲醇裂解、甲醇部分氧化和甲醇蒸汽重整。近年来，随着科技的进步，甲醇电解制氢和超声波分解甲醇水溶液制氢作为 2 种新颖的制氢方法逐渐进入人们的视野，甲醇裂解制氢技术较为成熟，本节重点分析甲醇裂解制氢的安全性和安全技术要求。

4.4.1 甲醇制氢安全性分析

甲醇裂解制氢系统主要由加热炉、转化器、过热器、汽化器、换热器和变压吸附提纯装置等设备组成。甲醇和脱盐水按一定比例混合，由换热器预热后送入汽化器，汽化后的甲醇、蒸汽再经导热油过热后进入转化器催化变换为含约 75% 的 H_2 和 24% 的 CO_2 转化气，转化单元中催化剂必须在 220～280℃的低温下具有活性。转化气经换热、冷却冷凝后进入脱盐水水洗塔，塔底收集未转化的甲醇和水以循环使用，水洗塔顶的转化气送变压吸附提纯装置。转化器、过热器和汽化器均由加热炉加热后的导热油提供热量。甲醇裂解制氢系统框图如图 4－14 所示，其工艺流程图如图 4－15 所示。

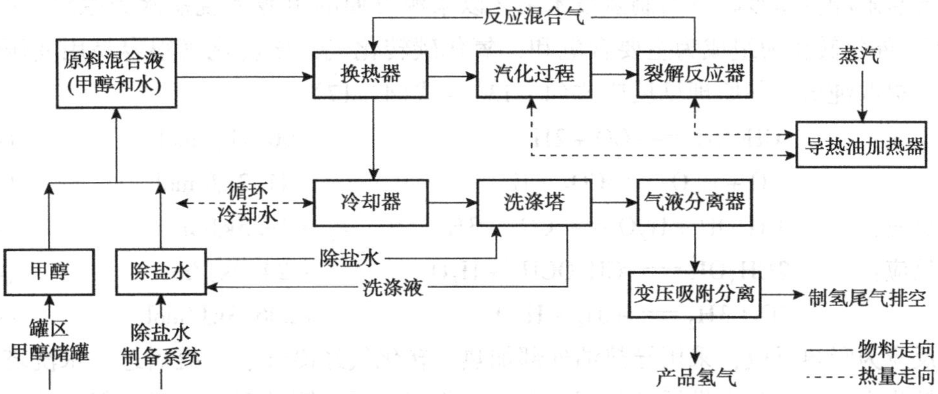

图 4－14 甲醇裂解制氢系统框图

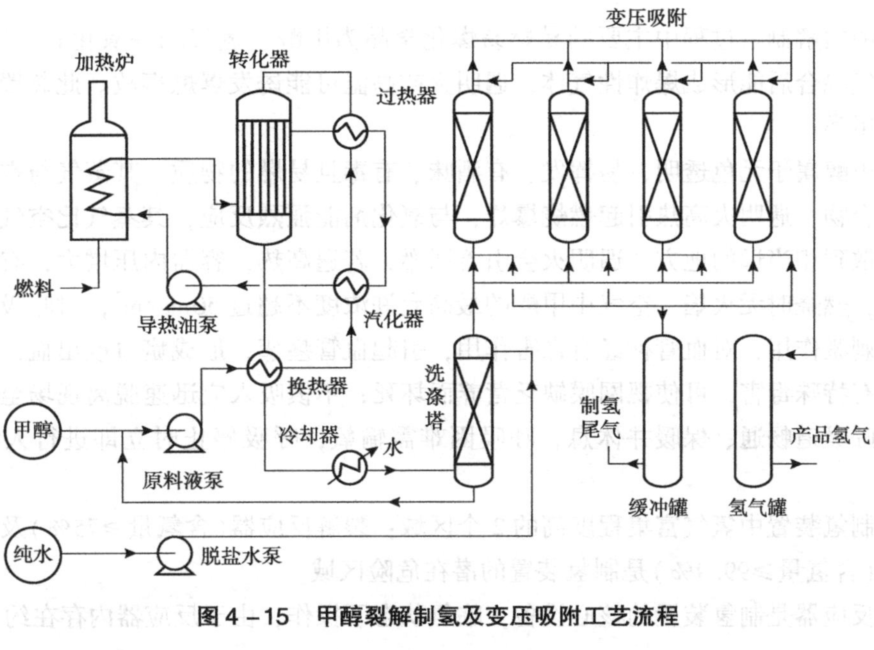

图 4－15 甲醇裂解制氢及变压吸附工艺流程

甲醇裂解制氢工艺过程可分为：原料液预热、汽化、过热，转化反应，产品气冷却冷凝，产品气净化4个过程。

根据对产品气纯度和微量杂质组分的不同要求，采用四塔或四塔以上流程，纯度可达到99.9%～99.999%。设计处理能力为1500Nm^3/h的转化气、纯度为99.9%的变压吸附装置，其H_2回收率可达到90%以上。转化气中CO_2可用变压吸附装置提纯到食品级，用于饮料及酒类行业。这样可大大降低生产成本。流程设置先经变压吸附装置分离CO_2后，富含H_2的转化气经加压送入变压吸附装置提纯。

甲醇裂解制氢的典型催化剂是$Cu-ZnO-Al_2O_3$，这类催化剂也在不断更新使活性更高、CO_2选择性更好。甲醇蒸气转化制氢理论上能获得H_2的浓度为75%。在250～330℃时，甲醇在空气和水蒸气存在条件下自热重整，几乎完全转化得到高的产氢率，过程中可以使用与甲醇裂解相似的催化剂，注意调整反应器温度平衡来保持催化剂$Cu-ZnO-Al_2O_3$的活性状态，这些催化剂对氧化环境比较敏感，这也是实际运行中的主要困难。

甲醇裂解配变压吸附分离制氢技术工艺以来源方便的甲醇和脱盐水为原料，在220～280℃下，催化转化为组成为主要含氢和二氧化碳转化气，该转化气很容易用变压吸附等技术分离提取纯氢。其原理见反应式(4－13)～式(4－17)。

主反应：$$CH_3OH = CO + 2H_2 \quad +90.7kJ/mol \tag{4-13}$$

$$CO + H_2O = CO_2 + H_2 \quad -41.2kJ/mol \tag{4-14}$$

总反应：$$CH_3OH + H_2O = CO_2 + 3H_2 \quad +49.5kJ/mol \tag{4-15}$$

副反应：$$2CH_3OH = CH_3OCH_3 + H_2O \quad -24.9kJ/mol \tag{4-16}$$

$$CO + 3H_2 = CH_4 + H_2O \quad +206.3kJ/mol \tag{4-17}$$

主反应为吸热反应，采用导热油外部加热。转化气经冷却、冷凝后进入水洗塔，塔釜收集未转化完的甲醇和水供循环使用，塔顶转化气经缓冲罐送至变压吸附氢提纯装置进行分离。

在甲醇裂解制氢过程中主要的易燃易爆化学品为甲醇、氢气和一氧化碳。甲醇蒸气、氢气与空气混合后能形成爆炸性气体，遇明火或高温可能诱发爆燃事故。此装置的火灾危险等级为甲类。

原料甲醇属于无色透明、易挥发、有酒味、有毒且易燃的物质。其蒸气与空气易形成爆炸性混合物，遇明火高热引起燃烧爆炸，与氧化剂能强烈反应，其蒸气比空气重，能在较低处扩散到相当远的地方，遇明火会引着回燃，若遇高热，容器内压增大，有开裂和爆炸的危险，燃烧时无火焰。空气中甲醇的最高允许浓度不超过50mg/m^3，对呼吸道及胃肠道黏膜有刺激作用，对血管神经有毒害作用，引起血管痉挛，形成瘀血或出血；对视神经和视网膜有特殊毒害，可使视网膜缺乏营养而坏死；不慎吸入应迅速脱离现场至空气新鲜处，保证呼吸道畅通、保暖并休息，呼吸困难需输氧，呼吸停止时立即进行人工呼吸并就医。

甲醇制氢装置中氢气富集程度高的2个区域：裂解反应器(含氢量≥75%)及氢气储存和输送区(含氢量≥99.9%)是制氢装置的潜在危险区域。

裂解反应器是制氢装置的核心设备，临氢状态下操作，由于反应器内存在约75%的氢气，存在氢腐蚀、氢脆和奥氏体不锈钢堆焊层氢致剥离断裂的潜在危险和有害因素，从而导致氢泄漏和氢腐蚀事故。制氢过程涉及氢气缓冲罐的使用。如果氢气缓冲罐的原材料和焊接缺陷、腐蚀、疲劳、超寿命使用、安全附件失灵、储罐和输送管道的操作压力超过设计的工作压力或储存量过大、操作失误、设备和管道接地不良等原因，均易导致氢气缓冲罐的燃烧爆炸事故。输送管道内壁粗糙，随着高速气流与输送管道内壁发生摩擦，可使它们呈白炽状，自身发生着火、飞散。阀门及密封填料等材质不符合技术要求，造成输送气体泄漏形成爆炸混合物极易发生燃烧爆炸。氢气输送管道尤其是气流出口或调节阀处在气体输送过程中会产生静电，静电的积累会发生放电危险，形成燃烧爆炸事故。在气体输送管道的急弯处，气流发生猛烈的冲击，并聚集起来，使局部管道内壁温度急骤上升，可能会引起管道燃烧爆炸。管道腐蚀、管壁减薄或未认真考虑热胀冷缩补偿等都会使管道强度大幅度下降，也会造成管道的爆裂、气体泄漏。

4.4.2 甲醇制氢安全要求

对于甲醇裂解制氢工艺安全中除了遵循化工用氢通用安全标准外，还应遵循以下特殊情况并安全处理。

当现场人员可能接触甲醇蒸气时需佩戴防毒面具，佩戴化学安全防护眼镜，穿防静电工作服，戴防护手套。当发生泄漏时，疏散泄漏区污染人员至安全区，设立警戒人员或警戒线。禁止无关人员进入污染区，杜绝一切火源(包括可能产生火花的物体)。应急处理人员戴正压自给式呼吸器，在确保安全的情况下堵漏。泄漏的甲醇可用沙土、干燥石灰或苏打灰混合后转移到安全地带，也可用大量水冲洗(已稀释的洗液排入废水系统)。

在任何情况下，催化剂层温度禁止超过300℃。还原后的催化剂绝对禁止与氧气或空气接触。催化剂使用中应尽量避免中途停车，只要每停一次车，尽管采取钝化或氮气保护操作，还是会影响催化剂使用寿命。催化剂的升温和降温都必须缓慢进行，禁止急速升温和降温。在满足生产能力、产率的前提下，催化剂应在低温下操作，有利于延长催化剂使用寿命。绝对禁止含硫、磷、卤素元素等有毒物质混入系统，以免造成催化剂中毒。对装置使用的原料甲醇、脱盐水、氮气、氢气等必须符合要求，严格规范检测程序。如发现有异常特别是反应系统异常，应立即停车分析检查，排除后再开车。

为防止甲醇制氢过程中可能的风险发生，工艺流程设计力求先进可靠，采用封闭连续性操作，带压设备均设有安全泄放装置，超压放空的易燃、易爆气体均送放空总管集中处理。设备、管道的设计选型，制造、安装、试压等要严格按照国家现有最新标准和规范要求执行，氢气管道应采用无缝金属管道，禁止使用铸铁管道，管道连接应采用焊接或其他有效防止漏气的连接方式。采用合理的控制方案，与安全密切相关的操作均采用自动调节并设置报警系统，实行监测和控制，保证安全生产。

生产区应采用敞开式框架，设备尽可能露天布置，保证良好的自然通风，避免有害气体的积聚。根据爆炸和火灾危险区域系统图选择防爆型电动机及仪表元件，设置可燃及有毒气体检测仪，一旦易燃易爆气体聚集达到一定程度或出现火灾征兆时，及时自动报警。

电气设计中需满足防爆、防雷、防静电的要求。装置内敷设环形消防水管网，并配置干粉灭火器。

4.5 液氢生产安全

液氢，是由氢气经过降温而得到的液体，是一种无色、无味的高能低温液体燃料。是仲氢($P-H_2$)和正氢($O-H_2$)的混合物。正氢和仲氢是分子氢的2种自旋异构体，这种异构现象是由于2个氢原子的核自旋有2种可能的偶合而引起的。正氢的原子核自旋方向相同，仲氢的原子核自旋方向相反。仲氢分子的磁矩为0，正氢分子的磁矩是质子磁矩的2倍。仲氢与正氢的化学性质完全相同，而物理性质有所差异，表现为仲氢的基态能量比正氢低。在室温或高于室温时，正、仲氢的平衡组成为75：25，称为标准氢或正常氢。低于常温时，正仲氢的平衡组成将发生变化，仲氢所占的百分比增加。气态氢的正仲态转化在有催化剂的情况下才能发生，而液态氢则在没有催化剂的情况下自发地发生正仲转化，但转化速率较慢。氢的正仲转化是一放热反应，转化过程中放出的热量和转化时的温度有关。为减少正仲氢转化放热造成的液氢蒸发损失，所有液氢产品中要求仲氢含量至少在95%以上，即要求液化时将正氢基本上都催化转化为仲氢。

全球目前总液氢产能约470t/d，其中北美占全球液氢产能总量的85%以上。美国本土已有15座以上的液氢工厂，欧洲有4座，亚洲有16座，其中日本占亚洲2/3的产能。中国目前在用的液氢工厂仅有海南文昌、北京101所和西昌基地，均服务于航天火箭发射，总产能仅有4t/d，最大的海南文昌液氢工厂产能也仅2t/d，远远满足不了战略新兴产业发展对液氢的需求，民用液氢工厂更是一片空白。更为严峻的是，许多发达国家都在液氢方面对中国进行了技术封锁。

4.5.1 液氢生产安全性分析

液氢是通过预冷和膨胀节流等工艺，把氢气降温到-252.8℃从而变成液体，使得氢可以高效地储存和运输，具有应用系统简单、经济、高效可控、不易污染、品质稳定等特点。

液化氢气的工艺流程具有以下特点：

①通过膨胀或节流法制液氢，氢气需要预冷到33K以下。

②整个系统需要高效绝热。

③液氢温区为20.3K，液化前需去除氦气以外的其他气体杂质。

④系统材料需具备耐超低温与抗氢脆的性能。

⑤减少热桥，提高密封性。

⑥必须具备正-仲氢转化能力。

德国Ingolstadt的Linde氢液化生产装置的工艺流程如图4-16所示，经过PSA纯化的氢气杂质含量低于4mg/kg，压缩到2.1MPa的原料气在位于液氮温区的低温吸附器中进一步纯化至杂质含量1mg/kg以下，然后送入液化系统。液化的过程中同时进行正仲氢转换，最后生产出仲氢量≥95%的液氢送往容积为270m³的液氢储罐。

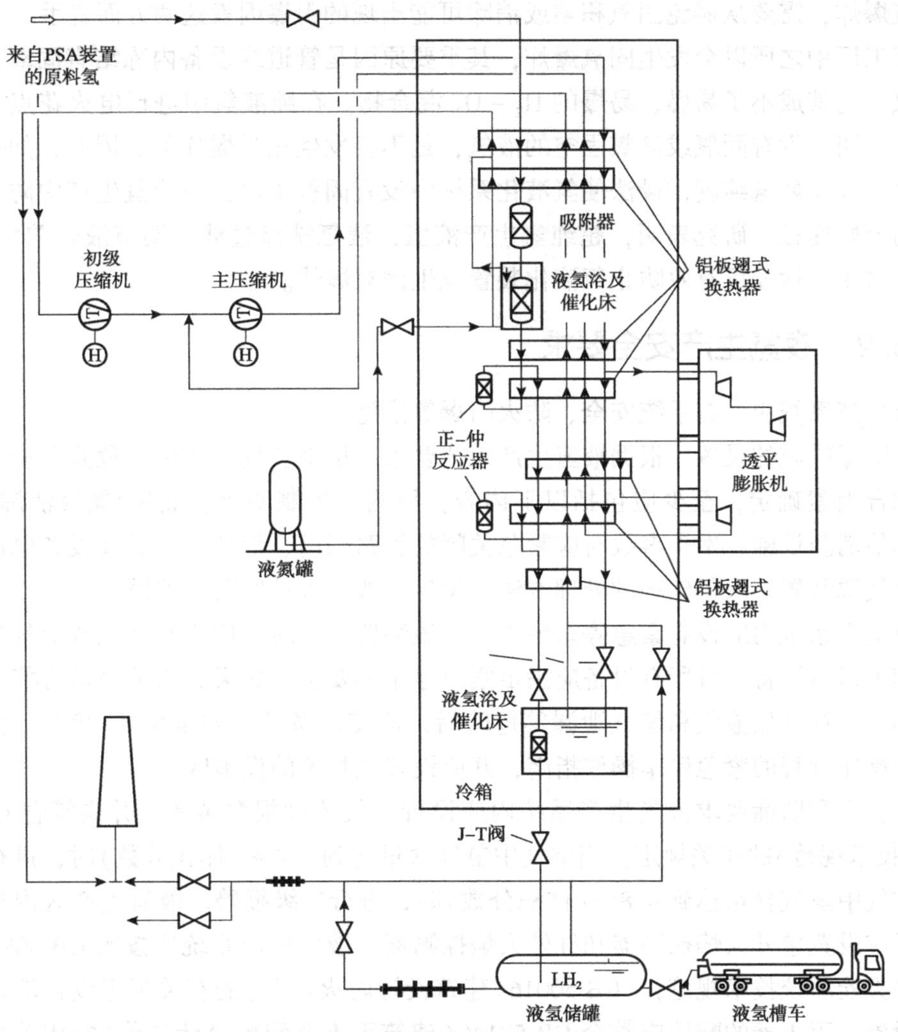

图4-16 德国Ingolstadt的Linde氢液化生产装置流程

根据以上特点，目前工业上制备液氢主要包含氢气提纯与干燥、氢气压缩、氢气冷却、膨胀/节流液化和正-仲氢转化5个步骤。为了确保液氢生产和储存的安全，各国标准对生产用原料气和生产储存系统都提出了严格的氢气纯度和杂质含量控制要求。杂质固体颗粒可能会堵塞换热器、阀门及组件，造成系统压力突升；若沉积在换热管内表面上会降低传热系数；若固态杂质进入氢膨胀机内部则会促使活塞卡住或涡轮喷管堵塞失效；固态氧浓度累积到一定程度时，由于氧晶体断裂时会释放能量，即使在无火花的情况下，也会在系统内部引发燃烧或爆炸的可能性。

低温下，一般化学反应的反应速率很小，然而，由于氢的某些特性，如H_2-O_2混合物的燃烧极限宽、着火能小、氧在液氢中的溶解度极微、易于导致在低温区域内析出固氧等，这些性质大大地增加了液氢生产中的危险性。气氢或液氢中固氧爆炸的可能性需要3个因素同时存在的情况下才能发生，即可燃物-氢，助燃物-氧，引爆因素-气流冲击、摩擦、火花、静电、固氧粉碎等。在液氢工厂中，氢既是原料，又是产品，因此，要防止发生固氧爆炸，需要从避免固氧积累或消除可能出现的引爆因素这两方面着手。

液氢工厂中之所以会发生固氧爆炸，其重要原因是管道或设备内冻结有固氧，如果氢中没有氧，它就成不了易燃、易爆的 H_2-O_2 混合物。在纯液氢中进行电火花点火或静电放电试验表明，没有固氧或富氧固空的液氢，是不会发生化学爆炸的。因此，如何提高液化前原料氢或循环氢纯度，设法使氢液化系统中没有固氧集聚，是液氢生产中防止发生固氧爆炸的最好途径。研究表明，超纯氢生产液氢，液氢洗涤过滤，调节液化前氢中的氮、氧浓度比这 3 个途径可有效防止氢液化装置发生固氧爆炸。

4.5.2 液氢生产安全要求

液氢生产系统应设有系统安全、防火防爆等措施。

防火防爆措施的设置应根据液氢生产工艺要求、场地及周边条件、危险分析、暴露建筑物等综合因素确定，至少应包括以下内容：检测和控制明火、液氢/氢气泄漏的设备；灭火和其他消防设施；发生事故时应紧急关闭的管路阀门、切断的气源及设备电源；发生事故时氢气源装置、液氢储罐的处理方法；发生事故时人员所需防护设备。

液氢生产系统内应设有紧急停车装置，当该装置投入时，应切断液氢或氢气来源，同时关闭相关运行设备，且所有设备应满足紧急停车的要求。如果关闭某设备可能引起附加危险或伤害，控制住液氢和氢气泄漏等危险后，应使设备处于安全位置/状态。标识紧急停车点和操作规程的紧急停车操作指南，并应设置在相关的设施区。

对于防火和防漏要求液氢生产系统内应设置氢气浓度报警装置，并应符合 GB 50516《加氢站技术规范》的相关规定。当空气中氢气含量达到 0.4%(体积分数)时，进行一级报警，当空气中氢气含量达到 0.8%(体积分数)时，进行二级报警。液氢生产区内氢气易泄漏的位置应设置紫外火焰探测器和红外火焰探测器。液氢生产系统应按照 GB 50974《消防给水及消火栓系统技术规范》、GB 50016《建筑设计防火规范》的有关规定设置消防水系统和消防设施。灭火器的配置应符合 GB 50140《建筑灭火器配置设计规范》的相关规定。液氢生产系统内可能积聚氢气的场所，应设有通风装置，并应符合 GB 50177《氢气站设计规范》的有关规定。

液氢在生产过程中除了保障上述安全、防火防爆的通用技术规范外，还应结合液氢生产工艺满足一些特殊的要求。常用液化氢气的制冷方法有 3 种，即 J-T 节流液化循环、氦膨胀制冷液化循环、氢膨胀制冷液化循环(预冷型 Claude 系统)，分别适用于不同的氢液化规模。对于液化规模 5t/d 及以上的大规模液氢工厂，均采用预冷型氢透平膨胀机制冷循环。氢气的沸点约为 20.3K，临界温度为 33K，只有先将氢气冷却到临界温度以下，才有可能进一步通过等熵膨胀或等焓节流的方法降温到为 20.3K 以下，从而使得氢气液化。在这样低的温区范围下生产和保存液氢，其特殊要求体现在以下几个方面：

①液氢生产中其原料气对氢气纯度会有更高的要求。这是因为液氢温度低至 20.3K 左右，除氦以外所有来自原料氢的气体杂质会在氢气的液化过程中凝固，可能造成液化工艺系统管道堵塞，特别是氧的固化与集聚，还可能引起系统节流阀和临近管路的爆炸。因此

不仅要严格控制原料气态氢的杂质成分，而且要对生产和储存液氢的设备、管路系统、容器等进行充分的吹扫置换，避免产生固体颗粒影响系统安全。

持续监控氢气的纯度对于液氢安全生产至关重要。由液氢不纯引发的事故多有先兆，如流动不畅、管路产生压差等，一般在阀门晃动或流速改变后发生，既有开车后2~3d发生爆炸的案例，也有数月后发生的案例。这是因为氧在液氢中的溶解度极小，刚开始固态氧会形成比较细小的结晶，可随着氢的气、液两相流移动，并冻结在管道的粗糙表面上和阀门的凹凸处。固态氧冻结导致节流阀的堵塞，开关阀门使得固态氧被粉碎而冲开堵塞处，此时阀门流速骤变，瞬间摩擦和冲击使得固态氧颗粒(或富氧固态空气颗粒)与氢的混合物发生爆炸。爆炸大多发生在低于氢临界温度下的阀门和附近管道，往往是在强行开启固态氧堵塞的阀门时发生爆炸。因此，原料氢气纯度对于液氢系统的安全性具有非常重要的影响。为了确保液氢生产和储存的安全，我国标准对生产用原料气和生产储存系统都提出了严格的氢气纯度和杂质含量控制要求。我国军用标准GJB 2645《液氢贮存运输要求》规定氧的体积含量不超过9×10^{-4}，按照流程置换容器内气体8次后，取样进行分析直到满足要求。氢液化装置入口处原料氢气中杂质的含量应符合GB/T 3634.2《氢气　第2部分：纯氢、高纯氢和超纯氢》的有关规定，详见表4－13。

表4－13　氢液化装置入口氢气技术指标

项目名称	指标值
氢含量	$\geq 99.995\times10^{-2}$
氧含量	$\leq 1\times10^{-6}$
水含量	$\leq 1\times10^{-6}$
一氧化碳含量	$\leq 1\times10^{-6}$
二氧化碳含量	$\leq 1\times10^{-6}$
烃类含量	$\leq 2\times10^{-6}$

注：含量均为体积分数。

为了确保氢液化装置的连续安全运行和液氢产品质量，需要对氢液化工艺各关键质量控制点的氢进行分析化验，严格控制氢品质。通常要求检测液氢中的氧、氯、氮、水、甲烷、一氧化碳、二氧化碳含量，以及有滴状和蒸气状的油和水。氢中的氧杂质作为安全威胁最大的杂质，其含量检测可使用气相色谱法或微量氧分析仪进行检测，其中燃料电池式与赫兹电池式最为常用。此外，清除氢气中氧的方法有通过金属催化剂还原成水、活性炭或硅胶吸附氧等方式移除，而所生成的水可利用换热器冻结清除，在4~5℃下用氧化铝、硅胶或氢氧化钠与氢氧化钾等化学吸收剂来清除。氢气中的氮杂质可利用冻结法及吸附法来移除。吸附法方面，在80K低温下，活性炭与硅胶具有很高的吸附能力，常被用来清除氢气中的氮、氧、氩气与一氧化碳；冻结法方面，由于在换热器冷端阀门前可能会有许多冻结的固态氮颗粒，可在冷端前加装真空过滤器以去除氮颗粒。另外，在80~100K的温区下可通过吸附法将甲烷去除，而二氧化碳则可采用冻结法或碱洗涤法清除。由此可见，氢气中的杂质气体需通过数道程序才能将杂质浓度降至不超过10^{-6}的体积含量。

②外界热量的入侵会使得氢液化的效率降低和液氢的汽化损耗，因此液氢生产和储存系统的各个环节，都需要高效的绝热方式及减少热桥的结构设计。

③正氢和仲氢是分子氢的2种自旋异构体，普通氢在常温下含75%的正氢和25%的仲氢，而在低温下正氢向仲氢逐渐转化并释放热量，为了避免液氢储存过程中转化热引起的液氢汽化损耗，必须在生产过程中就完成绝大部分的正仲氢转化过程，成品液氢中的仲氢含量至少要≥95%，长期储运的液氢中的仲氢含量要≥98%。因此在氢的液化过程中冷却消耗了液化所需能量的绝大部分，包括氢气的降温和正氢向仲氢转化，而其他能耗则主要为压缩流体做功。

④液氢生产系统安全的重要措施还包括阀件与管路的设计与选型。液氢系统阀件方面，其材料选择与结构设计要能够确保气密性与绝热性。材料选择需避免阀件发生卡住或者咬死状况，所有活动连接或螺纹连接材料应在低温下具备不同的硬度，且在液氢温区下，阀门应采用软阀门座、阀门密封垫采用特氟隆或凯尔夫塑料材质；为了保证阀门的绝热性好、漏热量最小，阀件结构设计应尽可能采用加长手柄结构，阀门密封垫在热端而螺纹在冷端，带有波纹管密封的阀门可保证防止氢渗漏，确保气密性。管路方面，外界环境的漏热会导致管路内部因液氢汽化出现气-液两相流，会增大液氢流动阻力、降低液氢流量，影响液氢的加注或转注，可通过加大系统压力促使液氢过冷，以及采用高效的真空绝热技术来避免管路内两相流产生。带夹套的真空绝热管路还需考虑内管、外管同心配置，内外管之间的支承绝热设计并避免热桥，避免真空丧失导致的绝热性能降低等。

此外，液氢由军用向民用转化过程中，也提出了一系列的安全技术要求。我国火箭发射用液氢按照符合GJB 71A《液体火箭发动机用液氢规范》进行要求。民用方面，根据国家标准化管理委员会标准制修订计划，由全国氢能标准化技术委员会提出并归口的GB/T 40061《液氢生产系统技术规范》国家标准已于2021年颁布实施。该标准对民用场景中液氢生产系统的建筑、场地、配置等进行了规范，规范要求液氢生产系统不得设置在人员密集地段和交通要道邻近处，宜设置不燃烧的实体围墙，其高度不应小于2.5m，该围墙与其他建筑之间的间距不宜小于5.0m。液氢生产系统场所的安全出口不得少于2个，且应分散布置。液氢生产系统宜布置在独立的单层建(构)筑物内，可采用敞开式或半敞开式，该建(构)筑物的设计应符合GB 50177《氢气站设计规范》的规定。液氢生产系统区域内的道路宽度不应小于4m，路面上的净空高度不应小于4.5m。

目前，通过液氢生产过程的在线监测和数据分析，已经能够通过数据变化、超标等情况自动预警，大大提高了氢液化装置运行的可靠性和安全性，保证氢液化装置可靠、稳定、安全地运行。

4.6 化工尾气PSA提纯安全

工业生产中排放的废气经常会含有氢，如氨厂、炼油厂、焦炭厂和氯碱厂等排放的废气含氢量均超过50%，可通过深冷分离法、变压吸附法和膜分离法加以提纯，粗略计算每年仅废气回收就可以得到几百亿立方米的氢气。化工尾气变压吸附PSA(Pressure Swing Adsorption)气体分离与提纯技术成为大型化工工业的一种生产工艺和独立的单元操作过程，是在20世纪60年代迅速发展起来的。一方面，随着世界能源的短缺，各国和各行业越来越重视低品位资源的开发与利用，以及各国对环境污染的治理要求也越来越高，使得吸附分离技术在钢铁工业、气体工业、电子工业、石油和化工工业中日益受到重视；另一方面，60年代以来，吸附剂也有了重大发展，如性能优良的分子筛吸附剂的研制成功，活性炭、活性氧化铝和硅胶吸附剂性能的不断改进，以及特种吸附剂和活性炭纤维的发明，都为连续操作的大型吸附分离工艺奠定了技术基础。本节重点介绍化工尾气PSA提纯安全。

4.6.1 化工尾气PSA提纯安全性分析

PSA气体分离技术是依靠压力的变化来实现吸附与再生的，因而再生速度快、能耗低，属节能型气体分离技术。并且该工艺过程简单、操作稳定、对于含多种杂质的混合气可将杂质一次脱除得到高纯度产品。因而近30年来发展非常迅速，已广泛应用于含氢气体中氢气的提纯，混合气体中一氧化碳、二氧化碳、氧气、氮气、氩气和烃类的制取、各种气体的无热干燥等。而其中变压吸附制取纯氢技术的发展尤其令人瞩目。

工业PSA-H_2装置所选用的吸附剂都是具有较大比表面积的固体颗粒，主要有：活性氧化铝类、活性炭类、硅胶类和分子筛类吸附剂；另外还有针对某种组分选择性吸附而研制的特殊吸附材料，如CO专用吸附剂和碳分子筛等。吸附剂最重要的物理特征包括孔容积、孔径分布、表面积和表面性质等。不同的吸附剂由于有不同的孔隙大小分布、不同的比表面积和不同的表面性质，因而对混合气体中的各组分具有不同的吸附能力和吸附容量。常见的PSA气体提纯吸附剂针对不同气体吸附能力如图4-17所示，氧化硅与硅胶可吸附水分，活性炭可吸附大部分的烃类气体，而分子筛可吸附氮气、氧气、CO与甲烷等气体，最后获得高纯度氢气。

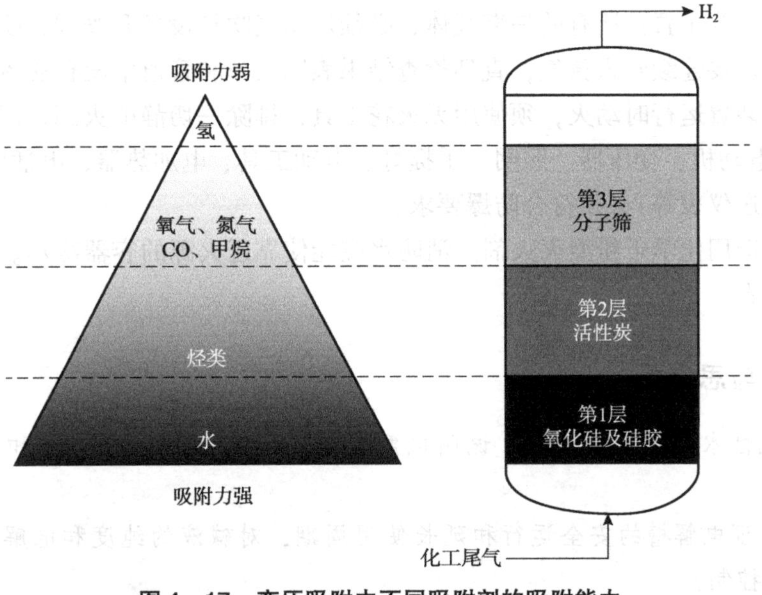

图4-17 变压吸附中不同吸附剂的吸附能力

PSA 装置最大的危险来自爆炸性气体和有毒气体(如 H_2、CH_4、CO 及烃类)的泄漏、火灾与爆炸。因此，装置中各部件的密封性是装置设计和运行中最重要的问题。如果设备承受压力过大或对设备操作不当及检维修都能使密封性能遭到破坏。只有压力、温度和流量等过程参数稳定在规定的范围内，操作过程才是安全的，也不会对环境造成危害。应严密地监视、记录和调整超出正常工况的较大误差。如果设备遇到超压、超温、腐蚀或磨损、外力、振动或热膨胀等不利因素，设备将承受过大的安全风险。

4.6.2 化工尾气 PSA 提纯安全要求

基于对 PSA 提纯分析出的危险和有害因素，化工尾气 PSA 提纯安全应具备超压保护、严禁堵塞安全阀、火灾防护等安全要求。

①超压保护：装置超压除有报警和安全联锁系统外，还应安装安全泄放设备，以便保护操作人员和设备。对于吸附床的保护，整个 PSA 装置的吸附塔将通过安全阀释放高压而得到保护。而高压一般是由上游高压气源或外部“火源”导致吸附床内气体膨胀而产生的。这时应用消防水冷却该容器表面，以防容器过长时间地遭受热冲击。

②严禁堵塞安全阀：排放火炬系统的常规安全阀必须密封良好，即排放口、气孔都必须堵死，阀杆必须填充密封。故障安全阀的拆卸要按照手册进行。从尾气压控系统和安全阀可能释放出的可燃性气体需全部引到火炬总管。如果安全阀位置比主火炬总管水平高度低，总管就需用原料气或氮气连续吹扫，以防止冷凝液从火炬系统倒流。

③火灾防护：由于气体的泄漏、排放而导致易燃气体逸出或者有空气渗入容器中。氢气与空气形成的燃烧的体积浓度为4%~75%，很低能量的火源，如看不见的火花和静电放电都能将空气与氢气的混合气点燃。因此，应对装置区的空气进行周期性监测，一旦检测到泄漏应立即采取控制措施，并尽可能迅速修补泄漏点。

在检修前，为了置换所有的易燃气体，必须用氮气吹扫设备和管线，吹扫进行期间应进行气体采样。要连续吹入氮气，直到检查结果表明设备和管道中没有易燃气体为止。

如必须在装置运行时动火，须使用无火花工具，排除一切静电火源。所有电气设备和机械设备(如电动机、变压器、照明、手提灯、电动工具、电加热器、电插座、测量仪表、信号系统、变送仪表等)必须符合防爆要求。

灭火剂应选用化学干粉型灭火剂。消防水应能使靠近火源的容器冷却。灭火器和报警仪表须定期检查。

习题与思考题

1. 简述碱性水电解制氢工艺，说明电解液中添加碱(如氢氧化钾)和五氧化二矾的作用。

2. 为了保证电解槽的安全运行和延长使用周期，对碱液的纯度和电解液的质量标准做哪些相应的控制？

3. 碱性水电解制氢的核心设备——水电解槽可能有哪些安全风险，如何预防？

4. 简述碱性水电解制氢间及氢气储罐区域内的爆炸性气体环境危险区域划分的范围。

5. 碱性水电解制氢用设备及管路应符合哪些安全技术规范？

6. 简述碱性水电解制氢工艺中电气及仪表控制的主要安全技术要求，并讨论对泄漏、火灾和爆炸等事故如何开展应急预案？

7. 当强碱溅到眼睛内或皮肤上时应如何处理？

8. 简述天然气水蒸气重整制氢工艺及安全要求。

9. 简述天然气水重整制氢存在哪些危险和有害因素，位于工艺的哪些部位？

10. 天然气水蒸气重整制氢重整器的反应温度过高或过低，反应过程中压力过高，静电等可能引发的安全事故以及可采取的防范措施有哪些？

11. 简述煤气化制氢工艺及安全要求。

12. 讨论煤制氢中水煤浆气化炉可能存在的安全风险及防控措施。

13. 简述甲醇裂解制氢工艺及安全要求。

14. 简述原料甲醇可能存在的风险及防控措施。

15. 常用液化氢气的制冷方法有哪几种？

16. 在液氢温区范围下生产和保存液氢，其特殊要求体现在哪几个方面？

17. 从安全的角度讨论为什么液氢生产中要严格控制原料氢气的杂质成分？氢液化装置入口处原料氢气中杂质的含量应符合哪些要求？

18. 液氢生产的原料气中杂质超标可能引发的事故有哪些？采用何种方式能有效去除氧、氮等杂质？

19. 气氢或液氢中的固氧在哪3个因素同时作用时有发生爆炸的可能性？

20. 查阅GB/T 40061《液氢生产系统技术规范》，列举液氢生产系统基本技术要求包含哪些？

21. 液氢生产系统中应具备的安全、防火防爆措施有哪些？

22. 简述变压吸附中不同吸附剂的吸附能力及化工尾气PSA提纯工艺的相关安全要求。

23. 讨论各种制氢技术的特性及安全技术要点。

第5章 储氢安全

开发氢能的另一个难题就是氢气储存技术，高效、安全可靠、低成本的氢储运技术是氢能大规模应用的瓶颈，其中氢储运安全是氢能市场化应用的重中之重。

储运环节是制约氢气成本的重要因素，我国主要应用的20MPa长管气瓶拖车单车运氢，氢气每百公里运输成本为7~8元/kg，约占终端用氢成本的30%。目前国际主流产品为45MPa的长管气瓶拖车，单车运氢约700kg，50MPa/100MPa高储存压力是国际公路运输用长管气瓶重点发展方向。车载高压气态储氢瓶是影响燃料电池车辆续航能力及规模化应用的关键环节，35MPa的Ⅲ型瓶仍是我国主要车载储氢模式，而70MPa的Ⅳ型瓶已是国际车载储氢的主流技术。

氢储运方式多样，主要包括高压气态储氢、低温液态储氢和吸附储氢（氢化物/LOHC－液体有机氢载体），几种氢能储运的技术特点及应用情况见表5－1。

表5－1 不同储氢方式的对比

	高压气态储氢	低温液态储氢	吸附储氢(氢化物/LOHC)
技术原理	将氢气压缩于高压容器中，储氢密度与储存压力和储存容器类型相关	低温（20.3K）条件下对氢气进行液化	利用金属合金、碳质材料、有机液体材料、金属框架物等对氢的吸附储氢和释放用氢的可逆反应实现
优点	技术成熟、充放氢速率可调	体积储氢密度高、液态氢纯度高	安全性高、储存压力低、运输方便
缺点	体积储氢密度低、容器耐压要求高	液化过程能耗高、容器绝热性能要求高、成本高	普遍存在价格高、寿命短或者储存、释放条件苛刻等问题
技术成熟度	发展成熟，广泛应用于车用氢能领域	国外约70%使用液氢运输，安全运输问题验证充分	大多处于研发试验阶段
国内技术水平	关键零部件仍依赖进口，储氢密度较国外低	民用技术处于起步阶段，与国外先进水平存在较大差距	与国际先进水平存在较大差距

高压气态储氢是我国目前应用最广泛的储氢形式，35MPa储氢瓶已批量化应用，70MPa储氢瓶也步入产业化推广阶段。气态氢可储存在地下库，也可装入钢瓶中。高压气态储氢必须先将氢气压缩，为此需消耗较多的压缩功。一般一个充气压力为20MPa的高压钢瓶储氢质量只占钢瓶总重的1.6%；供太空用的钛瓶储氢质量也仅为总重的5%。为提高储氢量，一些新型储氢装置正在进一步研发中，如微孔结构的储氢装置。

低温液氢储存被认为是前景较好的氢气大规模储存发展方向之一，目前我国液氢在航天和军事领域的储存技术已相对成熟。氢气在1个大气压下，将温度降至-252.8℃以下即可转变为液态氢，此时它的密度升高，体积减小。但是，液态氢需专门保存在深冷杜瓦瓶中，虽然其制造技术已有很大进展，最大容积可达到5000m^{3}以上，但其造价昂贵，且每千克氢气由气态转变为液态的过程中，实际需要消耗大于11kW·h的电力。所以非特殊要求，这种深冷液化储氢方法在经济上不易被民用单位所接受。

金属氢化物储存是为解决氢的储存问题，人们发现钛、铌、镁、锆等金属和它们的合金，能像海绵吸水一样将氢储存起来，形成储氢金属，而且还可以根据需要随时将氢释放出来，金属氢化物储氢技术大大方便了人们对氢的储存、运输和使用。

有机液体储氢是通过加氢反应将氢气固定到芳香族有机化合物中，形成稳定的氢有机化合物液体。有机液体储氢在使用过程中始终以液态形式存在，可以像汽油柴油一样在常温常压下储存和运输。利用现有汽油柴油运输方式和加油站设施，储运过程安全高效，使氢能规模利用的成本大幅降低。一旦有机液体储氢技术实现商业化应用，将为世界氢能产业带来一次全新的技术革命。

现有的气、液及固态氢储运的方式，虽各有优势，但同时存在不足，其综合性能均有待提高。无论采用哪种方式储氢，首先均应遵循GB/T 29729《氢系统安全的基本要求》的氢储存指导原则。即氢的储存不应使氢系统的任何设备超压；氢系统在与其他系统连接前应先接地；发生泄漏或火灾时应及时停止储存和输送操作；应避免在闪电风暴天气进行储存和输送操作；采取控制充氢速率、预冷等措施，防止充装时氢气瓶的壁温超过规定的允许值；不应将液氢和氢浆储存容器盛装过满，也不应将其迅速冷却；氢系统周围应保持干净；应排除储存和操作区域的点火源，并使用路障警告标志等对储存和操作区域进行管制。

5.1 高压气态储氢安全

高压气态储氢用的压力容器主要包括固定式压力储罐和车载轻质高压氢气瓶，其中固定式压力储罐依据结构的不同又可分为无缝压缩氢气储罐和全多层高压氢气储罐，车载轻质高压氢气瓶依据储氢方式的不同可分为普通高压气瓶和低温高压复合气瓶。

5.1.1 高压气态储氢安全性分析

高压气态储运方式目前比较成熟，其应用最为广泛，是现阶段氢能实现产业化过程中主要的储运方式，常见的高压储氢容器有固定式氢压力储罐、车载高压氢气瓶等。

(1)固定式氢压力储罐

固定式高压氢气储存设备主要应用于固定场所储存高压氢气，如加氢站、制氢站或电厂内的储气罐等，其特点是压力高，固定式使用，一般都采用较大容量的钢制压力容器。容器内氢气的储存量大，一旦发生泄漏爆炸事故，有可能造成严重的经济损失和人员伤亡。

目前，高压氢气加氢站所用的储罐多为无缝压缩氢气储罐。无缝压缩氢气储罐的特点是制造过程中无须焊接，整个储罐为统一的无缝整体，其最大的优点是避免了焊接引起的裂纹、气孔、夹渣等缺陷，但有单台设备容积小（无缝压缩氢气储罐的最大容积为2577L）、无抑爆抗爆功能和在线监测困难等缺点。为提高高压储氢的安全性，降低制造成本，目前研究开发的一种多功能全多层高压氢气储罐，储罐主体结构如图5-1所示，主要由薄内筒、缠绕层、外保护套、双层半球形封头、加强箍和接管等部分组成。该结构的优点是适用于制造高参数氢气储罐，同时在工作压力下，失效方式为“只漏不爆”，不会发生整体脆性破坏，具有抑爆抗爆功能。储罐全长无深环焊缝，使得缺陷分散，健康状态可通过在罐体的外保护薄壳上部和两端的外层封头上开孔安装实时监测氢气浓度的传感器实现在线诊断。该型储罐已经用于位于北京的中国第1座示范加氢站中，如图5-2所示。随着70MPa车载高压储氢容器的发展，固定式高压储氢容器的压力也相应提高，部分高达110MPa。目前，我国成功研制了拥有自主知识产权的国际首台98MPa级全多层高压储氢容器，实现了安全状态的远程在线监控，使高压氢气压力平衡充装方式得以实现，大大提高了氢气充装速率，实现了高压氢气较为经济的规模储存，达到国际领先水平。

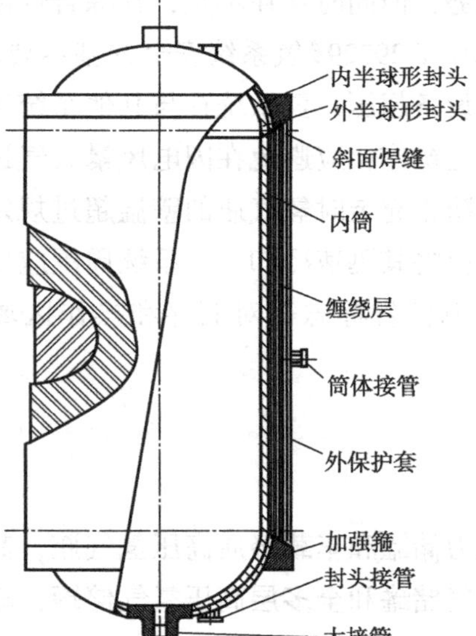

图5-1　多层高压氢气储罐结构示意

图5-2　北京示范加氢站用高压储氢罐

(2)车载高压氢气瓶

车载高压氢气瓶可分为车用轻质高压氢气瓶和长管拖车气瓶组2大类。

车用轻质高压氢气瓶具有结构简单、充放氢速度快等优点，是目前最主要的车载储氢方式。用压缩机将氢气压缩到高压氢气瓶内是最简单常用的氢气储存方法，目前多数燃料电池汽车均采用这种储氢方法。2002年日本丰田公司和2003年德国戴姆勒-克莱斯勒公司展示的燃料电池大客车均采用上述方法储氢，储气瓶最大工作压力已达到35MPa。2013年现代销售的“ix35FCEV”与2015年丰田销售的“Mirai”均使用70MPa的Ⅳ型储氢瓶。储气瓶要求用铝或复合材料制造，且保证要求耐高压、质量轻、寿命长、便于安装。另外储气瓶还需要特殊维护，因为氢气易燃、易爆，发生车祸时比传统车辆后果严重。车载高压氢气瓶具有与工业氢气瓶不同的特点，如体积、质量受限，容积一般不会超过450L；气瓶充装过程需在3～10min内完成，而且高压氢气在快速充装过程中有明显的温度升高，需要采取措施保证不出现超温情况（目前Ⅲ型瓶和Ⅳ型瓶的设计最高温度均为85℃）；使用寿命长，车用高压燃料气瓶的设计使用寿命一般为15a；使用环境复杂，车辆行驶于不同地域和路况条件时，车载高压氢气瓶会面临多种形式的机械损伤和环境侵蚀。

ISO/TS 15869规范将氢气瓶划分为4种类型：全金属气瓶（Ⅰ型）、金属内胆纤维环向缠绕气瓶（Ⅱ型）、金属内胆纤维全缠绕气瓶（Ⅲ型）和非金属内胆纤维全缠绕气瓶（Ⅳ型）。4种高压氢气瓶的外形如图5－3所示。

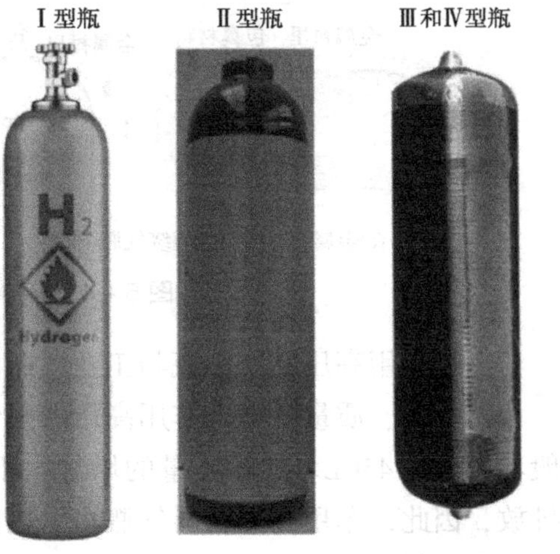

图5－3 4种高压氢气瓶的外形

Ⅰ型瓶的发展历史最长，在1870—1880年出现，是目前这4类氢气瓶中质量最大、成本最低、制造工艺最简单的一类瓶。其一般储存的气体压力在15～30MPa。Ⅰ型瓶目前也有应用，主要应用在对压力要求不高，且以固定方式为主的场合，详见图5－4(a)。Ⅱ型瓶主要瓶胆的材料与Ⅰ型瓶相同，也为耐压钢材，但在整个瓶身外面采用了纤维－树脂复合材料包裹。包裹形式仅采用箍圈式，由于瓶身复合材料的包裹提升了其耐受压力，目前Ⅱ型瓶多应用于固定式能源的提供且占主流，详见图5－4(b)。Ⅲ型瓶的出现主要是应对氢气在移动式设备上的应用，对设备的轻量化提出了一定的要求，如燃料电池汽车。在产品重量降低的同时，为了保证性能，制造成本也比Ⅰ和Ⅱ型瓶均有增加。从外形示意上看，Ⅲ型瓶仍然采用金属衬里，只是衬里的厚度较Ⅱ型瓶有所减少，对瓶身则进行纤维与树脂复合材料的全包裹。包裹形式采用两极铺设或螺旋形铺设2种方式。Ⅲ型瓶可以满足燃料电池汽车上的压力需求，分为35MPa和70MPa 2种。目前国内燃料电池汽车用氢瓶通常为比较成熟的Ⅲ型瓶，详见图5－4(c)。Ⅳ型瓶则在轻量化上做了较大的改进，衬里为高分子材料制成，比金属衬里质量更轻。瓶身上由纤维树脂复合材料全包裹。包裹采用两极铺设和螺旋形铺设混合形式。不同于Ⅰ、Ⅱ、Ⅲ型3种气瓶，Ⅳ型瓶在氢瓶口处制成金属型，并集成了boss结构①，详见图5－4(d)，瓶壁的厚度方面，Ⅳ型略薄于Ⅲ型瓶，储气压力至少与Ⅲ型瓶一致，目前100MPa的Ⅳ型瓶也在积极研发中，国内已有成熟的Ⅳ型瓶制造技术，Ⅳ型瓶标准于2023年5月23日发布，将于2023年12月1日实施。相比而言，Ⅰ型和Ⅱ型与Ⅲ型瓶同等压力下较为笨重，一般情况下，Ⅰ型瓶压力不超过35MPa，有氢脆问题，无法在车载储氢上使用。Ⅲ型瓶通常为铝胆碳纤维全缠绕复合气瓶，工艺成型较复杂，成本较高。Ⅳ型瓶工艺成型简单，成本相对较低，对温度较为敏感，存在大直径密封和塑料材料本体氢渗漏的安全隐患。

① boss结构是用于塑料内胆与金属瓶阀之间的固定导向结构。作用是保证塑料内胆与金属瓶阀之间的密封及连接。

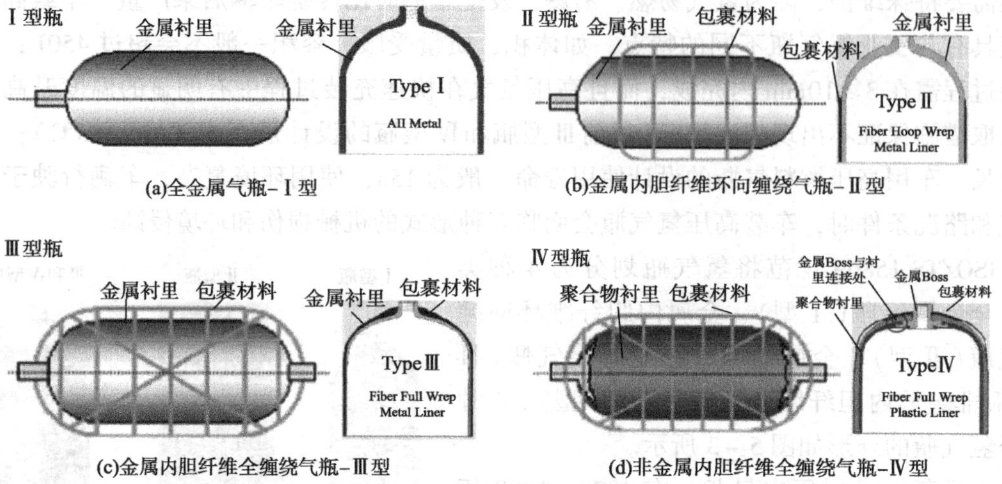

图5-4　4种车载高压氢气瓶的结构示意

由于车用高压燃料气瓶与工业气瓶的工作环境和服役要求不同，其具有以下特点：

①体积、质量受限：车用高压燃料气瓶在汽车上固定安装，受车内空间限制，容积一般不会超过450L。汽车质量的增加，不仅会降低其动力性能，还会增加燃料消耗和废气排放，因此，车用高压燃料气瓶多采用质量较轻的复合气瓶。

②充装要求特殊：充装过程中，需利用压力传感器与加气机进行实时通信，当气瓶内压力达到设定值时，则自动停止加气。为满足商业化要求，车用高压燃料气瓶充装过程需在3~10min内完成，而且高压氢气在快速充装过程中有明显的温度升高，需要采取措施限制快充温升。

③使用寿命长：车用高压燃料气瓶的设计使用寿命通常与机动车强制报废年限相同，一般为15a，避免其使用寿命超过汽车强制报废年限而造成资源浪费。

④使用环境复杂：车用高压燃料气瓶随汽车行驶于不同地域、多变路况时，会面临多种形式的机械损伤和环境侵蚀。为保证其运行过程中的安全可靠，需要针对不同类别的车用高压燃料气瓶设计更为严格的试验测试。

轻量化、高密度已成为车载高压氢气瓶选择的主要原则，故Ⅲ型瓶和Ⅳ型瓶已成为各大厂家生产的主要类型。研究表明：在储氢密度、储氢成本和安全性(包括氢气快充温升、耐火烧性能和疲劳寿命)等方面，Ⅲ型瓶的质量储氢密度低于Ⅳ型瓶，但其体积储氢密度和储氢成本相差不大；在安全性方面，氢气快充过程中，Ⅳ型瓶氢气温度较高，但由于塑料内胆的低热传导率，其碳纤维加强层的温度一般不会高于Ⅲ型瓶，由于Ⅲ型瓶铝内胆的强度和硬度高于塑料内胆，故其耐火烧性能明显高于Ⅳ型瓶。

长管拖车气瓶组是在半挂车或集装框架内装有若干大型气瓶的高压气体运输设备，通常用配管和阀门将气瓶连接在一起，并配有安全附件，如图5-5所示。氢气长管拖车气瓶组的材料、设计、制造、试验、检验规则等要求应符合TSG R0005《移动式压力容器安全技术监察规程》的规定，氢气长管拖车气瓶组应采用大容积钢质无缝气瓶或大容积纤维缠绕气瓶。其中气瓶组、管路、阀门、安全附件、紧急切断装置、紧固件及压力表和温度表等均需日常检查和维护确保安全要求。

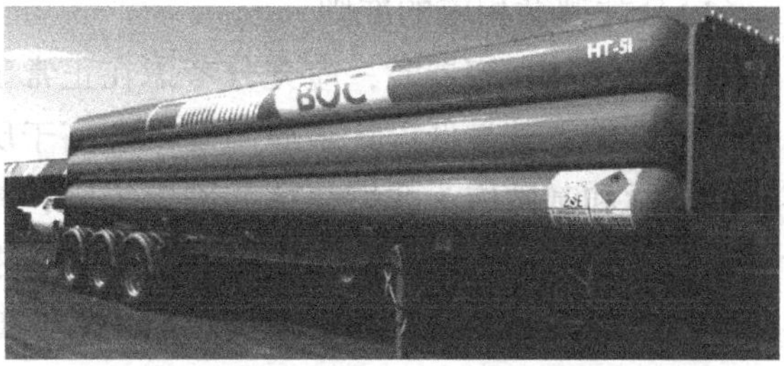

图5-5 氢气长管拖车气瓶组

高压储氢时的加氢过程是一个储氢气源与使用单元的物质和能量交换过程，即大量的高能气体进入空气瓶中的过程。如果在这一过程中没有掌握好操作和解决密封问题，有可能导致储氢设备出现危险。对于高压气态氢储运设备，其运行过程中除了具有高压氢的易泄漏性、燃烧性和易爆性等风险，还存在高压危险和充装危险，高压氢气储运设备一般在几十兆帕下使用，储存大量能量。因超温、充装过量等原因，设备有可能因强度不足而引发超压爆炸。车用储氢容器和高压氢气运输设备，需要频繁重复充装，不但原有的裂纹类缺陷不仅有可能扩展，在使用过程中还有可能出现新的裂纹，导致疲劳破坏。高压氢气储运设备在充装气体时，气体介质在压力降低时会放出大量的热量，热传递过程使设备的各连接部分温度升高。温度过高可能会使充装气体的人员受到伤害，同时也改变了设备承压材料的本构关系，影响承压能力。

高压气态储氢容器的危险防控先从提高设备本质安全进行，如在结构设计、应力控制及超压保护等方面综合考虑。

在高压储氢设备中，可能出现焊接部位。焊接过程中则可能产生未焊透、夹渣等缺陷，降低了接头的承载能力，焊接接头是承压设备中的薄弱环节。为提高安全性，应尽量减少焊接接头，特别是深厚焊缝。同样牌号的钢材，钢带的力学性能优于薄钢板，薄钢板又优于厚钢板。因此，采用钢带或薄钢板可提高力学性能。不同类型的高压储氢设备受其具体使用情况和设计参数的影响，需要安放对设备的约束。过多的约束会改变设备本身的刚度分布，可能造成局部区域的承载能力下降；过少的约束，则会导致设备的约束强度不够造成脱离等不利情况。

合理应力控制可提高高压储氢容器安全，在结构中曲率变化较大的地方容易产生较大的应力，通过优化设计，改善储氢设备，特别是高压储氢容器的几何轮廓，使其不产生较大的应力集中区域，造成容器整体失效。断裂理论研究表明，应力水平越低，材料对缺陷的敏感性也越低。当应力水平低于某一水平时，即使高压氢气储运设备中的缺陷穿透壁厚，也不会发生快速扩展，只会出现泄漏，即达到“未爆先漏”。

在高压储氢设备中，设置超压保护装置可以很好地解决充装和储运中高压氢气的超压风险。当设备出现超压时，超压控制系统可以及时调整和关闭系统中氢气通道，截断超压源，同时泄放超压气体，使系统恢复正常。

5.1.2 高压气态储氢安全要求

针对固定式和车载高压储氢容器特点和应用场景不同，高压容器储氢安全技术需要分类遵循相应的准则、制定泄漏应急处理、确保消防措施有效、符合操作和储运过程中的安全注意事项等。

(1)分类遵循相应的准则

设计氢气储存容器时，应充分考虑在正常工作状态下大气环境温度条件对容器壳体金属温度的影响，其最低设计金属温度不应高于历年来月平均最低气温的最低值。氢气储存容器的支承和基础应为非燃烧体并确保牢固，容器的接地要求应符合 GB 50177《氢气站设计规范》的规定。固定式氢气储罐、氢气长管拖车及其零部件的涂敷与运输包装应符合 JB/T 4711《压力容器涂敷与运输包装》的规定和图样的技术要求。固定式氢气储罐的设计应符合 TSG 21《固定式压力容器安全技术监察规程》、JB 4732《钢制压力容器——分析设计标准》等相关规范标准的规定。固定式氢气储罐应设有压力表、安全泄放装置、氢气泄漏报警装置、吹扫置换接口等安全附件。固定式氢气储罐顶部最高点宜设有氢气放空管，底部最低点宜设有排污口。

固定式高压氢气瓶的设计应符合 TSG 21《固定式压力容器安全技术监察规程》、GB 5099《钢制无缝气瓶》、TSG 23《气瓶安全技术规程》等相关规范标准的规定。氢气储气瓶组的气瓶、管路、阀门和其他附件应可靠固定，且管路、阀门和其他附件应设有防止碰撞损坏的防护设施。车载高压气态储氢安全防护措施包括过温报警、起火防护、过电压保护、过电流保护及氢气泄漏监控等。储氢瓶上安装的温度传感器用来检测瓶内气体温度，传感器将温度信号发送到驾驶室仪表盘上，从而判断瓶内氢气是否超温。当储氢瓶处于火环境时，温度传感器和压力传感器会检测到瓶内气体温度和压力的异常并切断氢气供应。同时，瓶阀上安装有压力泄放装置。当储氢瓶中氢气压力过高时，能通过压力泄放装置自动泄压，保证储氢瓶在安全的工作压力范围内。当供氢管道断裂，溢流阀开启，进行过电流保护，截断气体泄漏。储氢瓶电磁阀与氢气泄漏报警系统联动，当泄漏氢气浓度达到保护值时将自动关闭，从而切断氢气供应。

氢气长管拖车气瓶组的设计应符合 TSG 23《气瓶安全技术规程》、TSG R0005《移动式压力容器安全技术监察规程》等相关规范标准的规定，使用应符合 T/CCGA 40003《氢气长管拖车安全使用技术规范》。长管拖车的每只钢瓶上应装配安全泄压装置，钢瓶的阀门和安全泄压装置或其保护结构应能够承受本身 2 倍质量的惯性力。钢瓶长度超过 1.65m，并且直径超过 244mm 应在钢瓶两端安装易熔合金加爆破片或单独爆破片式的安全泄压装置，直径为 559mm 或更大的钢瓶宜在钢瓶两端安装单独爆破片式的安全泄压装置；在充卸装口处，每台钢瓶封头端设置的阀门应处于常开状态。安全泄压装置的排放口应垂直向上，并且对气体的排放无任何阻挡；长管拖车的每只钢瓶应在一端固定，另一端设有允许钢瓶热胀冷缩的措施；每只钢瓶应装配单独的瓶阀，从瓶阀上引出的支管应有足够的韧性和挠度，以防止对阀门造成破坏。长管拖车钢瓶应定期检验，使用前应检查制造和检验日期或符号，不得超量充(灌)装。氢气长管拖车应按 GB 2894《安全标志及其使用导则》的规定设置安全标志，并随车携带氢气安全技术周知卡。长管拖车钢瓶使用时应有防止钢瓶和接头脱落甩动措施，拖车应有防止自行移动的固定措施。长管拖车停放充(灌)装期间应接地。氢气长管拖车的汇流总管应设有压力表和温度表，每只钢瓶均应装配安全泄放装置。钢瓶连接宜采用金属软管，应定期检查。使用时应避免长管拖车上压差大的钢瓶之间通过汇流管间进行均压，防止对长管气瓶产生多次数的交变应力。长管拖车上应配置灭火器。

(2)泄漏应急处理

氢气瓶或储罐出现泄漏时应采取以下的应急处理：判断漏气部位和漏气程度，在确保人身安全的情况下，切断泄漏源。迅速关闭氢气瓶阀，消除周围明火，并关闭附近的所有发动机和电气设备。停止周围一切可能产生火花的作业，疏散人员，避开气流，往上风处迅速撤离。如果漏气无法中止，在确保安全的前提下，将氢气瓶转移到室外安全的地方，让其排空。不得将气体排放到通风条件差、密闭或者具有着火危险的地方。注意：排空氢气瓶或氢气储罐时，应控制氢气流速，避免因氢气流速过快而导致氢气着火事故；排空氢气的过程中，现场应准备适量的灭火器并有人在现场监控，以确保安全。对漏气场所进行隔离，避免无关人员入内。进入漏气地段之前，应事先对该地段进行合理通风，加速扩散，确保人身安全。漏气储罐要妥善处理、修复、检验后再用。

(3)消防措施

氢气极易燃烧，燃烧时其火焰无颜色，肉眼无法看见。且其与空气或氧气混合易形成爆炸性混合物，遇热或明火即会发生爆炸。与氟、氯、溴等卤素元素会剧烈反应。氢气瓶或氢气储罐内存在压力，当温度升高时，气瓶或储罐内的压力也随着升高，它们在火灾中存在爆裂的可能性，应配备雾状水、泡沫、二氧化碳、磷酸铵干粉等灭火剂。当氢气储罐/氢气瓶出现火灾时，在确保人身安全的情况下，切断气源，疏散人员远离火灾区，并往上风处撤离。对着火区进行隔离，防止人员入内。如果可能的话将仍处在火灾区附近、未受火灾直接影响的氢气瓶转移到安全地段。假设火势可以控制且氢气无法切断时，可让气体燃烧，直到气瓶、储罐内的氢气烧完为止，在氢气燃烧过程中，应持续用水对气瓶、储罐进行冷却，直到氢气完全烧尽为止，从而避免气瓶、储罐因过热而发生爆炸事故。不得设法搬动或靠近被火烘热的气瓶/储罐。如果火势很大或者失去控制，应立即向消防队报告，告知对方着火的详细地点及着火的原因。火灾解除后，禁止使用遭受过火灾的氢气瓶和受到火灾影响的储罐。

(4)操作和储运过程中的安全注意事项

操作处置瓶装氢气时应注意的安全事项：必须保证工作场所具备良好的通风条件、空气中氢气含量必须低于1%。应妥善保护氢气瓶和附件，防止破损。在任何情况下，应将氢气瓶妥善固定，防止其倾倒或受到撞击。凡是与氢气接触的部件/装置/设备，不得沾有油类、灰尘和润滑脂。氢气瓶的最高使用温度为60℃。国产40L、公称工作压力为15MPa氢气瓶的最高使用压力为18MPa。使用时，不得将氢气瓶靠近热源，距离明火应在10m以上。氢气瓶禁止敲击、碰撞或带压紧固/整理；不得对氢气瓶体施焊引弧。氢气瓶的任何部位禁止挖补、焊接修理。选用减压阀时应注意减压阀的额定进口压力不得低于氢气瓶压力。氢气瓶中断使用或暂时中断使用时，瓶阀应完全关闭。氢气瓶内气体禁止用尽，必须留有不低于0.05MPa的剩余压力。氢气瓶阀应缓慢打开，且氢气流速不应过快。

搬运、装卸时应注意的安全事项：搬运和装卸氢气瓶的人员应穿防砸鞋，禁止吸烟。搬运氢气瓶时，应使用叉车或其他合适的工具，禁止使用易产生火花的机械设备和工具。需要人工搬运单个氢气瓶时，应将手扶住瓶肩并缓慢滚动气瓶。不得拖、拽或将气瓶平放在地面上滚动。禁止握住瓶阀或瓶阀保护罩直接滚动气瓶。装卸氢气瓶时，应轻装轻卸，不得采取拖拽、抛、倒置等野蛮行为，禁止将氢气瓶用作搬运其他设备的滚子。装卸现场禁止烟火。吊装时，应将氢气瓶放置在符合安全要求的容器中进行吊运。禁止使用电磁起重机和用链绳捆扎，或将瓶阀作为吊运着力点。

长管拖车气瓶组日常检验应在每次装卸作业前后检查外观，不应有外观明显变形、擦碰伤、火烧、腐蚀等情况；每次充装后、卸气前应检查螺塞与气瓶连接面有无泄漏现象；管路的连接及焊接部位有无泄漏；管路、管件支撑有无松动、损伤；排放管路有无积水、积尘或异物进入；管路有无磕碰、变形等损伤痕迹；阀门开启、关闭正常，有无卡涩；阀杆密封处有无渗漏；阀门有无内漏现象；阀门与管路连接处有无泄漏现象。应按 TSG R0005《移动式压力容器安全技术监察规程》的要求对安全附件进行日常检查和定期检验。应对爆破片装置、易熔合金塞装置进行定期检查与维护，符合无失效、泄漏等情况；排放管保护盖不积水、不受外界雨水和粉尘等侵蚀或结冰；无内、外力冲击和变形受损；按规定周期进行检验和更换。紧急切断装置进行日常检查、定期维护，采用气动球阀时，应全开或全闭，全闭时无内漏；用作气控系统气源和加氢站管路、设备吹扫的氮气气源稳定，压力保持在 0.6～1.0MPa，氮气管路的易熔合金塞及易熔软管在使用寿命到期前应及时更换。至少每半年校验一次压力表和温度表，校验合格后应标注下次校验时间并加设铅封，校验不合格应及时维修或更换。压力表校验或维修拆卸时先关闭压力表阀进行泄压操作，泄压时压力表阀的泄压螺钉不得完全卸下；压力表、温度表回装后应确保连接处无泄漏。

储存氢气瓶时应注意的安全事项：氢气瓶应放在干燥、通风良好、凉爽的地方，远离腐蚀性物质的库房，禁止明火及其他热源，防止阳光直射，库房温度不宜超过30℃。禁止将氢气瓶存放在地下室或半地下室内。库房内的照明、通风等设施应采用防爆型，开关设在仓外。配备相应品种和数量的消防器材。空瓶和实瓶应分开放置，并应设置明显标志。应与氧气、压缩空气、卤素(氟、氯、溴)、氧化剂等分开存放。切忌混储混运。应定期(用肥皂水)对氢气瓶进行漏气检查，确保无漏气。气瓶放置应整齐，立放时，应妥善固定；横放时，瓶阀应朝同一方向。

5.2 低温液态储氢安全

液态储氢具有较高的储存和运氢效率，但是液态氢需要将气态氢低温液化才能得到，转化过程耗能高。另外，液态氢难于储存，无法避免蒸发，T/CATSI 05006《固定式真空绝热液氢压力容器专项技术要求》中规定小容积液氢储罐静态蒸发率为 1%/d～3%/d，大于 $25m^3$ 容积的液氢储罐要求静态蒸发率低于 1%/d。当车载液体储氢的车辆长时间停放时，氢蒸发便会导致资源浪费，所以液态氢储存要求具有良好的绝热措施。

5.2.1 液氢储存安全性分析

液氢储存系统包括液氢容器(内容器、真空夹层和外容器)、注排液管路、加液排放泄压管路、自增压管路、安全泄放装置、排气管路、外部气源管路、液位计管路等，典型液氢储存系统见图 5 - 6。

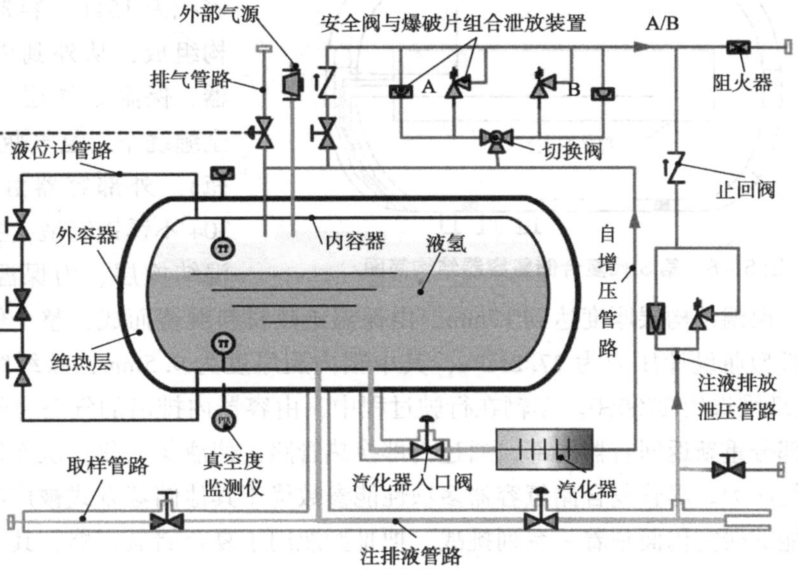

图 5 - 6 典型液氢储存系统

液氢在标准大气压下的密度约为 71kg/m³，不仅远高于压缩氢气，而且在相同有效装载容积下液氢罐的质量比高压储氢装备轻得多，因此液氢比高压氢更适合大规模、远距离运输，具有更高的运输效率和更低的运输费用。高密度的液氢储存，液氢泵增压远低于气态氢压缩机增压的能耗，使得液氢储氢型加氢站比高压气氢储氢型加氢站具有更高的效率和更低的运营费用，同时可保证全产业链氢燃料的品质。

先进的液氢储运技术包括的液氢储罐有大型液氢球罐、液氢罐式集装箱、液氢公路罐车与铁路罐车等。随着大规模氢液化和液氢进出口的需求，海上长距离运输的液氢船技术也在不断发展。

图 5 - 7 大型地面液氢储罐

液氢储罐分别用于液氢储氢型加氢站和氢液化工厂。加氢站用的液氢储罐一般不超过 70m³，储氢量不超过 4.5t，而液氢工厂用的液氢储罐容积从数百到数千立方米不等，图 5 - 7 所示为小型固定式液氢储罐。球型储罐的比表面积最小、蒸发损失少，同时也具有应力分布均匀、机械性能好等优点，在美国和俄罗斯的大型液氢工厂应用广泛。美国国家航空和航天局(NASA)最大的液氢球罐直径达到 25m，容积为 3800m³，可储存 240t 液氢，采用冷能回收与真空玻璃微球绝热相结合来降低液氢的蒸发损失；而俄罗斯 1400m³ 液氢球罐则采用高真空多层绝热技术，日蒸发率低至 0.13%/d。

目前，车载低温高压复合气瓶也得到了快速发展，如美国劳伦斯利弗摩尔国家实验室已推出了 3 代复合储氢容器，其中第 3 代复合储氢容器的主要结构如图 5 - 8 所示，其总

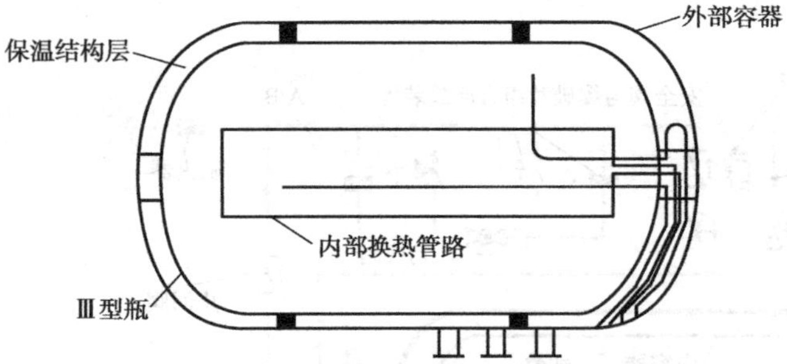

图 5-8 第 3 代复合储氢容器结构简图

质量为 145kg，总体积为 235L，水容积为 151L。容器整体由 3 层结构组成，从外到内依次为外部容器、保温结构层、铝内胆碳纤维全缠绕车用氢气瓶(以下简称Ⅲ型瓶)。外部容器由厚度为 3mm 的 304 不锈钢制造，主要起到保护保温结构层、为保温层提供真空环境的作用；保温结构层厚度达到 17mm，由保温绝热材料缠绕而成，整个保温层处在真空环境下；Ⅲ型瓶设计压力为 27.2MPa，其中铝内胆厚度为 9.5mm，碳纤维树脂层厚度为 10mm，碳纤维选用 T700S0。车辆在行驶过程中，由容器内排出的气态氢经外部换热器加热后，一部分重新返回容器内部，通过内部换热管路，使液氢汽化，从而使容器内部保持足够的供气压力。尽管复合储氢容器多项性能参数优于其他储氢方式被广泛关注，但目前其安全性能的研究仍面临着一系列挑战，把Ⅲ型瓶用于复合储氢容器，其至关重要的就是Ⅲ型瓶在压力和温度交替循环载荷作用下的安全性。

我国从 1966 年开始研制 3.5m^3 液氢储存容器，到 2011 年研制成功 300m^3 液氢储存容器并应用于军事火箭发射场储运，基本掌握了液氢容器的设计、制造工艺等核心技术。然而，由于民用液氢储运的技术壁垒较高，目前中国液氢在民用领域的推广刚刚开始，与美国、欧洲和日本相比落后了 10a 以上。鉴于数十年来我国航天领域液氢取得的成果和技术积累，目前产业链瓶颈主要在于大规模装备技术开发和液氢使用管理领域标准法规。

液态氢是无色液体，在压力 101.33kPa 下沸点为 20.3K(对于 99.79% 仲氢的成分)。液氢具有低温危险性，没有腐蚀性，但能使金属和非金属材料变脆，并可使接触液氢及相关设备的操作人员冻伤，没有绝热保温的液氢管路和设备，外表面冷凝的液态空气滴落或飞溅也会导致低温冻伤。当液态氢发生泄漏时会快速蒸发并与空气混合，形成可燃爆炸混合物。含有液态氢的容器中，含氧沉淀物的累积会造成其爆炸和着火的潜在危险。液氢在空气中汽化扩散的过程中不易察觉，易造成人员窒息。液氢在密闭空间内泄漏时，空气中氧含量低于 19% 时，便会造成人员窒息。液氢的临界温度为 33.1K，临界压力为 1.3MPa。根据 GB 6944《危险货物分类和品名编号》的规定，液氢的危险货物编号为 UN1966，属于第二类气体中的易燃气体。

液氢储运容器的主要失效风险是夹层真空度丧失与液体泄漏导致液氢大量排放，有冻伤、窒息和燃烧爆炸等危害因素。

对于夹层真空度丧失风险，可能是内容器突发性开裂导致，或者是外容器破裂导致，亦或是内外罐微漏导致夹层真空度丧失。

内容器突发性开裂导致夹层真空丧失，安全泄放失效，大量液氢泄漏会引发火灾甚至爆炸，在首次液氢充装时内容器预冷不充分会在封头和焊缝附近引发脆裂，压力循环导致裂纹生长会引发疲劳断裂。因此针对以上问题，对罐体充分预冷的要求应更高，在喷淋管设计和预冷操作管理要求上应更加严格，对封头的固溶热处理要求、制造过程中铁素体含量进行控制等。另外，一般液氢容器设计压力不高，工作压力不超过0.7MPa；对于特殊用途压力较高的液氢容器，在选材和设计制造方面还需提出更高的要求，同时严格执行定期检验制度。

外罐破裂导致的夹层真空丧失，液氢容器真空丧失后比LNG(液化天然气)容器的传热温差更大，汽化更迅速，采用较多层数的绝热材料和结构，可有效降低漏热量和比热流。造成此情况发生的原因有可能为车辆追尾、碰撞、侧翻等车祸事故，可通过采用框架结构、外加强圈结构保护的罐箱和罐车来避免此类事故。与LNG相比，液氢密度小、满载质量轻，因此罐车和罐箱的重心低，空载与满载时车辆重心差异不大，驾驶人更容易掌控，降低了高速行驶中转弯侧翻的风险。

内外罐微漏导致的夹层真空部分丧失主要是液氢容器长时间运行，罐体、低温阀门、管路、安全附件可能会出现泄漏或失效，罐体真空也有可能部分丧失。定期检验将有助于液氢容器后续更好地运行，同时将有利于发现其存在的隐患并及时处理。

低温与高压复合的储氢方式的材料需保证低温高压临氢环境下的强度、耐久性。在一定范围内，随着温度降低，Ⅲ型瓶内胆材料(铝合金6061T6)的抗拉强度、疲劳强度、韧性均有所提高，但6061T6的力学性能数据并非在氢环境下获得，关于其在临氢环境下的低温力学性能数据很少。研究表明：在20.3K温度左右，合金材料在氢介质中的力学行为与在其他介质中相比有较大差异，且氢介质的凝聚态(液态和气态)对材料力学行为特性有影响。因此，需开展6061铝合金在低温高压临氢环境下的强度、耐久性等力学性能试验方可保证低温与高压复合的储氢方式的安全。此外，低温与高压复合的储氢Ⅲ型瓶内胆在压力、温度循环疲劳载荷作用下要保证安全性。研究表明：压力、温度交替循环疲劳试验后，Ⅲ型瓶爆破压力虽满足要求，但超声检测表明，气瓶瓶身出现了几处碳纤维与树脂脱粘现象。因此，探索Ⅲ型瓶在温度、压力循环疲劳载荷作用下的安全性及失效机理也是保证低温与高压复合的储氢方式安全的重要举措。

5.2.2 液氢储存安全要求

基于液氢的以上特性，液氢的储运安全风险与应对措施如下：

(1)材料安全：对于长期处于超低温工况下的液氢容器，需要考虑其低温韧性及与氢介质的兼容性，否则内容器开裂导致液氢大量泄漏，将引发严重危害。CGA H-3《低温氢储存》中规定：不推荐采用铝合金作为内筒体的材料，9%镍因其弱延展性也不宜使用。储运液氢用的容器材料推荐采用低含碳量的奥氏体不锈钢材料。

(2)储运容器设计参数安全：作为低温压力容器，参数的合理选择与整体结构的正确设计至关重要。液氢储罐内容器的最低设计金属温度不应高于-252.8℃；储罐内容器的工作压力为0.10～0.98MPa，设计压力不应小于安全阀的整定压力P_0；液氢储罐应采用高真空多层或其他高性能真空的绝热形式，绝热材料应符合现行国家标准GB/T 31480《深冷容器用高真空多层绝热材料》的规定，且应满足液氢条件下的使用要求，可能与氧气或富氧环境接触的材料应与氧相容，相容性试验方法与试验结果判定应符合现行国家标准GB/T 31481《深冷容器用材料与气体的相容性判定导则》的规定，内外容器间的支撑件宜选用导热率低、具备真空下放气率低、有良好低温韧性等性能的材料；液氢储罐的内外容器间的夹层中不得有法兰连接接头、螺纹连接接头和膨胀节。液氢储罐设计既要保证设备的安全使用，也要保证设备的保温性能，否则将有可能导致液氢容器静态蒸发率过高导致介质经常排放，损耗量过大。容器设计压力的上限取值应低于液氢的临界压力，额定充满率为0.9，最大充满率应不大于0.95。在支撑结构设计上，要充分考虑低温冷收缩带来的位移对内容器的影响。

(3)流程及管路设计安全：低温压力容器的流程和管路设计对设备的使用至关重要，管路设计是否合理直接影响容器的使用性能。如加液管线和泵吸入、回气管线由于与液氢直接接触，管子和阀门均应设计成真空夹层结构。另外 CGA H－3《低温氢储存》中要求：所有夹层管路应采用奥氏体不锈钢无缝管路，夹层中所有管件连接采用对接焊，内外筒体间所有管路应具备充分的柔度承受热胀冷缩量，在夹层空间中不得使用法兰接头、螺纹接头、波形膨胀接头或金属软管，即液氢容器管路设计时对于夹层管路应充分考虑容器充液后管线的热胀冷缩，外部管路则应该按真空绝热管路和非真空绝热管路分别进行设计。液氢储罐液相管道靠近储罐应设置一道可远程控制操作的紧急切断阀，该阀与液氢储罐之间所有管道的连接应采用焊接。

(4)对液氢系统管路阀门的致密性要求：阀门应在全开和全闭工作状态下经气密性试验合格。真空阀门进行氢质谱检漏试验时，要求其外部漏率小于 1×10^{-9} Pa·m³/s，内部漏率小于 1×10^{-7} Pa·m³/s。液氢储运容器管路系统有微小泄漏时应及时检修处理；有严重泄漏时，移动式液氢容器应转移到地广人稀的安全地带排放，并应严格监护。排放氢气时人、车应处在上风向；排放氢液时，必须关闭汽车发动机，同时排放液氢波及的区域应严禁明火。

(5)超压泄放安全：液氢容器实际运行时可能发生失控或受到外界因素干扰，从而造成容器超压或超温，为保证容器安全，容器上必须设置超压泄放装置。若将液氢升温至0℃，换算成标准大气压下其体积将增大790倍，因此正确选择超压泄放装置显得尤为重要。根据 TSG 21《固定式压力容器安全技术监察规程》、NB/T 47058《冷冻液化气体汽车罐车》和 NB/T 47059《冷冻液化气体罐式集装箱》中对于内容器超压泄放装置的要求，内容器安全阀不应少于2个(组)，其中1个(组)应为备用，每个(组)安全阀的排放能力应满足储罐过渡充装、环境影响、火灾时热量输入等工况产生的氢气排放需要，如每组超压泄放装置应设置1个全启式弹簧安全阀作为主泄放装置，且并联1个全启式弹簧安全阀或爆破片作为辅助泄放装置。一旦爆破片出现爆破现象，氢气会大量泄漏，氢气和空气的混合物点火能量很低，爆破片的失效有氢气自燃的风险，因移动式液氢容器爆破片的更换困难，因此移动式液氢容器上应选用2组安全阀并联的配置。

内容器安全阀的整定压力 P_o 不应大于 1.08MPa，安全阀的最大泄放压力不应大于 $1.1P_o$，液氢储罐内容器应设置泄压管道，管道上应设置可远程控制操作阀门。安全阀的性能和质量应符合现行国家标准 GB/T 12241《安全阀　一般要求》和 GB/T 12243《弹簧直接载荷式安全阀》的规定。外容器超压泄放装置的开启压力不应大于外容器的设计压力；爆破片安全装置爆破时不允许有碎片，当爆破片安全装置与安全阀串联时，两者之间的腔体应设置压力表、排气口及报警指示器等。安全阀与储罐之间应设切断阀，切断阀在正常操作时应处于铅封开启状态或在连接使用安全阀与备用安全阀的管道上设置三通切换阀，保证至少有50%的安全阀始终处于使用状态。

氢气超压排放管应垂直设计，其强度应能承受1.0MPa的内压，以承受如雷电引发燃烧产生的爆燃或爆炸。管口应设防空气倒流和雨雪侵入，以及防凝结物和外来物堵塞的装置，并采取有效的静电消除措施。排放管口不能使氢气燃烧的辐射热和喷射火焰冲击到人或设备结构，从而发生人员伤害或设备性能损伤，经常检查安全阀及其他安全装置，防止结霜和冻结。

(6)绝热性能的安全：液氢容器的绝热性能是判断其质量并确保其安全可靠使用的最主要指标之一，而衡量绝热性能的最重要参数是静态蒸发率和维持时间，或静态日升压速率。静态蒸发率过高则维持时间短，损耗大。在罐体主体结构、真空度指标都满足设计要求，初始充满率为90%的前提下，当安全阀达到开启压力，同时罐内液体容积达到最大充满率95%时，高真空多层绝热的40ft(1ft = 0.3048m)液氢罐箱在液氢蒸发率0.73%/d时的维持时间可达到12d，降低充满率可达到15 ~ 20d的维持时间，完全可以满足国内公路物流运输的周期要求。而当移动容器水路运输时，由于运输距离远，运输周期比较长，则需要考虑高真空多屏绝热方式，它的绝热性能更加优越，热容量小、质量轻、热平衡快，但结构比较复杂，成本也更高。带金属屏和气冷屏的高真空多屏绝热可以满足20d以上维持时间的需求。如果再增加液氮冷屏，高真空多屏绝热的静态蒸发率可以做到多层绝热的0.5倍以下，维持时间可以提高到35d以上，可以实现海上长途运输。

(7)安全操作压力与手动泄放：由于液氢的临界压力只有1.3MPa，因此当饱和压力超过0.5MPa时，液氢的汽化潜热开始明显减小，饱和气体密度显著增加，这时候液氢容器气相空间的升压速度会大幅度提高并很快接近其安全泄放压力，而大量氢气的瞬间泄放极易引发氢气燃烧。液氢容器设计最高工作压力的提升并不能有效延长安全不排放的维持时间。因此当液氢储运容器压力超过0.5MPa时，应通过手动阀排空的方式释放压力，以提高液氢储运安全性。

(8)防火及安全距离要求：液氢储存区为一级防火区，并设安全标志，液氢超压泄放系统不允许安装阻火器。安装阻火器会增加排气管道的阻力，对安全泄放阀造成回压，从而可能引发严重的安全。液氢容器应设置在敞开、通风良好的地方。储存容器、输送管道及有关设备均应设置防静电接地装置，接地端子与接地体之间电阻应小于4Ω，并经常检查其完好性。液氢储存容器要有专人负责操作、维护保管，定期检查。

液氢储存库房与居民建筑、公路、铁路和不相容储存场所的安全距离见表5-2。

表5-2 液氢储存库房与居民建筑、公路、铁路和不相容储存场所的安全距离

液氢储存量/kg	居民建筑、公路、铁路和不相容储存场所的间距/m		另一个液氢储存场所距离/m
	无防护墙	有防护墙	
≤45.4	185	25	10
45.4 ~ 227	185	40	15
227 ~ 454	185	45	20

续表

液氢储存量/kg	居民建筑、公路、铁路和不相容储存场所的间距/m		另一个液氢储存场所距离/m
	无防护墙	有防护墙	
454 ~ 4540	185	75	30
4540 ~ 22700	370	100	35
22700 ~ 45400	370	110	40
45400 ~ 136200	550	140	50
136200 ~ 227000	550	150	55
227000 ~ 454000	550	170	65

注：不相容储存场所是指强氧化剂，包括氧、硝酸、四氧化二氮等的储存场所。

数据来源：QJ2298《用氢安全技术规范》。

5.3 固态储氢安全

吸附储氢技术主要包括金属氢化物储氢和有机液体储氢，本节重点介绍金属氢化物储氢。金属氢化物储氢是指在 3 ~ 6MPa 下将氢与金属结合形成合金，在需要时加热使氢化物分解脱氢而得到 H_2。储氢合金吸收氢气后，这些氢以原子态储存在合金中，当其释放出来时，要经历扩散和化合的过程，这些过程受到热效应及反应速度的制约，不易爆炸，安全程度高。但是金属质量是无法忽视的问题，与携带的氢相比，金属质量非常大。固态储运的体积储氢密度高且安全性好，但目前质量储氢密度较低，限制其在氢燃料电池汽车上的应用，随着储氢材料性能的不断提高，固态储氢的综合性能仍有一定的提升空间。

相同体积下，固态低压合金储氢装置和高压气态储氢罐相比，压力降低为高压气瓶的 1/7，可有效储存的氢气量是高压气瓶的 3 倍。合金储氢的优势，大幅降低运营成本，可简化加氢站建设，无须高压加压设备，减少前期投入；对阀体等部件要求降低，降低成本和故障率；氢气原料成本降低，从而降低车辆使用成本。

5.3.1 金属氢化物储氢安全性分析

稀土类化合物($LaNi_5$)、钛系化合物(TiFe)、镁系化合物(Mg_2Ni)及钒、铌、锆等金属合金具有异乎寻常的储氢能力。研究证明，储氢金属之所以能吸氢是因为它和氢气发生了化学反应。首先氢气在其表面被催化而分解成氢原子，其次氢原子再进入金属点阵内部生成金属氢化物，这样就达到储氢的目的。由于这个反应是一个可逆反应，M(金属，固相) + H_2(气相，p_{H_2}氢压力)↔ MH_x(金属氢化物，固相)。在一定温度和氢压条件下的这一吸、放氢反应式见式(5 - 1)，一旦氢与储氢合金接触，即能在其表面分解为 H 原子，然后 H 原子扩散进入合金内部直到与合金发生反应生成金属氢化物。此时，氢即以原子态储存在金属结晶点内(四面体与八面体间隙位置)。合金吸氢时放热，放氢时吸热。

$$\frac{2}{y-x}MH_x + H_2 \rightleftharpoons \frac{2}{y-x}MH_y \qquad (5-1)$$

储氢合金对氢具有选择吸收特性，只能吸氢而不能吸收(或极少吸收)其他气体，这使其具备了提纯或分离氢气的功能。氢化反应后的氢是以原子态(而不是分子)方式储存，故储氢密度高，安全性好，适用于大规模氢气储运。一个单位体积的储氢金属材料，可以吸收自身体积1300倍的氢气(标准状态)，较好地解决了氢气的储存和运输问题，图5-9所示为镁基固态储氢车。由于储氢金属材料储氢密度大、压力低，所以可以做成小型储氢容器直接装在某些实验设备用作氢源(如氢原子钟)，目前最常见的金属氢化物固态储氢装置罐体为圆柱体的金属容器。材质多采用不锈钢或者铝合金，在足够承受反复吸放氢过程中膨胀压力的同时，尽可能地降低了生产成本，图5-10所示为金属氢化物储氢瓶。总之，储氢金属是一种新型功能材料，其应用领域十分广泛。

图5-9 镁基固态储氢车

图5-10 金属氢化物储氢瓶

尽管金属氢化物固态储氢被认为是相对安全的氢气储存方式，但仍然存在超压、燃烧、活性粉体失活等风险。

金属氢化物解吸时氢压随着金属氢化物温度升高呈指数函数增大，可能导致金属氢化物容器超压失效。金属氢化物固态储氢容器在使用过程中，由于振动或氢气流推动，易造成粉体局部堆积而导致容器膨胀、破损，若含氢活性粉体随氢气流通过阀门向外逸出，可污染环境并可能引起燃烧。固态储氢容器在热解吸放氢后的冷却过程中，容器内可能形成负压而吸入空气，导致活性粉体逐渐失活。固态储氢物质均有很高的表面活性，其与原料氢中含有的CO、SO_2、Cl_2、O_2、CO_2等杂质接触会被污染或中毒失活。

5.3.2 金属氢化物储氢安全要求

针对上述合金储氢的安全隐患，固态储氢既要保证储氢合金的安全，也要保证储氢合金容器安全技术，同时还要满足固态储运氢系统安全技术要求。

(1)储氢合金的安全性

金属氢化物存在着火性和燃烧性及粉尘爆炸危险性，同时还需要具有热稳定性等要求。

着火性和燃烧性：在储氢合金进行反复吸放氢反应的过程中，合金颗粒会越来越小，逐渐粉化，比表面积逐渐增大。如果将金属氢化物直接暴露在空气中，易着火和燃烧。不同储氢合金及其氢化物最小着火能量见表5-3。以$LaNi_5$为例，其氢化物可以在室温下发生自燃现象，撞击、摩擦或者静电火花都可能造成储氢合金及其氢化物发生燃烧。

表5-3 储氢合金及其氢化物最小着火能量

物质	最小着火能量/J
TiFe	0.08
$TiFeH_x$	0.56
$LaNi_5$	0.04
$LaNi_5H_x$	0.16
Ti	0.000024
TiH_2	0.024
Zr	0.00006
ZrH_2	0.00032

粉尘爆炸危险性：储氢合金在微粉化的过程中，如果直接将合金粉末或者其氢化物直接暴露在空气中，会有粉尘爆炸的危险。在合金粉体爆炸实验过程中发现粉体半径越小爆炸的可能性越大，爆炸产生的压力也越大。

热稳定性：储氢合金固态储氢器加热到一定温度(400℃左右)，就会达到氢气释放的阈值压力，使氢气被释放出来，容器内部的气压急剧增加，导致超压危险性。

(2)储氢合金储存容器的安全性

储氢合金固态储氢罐作为储氢合金的载体，是整个储氢系统中重要的组成部分。储氢罐本身的强度、抗氢脆能力、吸放氢热效应等因素均应在储氢罐的设计中重点考虑。一般储氢罐由不锈钢焊接而成，在焊缝处受焊接工艺及焊接材料本身强度的影响，在整个储氢罐使用过程中最易受损。焊缝中也存在缺陷的可能，具体包括裂纹、未焊透、咬边、气孔、夹渣等。焊缝缺陷对金属氢化物储氢罐的安全使用埋下隐患，因此必须按要求对焊缝进行无损检测，确保储氢罐能够安全使用。

(3)固态储运氢系统的安全性

以镁基氢化物固态储运氢系统为例，其安全性有以下规定：

在正常充/放氢过程中，额定充氢压力和放氢压力不应超过储运容器的公称压力，充氢时的最高温度不应超过350℃，放氢时的最高温度不应超过380℃。镁基氢化物以多孔块状、圆盘状或柱状等形式装填于储运容器中，质量储氢密度不应低于5%，吸放氢循环1000次后的质量储氢密度不应低于4%。镁基氢化物单位质量的额定充/放氢速率应不高于0.015kg/(h·kg)。充/放氢过程中，实际充/放氢速率不应高于额定充/放氢速率。完成充/放氢操作后，操作人员应检查系统外观有无变形、鼓包、破裂等情况，查看并记录系统的充氢容量、充/放氢压力、充/放氢速率和温度，检查以上参数是否在规定范围内。

充装现场应设置氢源、管路系统、氢气计量装置、氢气安全放散装置、氢气浓度报警器、火焰探测器、真空泵等设备。充装现场的工艺布置、建筑结构、电气及仪表控制、防雷和接地、给排水和消防、采暖和通风设置应符合GB 50177《氢气站设计规范》的要求。充装场地应是敞开式或具有良好的通风条件场地。应根据氢气、镁基氢化物、传热介质的特性，在充装现场醒目位置设置须知牌和安全标志。根据国家有关法规制度，制定合理的规章制度，并在充装现场醒目位置放置，充装现场的仪器和仪表均应在有效认证期内使用。

在正常运输过程中，系统的最高运输压力应不超过0.1MPa，环境温度为－40～65℃，储运容器的最高表面温度应不超过65℃。运输时应确保安全附件、阀门阀件等工作正常。系统应能承受正常运输条件下产生的内外压力和冲击力，保证运输中不因温度、湿度或环境压力变化发生泄漏。

储运容器的加热可采用换热介质加热、电加热、电磁加热等方式，如图5－11所示。储运容器应符合GB/T 29729《氢系统安全的基本要求》和TSG 21《固定式压力容器安全技术监察规程》规定的要求，公称工作压力应不低于1.4MPa，并应根据系统的规模、氢气理化性质、镁基氢化物的充/放氢特性进行合理配置。储运容器内、连接部位、氢气直接或间接接触的内表面、零部件或密封件所选用的材料应符合ISO 11115－1《可运输气瓶　气瓶和瓶阀材料与盛装气体的相容性　第1部分：金属材料》和GB/T 29729《氢系统安全的基本要求》规定的材料，具有必要的化学稳定性，不应发生氢脆、氢腐蚀和应力腐蚀；在使用中不会发生兼容性要求之外的其他化学反应，避免对氢气和镁基氢化物的污染；应在使用条件下保持稳定的力学性能。储运容器装填的镁基氢化物应均匀一致，充装系数应不低于45gH_2/L。

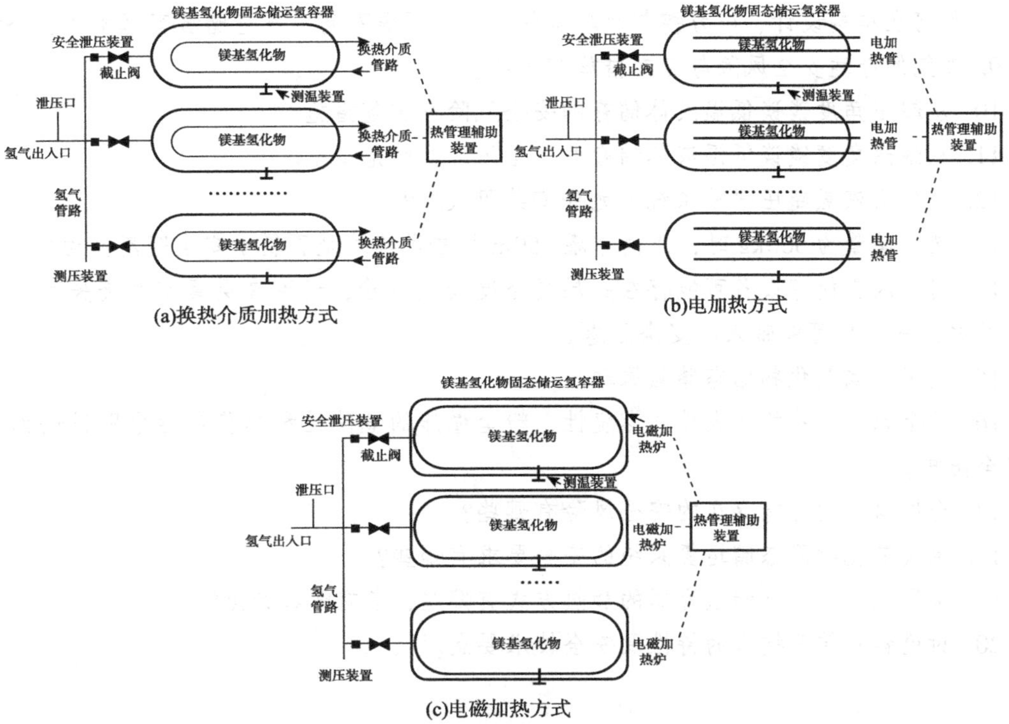

图5－11　镁基氢化物固态储运氢系统加热方式

系统安全附件的设置应符合GB/T 29729《氢系统安全的基本要求》的要求，并提供适当的、与残存危险有关的安全标记；设置安全泄压装置、分组控制阀门、温度监测装置、压力监测装置、过滤器等。系统应设置氢气排放管、吹扫口和阻火器。系统在设计和制造时，应防止氢气或镁基氢化物在正常储存和运输过程产生泄漏。安全泄压装置应采用压力触发式泄压装置，应按照储运容器的相关规定设定触发压力，并应符合GB/T 567.1《爆破片安全装置　第1部分：基本要求》的规定；安全泄压装置、阀门及其他保护结构应符合GB 4962《氢气使用安全技术规程》的要求。

习题与思考题

1. 常见的高压储氢容器有哪几种？从设计的角度应遵循哪些标准规范？

2. 高压车载氢气瓶可用的材料有哪些？从安全性角度选材应考虑哪些问题？

3. 固定式氢压力储罐、氢气长管拖车气瓶、车载高压氢气瓶的安全技术要求有哪些？

4. 简述车载高压氢气瓶种类，讨论每种车载高压氢气瓶可能发生的安全隐患及破坏形式有哪些？

5. ISO/TS 15869规范将氢气瓶划分为四种类型，结合4种高压储氢瓶的特点，谈谈各自的适用场所及安全隐患。

6. 分析氢气瓶或储罐出现泄漏时应采取哪些应急处理？

7. 分析高压气态氢储运设备可能的危险因素，并讨论如何应对。

8. 如何在结构设计、应力控制及超压保护等方面提高高压气态储氢容器本体安全？

9. 液氢的储运安全风险与应对措施有哪些？

10. 从超压角度谈谈低温液体储存的安全风险及防范措施。

11. 从绝热角度谈谈低温液体储存的安全风险及防范措施。

12. 为什么液氢超压泄放系统不允许安装阻火器？

13. 液氢储量为500kg时，距离储罐150m的居民建筑是否属于安全距离？为什么？

14. 对于液氢储存设备可能存在夹层真空度丧失风险，讨论夹层真空度丧失可能的原因有哪些，并分析可能带来的安全隐患。

15. 简述金属氢化物固态储氢原理。

16. 从金属氢化物的着火性和燃烧性、粉尘爆炸的危险性和热稳定性分别讨论如何进行安全防护。

17. 金属氢化物可能存在的安全风险有哪些？

18. 金属氢化物固态储运氢系统的安全要求有哪些？

19. 金属氢化物固态储氢容器的加热方式有哪些，各有哪些特点？

20. 讨论各种储氢技术的特性及安全技术要点。

第6章 氢输运安全

输氢主要方式包括高压气氢拖车、液氢罐车、管道输氢，不同输氢方式的特点见表6－1。目前国外以液氢罐车和管道运输为主。国内绝大部分采用高压气氢拖车运输并建有少量氢气管道。国内高压气氢拖车运输发展非常成熟，设计制造技术已达到国际先进水平。液氢罐车运输在我国仅应用于航天领域，尚不允许民用领域开展液氢公路运输。由于液氢罐车在长距离大规模运输中具有明显的经济优势，因此，从长期来看，液氢罐车将取代高压气氢拖车成为主要运氢方式。目前，管道运输仍处于试点示范阶段，我国氢气管道里程仅约400km，占比不到全球总规模的8%，最具代表性的大口径氢气管道有济源—洛阳(25km)、巴陵—长岭(43km)等。2023年7月，中石化宣布，起于内蒙古乌兰察布市，终于燕山石化，全长400多公里的纯氢输运管道示范工程项目启动，标志着我国氢气长距离输运进入新的发展阶段。但受运输技术及成本限制，短期内氢能消纳以就近消纳为主，难以实现远距离运输消纳。

表6－1 不同储运方案的特点

	20MPa高压气氢拖车	液氢罐车	管道气氢
全年运输氢气可用量	78.8～100.8t/辆	1047.6t/辆	92000t
适用场景	规模较小、运输距离较短	规模较大、长距离运输	大规模用氢、应用多领域
特点	单车装载量约350kg，装卸时间各需4～8h，技术及产品成熟，前期投资小	单车装载量约3000kg，装卸时间1～2h，液化成本高，未来采用混合工质预冷等方案降低液化成本	可解决氢气资源与应用市场空间分布不均问题，前期投资大，存在氢脆等技术难点

注：该测算只基于单车或管道的氢气技术可运输量，不考虑由于商业运营等带来的运输效率降低。

高压气氢拖车是目前应用最为广泛的一种氢运输方式，国内长管拖车储氢罐压力均在20MPa，而国外已达到50MPa的储氢压力；液氢罐车的单车运氢能力是高压气氢拖车的10倍以上，运输效率提高，综合成本降低，在国外应用较为广泛，国内目前仅用于航天及军工领域。

运输液态氢短距离可用专门的液氢管道输送，长距离用绝热保护的车船运输。如国外已有3.5～80m^3的公路专用液氢罐车；深冷铁路罐车也已问世，且一般与液氨储氢技术结合，液氨储氢与液氢储运技术结合轮船运输的方案已经得到实践应用。日本川崎重工将采用液氢运输船的方式把澳大利亚褐煤制氢运至日本，近期建造小型液氢运输船，超低温压力储氢容器可以容纳2500m^3(约170t)的液氢，自然蒸发量控制在0.09%内；到2030年将建造2艘大型液氢运输船，液氢的总装载量达到160000m³（约1100t）。美国宇航局还专门建造了输送液氢的大型驳船，船上的杜瓦罐储液氢的容积可达到1000m³左右，能从海上将路易斯安那州的液氢运到佛罗里达州的肯尼迪空间发射中心，这无疑比陆上运氢更经济安全。

管道运输方面，全球输氢管道已超过5000km，其中美国超过2600km，欧洲超过1500km，中国已有多条在运行的氢气管道。美国得克萨斯州有条约20km的输氢管道，管径203mm，采用40号钢，输送1.38×10^3kPa的纯氢，已安全运行24a；德国有条超过200km长的输氢管道，采用无缝钢管，管道直径130～150mm，输送1.8×10^3kPa的非纯氢，主要用于化工厂，使用年限已超过40a，运行情况仍然良好；南非在20世纪90年代初也建成了一条超过80km的输氢管道。可见氢气的管道输送技术较为成熟，但一般认为短距离较好，距离过长，要有中间加压措施，建造比较复杂。

虽然氢具有很好的可运输性，但不论是气态氢还是液态氢，它们在使用过程中都存在不可忽视的特殊问题。首先，由于氢特别轻，与其他燃料相比在运输和使用过程中单位能量所占的体积特别大，即使液态氢也是如此。其次，氢特别容易泄漏，储氢容器和输氢管道、接头、阀门均需要采取特殊的密封措施。最后，液氢的温度极低，只要有一点滴在皮肤上就会发生严重的冻伤，因此在运输和使用过程中应特别注意采取各种安全措施。

目前的技术条件下，不同的氢输运方式均有一定程度的危险性。高压气氢拖车运输方式具有易爆的危险性，液氢罐车运输方式在绝热失效后会气化使容器内压力越来越高，形成易爆的危险特征，管道运输的输氢管长期服役于高压下，易产生氢脆现象，使管道断裂产生泄漏，其安全性需引起高度重视。

6.1 高压气氢拖车运输安全

6.1.1 高压气氢拖车运输安全性分析

高压氢气运输分为集装格和长管拖车2类，其中，集装格由多个40L的、压力为15MPa的高压储氢钢瓶组成，运输较为灵活，适用于需求量小的加氢站，见图6-1；长管拖车结构为车头部分和拖车部分，车头提供动力，拖车主要提供存储空间，由9个压力为20MPa、长约10m的高压储氢钢瓶组成，可充装约3500Nm³氢气，且拖车在到达加氢站后车头和拖车可分离，见图6-2，运输技术成熟、规范较完善，国内的加氢站目前多采用此类方式运输。

图6-1 集装格高压气氢运输

图6-2 长管拖车高压气氢运输

现阶段，中国普遍采用20MPa气态高压储氢与集束管车运输的方式，单车运氢约为300kg，国外则采用45MPa纤维全缠绕高压氢瓶长管拖车运氢，单车运氢可提至700kg。在加氢站日需求量500kg以下的情况下，高压气氢拖车运输节省了液化成本与管道建设前期投资成本，在一定储运距离以内经济性较高。当用氢规模扩大、运输距离增长后，提高气氢运输压力或采用液氢罐车、输氢管道等运输方案才能满足高效经济的要求。

高压气氢长管拖车主要用于氢气的公路运输，日常操作主要有充装工况、运输工况和卸载工况。在充装工况中加气站的充气软管与长管拖车的快装接头对接充气，钢瓶压力逐渐升至20MPa，钢瓶及管路承受压力载荷，同时可能经历降温和升温过程。在满载运输工况中，除钢瓶承受压力载荷外，产品还承受自重载荷及运输中的惯性载荷。卸载工况中随着介质的放出钢瓶压力逐渐下降，并伴随温度下降。由此可见，管束式集装箱在上述操作工况中承受压力载荷、疲劳载荷、温差载荷、自重载荷及冲击载荷。

在上述工况下，即使高压气氢长管拖车在完全满足设计要求，检验合格，并在正常的操作条件下运行时，仍然可能出现由可控损伤因素(如操作失误、盛装介质的组分变化等)、不可控损伤因素(如介质腐蚀、氢脆、疲劳损伤)，以及意外损伤因素(如站场火灾、重大交通事故等)导致的设备失效风险。由不可控损伤因素引起的失效风险，在设计中已采取相应的防范措施；由可控损伤因素和意外损伤因素导致的失效风险，产品设计中虽有考虑但不可能完全避免。

高压气氢拖车在输运过程中必须考虑动载荷对设备本身的风险因素，设备要做减振措施，增强保护。由于振动等的影响，这类设备的阀门可能会受到一定的影响，配备在输运和车用上的储氢设备必须进行严格检查后才能使用。输运与车用时，高压储氢设备处于移动状态，如果发生事故其危害性更强。除了在储氢设备中要进行安全状态监控外，还应在驾驶室、车体外部增加气体探测器等。

6.1.2 高压气氢拖车运输安全要求

在高压气氢运输方式中，目前美国已出台了相应的设计标准，我国上海则通过控制运氢的外部温度和时间段来提高运氢的安全性，如当户外气温大于30℃，仅能在夜间运氢。高压气氢运输方式存在一定的危险性，但能通过适当的方式降低风险。

针对可控因素，即指人为操作疏忽或控制不当对产品产生的损伤因素，严重或长期的损伤积累会导致产品失效。这类损伤因素通常是可以人为控制的，通过建立合理的操作规程、操作质量控制体系及其有效运转，以及对操作人员的技能培训，将这类损伤因素控制在许可范围内。如按规范要求进行运行前的安全检查，长管拖车的长期公路运输状态，可能会使螺纹连接产生松动。对于承压部件，微量的螺纹松动就会导致介质泄漏；对于结构连接，严重的或大量的螺纹松动可能导致结构垮塌。应当定期检查介质密封螺纹和结构连接螺纹，及时发现并作有效处理。充装作业时禁止违规超压充装。超压充装会使钢瓶及承压部件应力超出设计范围，产品的安全性下降，程度严重时可能导致钢瓶变形或开裂，造成严重后果。程度轻微但长期超压会降低钢瓶的使用寿命。应当建立合理的操作规程，并有效执行。运输中应规范操作，驾驶人员不顾道路状况高速行驶，颠簸路况下的高速行驶会产生极大的惯性载荷，使结构产生变形或开裂。弯道的高速行驶极易发生侧翻，使结构损坏甚至导致介质泄漏。应当建立合理的操作规程，并有效执行。卸载作业时禁止违反规定不留余压，操作人员违反规定将介质全部卸空，甚至打开阀门导致空气进入，装载时不按规定检查余压，盲目充装，极易产生燃烧爆炸。应当建立合理的操作规程，并有效执行。严格控制介质组分符合规定，当介质有害成分超标，长期积累形成腐蚀环境，造成钢瓶材料劣化，最终导致瓶体低应力开裂。应当定期检验并控制介质成分，并经常逐瓶排污，以了解并掌握瓶内有害成分状况，必要时应提前全面检验。

针对不可控因素，即在正常操作所产生的损伤因素，是伴随正常操作而客观存在的，贯穿于产品整个寿命周期，体现为载荷的长期作用对结构造成的损伤，以及在正常范围内介质对钢瓶的腐蚀损伤。长期的疲劳载荷会导致钢瓶产生疲劳裂纹并扩展最终导致瓶体泄漏；运输中产品自重载荷及冲击、振动类动载荷可能造成结构的过度变形或疲劳开裂。在产品的设计阶段已通过合理选材、全面的无损检测、优化钢瓶外形曲线避免结构形状的不连续、严格按照标准规定的载荷进行设计、致密有效的外部防腐等措施避免在寿命期内失效的产生，但仍存在不可控风险。

针对意外损伤因素如火灾和交通事故等，是指不可预见的、出现概率极低的损伤因素。这类损伤因素造成的后果通常是严重的，常伴随人员伤亡或财产损失。应事先编制合理、有效且可行的应急预案，将损伤后果最小化。氢气长管拖车盛装、运输的是易燃易爆气体，不论是加气站还是卸气站都存在站场火灾的可能，当氢气长管拖车置于火灾环境又不能及时驶离时，火灾现场的高温辐射会使钢瓶内气体膨胀导致压力升高。此时，在钢瓶两端的安全泄放装置开始排放泄压，防止钢瓶压力过高引起超压爆炸。常见的交通事故是车辆侧翻和追尾，通常侧翻的原因是为躲避障碍而急速转向或弯道路段的高速行驶；追尾的原因通常是无先兆的紧急制动。其后果通常导致框架变形、破损，管路变形甚至破裂、介质泄漏，当氢与空气混合后的比例达到爆炸极限范围内，遇到明火(包括可见的明火、服装静电、碰撞火花、电器火花，介质泄放产生的静电等)便会引发爆炸。减少交通事故的方法主要是遵守交通法规和危险品运输的有关规定、遵守操作规程，提高驾驶人员的预见性。

高压氢气长管拖车应按照 TSG 08《特种设备使用管理规则》的要求办理使用登记，并按 TSG R0005《移动式压力容器安全技术监察规程》的规定，以及定期检验机构的相关要求进行定期检验。氢气长管拖车的承运单位应取得行驶证、道路运输许可证、危险货物运输许可证、特种设备使用登记证及电子记录卡，并应随车携带。承运车辆的司机除取得相应车辆驾驶证外，还应取得从事危险货物运输从业资格证，押运员应取得上岗证，操作人员应取得移动式压力容器操作证，相关证件应随身携带。承运车辆还应随车携带事故专项应急预案、氢气压力与温度对照表，操作人员应熟练掌握有关内容。充装单位应取得移动式压力容器充装许可证，从事充装作业的作业人员及其管理人员应经过严格的培训，其法人、安全管理人员应取得相应证书，充装作业人员应取得移动式压力容器操作证。负责改造和维修的单位应持有移动式压力容器生产许可证。氢气长管拖车设计时应考虑采取适当的防护措施，防止受到外力冲击或侧翻时造成损害或氢气泄漏。氢气长管拖车应具有相关危险货物运输公告，按要求安装卫星定位、行驶记录仪等车载视频及监控设备。

高压氢气长管拖车应随车配备必要的专用工具及应急器材，承运车辆驾驶人员、押运员应随车配备必要的个人防护用品，且在运输过程中做好个人防护，卸载作业人员应配备必要的个人防护用品，进入作业区应提前穿戴。氢气装卸作业区应配备氢气限位挡板(轮挡)、防拖拽警示牌、作业警示牌，便携式氢气探测仪，干粉灭火器，设置防雷防静电接地设施，设置静电释放装置等安全防护措施。氢气装卸作业区现场应选用防爆手电筒、铜扳手等不易产生静电、火花的工器具。在雷雨、暴雪、风沙等恶劣天气情况下，附近有火花、明火，充装站或加氢站的站内设备和管道出现异常情况，储氢瓶、阀门、管路、仪表和软管接头等出现泄漏、冰冻，长管拖车、管束式集装箱或气瓶超过设计寿命或检验周期时，周围环境出现其他可疑安全情况时，严禁进行充装和卸气操作。氢气长管拖车必须专车专用，充装的氢气应符合 GB/T 3634.1《氢气　第 1 部分：工业氢》、GB/T 3634.2《氢气　第 2 部分：纯氢、高纯氢和超纯氢》、GB/T 37244《质子交换膜燃料电池汽车用燃料氢气》的相应质量要求。氢气长管拖车不得互相充装或直接对气瓶进行充装。

高压氢气长管拖车在充装前、充装中、充装后、运输启动、运输中、运输停止、卸气前、卸气中、卸气后均有相应的安全要求。

(1)充装安全要求

高压氢气长管拖车的充装操作人员不得携带火种、非防爆电子设备进入氢气装卸作业区。操作人员进入氢气装卸作业区前应接触静电释放装置，待静电释放装置提示人体静电释放完毕后方可进入。作业前应使用氢气检漏仪对气瓶、管路、阀门、安全装置等各螺纹、焊接连接处检漏，确保无泄漏；检查车体或箱体外观完好无明显变形破损；非首次充装的加氢站用氢气长管拖车气瓶压力宜不低于 2MPa，其他氢气长管拖车气瓶压力不低于 0.5MPa；检查阀门处于关闭状态，压力表、爆破片等附件完好并在有效期内；检查随车配备应急器材、防护用品及专用工具、备品备件齐全且符合要求；检查承运商及人员资质、氢气长管拖车资质应符合相关规定要求；随车资料应符合承运及操作要求，从而确保氢气长管拖车在作业前的安全。

高压氢气长管拖车作业前应做到支腿按要求就位稳固，保证氢气长管拖车驻车处于良好的稳定状态；停车制动装置处于制动状态；作业区设置防拖拽警示牌与作业警示牌；装卸软管连接前有效连接静电接地线；作业前稳固连接装卸软管的防拉断装置；作业前应检查确认装卸软管安全状况，软管接头应无变形、丝牙应无破损，软管处于有效检验期内；新制造或者改造、维修、检验检测后的首次充装氢气前，长管拖车气瓶应完成置换，置换后达到合格要求。

高压氢气长管拖车充装中应确保压力、温度变化处于正常范围，应控制充装速度，气瓶瓶体温度一般不应高于 60℃；各气瓶应按照操作顺序逐支充装，不得出现长管拖车各分瓶通过主汇流管路均压的情况；严格控制储氢气瓶充装量，充分考虑充装温度对充装压力的影响，20℃时气瓶压力不得超过气瓶公称工作压力。

高压氢气长管拖车充装后应采用便携式氢气探测仪进行泄漏检测。启动车辆前，应确认卸下装卸软管前氢气长管拖车氢气主控阀、分瓶阀已关闭；确认氢气长管拖车与半挂牵引车连接前，装卸软管已断开；确认牵引销与牵引座连接良好，支腿已收起；确认防静电接地连接已解除；确认停车制动装置处于开启状态。完成上述确认项目后方可移走防拖拽警示牌及作业警示牌。

(2)运输安全要求

高压氢气长管拖车运输应按规定踏勘运输线路，做好运输方案、风险评估报告。高风险路段应至少每年进行1次风险评估，其他路段每3年进行1次风险评估。运输线路应避开闹市区和人口稠密区。运输前、后应确认氢气长管拖车及相关设备处于良好状态。运输前后及停车时，应检查车辆安全状况，确认主控阀、分瓶阀、气动切断阀处于关闭状态，氢气长管拖车气瓶压力正常，管路连接牢固无变形泄漏。运输中应严格控制行车速度，恶劣或极端天气应按有关规定执行限速，充装站、加氢站站内限速应为5km/h，高速公路上行驶速度不得超过80km/h，其他道路上行驶速度不得超过60km/h，车辆行驶速度不得高于限速标志、标线标明的速度。

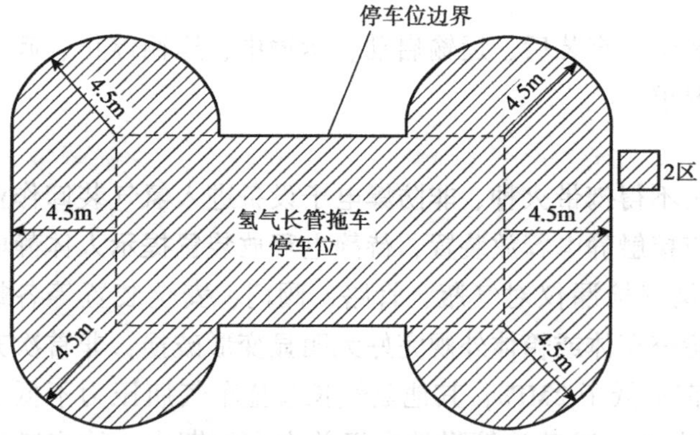

图6-3　氢气长管拖车停车位的爆炸危险区域划分

氢气运输车辆应遵守国家和行业主管部门有关道路运输和危化品运输的有关规定定点停车，不得在人员密集地区、政府办公地点、学校及幼儿园、商超等地停车，氢气长管拖车停车位的爆炸危险区域划分如图6-3所示，停车位区域和以停车位短边为中心、半径4.5m范围内，并延至氢气长管拖车顶部以上4.5m的空间，应划分为2区。定点停车应选择专用停车场或具有严格管控停放车辆和人员进出、严格执行防火规定，有专人负责24h巡逻监控的停车场；停车场应保持道路畅通，且符合消防通道的相关要求，不得堆放杂物、废弃物，及其他影响通行的阻碍物；停车场应场地平整、排水畅通、通风良好、远离火源至少50m、防潮湿、消防安全符合要求、停车安全监管处于可靠状态及周边环境友好；停车启动前应检查氢气长管拖车符合有关安全要求；当运输中需要临时停车时应确保临时停车的安全，不得停在有山体滑坡危险、交通事故频发、坡度超过10%、距离火源小于50m的地带；驾驶人员、押运人员至少应留1人值守、设置警戒带，采取防止溜车、碰撞、倾覆等安全防护措施；车辆启动前应检查氢气长管拖车符合有关安全要求；雷雨天气、能见度小于5m的大雾天气不得沿路边临时停靠。

(3)卸气安全要求

氢气运输车辆卸气前应与充气前进行同样的安全检查，卸气柱、卸气管道上应设置能阻止粒度大于10μm的固体杂质通过的过滤器，卸气柱应设置泄放阀、紧急切断阀、就地和远传压力测量仪表。

卸气过程应按照操作程序卸气，不得出现氢气长管拖车各分瓶通过汇流主管均压的情况；温度不得低于 -40℃，加氢站用氢气长管拖车气瓶卸氢后压力宜不低于 2MPa，其他氢气长管拖车气瓶卸氢后压力应不低于 0. 5MPa。

卸气后启动车辆前与充装后车辆启动前进行同样的安全检查。

6.2 液氢罐车运输安全

6.2.1 液氢罐车运输安全性分析

在液氢运输领域，美国 Gardner 公司(1981 年被 Air Products 收购)代表全球最先进的设计制造水平，容积从 5L 到 113m^3 不等，系列化产品种类包括罐箱、罐车和车用、船用燃料罐等，公司成立以来，已累计生产包括液氢容器在内的产品约 4000 台，全球市场占有率超过 60%。另外，美国 Chart，德国 Linde、俄罗斯 CryoMash - BZKM、JSC 深冷机械公司、日本岩谷产业等也是主要的液氢储运装备企业。美国液氢球罐与德国液氢罐式集装箱见图 6 -4。

图 6 -4　美国液氢球罐与德国液氢罐式集装箱

液氢槽罐车运输是将氢气深度冷冻至 20. 3K 液化，再装入真空绝热的槽罐车中运输，目前北美商用的槽罐车容量约为 65m^3，可容纳 4000kg 氢气；而中国的液氢槽罐车的标准还在制定中，由于国内道路运输法规限制，国内槽罐车容量将会小于北美。国外加氢站使用该类运输略多于高压气态长管拖车运输，详见图 6 -5。

图 6 -5　液氢槽罐车

液氢的体积能量密度为 8. 5MJ/L，由于低温液态氢高密度的特性(液氢密度在 15MPa、20MPa、30MPa、70MPa 时分别是气氢密度的 6. 5 倍、4. 9 倍、3. 4 倍、1. 8 倍)，液氢罐车运输方式相较于 20MPa 高压气氢拖车，可使单车储运量提高约 9 倍，充卸载时间减少约 1 倍，并且在液化过程还能提高氢气纯度，一定程度上可节省提纯成本。随着氢能产业的发展，液氢储运是大规模长距离储运氢的方向之一。

液氢罐车储运在长距离大规模运输上有很强的竞争力。在现有技术条件下，采用液氮预冷循环技术，液氢生产能耗为17～20kW·h/kg，电价为0.5元/kW·h时，液化过程的总成本为18.5～20元/kg。从液化到运输全过程成本分析，由于液氢罐车储运量较大，可减少罐车及人员的配置，尽管长距离运输也会带来成本的提高，但提高的幅度并不大。因此，液氢在长距离、大规模的运输中，相较于20MPa高压气氢拖车储运有着显著的成本优势。

现有技术条件下，液化过程的能耗和固定投资较大，液化过程的成本占整个液氢储运环节的90%以上。未来，由于液化设备的规模扩大和技术升级，液化能耗和设备成本还有较大的下降空间。

氢气在铁路和轮船上的运输，需依托液氢技术，目前仅国外少量应用。其中，深冷铁路罐车长距离运输液氢输气量大、又相对经济，储气装置常采用水平放置的圆筒形杜瓦槽罐，储存液氢容量可达到100m^3，部分特殊的扩容铁路罐车容量可达到120～200m^3，目前民用方面仅在国外有非常少量的氢气铁路运输路线，详见图6－6。

图6－6　液氢铁路运输车

液氢的潜在危险性均直接与点火源有关，常见的点火源是电火花和静电放电。因此液氢运输和装卸操作中必须使用不产生电火花的工具。在工作地点，严禁穿尼龙、涤纶衬衣和胶底鞋，防止积聚静电荷。操作大量液氢时，必须穿工作服。建议相关人员应掌握液氢的物化性能和容器的安全操作规程，掌握故障处理方法和防火、维护、防爆等技术，操作时禁止无关人员接近。

为了避免低温“冻伤”，不允许液氢和低温气体溅落到人体裸露部分和进入眼睛中。给热容器灌注液氢或其他低温液体，都应缓慢进行，使蒸发达到最小限度。在氢的作业点附近必须设有喷淋装置、消火栓或大的水箱，以便冲洗意外溅在人体的液氢。应该避免未受保护的人体部位接触设备的冷部件，取出放入液氢中的物品，需使用不产生电火花的金属钳。

在液氢生产或装卸地区应有可靠的通风设备，避免窒息、氢气聚积与空气混合增加燃烧的风险；液氢储罐、槽车等容器需要进行检查或者其他作业时，首先，必须确认管道是否关闭并清理干净，容器内部应先用惰性气体后用空气吹洗并加温，其次，通过气体分析仪检测内部是否充满新鲜空气后，方可进入容器内进行相关作业，若有空气供应不足的疑虑，应使用自身供氧或供气的呼吸器具。

操作人员在充灌或处理液氢时必须穿着符合 GB 21146《个体防护装备 职业鞋》规定的导电鞋或导电长筒靴，外穿符合 GB 12014《防护服装 防静电服》规定的 A 级防静电工作服，佩戴符合 GB/T 31421《防静电工作帽》规定的防静电帽，裤管应罩在鞋(靴)帮外面，戴上干净易脱的长臂纯棉手套和护目镜，若是有可能产生液氢喷射或飞溅的作业，应戴上防护面罩(或护目镜)和长臂纯棉手套。处理大量液氢泄漏时应穿上无钉皮靴，裤脚套在皮靴外面。操作人员操作前，应先导散自身静电，不得用手触摸非绝热或表面结露、结霜的液氢储罐与管道表面。

禁止进入液氢大量泄漏的场所。因特殊需要必须进入时，应佩戴符合 GB 16556《自给开路式压缩空气呼吸器》规定的自给开路式压缩空气呼吸器或符合 GB 6220《呼吸防护 长管呼吸器》规定的长管呼吸器，并需在专人监护下进行操作处理。操作人员的皮肤因接触液氢而被冻伤时，应及时将受伤部位放入 40℃左右的温水中浸泡或冲洗，切勿干加热，严重的冻伤应迅速送至医院治疗。

6.2.2 液氢罐车运输安全要求

液氢运输安装泄压阀调节内部压力，无明火状态不构成危险。由于液氢运输的储氢装置不能完全隔热，会造成液氢蒸发使装置内压力增大，可在装置上安装泄压阀，调节装置内部压力，氢气排出后扩散迅速，在户外无明火状态不会构成危险。

罐车的压力、液位指示装置和安全阀应每年校验 1 次；紧急切断阀、蒸发器每年检查 1 次，内容器爆破片每年更换 1 次；槽罐蒸发率每年测定 1 次。针对铁路和公路液氢罐车运输的不同，其安全要求也有所区别，液氢在装卸、转注与输送、排放也有其特殊的安全技术要求，并需要做好消防与紧急情况的处理。

(1)铁路罐车运输安全要求

用自备铁路平板车运输液氢时，槽罐与平板车固定必须牢靠，并符合铁路安全运输要求，槽罐与车体应等电位。罐车必须保压运行。途中停车时，押运员必须对罐体外部、罐内压强、液面计、加排阀、蒸发器等各主要部位进行检查，按检查表做好值班记录。液氢罐车不得同车携带氧化剂和危险品，操作间和押运间不得存放生活物资，不得搭乘无关人员。

(2)公路罐车运输安全要求

运输前要做好各项检查，确保槽罐与托架之间固定牢靠；放气阀、加排阀、放空阀、增压阀关闭；防火阀和阻火器在规定位置；连接部位密封；罐内压力正常；罐车消除静电接地装置完好；车辆左前方按 JT 3130《汽车危险货物运输规则》的要求悬挂信号旗。

此外，公路罐车驾驶人员要事先熟悉运输路线的路面情况。在一级、二级公路上行驶速度不大于 40km/h；一般公路不大于 30km/h；土路不大于 20km/h。途中应避免急刹车，遇雷雨天气，道路地形复杂或弯道较多时，按规定降低车速。罐车必须保压运行。途中，押运员应监视罐内压强，超压须排放氢气时，应远离居民区、工矿区和集市。一旦罐车外罐体出现“霜斑”，罐内压力急速升高或罐车发生严重泄漏，急需泄压排放液氢时，要迅速开离居民区、工矿区和集市至空旷地区，排放时应关闭汽车发动机。若汽车牵引部分和罐车拖车能够分解时，应迅速脱挂，把车头开离现场，并把周围150m范围设为警戒区。

(3)装卸的安全要求

在装卸液氢时，应保证液氢输出罐的压力比接收罐的压力大1～1.4bar(1bar = 10^5Pa)，可以采用自身携带的增压器进行增压，在整个卸液过程中应一直保持这个压力差。如接收罐为首次装液，可先采用顶部进液的方式进行操作。观察接收罐液位指示达到3/4满液位时，可以打开测满阀，降低加液流量。为确保液氢装卸的安全，操作过程中应始终维持液氢系统正压，液氢容器或管路系统中混入空气会形成固体颗粒，其中固体氧的积累会造成系统爆炸着火的潜在风险。为防止环境空气混入液氢系统，充装运输和储存液态氢时，必须保持不低于0.03MPa的正压。应对储运容器的空气颗粒物进行控制，吹扫置换是控制空气固体颗粒产生的主要手段，新制造或维修后首次充装的容器和较长时间未使用的容器，严禁直接充装。必须进行吹除和置换，达到合格指标并经预冷后方可充装。液氢出厂的纯度要进行严格控制，要求液氢工厂在泄液管线上安装真空过滤器过滤固态氧氮颗粒物，过滤精度不低于10μm级，以此来控制进入移动容器内的液氢纯度。在充装前要进行严格的安全检查，充装液氢前，仔细检查工艺管路及设备是否泄漏，在一定程度上是保证防火安全的措施之一。设备零件上结霜是液氢泄漏的表现。由于点燃氢所需的能量很小，液氢容器运行过程中的静电荷积累是引爆氢气的主要危险源，因此液氢容器在装卸液氢前应保证接地装备可靠接地。

(4)转注与输送安全要求

转注液氢应在空旷、自然通风良好的场地内进行。场地上空不允许有高压输电线通过，场地内不得存放氧化剂和易燃物品，且消除一切点火源。应划出周围50m为安全警戒区，并设置安全警示牌和值班人员，无关人员不得入内。联接软管对接时按有关要求对软管内空气进行置换，联接器必须密封可靠，联接软管拆下两端接口要加盖。用外接气源转注时，增压用氢气(或氦气)应符合置换、清洗用气的规定。严禁使用氩气、氮气和氧气增压。接收液氢容器及系统必须充分预冷和控制预冷速度，防止容器或系统密封结构破坏。长管线输送液氢，应具有轴向热补偿措施，每隔一定距离设置允许管路轴向运动、限制径向移动的支撑托架。输送管线每隔30m装设接地电阻小于100Ω的防静电接地装置。先用液氮预冷时，在排尽液氮后，要求用氢气进行置换，合格后方能转注液氢。罐车定位后，应可靠刹车并在前后车轮加垫制动块，转注液氢前，罐车和接收容器必须接地。转注时操作人员不得离开现场。雷雨即将来临或雷雨期间，不得进行转注。

(5)排放安全要求

液氢不允许随意排放。当排放在地面时，应选择空旷通风良好的场地；远离科研区、居民点、交通干线；周围150m设警戒区，并消除一切点火源；撤离无关人员。

排放量较大时，可将液氢转化为气氢后引入燃烧池在水面燃烧处理。在燃烧过程中应不断向池内放水，保持水下排氢管与水面有一定的水封高度。每一根排氢管应有水封装置，防止池水倒流。液氢储存容器及其系统应有独立的排放系统，排放管应使用金属材料。敞口的排空管排放氢气前，应先用惰性气体吹除管内的空气，排空管的高度应高于附近最高建筑物5m以上。氢排放口应铅直设置。当排放饱和氢蒸气和氢气液两相流时，输送管道应足够长，或设置复合换热器，保证出口温度不小于90K。排空管应有防止空气回流的措施，还应考虑当地季风方向。氢气排放速度应小于150m/s。排空管应有防雨雪浸入、水汽凝集、冻结和外来异物堵塞的措施。液氢和氧化剂排空口之间的水平距离不得小于30m，排放口不得相对设置，氢排放口应高于氧化剂排放口5m以上。避免高压排放管与低压排放管连在同一氢排放系统上。在同一场区内严禁同时排放液氢和氧化剂。

液氢铁路罐车运行中的安全排放应满足以下要求：当罐内压强上升至气动马达动作压强时，允许低速启动排放；一旦罐内压强达到工作压强时，应避开明火、车站、工矿区和居民点，允许在运行中使用手动阀排放泄压，排放速度应小于16m/s；在列车会车时，雷雨期间及列车在隧道内行进时，禁止手动排放。

(6)消防与紧急情况处理

氢和空气混合一旦发生爆燃或爆轰，消防人员无法近距离灭火，应着重用大量消防水喷射其他引燃物质和相邻设备，防止火灾扩大。氢着火应迅速切断氢源，同时采取防止火灾扩大和防止回火的措施。氢火焰不易察觉，救火人员应采取防止外露皮肤烧伤的有效措施，如果火焰已被扑灭，但氢源尚未切断，这时消防人员不得进入现场，只有断定氢源已经切断或者排放完后，方可进入现场。此外也应注意，灭火应采用干粉、水蒸气、大量氮气。如果氢源一时不能切断，消防水不能直接对准液氢泄漏的地方，可以用消防水控制火焰蔓延，以保护周围的重要设施免受火焰热辐射的影响。一旦发生不能控制的液氢泄漏情况，且尚未起火时，先应切断电源，有组织地撤离现场人员，并消除一切点火源，在一定时间间隔后，再妥善处理。液氢浸到人体肌肤可能冻伤表层组织，可立即将冻伤部位浸泡在40℃左右的温水中半小时至一小时，然后就医。高浓度氢气会使人窒息，应及时把窒息人员救至通风良好的地带，必要时进行人工呼吸并迅速送医。

6.3 管道输氢安全

6.3.1 管道氢输运安全性分析

管道运输分为气态管道运输和液态管道运输两类，国外气态管道运输应用相对较多，液态管道运输技术要求较高。见图6－7，目前该类管道主要分布在美国、加拿大和欧洲等地，其投资成本较天然气管道高50%～80%，其中大部分成本用于搜寻合适的地质环境来布局管道线路；液态管道采用真空夹套绝热技术，由内层和外层2个同心套管构成，内外管环空间由补偿器及多层绝热层(减少辐射传热)等组成，且环空间抽成真空状态，以降低对流传热，内外管之间采用低导热支撑环，降低内外管间热传导，如图6－8和图6－9所示。

图6-7　气氢输运管道

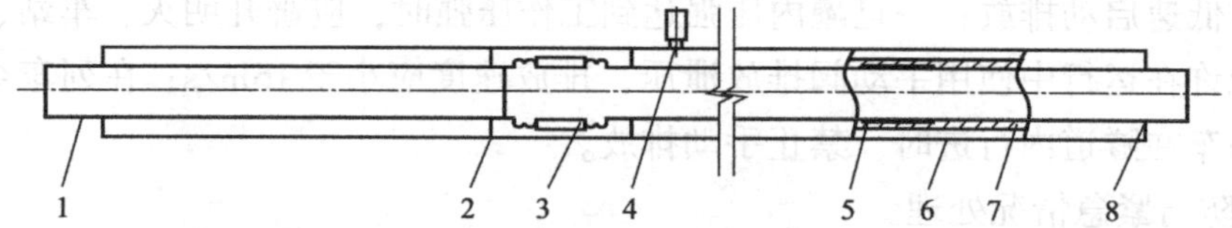

1—内管；2—支撑环；3—补偿器；4—防爆装置(兼抽真空口)；
5—吸附剂；6—外管；7—多层绝热层；8—端板

图6-8　液氢输运管道结构示意

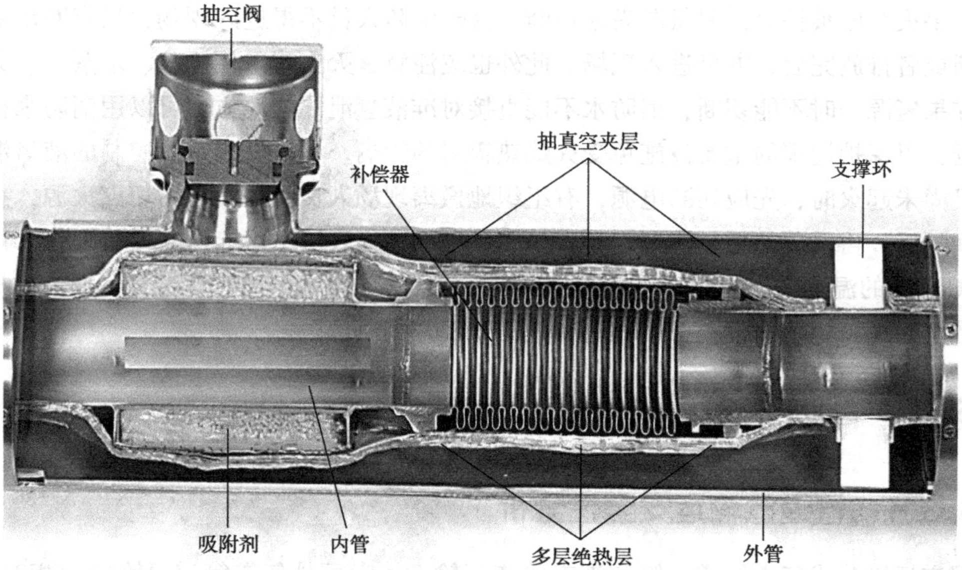

图6-9　液氢管道剖面

氢气管道还可以分为长距离高压输送管道和短距离低压配送管道。截至2016年，欧洲氢气管道总里程约1598km，美国氢气管道总里程约2575km，输氢压力为2~10MPa，管道直径为0.3~1.0m。我国氢气管线较少，气态输氢发展较为缓慢。据初步统计，截至2017年底，我国氢气管道总里程约400km，主要分布在环渤海湾、长三角等地，位于河南省济源市工业园区与洛阳市吉利区之间的输氢管道是我国目前里程最长、管径最大、输氢压力最高、输氢量最大的输氢管，管道里程为25km，管道直径为508mm，输氢压力为

4MPa，年输氢量达到10.04万t。按照《中国氢能产业基础设施发展蓝皮书(2016)》预计，到2030年，我国氢气长输管道将达到3000km。

掺氢天然气管道输运是结合“绿氢”①制氢技术实现低成本氢的主要途径，我国风力资源规模大，远离负荷中心，大规模风电消纳问题更为突出。通过大规模风电制氢，并将氢以一定比例掺入天然气，组成掺氢天然气(HCNG)，然后再利用现有的天然气管网进行输送，被认为是解决大规模风电消纳问题的有效途径。掺氢天然气可被直接利用，也可将氢与天然气分离后单独使用，该方式被认为是实现氢较低成本远距离输送的方法之一。典型的天然气掺氢管道随动流量定比掺混工艺如图6-10所示。随动流量定比掺混工艺是以天然气为主动气源，氢气作为随动气源，通过检测混合气体中氢组分浓度信号，控制随动气源流量按预先设定比例跟随主动气源流量的变化而变化，从而按固定比例在天然气中掺混氢气。

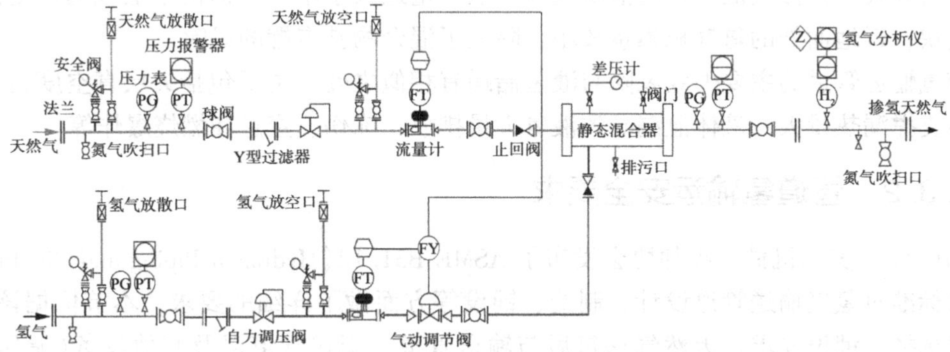

图6-10 典型的天然气管道随动流量定比掺混工艺

天然气管网包括输送管道(长输管道)、配送管道及一些调压设备、储存设备等。输送管道实现城际之间的天然气远距离输送，输送压力较高(4～12MPa，有些达到14MPa，我国西气东输三线输送压力达到12MPa)，使用强度等级较高的钢材，如X52、X56、X60、X65、X70及X80等，一些国家正积极研发使用更高强度等级钢。输送管道中的高压气体经过减压站后进入配送管网，配送管道则将输送管道输送来的天然气以较低压力(通常小于1MPa，小部分达到3MPa)输送到终端使用设备，通常分为配送干线管道和配送民用管道。配送管道使用多种材料，如铸铁、铜、钢和非金属材料，其中使用的钢通常是低强钢，如API5LA、API5LB、X42和X46，使用的非金属材料有聚乙烯(PE63、PE80、PE100)、聚氯乙烯(PVC)及其他弹性体材料等。应当指出，虽然各国使用的钢材牌号大体相同，但由于各国材料的冶炼水平及制造水平等有所不同，即使同牌号钢材在性能上也有一定的差别。

由此可见，现有天然气管网材料类型多，使用环境差异大，操作压力不一，将氢气掺

① 灰氢：是通过化石燃料燃烧产生的氢气，在生产过程中会有二氧化碳等排放。蓝氢：是将天然气通过蒸汽甲烷重整或自热蒸汽重整制成，生产过程中使用了碳捕捉、利用与储存(CCUS)等技术对温室气体捕获，实现了低碳制氢。绿氢：是通过使用再生能源制造的氢气，完全没有碳排放。

入天然气管网面临着复杂的安全问题，其中最主要的是掺氢天然气与天然气管网的材料相容性问题。各国对管网输送的天然气气质要求有所不同，天然气成分的不同和氢气的掺入对管网材料的影响程度也存在差异。总之，管道的氢损伤程度受氢气压力、氢含量、材料强度、应变速率、环境温度、微观组织等因素影响。对未修建的氢气输送管道，应重视管材的选择；对已建成的管道，应加强对管道损伤、裂纹的探查和处理，同时控制氢气的掺混比例及输送压力。

除了材质相容性问题，掺氢输送管道由于输送的氢气与天然气的性质有显著不同，氢气－天然气混合物的管道水力工况与泄漏扩散情况必然存在差异。因此，天然气管道掺氢输送时，除了考虑钢制管道材料本身的安全性，管道水力与泄漏安全也应引起关注。天然气管道掺氢后，输送管道受到瞬态扰动时，管中气流产生较大的压力波动，由于气体组分改变，波动压力可能超过预期，导致管道失效。掺氢后管道泄漏的扩散情况也将发生变化，有研究表明：掺氢混合物的泄漏速度与泄漏量远大于甲烷，但由于氢气的密度低、浮升速度快，近地面处的氢气积累量较小，降低了混合物被点燃的风险。

液氢输运管道的主要失效风险与液氢储罐有相似之处，主要包括夹层真空度丧失，内外管道支撑漏热量大与液体泄漏导致液氢大量排放、冻伤、窒息和燃烧爆炸等。

6.3.2 管道氢输运安全要求

2014 年，美国机械工程师协会发布了 ASME B31.12《Hydrogen Piping and Pipelines》标准，该标准对氢气输送管道设计、制造、铺设等方面做了详细的要求，本节依据该标准，在管材选择、铺设要求，天然气掺氢后与输送管道、配送管道以及其他设备(调压设备、储存设备等)相容性等方面对氢气管道安全进行介绍，同时简单介绍液氢输运管道的安全技术要求。

(1)管材选择

氢气长输管道选材在合金元素、钢级、管型、操作压力等方面均有较高的要求。这主要是因为合金元素如 C、Mn、S、P、Cr 等会增强低合金钢的氢脆敏感性，同时，氢气压力越高、材料的强度越高，氢脆和氢致开裂现象就越明显。因此，在实际工程中，氢气长输管道用钢管优先选择低钢级钢管。ASME B31.12 中推荐采用 API SPEC 5L 级 X42、X52 钢管，同时规定必须考虑氢脆、低温性能转变、超低温性能转变等问题。考虑低压管道输氢效率较低，且低强度管线钢建设成本较高，世界范围内已有众多学者对高强度管线钢的抗氢脆能力展开了研究。

(2)铺设要求

标准规定地下管线主管道埋深不得低于 914.4mm，管线与其他地下结构设施的间距不得少于 457.2mm，不同地质条件下的地下管线主管道埋深要求如表 6－2 所示。

表 6－2　地下管线主管道埋深要求

位置区域	正常开挖地段	石方地段	农田地段
最小埋深/mm	914.4	609.6	1219.2

为防止第三方对埋地管线造成人为损坏，可采取以下方法：①使用物理屏障或标记，如管道上方铺设混凝土或钢板、管道两侧垂直铺设混凝土板且延伸至地面以上、采用抗破坏较强的涂层材料和在管道所在位置设置标记；②增大埋地深度或增大管道壁厚；③管道铺设方向尽可能与道路、铁路等路线平行或垂直。

对于高压氢输送管线，与压缩机或氢源连接的管段必须设置具有足够容量的压力调节设备，以保证其工作压力不大于最大许用操作压力，相关设备主要包括泄压阀、监测调节器、限压调节器、自动截止阀等。阀件的安装间距要求如表6-3所示，阀件的安装位置应保证足够的通风条件，不得安装于受限空间内。

表6-3 阀件的安装间距要求

区域等级	等级1	等级2	等级3	等级4
间距要求	<32.4km	<24.3km	<16.2km	<8.1km

注：允许安装间距做微小的调整，以保证阀门具有合理的安装位置。

(3)天然气掺氢后与输送管道相容性

高压输送管道用钢，因其在操作压力下会产生较高的应力，且钢材强度较高易发生氢脆的特点已成为研究的重点。总体上，氢对钢材的屈服强度和抗拉强度影响较小，而会使材料的塑韧性降低。普通管道等级碳钢APISPEC 5L X52和ASTM A106等级钢已广泛应用于低压氢气的输送，几乎没有出现问题。通过电化学充氢、气相预充氢或者氢气环境下动态气相充氢等方式研究表明，氢气对X52、X60、X65、X70、X80、X100的屈服强度和极限抗拉强度的影响较小，而断面收缩率和断后伸长率显著减少。氢气的掺入会对管线钢材的断裂和疲劳性能产生显著的影响，掺入的氢会使钢的断裂韧性减小；当钢中氢浓度小于临界值时，氢对裂纹起裂和完全断裂时的应力强度影响较小；而当氢浓度超过该临界值时，对裂纹产生与扩展的影响增大。此外，掺入氢会加速裂纹扩展，降低门槛循环应力强度因子ΔK，并降低疲劳寿命。氢对焊接区域也有一定的影响，焊接区和热影响区的硬度水平必须进行控制，以保证它们在充氢环境下具有足够的韧性。

可见，氢气对天然气管道材料力学性能影响较大，而在掺氢天然气管道输送时，氢的影响程度与管道操作压力及掺氢的比例等有关。有研究表明：1.7MPa(10MPa管网掺入17%氢气时，其分压达到1.7MPa)的氢气也会使疲劳裂纹扩展速率增加1~2个数量级。浙江大学研究了掺氢比例为5%、10%的氢与二氧化碳混合气体对X80钢的影响，结果亦表明疲劳裂纹扩展速率显著增大，低周疲劳寿命显著降低。

目前，针对掺氢天然气环境下材料相容性的研究较少，无法考虑氢气与天然气中杂质气体如硫化氢、一氧化碳及二氧化碳等气体的综合影响。此外，各国之间天然气成分、管道工况、使用历史存在差别，天然气管道材料性能也存在一定的不同，因此不可盲目照搬国外研究成果。我国尚无相关掺氢比例下管道材料力学性能的劣化规律数据。因此，必须研究一定掺氢比例下的管道材料的力学性能，来确定我国天然气管网可接受的安全掺氢比例。

(4)天然气掺氢后与配送管道相容性

对于配送管道中使用的低强钢，其主要的氢损伤是韧性损伤和氢鼓泡。氢损伤的严重程度主要取决于氢浓度和操作压力。因此对于所处压力较低、具有较低应力的配送管道，发生氢损伤的风险较低。球墨铸铁、铸铁、锻造铁及铜等制造的配送管道，在天然气配送系统的常规工况下不需要关注氢损伤问题。

天然气管网中的非金属配送管网，操作压力一般低于 1MPa。研究表明：氢对聚乙烯管道的影响较小，材料在氢环境中长期服役性能未出现退化现象，其微观组织结构也未发生显著变化，很少或没有氢气(或其他任何非极性气体)与聚乙烯管道发生相互作用。此外，大部分的弹性体材料也与氢有良好的相容性。

(5)天然气掺氢后与其他设备相容性

天然气管网中储存设备及动设备等与掺氢天然气的相容性方面研究较少。储存设备主要是天然气储罐、储气井，目前尚未见这方面的研究成果。考虑的动设备主要是压缩机，其主要用于天然气管网中对气体进行加压调压。活塞式压缩机的动力机构是独立于工作介质工作的，而离心式压缩机的动力机构则与氢气接触。为满足相同能量需求，掺入氢气后离心式压缩机的旋转速度需提高，该旋转速度会受到材料强度的限制，而该强度也会受到掺入气体中氢的影响。此外，管网中使用的涡轮机也会受到掺入氢气的影响，尚需进一步研究。在 GB/T 29729《氢系统安全的基本要求》中对管道输氢涉及管道、阀门和压缩机进行了具体的安全技术要求。

管道输氢压缩机要求输送氢气用压缩机后应设有氢气罐，并应在氢气压缩机的进气管与排气管之间设置旁路通道。氢气压缩机前应设有氢气缓冲罐。数台氢气压缩机并联从同一氢气管道吸气时，应采取措施确保吸气侧氢气为正压。氢气压缩机的安装和验收应符合 GB 50275《风机、压缩机、泵安装工程施工及验收规范》和技术说明书的规定。

输氢管道要求选用符合国家标准或行业标准规定，且满足工作压力、工作温度要求的无缝管；管的材料应与氢有良好的相容性；采用焊接或其他能有效防止泄漏的连接方式；设置合适的安全泄放装置，与用氢设备连接的管道应设切断阀，连接至有明火的用氢设备的管道还应设阻火器；管道上应标明介质及其流动方向；管道宜采用架空敷设，其支架应为非燃烧体，且不应与电缆、导电线路、高温管线敷设在同一支架上；氢管道与其他管道共架敷设或分层布置时，氢管道宜布置在外侧并置于上层，且应保持一定的安全距离；管道与建筑物、构筑物或其他管线应保持一定的安全距离，室内管道不应敷设在地沟中或直接埋地，室外地沟敷设的管道，应采取防止氢泄漏、积聚的措施。氢气站、供氢站和车间内氢气管道的敷设、厂区内氢气管道架空敷设、直接埋地敷设和明沟敷设、氢气管道与其他管道共架敷设或分层布置时应符合 GB 50177《氢气站设计规范》的相关规定。氢气管道上应设放空管、分析取样口和吹扫置换口，其位置应能满足管道内气体排放、取样、吹扫和置换要求。

输氢管道阀门要求氢气节流阀应采用自启动装置，当流速达到预先设定的最大值时，节流阀应自动关闭。氢气管道的切断阀宜采用球阀或截止阀。应根据工作压力、工作温度及与氢的相容性等选用阀门材料和密封填料。液氢系统宜使用低温球阀，并应防止球阀关闭时阀芯内仍残留有液氢。截止阀应安装于液氢回流管线并尽可能靠近容器的位置，在截止阀与容器之间的管道中不应有其他附件。

对于液氢输送管道的设计应符合现行国家标准 GB/T 30719《液氢车辆燃料加注系统接口》的有关规定：管道系统的设计压力不应小于最大工作压力的 1.1 倍，且不应小于所连接设备(或容器)的设计压力与静压头之和；管道的设计温度不应高于 -252.8℃；管道及其组成件应采用奥氏体不锈钢，并应进行低温冲击试验；液氢管道之间的连接宜采用焊接、卡套连接或真空法兰连接，焊接接头应采用不带垫板的全焊透对接焊接接头，低温气相管道的连接应符合外径小于或等于 25.4mm，且设计压力大于或等于 20MPa 的高压氢气管道应采用卡套连接；氢气管道与设备的连接，根据需要宜采用卡套连接或螺纹连接，螺纹连接处应采用聚四氟乙烯薄膜作为填料；由于振动、压力脉动及温度变化等可能产生交变荷载的部位，不宜采用螺纹连接；设计压力小于 20MPa 的氢气管道的连接可采用焊接或法兰连接；除非经过泄漏试验验证，螺纹连接不宜用于设计压力大于 48MPa 的系统；外螺纹组成件的壁厚不应小于 Sch160，对小于 *DN*15 的外螺纹组成件，螺纹部分的最小壁厚应满足其受到的应力小于管道屈服应力 50% 的要求；增压泵后宜采用卡套连接；两端关闭且有可能存留液氢或低温氢气的管道，应设置安全阀或其他泄压装置，整定压力应大于内容器安全泄放装置的整定压力，但不应高于管道的设计压力，泄压排放的气体应接入放空管；在操作过程中可能变冷结霜的管道应与常温构件保持 300mm 及以上的间距，对于低温介质的出口和排放方向，周边及可能产生液化空气滴落的下方应设置滴液盘。

液氢管道的放空管应与高压氢气放空管分开设置，放空管管口应高出液氢储罐及以管口为中心半径 12m 范围内的建筑物顶或设备平台 2m 及以上，且距地面不应小于 5m；自放空设备至放空总管出口，放空管道的压力不宜大于 0.1MPa；氢气放空排气装置的设置应保证氢气安全排放，放空管道的设计压力不应小于 1.6MPa。

习题与思考题

1. 简述不同的氢输运方式可能存在的安全隐患。

2. 简述高压气氢拖车运输的安全技术要求。

3. 高压气氢拖车在输运过程中必须考虑的风险因素有哪些？

4. 针对高压气氢拖车运输过程中的可控损伤、不可控损伤及意外损伤因素可能导致哪些失效问题，并讨论采取何种措施能够有效预防？

5. 高压氢气长管拖车充装前、充装中和充装后应做好哪些安全措施？

6. 高压氢气长管拖车运输启动前、运输中和运输结束后应做好哪些安全措施？

7. 高压氢气长管拖车卸气前、卸气中和卸气后应做好哪些安全措施？

8. 非首次充装的加氢站用氢气长管拖车气瓶压力和其他氢气长管拖车气瓶压力有何限制？为什么？

9. 高压氢气长管拖车充装后采用便携式氢气探测仪进行泄漏检测，未发现氢气泄漏，充装人员移走防拖拽警示牌及作业警示牌，示意司机开走车辆，判断是否存在安全隐患？

10. 高压氢气长管拖车满载运输行驶在高速公路上，行驶速度 90km/h 超越并行车辆，分析可能存在哪些安全隐患？

11. 雷雨天气，某驾驶人驾驶满载高压氢气运输车辆沿路边临时停靠，接放学的孩子回家，安排孩子坐在副驾位置，试分析驾驶人违反了哪些安全要求？可能带来的风险有哪些？

12. 简述液氢罐车输氢安全技术。

13. 根据铁路和公路液氢罐车运输的不同，简述其安全要求的区别。

14. 液氢输运的风险因素有哪些？

15. 简述液氢罐车运输排放的安全技术要求。

16. 液氢罐车行驶到距离居民区100m范围内，驾驶人发现罐车外罐体出现“霜斑”，内容器压力急剧升高，需要紧急排放泄压，驾驶人打开泄压阀进行排放，试分析驾驶人违反了哪些安全要求？可能带来的风险有哪些？

17. 一条地下气氢输运管线的主管道埋深为1000mm，管线与其他地下结构设施的间距为500mm，根据铺设地段差异讨论该条气氢输运主管道是否满足安全要求？

18. 采用何种措施能有效防止第三方对埋地输气管线造成人为损坏。

19. 分别阐述天然气掺氢输送管道和配送管道的安全技术要求？

20. 液氢管道设计有哪些安全要求？

21. 液氢管道放空管与高压气氢放空管可否共用？为什么？

22. 液氢输运管道的主要失效风险有哪些？如何预防？

23. 结合液氢管道环空间结构，讨论不同的结构阻隔了什么类型的热量损失？

24. 简述各种输氢技术的特性及安全技术要点。

第7章　氢利用安全

目前我国生产的氢气95%作为化工行业的原材料应用于传统工业领域，其余5%应用于以氢燃料电池为核心的能源网络，主要有动力、电力、家庭3个应用方向。

(1)动力领域应用现状

氢气可用于汽车、飞机、轮船、火箭等领域，其中目前最主要、前景最广阔的应用场景是氢燃料电池车。

(2)电力领域应用现状

与其他储能技术相比，氢储能主要优势是环保性能好，但其投资成本远超抽水蓄能、电化学储能、压缩空气储能，且响应速度慢、效率低，如果制氢电价为0.1元/kW·h，则氢储能能源成本将下降到0.5元/kW·h左右，则会低于电化学储能能源成本。

(3)家庭民用领域应用现状

主要用途是家用燃料电池热电联供系统，该方面外国企业技术优势明显，国内企业技术水平尚不具备商业化条件。

氢能应用的核心技术和产品是氢燃料电池。国内氢燃料电池与国际先进水平还存在一定差距，主要表现为使用寿命较短，车用氢燃料电池寿命一般为2000~3000h，国际领先水平可达到5000h。另外，氢燃料电池关键零部件质子交换膜目前仅有美国、日本、德国等发达国家具备商业化供应能力，催化剂等核心材料也主要依赖进口。

7.1　工业用氢安全

7.1.1　石油化工用氢安全

氢在化工领域的作用很大，是重要化工原料，特别是在石油化工领域广泛应用，炼油厂的连续重整装置、直馏柴油裂化装置、航煤加氢装置、汽油吸附脱硫装置、柴油加氢装置、润滑油加氢装置、高压加氢裂化装置、蜡油加氢装置都会涉及加氢工艺过程；烯烃厂的乙烯装置、制苯装置等涉及加氢工艺过程；化学品厂的苯酚丙酮装置、间二甲苯装置等也会涉及加氢工艺过程。因此对石油化工厂区氢气罐、氢气瓶、氢气管道及氢气系统要进行严格安全管理，确保化工领域的用氢安全。

要求氢气罐或罐区之间的防火间距，应符合GB 50177《氢气站设计规范》的规定。湿式氢气罐(柜)之间的防火间距，不应小于相邻较大罐的半径；卧式氢气罐之间的防火间距，不应小于相邻较大罐直径的2/3；立式氢气罐之间、球形氢气罐之间的防火间距不应小于相邻较大罐的直径；卧式、立式、球形氢气罐与湿式氢气罐(柜)之间的防火间距不应小于相邻较大罐的直径；1 组卧式、立式或球形氢气罐的总容积不应超过 30000m^3。罐组间的防火间距中，卧式氢气罐不应小于相邻较大罐高度的一半；立式、球形氢气罐不应小于相邻较大罐的直径，并不应小于 10m。

供氢站、氢气罐应为独立的建(构)筑物；宜布置在工厂常年最小频率风向的下风侧，并远离有明火或散发火花的地点；不得布置在人员密集地段和交通要道邻近处；宜设置不燃烧体的实体围墙。氢气充(灌)装站、供氢站、实瓶间、空瓶间宜布置在厂房的边缘部分。氢气使用区域应通风良好，保证空气中氢气最高含量不超过 1%(体积分数)。采用机械通风的建筑物，进风口应设在建筑物下方，排风口设在上方。建筑物顶内平面应平整，防止氢气在顶部凹处积聚。建筑物顶部或外墙的上部应设气窗或排气孔。排气孔应设在最高处，并朝向安全地带。氢气灌(充)装站、供氢站、实瓶间、空瓶间周边至少 10m 内不得有明火。禁止将氢气系统内的氢气排放在建筑物内部。

氢气储存容器应与氧气、压缩空气、卤素、氧化剂及其他助燃性气瓶隔离存放。氢气系统中氧的体积分数不得超过 0.5%，氢气系统应设有氧含量小于 3% 的惰性气体置换吹扫设施。氢气储存容器应符合 TSG 21《固定式压力容器安全技术监察规程》。氢气囊不宜作为氢气储存容器。氢气储存容器应设置以下安全设施：应设有安全泄压装置，如安全阀等；氢气储存容器顶部最高点宜设氢气排放管，应设压力监测仪表，应设惰性气体吹扫置换接口；惰性气体和氢气管线连接部位宜设计成两截一放阀或安装“8 字”盲环板；氢气储存容器底部最低点宜设排污口；氢气储存容器周围环境温度不应超过 50℃，储存场所及周边应设计安装消防水系统。

化工用氢的氢气瓶(集装瓶)、氢气罐、氢气管道及氢气系统的安全监管是确保化工用氢安全的重中之重，按自身特点有相应的安全技术要求。

(1)氢气瓶(集装瓶)安全技术要求

氢气实瓶和空瓶应分别存放在位于装置边缘的仓储间内，并应远离明火和操作温度等于或高于自燃点的设备。氢气瓶的设计、制造和检验应符合 TSG 23《气瓶安全技术规程》的要求。氢气瓶体根据 GB 7144《气瓶颜色标志》应为淡绿色，20MPa 气瓶应有淡黄色色环，并用红漆涂有“氢气”字样和充装单位名称，应经常保持漆色和字样鲜明。多层建筑内使用氢气瓶，除生产特殊需要外，一般宜布置在顶层外墙处。因生产需要在室内(现场)使用氢气瓶，其数量不得超过 5 瓶，室内(现场)的通风条件符合氢气使用区域通风良好，保证空气中氢气最高含量不超过 1%(体积分数)要求。采用机械通风的建筑物，进风口应设在建筑物下方，排风口设在上方，且布置符合以下要求：

1)氢气瓶与盛有易燃易爆、可燃物质及氧化性气体的容器和气瓶的间距不应小于 8m；

2)与明火或普通电气设备的间距不应小于 10m；

3)与空调装置、空气压缩机和通风设备(非防爆)等吸风口的间距不应小于 20m；

4)与其他可燃性气体储存地点的间距不应小于 20m。

氢气瓶瓶体在运输中瓶口应设有瓶帽(有防护罩的气瓶除外)、防震圈(集装气瓶除外)等其他防碰撞措施，以防止损坏阀门。氢气瓶搬运中应轻拿轻放，不得摔滚，严禁撞击和强烈振动。不得从车上往下滚卸，氢气瓶运输中应严格固定。储存和使用氢气瓶的场所应通风良好。不得靠近火源、热源及在太阳下暴晒。不得与强酸、强碱及氧化剂等化学品存放在同一库内。氢气瓶与氧气瓶、氯气瓶、氟气瓶等应隔离存放。氢气瓶使用时应装减压器，减压器接口和管路接口处的螺纹，旋入时应不少于五牙。氢气瓶使用空瓶间和实瓶间应有支架、栅栏等防止倒瓶的设施，以规定的方式固定，防止倾倒。气瓶、管路、阀门和接头应固定，不得松动位移，且管路和阀门应有防止碰撞的防护装置。氢气瓶瓶嘴冻结时应先将阀门关闭，后用温水解冻。不得将气瓶内的气体用尽，瓶内至少应保留0.05MPa以上的压力(表压)，以防空气进入氢气瓶。氢气瓶阀门如有损坏，应由相关资质单位检修。开启氢气瓶阀门时，作业人员应站在阀口的侧后方，缓慢开启氢气瓶阀门。

根据TSG 23《气瓶安全技术规程》的规定，氢气瓶应定期(每3年)进行检验，氢气瓶上应有检验钢印及检验色标。氢气瓶集装装置应有防止管路和阀门受到碰撞的防护装置；气瓶、管路、阀门和接头应经常维修保养，不得松动移位及泄漏。氢气瓶集装装置的汇流总管和支管均宜采用优质紫铜管或不锈钢钢管。为保证焊缝的严密性，紫铜管及管件的焊接采用银钎焊，焊接完成后对管道、管件、焊缝进行消除应力及软化退火处理。氢气瓶集装装置的汇流总管和支管使用前应经水压试验合格。

(2)氢气罐安全技术要求

氢气罐应安装放空阀、压力表、安全阀。压力表每半年校验1次，安全阀一般应每年至少校验1次，确保可靠。立式或卧式变压定容积氢气罐安全阀宜设置在容器便于操作位置，且宜安装2台相同泄放量且可并联或切换的安全阀，以确保安全阀检验时不影响罐内的氢气使用。氢气罐放空阀、安全阀和置换排放管道系统均应设排放管，并应连接装有阻火器或有蒸汽稀释、氮气密封、末端设置火炬燃烧的总排放管。惰性气体吹扫应设惰性气体吹扫置换接口，惰性气体和氢气管线连接部位宜设计成两截一放阀或安装“8字”盲环板。氢气罐应采用承载力强的钢筋混凝土基础，其载荷应考虑做水压实验的水容积质量。氢气罐的地面应不低于相邻散发可燃气体，可燃蒸汽的甲、乙类生产单元的地面，或设高度不低于1m的实体围墙予以隔离。氢气罐新安装(出厂已超过1年时间)或大修后应进行压力和气密试验，试验合格后方能使用。压力试验应按最高工作压力1.5倍进行水压试验；气密试验应按最高工作压力试验，以无任何泄漏为合格。

罐区应设有防撞围墙或围栏，并设置明显的禁火标志。氢气罐应安装防雷装置。防雷装置应每年检测1次，并建立设备档案。氢气罐检修或检验作业在氢气系统停运后，应用“8字”盲环板或其他有效隔离措施隔断与运行设备的联系，应使用符合安全要求的惰性气体(其氧气体积分数不得超过3%)进行置换吹扫。动火作业应执行安全部门主管书面审批制度。氢气系统动火检修，应保证系统内部和动火区域的氢气体积分数最高含量不超过0.4%。检修或检验设施应完好可靠，个人防护用品穿戴符合要求。防止明火和其他激发能源进入禁火区域，禁止使用电炉、电钻、火炉、喷灯等一切产生明火、高温的工具与热物体。动火检修应选用不产生火花的工具。氢气系统检修或检验作业应制定作业方案及隔离、置换、通风等安全防护措施，并经过设备、安全等相关部门审批。未经安全部门主管书面审批，作业人员不得擅自维修或拆开氢气设备及管道系统上的安全保护装置。进入罐内作业应佩戴氧含量报警仪，同时应有人监护和其他有效的安全防护措施。氢气罐应有静电接地设施。所有防静电设施应定期检查、维修，并建立设备档案。

(3)氢气管道安全技术要求

氢气管道与附件应符合国家标准，并应适合氢气工作压力、温度的要求。氢气管道应采用无缝金属管道，禁止使用铸铁管道。氢气管道连接一般应采用焊接或其他有效防漏泄的连接方式。氢气管道上应设置放空管、取样口和吹扫口，其位置应能满足管道内气体吹扫、置换的要求。

氢气管道宜采用架空敷设，其支架应为非燃烧体。架空管道应与电缆、导电线路道隔开，或净距离不小于250mm。分层敷设时，氢气管道应位于上方。氢气管道与建筑物、构筑物或其他管线的最小净距离可参照有关规定执行。室内氢气管道不应敷设在地沟中或直接埋地，室外地沟敷设的氢气管道，应有防止氢气泄漏、集聚或串入其他沟道的措施。埋地敷设的氢气管道埋设不宜小于0.7m。含有湿氢气的管道应敷设在冰冻层以下。氢气管道穿过墙壁或楼板处，应装设套管。套管内的管段不应有焊缝，管道与套管之间应用不燃材料填塞。氢气管道应避免穿过地沟、下水道及铁路汽车道等，当必须穿过时应设套管。

氢气管道不得穿过生活间、办公室、配电室、仪表室、楼梯间和其他不使用氢气的房间。不宜穿过吊顶、技术(夹)层，当必须穿过吊顶或技术(夹)层时，应采取安全措施。室外架空或埋地敷设的氢气管道和汇流排及其连接的气瓶均应互相跨接和接地，跨接和接地措施按国家现行的有关规定执行。氢气管道系统应设放空管，放空管采用金属材料，不准使用塑料管或橡皮管，放空管应设阻火器。室内放空管的出口，应高出屋顶2m以上，室外设备的放空管应高于附近有人操作的最高设备2m以上。放空管应采取静电接地，并在避雷保护区内，应有防止雨水和外来异物堵塞放空管的措施。

(4)氢气系统运行安全技术要求

输入相应的氢气含氧量不得超过0.5%。氢气管道运行时，不准敲击，不准带压修理和紧固，不得超压，严禁负压。管道、阀门和水封装置冻结时，只能用热水或水蒸气加热解冻，严禁使用明火烘烤。设备、管道和阀门等连接点泄漏检查，可采用肥皂水或携带式可燃气体防爆检测仪，禁止使用明火。不准在室内排放氢气。吹洗置换，放空降压，必须通过放空管排放。当氢气发生大量泄漏或集聚时应立即切断气源，进行通风，不得进行任何可能发生火花的一切操作。新安装或大修后的氢气系统必须进行耐压试验、清洗和气密试验，符合有关的检验要求，才能投入运行。

氢气相应吹洗置换，一般可采用氮气(或其他惰性气体)置换法或注水排气法。氮气置换法应符合下列要求：氮气中含氧量不得超过3%；置换必须彻底防止死角残留余气；置换结束后，系统内氧或氢的含量必须连续3次分析合格。氢气系统动火检修，必须保证系统内部和动火区域氢气的最高含量不超过0.4%。防止明火和其他激发能源。禁止使用电炉、电钻、火炉、喷灯等一切产生明火、高温的工具与热物体；不得携带火种进入禁火区；选用铜质或铍铜合金工具；穿棉质工作服和防静电鞋。

7.1.2 其他工业用氢安全

氢在其他工业领域应用广泛，主要作为保护气使用。如在电子工业中，晶体的生长与衬底的制备、氧化工艺、外延工艺中，以及化学气相淀积(CVD)技术中，均要用到氢气。半导体工业对氢气纯度要求极高，微量杂质的掺入，将会改变半导体的表面特性。真空材料和器件如钨和钼的生产过程中，用氢气还原氧化物粉末，再加工制成线材和带材，其中所用的氢气纯度越高，水含量越低，还原温度越低，所得钨、钼粉末就越细。对氢闸管、离子管、激光管等各种充气电子管的填充气体纯度要求更高，显像管制造中所使用的氢气纯度大于99.99%。在制造非晶硅太阳电池中，也用到纯度很高的氢气。在光导纤维的应用和开发中，石英玻璃纤维是光导纤维的主要类型，在制造过程中，需要采用氢氧焰加热，经数十次沉积，对氢气纯度和洁净度都有很高要求。在浮法玻璃生产中，广泛使用的气体有氢和氮，在浮法玻璃成形设备中装有熔融的锡液，它极易被氧化，生成氧化锡，造成玻璃沾锡，增加锡的消耗量，因此需要将锡槽密封，并连续不断送入纯净2%～8%氢氮混合气，维持槽内正压与还原气氛，保护锡液不被氧化。

工业作为保护气用氢一般不自己生产，多以瓶装或管道由供氢站供应，场内设有一定量的氢气储存。

对于工业用氢的储存固定容器应符合 TSG 21《固定式压力容器安全技术监察规程》。氢气囊不宜作为氢气储存容器。氢气储存容器应设置安全泄压装置，氢气储存容器顶部最高点宜设氢气排放管，应设压力监测仪表，应设惰性气体吹扫置换接口，氢气储存容器底部最低点宜设排污口，氢气储存容器周围环境温度不应超过50℃，储存场所及周边应设计安装消防水系统。

工业用氢的储存氢气瓶(集装瓶)、氢气罐等的储存安全标准与石油化工用氢标准一致。

7.2 科研用氢安全

近年来，科研实验室的事故频发，如2015年某大学化学系二楼区域多间实验室起火并冒出浓烟，事故现场勘查结果及初步结论即为实验室所用氢气瓶意外爆炸、起火。氢的大规模发展也为科研用氢的安全敲响了警钟，要想保证科研实验室用氢安全，对其管理和使用应进行全周期管理。

对于氢气管理，目前主要参考原国家安全生产监督管理总局发布的《危险化学品目录》(2022调整版)作为危险化学品进行管理。氢作为危险化学品，在科研实验室的使用，应根据危险化学品从采购到废弃的全周期进行相关管理活动。依据科研实验室危险化学品管理现状，将管理活动分为采购、储存、使用、废弃4个阶段；同时，在4个阶段中，融入应急管理与人因管理(见图7－1)。本节将对实验室用氢及其他危险化学品在全周期中不同阶段的管理任务与要求进行阐述。

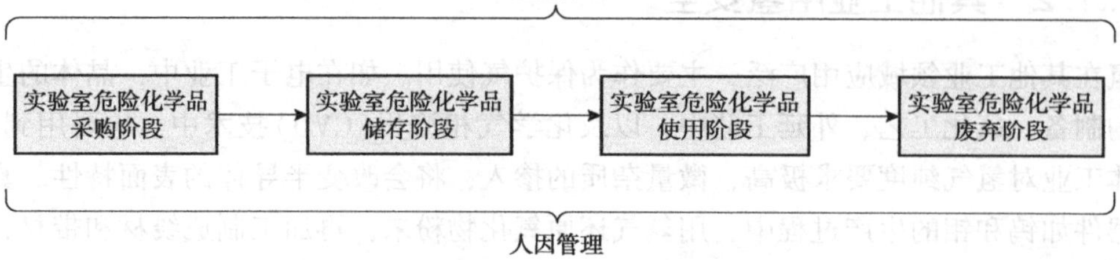

图7-1　实验室危化品管理活动阶段划分

(1)采购管理阶段

科研实验室危险化学品采购管理涉及供应商与采购方。双方应同时满足采购管理的相关规定。对于实验室危险化学品在采购阶段的管理，采购方与供应商应符合以下规定：

①实验室应向具有合法资质的生产、经营单位购买危险化学品。纳入法规、规章管控的化学品，购买时应提交相应的材料。

②危险化学品购买单位应保存危险化学品的采购记录。

③实验室购买危险化学品时应索取符合GB/T 16483《化学品安全技术说明书　内容和项目顺序》的规定，化学品包装上应粘贴符合GB 15258《化学品安全标签编写规定》的安全标签。

④化学品安全技术说明书(SDS)应妥善保管，方便使用人员获得。

⑤对于剧毒危险化学品、易制爆危险化学品、易制毒危险化学品应从具有权限的公安机关办理相应准许手续，并进行备案。

⑥供应商与采购方人员应具备理解和执行相关规定的能力与资质，并且相关采购活动应有授权人员记录与人员监管。

⑦应充分考虑采购管理中可能涉及的风险，制定相应的应急方案，配备相应物资，并进行演练、记录与归档。

(2)储存管理阶段

在完成采购活动后，科研实验室应对危险化学品进行储存管理。在储存管理阶段，实验室应满足以下规定与要求。

①危险化学品应储存在专用仓库、专用储存室、气瓶间或专柜等专门的储存场所内，不应露天存放。

②互为禁忌的化学品不应混合存放，灭火方法不同的危险化学品应进行隔离储存。

③实验室内危险化学品存放应符合以下要求：

a. 危险化学品应存放在具有通风或吸收净化功能的储存柜内；

b. 需低温存放的易燃易爆化学品应存放在具有防爆功能的冰箱内；

c. 腐蚀性化学品应单独存放在具有防腐蚀功能的储存柜内，并有防溢洒托盘；

d. 剧毒危险化学品应单独存放在双锁的专用储存柜中，实行“双人保管、双人领取、双人使用、双把锁、双本账”的“五双”制度管理；

e. 爆炸品、易制爆危险化学品应制定相应的管理要求；

f. 危险化学品标签应完整，包装不应泄漏、生锈和损坏，封口应严密；不应使用饮料及生活用品容器盛放化学试剂和样品。

④实验室内危险化学品存放限量要求如下：

a. 每间实验室内存放的除压缩气体和液化气体外的危险化学品总量不应超过100L(kg)，其中易燃易爆性危险化学品的存放总量不应超过50L(kg)且单一包装容器不应大于25L(kg)；

b. 每间实验室内存放的氧气和可燃气体各不宜超过1瓶或2d的用量；

c. 实验室内与仪器设备配套使用的气体钢瓶，应控制在最小需求量；备用气瓶、空瓶不应存放在实验室内。

⑤实验室对于危险化学品的储存应符合相关标准的规定，如GB 50016《建筑设计防火规范》、GB 15603《常用化学危险品贮存通则》、DB11/T 1191.1《实验室危险化学品安全管理规范 第1部分：工业企业》、DB11/T 1322.2《安全生产等级评定技术规范 第2部分：安全生产通用要求》等。

⑥实验室应配备具有资质与能力且被授权的专业管理人员，确保储存管理过程的安全。

⑦储存过程中的任何变更，应进行及时记录与归档，并按照要求进行审核。

⑧应充分考虑储存管理中可能涉及的风险，制定相应的应急预案，配备相应的应急物资，并进行演练、记录与归档。

(3)使用管理阶段

危险化学品的使用过程，通常伴随大量风险，因此其使用管理是危险化学品管理阶段中重点环节。对于危险化学品的使用管理应符合下列规定。

①危险化学品的发放、领取与退回应符合以下要求：

a. 危险化学品的发放应有专人负责与审批，并根据实际需要的数量发放，发放要有记录；

b. 危险化学品发放记录应包括品种、规格、发放日期、退回日期、领取单位、经手人、数量及结存数量等；发放剧毒危险化学品、爆炸品、易制爆危险化学品和易制毒危险化学品时还应记载用途；

c. 剧毒危险化学品、爆炸品的领取，应由双人以当日实验的用量领取，如有剩余应在当日由双人退回；

d. 瓶装气体应注意其气瓶检验有效期，并坚持先进先出的使用原则。

②实验室气瓶的分类应符合GB/T 16163《瓶装气体分类》的规定。气瓶使用应符合TSG 23《气瓶安全技术规程》的规定。

③瓶装气体严禁分装、倒瓶。

④当危险化学品由原包装物转移或分装到其他包装物内时，转移或分装后的包装物应及时重新粘贴标签。

⑤实验室应有明显的安全标识，标识应保持清晰、完整，包括：化学品危险性质的警示标识；消防安全标志；禁止、警告、指令、提示等安全标志。

⑥应在危险化学品使用场所的显著位置张贴或悬挂岗位安全操作规程和现场应急处置方案。

⑦开展实验操作的教职工、学生和其他实验人员应熟悉化学品安全技术说明书（SDS），掌握化学品的危险特性，使用时做好个体防护。

⑧使用管理中涉及的人员应通过相关考核，并进行定期复核。

⑨使用者应提前制定相应的危险化学品操作规程，并进行审批与备案；在危险化学品使用过程中，应有人员进行现场监督。

⑩应充分考虑使用管理中可能涉及的风险，制定相应的应急预案，配备相应的应急物资，并进行演练、记录与归档。

（4）废弃管理阶段

危险化学品管理，应符合闭环要求，在完成使用后，需开展废弃管理。在此阶段中，应满足下列规定：

①实验室危险废物管理应符合 GB 18597《危险废物贮存污染控制标准》、GB/T 31190《实验室废弃化学品收集技术规范》的规定。

②实验室危险废物分为液态废物、固态废物 2 类，具体分类要求如下：

a. 液态废物分为有机废液、无机废液。有机废液分为含卤素有机废液、其他有机废液；无机废液分为含氰废液、含汞废液、重金属废液、废酸、废碱、其他无机废液。

b. 固态废物分为废弃化学试剂、废弃包装物、废弃容器、其他固态废物。

c. 危险废物分类应具有唯一性，某类危险废物只能属于上述分类中的具体一类。

③实验室应按 DB11/T 1368《实验室危险废物污染防治技术规范》的规定进行实验室危险废物收集，并按要求粘贴危险废物标签。

④开展实验操作的教职工、学生和其他实验人员应将实验室产生的危险废物进行暂存，具体要求如下：

a. 产生危险废物的实验室应设置专用内部暂存区，暂存区内原则上存放本实验室产生的危险废物，存放 2 种及以上不相容危险废物时，应分不同区域暂存；暂存区外边界地面应施划 30mm 宽的黄色实线，并按规定设置危险废物警示标志；

b. 暂存区应建设防溢洒、防渗漏设施，或采取防溢容器作为防溢洒、防渗漏措施；

c. 防溢容器容积应当大于收集容器容积的 10%；防溢容器中放置多个收集容器时，容积应不小于最大收集容器容积的 150% 或所有收集容器容积总和的 10%，取其最大值；

d. 暂存区内的危险废物应及时处置，存放时间最长不宜超过 30d；

e. 管理人员应对暂存区收集容器和防溢容器密封、破损、泄漏情况，标签粘贴及投放登记表填写情况，以及储存期限等定期检查。

⑤应及时委托有相关危险废物处置利用资质的单位处置暂存的危险废物。

⑥实验室方与委托方人员应具有相应资质来处理实验室危险废物，且应进行定期培训与复核。

⑦应充分考虑废弃管理中可能涉及的风险，制定相应的应急方案，配备相应的应急物资，并进行演练、记录与归档。

7.3 交通领域氢应用安全

交通领域用氢可分为陆地交通和水运交通，陆地交通领域用氢根据中国的实际情况，中国氢能在交通领域的应用遵循氢燃料电池商用车先发展，氢燃料电池乘用车后发展的特点。截至2019年年底，国内已接入平台的氢燃料电池汽车运行的情况为：物流车占比达到60.5%，公交客车、公路客车、通勤客车等客车占比达到39.4%，乘用车只用于租赁，占比仅为0.1%，当前氢燃料电池汽车的示范应用主要集中在物流、客车等商用车领域。水运交通领域用氢以船用氢使用广泛，随着环境污染、能源缺乏，以及气候变暖是全球能源领域面临的共同问题。2018年4月，国际海事组织(IMO)制定了航运业温室气体减排初步战略，提出到2050年航运业温室气体排放相比2008年至少降低50%，这也是全球航运业首个关于温室气体减排的战略。《中国制造2025》直接将绿色船舶和新能源技术上升到国家先进制造技术发展战略的层面。

7.3.1 陆地交通领域用氢安全

陆地交通领域涉及的主要场所是加氢站的安全，加氢站氢气的频繁充装，国内大部分加氢站采用隔膜式压缩机压缩氢气，在压缩充装过程中存在较大的安全隐患，氢气瓶的频繁充装也存在很大的安全隐患。此外，对加氢系统、加氢过程也需要详细的安全技术要求，输运过程风险控制、加氢站内储氢装置的安全管控也不容忽视。

(1)加氢站压缩机安全要求

压缩机是压缩系统的核心，其性能的好坏直接影响加氢站运行的可靠性和经济性。

对于加氢站中氢气压缩系统的设计和布置，有以下要求。

①加氢站的氢气压缩工艺系统应根据进站氢气输送方式确定，并应符合下列规定：长管气瓶拖车供应氢气时，加氢站内应设增压用氢气压缩机，并按氢气储存或加注参数选用氢气压缩机和一定容量的储氢罐；氢气管道输送供氢时，应按进站氢气压力、氢气储存或加注参数选用氢气压缩机和一定容量的储氢罐；用于氢燃料汽车或氢气天然气混合燃料汽车时，应根据所需氢气参数和储存或加注参数选用氢气压缩机和一定容量的储氢罐。

②自产氢气采用压缩机进行高压储存时，氢气进入氢气压缩机前应设缓冲罐。

③氢气压缩机的安全保护装置的布置，应符合下列规定：压缩机进、出口与第1个切断阀之间应设安全阀；压缩机进、出口应设高压、低压报警和超限停机装置；润滑油系统应设油压过低(膜式压缩机应设油压过高、过低报警)或油温过高的报警装置；压缩机的冷却水系统应设温度和压力或流量的报警和停机装置；压缩机进、出口管路应设有置换吹扫口；采用膜式压缩机时，应设膜片破裂报警和停机装置。

④氢气压缩机的布置，应符合下列要求：设在压缩机间的氢气压缩机，宜单排布置，其主要通道宽度不应小于1.5m，与墙之间的距离不应小于1.0m；当采用撬装式氢气压缩机时，在非敞开的箱柜内应设置自然排气、氢气浓度报警、事故排风及其安全联锁装置等安全设施；氢气压缩机的控制盘、仪表控制盘等，宜设在相邻的控制室内。

目前加氢站常用的压缩机类型主要有隔膜式(见图7-2)、离子液式(见图7-3)和增压泵式(见图7-4)。

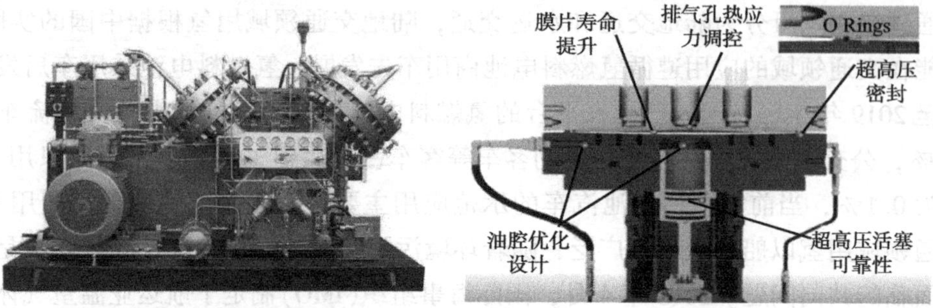

图7-2　隔膜式氢压缩机及安全风险点

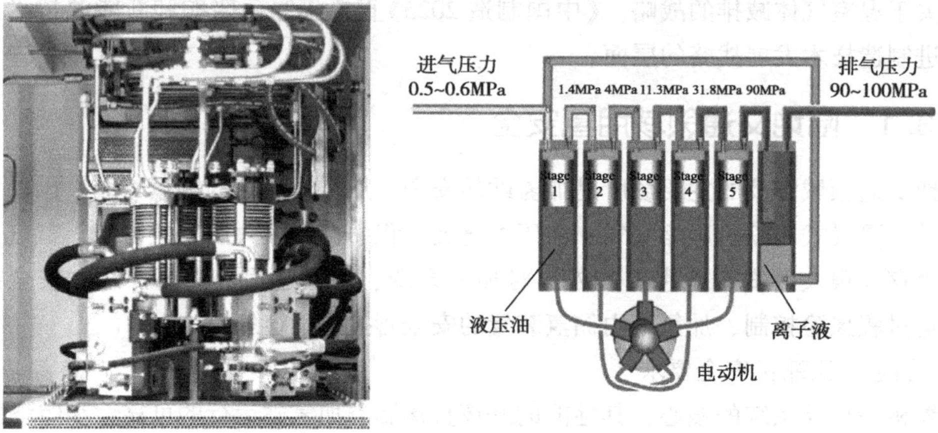

图7-3　Linde离子液式氢压缩机及工作原理

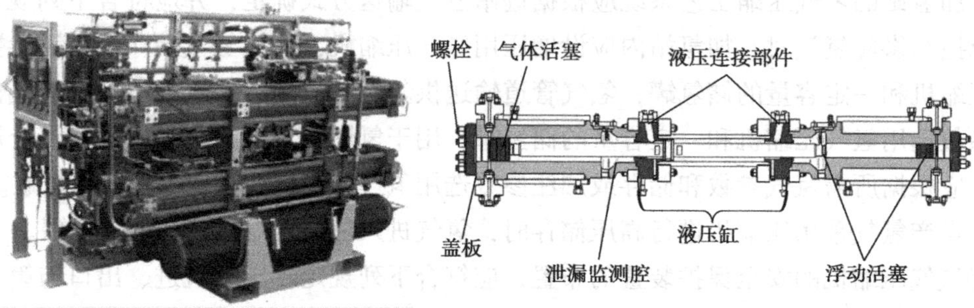

图7-4　氢气增压泵(液驱活塞式压缩机)及安全风险点

隔膜式压缩机采用薄的金属膜片将被压缩氢气与液压油完全分离并实现氢气压缩。隔膜式压缩机进气压力范围大，单级压缩比大，容积效率较高，但排气量较小，对于多级(含2级)压缩的隔膜压缩机，压缩机前后条件相对稳定是保障压缩机无故障平稳运行的基本要素，所以不能频繁启停，也不适用于带载启停。此外，隔膜压缩机也面临着膜片寿命提升技术、排气孔热应力调控技术、超高压密封技术、油腔优化设计技术及超高压活塞可靠性的技术挑战，这些技术需要不断提升，当然，目前这些未攻克的技术点，也是隔膜式压缩机运行过程中可能的安全风险点。

离子液式压缩机是采用一种近零蒸气压的液体作为工质和润滑介质，实现氢气的无污染压缩。离子液式压缩机可通过设置多级气缸，实现合理的压缩比和较为宽的压缩范围，实现超大压比。液压驱动也提高了系统整体的安全性，并且整个压缩系统的压缩效率比传统压缩机高约25%，但结构复杂，动力系统复杂，目前该项技术由林德独有。

氢气增压泵(气驱或液驱)采用传统活塞结构，但是活塞与缸体之间的密封采用高分子耐磨材料，不使用润滑油，也不会给氢气带来污染，同时采用活塞结构相较于金属膜片结构不需要严密的压差控制。增压泵的单级压缩比小，排气压力低，需另配液压或气压驱动单元，但可多级串并联达到大排气量，且进气压力范围较宽，允许压缩比在一定范围内变化，可以直接启动，适合频繁启停；但存在泄漏风险、控制相对复杂和动密封件寿命短的缺点。此外，液驱活塞压缩机面临着活塞密封材料、活塞位移控制技术、油气隔离技术及多缸控制策略的技术挑战，这些技术挑战也是液驱活塞压缩机运行过程中可能的安全风险点。

氢气压缩机间(箱)的爆炸危险区域划分见图7-5，房间(箱)内部空间应划分为1区，以房间(箱)的门、窗边沿或孔计算，半径为4.5m，并延至地坪的空间，应划分为2区，与氢气压缩机间相邻的无释放源房间位于爆炸危险区域内时，应用非燃烧体的实体墙隔开。露天设置的氢气压缩机组、冷却器的爆炸危险区域划分如图7-6所示，距氢气压缩机组、冷却器外轮廓4.5m，并延至顶部以上4.5m的空间应划分为2区。

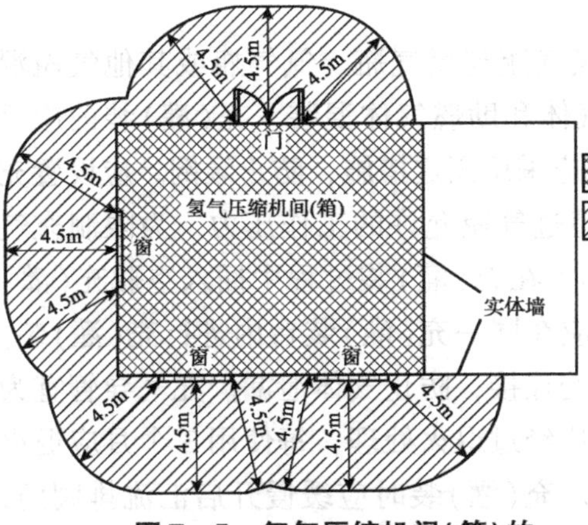

图7-5 氢气压缩机间(箱)的爆炸危险区域划分

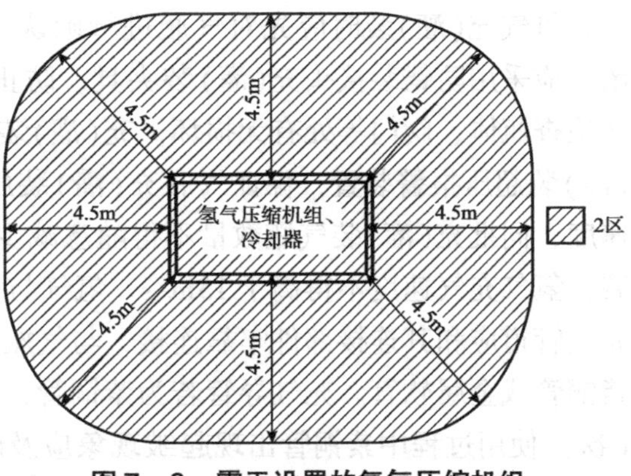

图7-6 露天设置的氢气压缩机组、冷却器的爆炸危险区域划分

加氢站选配哪种类型的压缩机，应结合加氢站的运行特点及压缩机的特点来确定，不能一概而论。

加氢站压缩机应按照GB 50177《氢气站设计规范》要求设安全防护装置。使用隔膜式压缩机压缩氢气应设置膜片损坏报警装置及联锁停机，应设置各级压缩气出口温度高限报警装置，应设置冷却水温度及流量报警装置，氢气充(灌)装的汇流排数量应根据气源的多少和压缩机的排气能力设置，最少2排(组)，每排8~24个瓶位。

(2)加氢站储气装置安全要求

在加氢站内配备高压大容量的固定式储气装置，可以实现在短时间内给车辆加满气。

另外，固定式储气装置作为缓冲装置还可以避免压缩机的频繁启动，优化氢气加气站的操作。对于加氢站中氢气储存设施的布置，有以下要求：

①加氢站内的氢气储气设施宜选用专用固定式储氢罐或氢气储气瓶组。储氢罐或氢气储气瓶组应遵守现行国家标准 GB/T 26466《固定式高压储氢钢带错绕式容器》、JB4732《钢制压力容器——分析设计标准》及相关国家标准、规范的规定。

②加氢站内的储氢罐或氢气储气瓶组，压力宜按 2～3 级分级设置，各级容量应按各级储气压力、充氢压力和充装氢气量等因素确定。

③加氢站内宜选用同一规格型号的固定式储氢罐或长管氢气储气瓶组。当选用小容积氢气储气瓶时，每组氢气储气瓶组的总容积（水容积）不宜大于 $4m^3$，且瓶数不宜多于 60 个。

④固定式储氢罐安全设施的设置，应设有安全泄压装置，如爆破片；罐顶部应设氢气放空管，放空管应设 2 只切断阀和取样口；应设有压力测量仪表、压力传感器；缠绕式储氢罐应设置氢气泄漏报警装置；应设有氮气吹扫置换接口。

⑤氢气储气瓶组应固定在独立支架上，宜卧式存放。同组氢气储气瓶之间净距离不宜小于 0.03m，氢气储气瓶组之间的距离不宜小于 1.5m。

⑥储氢罐、氢气储气瓶组与站内汽车通道相邻一侧，应设安全防护栏或采取其他防撞措施。

（3）加氢站氢气充（灌）装气瓶安全要求

氢气充（灌）装时应先对气瓶进行确认，严禁氢气瓶与氧气瓶、氮气瓶或其他气瓶混淆。应采用防错装接头充（灌）装夹具，防止可燃气体和助燃气体混装。充（灌）装前应严格检查瓶体、阀门等处有无损坏。充（灌）装时气瓶应采用固定措施，防止倾倒。应设置充（灌）装超压报警装置，保证气瓶充（灌）装压力不超过气瓶允许的工作压力。为限制充气速度，同批充（灌）装气瓶数量不得随意减少，也不得在充（灌）装过程中插入空瓶充（灌）装，氢气充气速度不得高于 15m/s。氢气与氧气不应在同一充（灌）装台内进行充（灌）装。充气管道应和其连接部件牢靠连接，与气瓶嘴应紧密连接，防止气体泄漏。充气导管宜为紫铜管或金属软管。充气导管若为紫铜管，使用前应经过退火处理，每使用 3 个月应退火 1 次。使用过程中紫铜管出现起皱现象应及时更换。充（灌）装时应缓慢开启汇流排阀门，防止气流产生剧烈冲击。在充（灌）装过程中应检查气瓶温度，以判断气瓶进气流量的大小，并检查气瓶的充（灌）气导管或阀门是否有故障。空瓶与实瓶应严格分开存放。对不合格或未充（灌）入氢气的气瓶应另设区域放置，并设置醒目标识，防止误装。经常检查氢气充（灌）装气瓶压力，在高压时应特别注意压缩机各级温度和压力是否正常。气瓶充（灌）装结束应配戴瓶帽，防震圈（集装气瓶除外），应在充（灌）装后的气瓶（或集装架）上粘贴符合 GB 16804《气瓶警示标签》和氢气充（灌）装气瓶标签。

有下列情况之一的气瓶不应充（灌）装：瓶体漆色、字样模糊、不易识别、无有效标签；安全附件不全（包括瓶帽、防震圈等）或瓶体、阀门有明显损坏；瓶内气体余压低于 0.05MPa；按规定超过检验年限或钢印标记不清；空瓶未经检验或瓶内气体未经置换和抽空。

(4)加氢站加氢系统的安全技术要求

加氢系统中的关键部件为加氢口。SAE J2600 规范将加氢口的公称工作压力划分为 5 个等级，分别为 11MPa、25MPa、35MPa、50MPa 和 70MPa，并规定了加氢口的结构形式、技术要求及测试方法。我国现行标准 GB/T 26779《燃料电池电动汽车加氢口》仅给出了工作压力为 35MPa 及以下加氢口的形式、要求、试验和检测方法，标委会正依据 SAE J2600 对该标准进行修订，有望将现有标准的压力等级提升至 70MPa。

目前，国内外燃料电池汽车多采用高压气态储氢方式，储氢压力主要有 35MPa 和 70MPa 2 个等级。在高压氢气加注过程中，由于压缩和氢气的 J－T 效应①的双重作用，车载氢瓶内 H_2 容易快速升温，存在安全隐患。为实现高压氢气安全快速加注，提高加注效率，降低氢气加注成本，综合采用了分级优化加注策略、氢气预冷技术、温升控制加注设计相结合的设计方案，降低进入氢瓶的氢气温度，确保氢气升温后的温度在设计要求内。根据分级加注原理，合理设计分级策略，并通过工艺流程优化及控制原理，实现对加注速率、温度及安全的合理控制。

加氢站的设计应严格遵循 5 层安全防范设计理念，5 层设计理念之间的关系为层次递进。

第 1 层：确保加氢站内氢气不泄漏。而要想实现氢气不泄漏，就须要求加氢站工艺系统与设备本身的设计合理并安全。

第 2 层：若加氢站内设备泄漏可及时检测到，并预防进一步泄漏扩散。这需要加氢站设计严格的安防控制，设置可燃气体检测报警系统及紧急切断系统等。

第 3 层：加氢站即使发生泄漏，也不产生积聚。这要求加氢站内的建筑/构筑物设计合理，加氢站内尽量不留氢气易集聚死角。易发生可燃气体泄漏的房间均应设置机械排风系统并应与可燃气体检测报警系统联锁控制。

第 4 层：杜绝点火源。加氢站需建立严禁烟火制度，相关氢气设备采用防爆设计，所有可燃介质的设备管道及其附件采取防静电措施，以消除或减少静电积累的可能性。

第 5 层：万一发生火灾也不会对周围产生影响或影响小。这需要相应的安全缓解措施来实现。如设计防爆墙、采用合理的防火间距、配备相应的消防设施等。

5 层安全防范设计理念的关系为层次递进，即先保证加氢站尽量不发生氢气泄漏事故；一旦发生泄漏事故，加氢站内安防系统也能检测到，防止氢气进一步泄漏扩散；若没有及时制止氢气泄漏，也要求氢气不能集聚，可以快速逃逸，而不产生可燃气云；即使有可燃气云产生，也要严格杜绝点火源，防止从泄漏事故升级为火灾事故；万一存在点火源发生火灾，也要尽量把影响降至最低。

(5)加氢过程风险控制

高压储氢时的加氢过程是一个储氢气源与使用单元的物质和能量交换过程，即使大量的高能气体进入空气瓶中的过程。如果在这一过程中没有掌握好操作和密封问题，就有可

① 焦耳－汤姆逊效应(Joule－Thomson effect)，简称 J－T 效应，指气体通过多孔塞膨胀后所引起的温度变化现象，若节流后降温，称为焦耳－汤姆逊正效应，若节流后升温，称为焦耳－汤姆逊负效应，若节流前后温度不变，称为焦耳－汤姆逊零效应。

能导致储氢设备出现危险。

美国标准 DOT3A 和 3AA 中对于氢气在无缝气瓶中的充装作了详细规定：要求氢气的操作由专业人士来完成；高压储氢设备的连接部分要有较好的密封性；在燃料电池汽车中使用的氢气纯度一般都达到 99.999% 以上，一方面要防止氢气与杂质的反应，另一方面要防止毒化燃料电池，所以在高压氢气的管路中不能出现油污等杂质；氢气气瓶首次使用时应进行抽真空处理；储氢高压气瓶不能受到冲击作用；在使用氢气的场合不能有火星等。加氢装置中能引起氢气泄漏的原因很多，要在系统关键部位中安装气体探测器实时监测系统中的气体，以及安装压力传感器来监测储罐和管道中的气体压力。

对于使用金属内衬的高压储氢气瓶需要参照全复合的高压储氢气瓶在 DOTFRP－1 和 FRP－2 中的相应规定，但与 DOT3 和 3AA 一样，都将氢气的压力限制在 20MPa 以下。我国的汽车用压缩天然气钢瓶的压力也限制在 20MPa 以下，而且不包含复合材料气瓶。车用高压储氢的压力一般都大于该压力限制，所以美国和欧盟等都在这方面的标准制定中积极开展工作。

(6)输运过程风险控制

输运和车用的储氢设备必须考虑动载荷对设备本身的影响，设备要做减振的措施，增强保护。由于振动等的影响，设备的阀门可能会受到一定的影响，配备在输运和车用上的储氢设备必须进行严格检查后才能使用。输运与车用时，高压储氢设备处于移动状态，如果发生事故其危害性更强。除了在储氢设备中要进行安全状态监控外，还应在驾驶室、车体外部增加气体探测器等。

(7)加氢站内储氢装置的安全管控

加氢站内的储氢装置的使用管理应符合 TSG 21《固定式压力容器安全技术监察规程》的规定。使用单位应逐台建立储氢装置的技术档案并且由其管理部门统一保管。技术档案至少应包括特种设备使用登记证；储氢装置登记卡；储氢装置设计制造技术文件和资料；储氢装置年度检查、定期检验报告，以及其他有关检验的技术文件；储氢装置维修和技术改造的方案、图样、材料质量证明书等技术资料；安全附件的校验、维修和更换记录；相关事故的记录资料和处理报告。使用单位应在工艺操作规程和岗位操作规程中明确提出储氢装置的安全操作要求及突发事件处理方案，对突发事件的处理应符合 GB/T 29729《氢系统安全的基本要求》的有关规定。使用单位应对作业人员进行安全教育，确保作业人员掌握操作规程及事故应急措施；储氢装置的安全管理人员和操作人员应持有相应的特种设备作业人员证。使用单位应对储氢装置及其安全附件进行日常维护保养，对异常情况应及时处理并记录。使用单位应对储氢装置进行年度检查，年度检查应包括储氢装置安全管理情况检查、装置本体及运行状况检查、安全附件检查等。使用单位应当在储氢装置定期检验有效期满前一个月向检验机构提出定期检验要求。储氢装置在投入运行前、检修动火作业前或者长期停用前后，均应采用氮气进行吹扫置换。储氢装置的动火作业应实行企业安全部门主管书面审批制度，未经安全部门主管书面审批不得擅自作业。储氢装置检修前，应切断相应的电源、气源，并经氮气吹扫置换合格后再进行检修。操作人员、检修人员不得随意敲击储氢装置；储氢装置运行时，不得带压维修和紧固；不得使储氢装置处于负压状态。室外储氢容器的爆炸危险区域划分见图 7-7，距设备外缘 4.5m，并延至顶部以上 4.5m 的空间，应划分为 2 区。

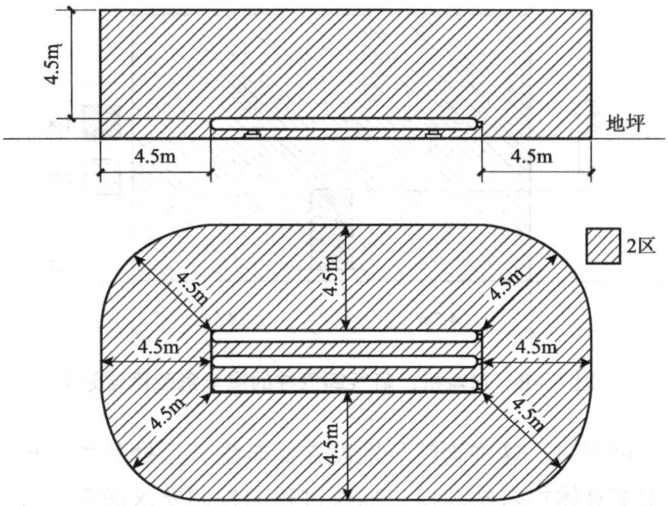

图 7-7 室外储氢容器的爆炸危险区域划分

(8)加氢站站控及安防系统设计

加氢站需要设计相应的站控系统和安防系统，对现场的运行设备进行监视和控制，以实现数据采集、设备控制、测量、参数调节及各类信号报警等各项功能。

加氢站内应设置可燃气体检测报警系统，可燃气体检测报警系统应配有不间断电源。可燃气体检测器应安装在最有可能积聚氢气的地点或位置，可燃气体报警器宜集中设置在控制室或值班室内。可燃气体检测报警系统检测到空气中的氢气含量达到 0.4% 时，应触发声光报警信号，当空气中的氢气含量达到 1% 时，应启动相应事故排风机，当空气中的氢气含量达到 1.6% 时，应触发加氢站紧急切断系统。可能发生可燃气体泄漏的房间均应设置排风系统，正常排风 7 次/h，事故排风换气次数不少于 15 次/h，每次排风时间不低于 3min，并应与可燃气体检测报警系统联锁控制。

加氢站应设置中央监控和数据采集系统，实时采集和记录各主要工艺设备的运行状态及参数。在加氢站及各类合建站进出口、氢气储存区、氢气加注区、加油加气区、充电区、主控室及总电力配送室应设不间断视频监控，并把监控视频上传数据采集系统并做数据备份。加氢站周围宜设置周界报警装置，报警信号应纳入监控系统。监控与数据采集系统所有的核心单元应设有不间断备用电源，该备用电源可以在断电后 60min 内保持供电。

加氢站应设置紧急切断系统，该系统应能在事故状态下迅速切断站内各工艺设施的动力电源和关闭重要的管道阀门。紧急切断系统应具有失效保护功能。加氢站及各类合建站内氢气压缩机、LPG 泵、LNG 泵、LPG 压缩机、CNG 压缩机、加油泵、加氢机、加油机、加气机、充电机等设备的动力电源和站内管道上的紧急切断阀，应能由手动启动的紧急切断按钮远程控制。加氢站及各类合建站内紧急切断系统应至少在下列位置设置紧急切断按钮：

①距加氢站或加气站卸车点 5m 以内。

②在加氢、加油、加气、充电现场工作人员容易接近的位置。

③在控制室或值班室内。

加氢站及各类合建站紧急切断系统应可与可燃气体检测报警系统或火灾探测器报警信号联动。

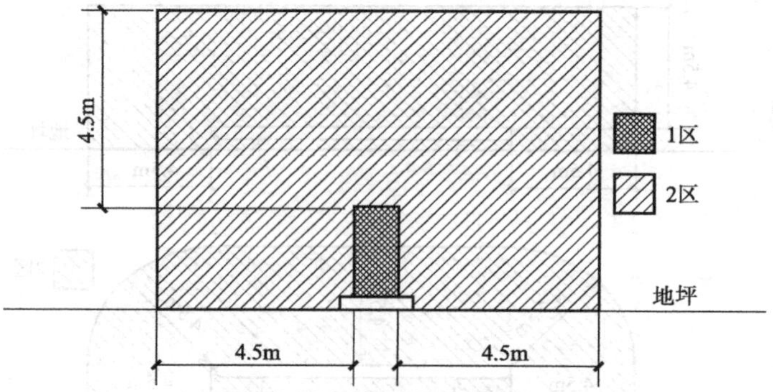

图7-8 加氢机、氢气卸气柱的爆炸危险区域划分

加氢机、氢气卸气柱的爆炸危险区域划分如图7-8所示，加氢机、氢气卸气柱内部空间，应划分为1区，距加氢机、氢气卸气柱4.5m，并延至顶部以上4.5m的空间，应划分为2区。

为确保加氢过程的安全稳定运营，在储氢罐与加氢枪之间至少应设置如图7-9所示的各种阀门，这些阀门分别设在储氢罐邻近处和加氢机内，这些阀门的功能、规格、型号应根据具体加氢站规模、加氢过程的控制要求确定，有的应选用自动控制阀门以实现分阶段加氢的要求。各种阀门的使用功能主要是：设置储氢罐切断阀是为实现分阶段加氢和便于进行单个储氢罐的维护、检修；设置主切断阀，可将储气区与加氢机分开进行维修和安全紧急切断、分割；设置吹扫放空装置，可对氢气管路分别进行置换吹扫，以进行维修等；加氢切断阀是用于加氢操作。

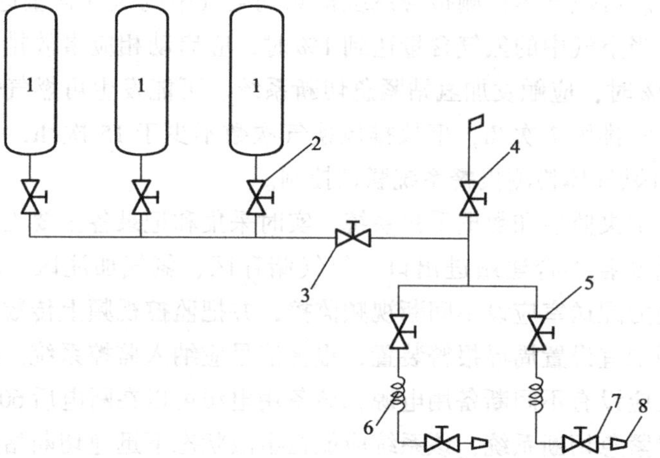

图7-9 储氢罐与加氢枪之间的阀门设置

1—储氢罐或氢气储气瓶组；2—储氢罐切断阀；3—主切断阀；4—吹扫放管装置；5—紧急切断阀；6—加氢软管；7—加氢切断阀；8—加氢枪

加氢站的氢气系统和设备，在试运转、开车、停车和检修时，为将系统或设备中残留的氢气或空气吹除干净，均应采用氮气吹扫置换。氮气吹扫置换时，尤其应注意将氢气系统或设备的死角、末端的残留气体吹除干净，并采样分析规定位置处氢中氧或氮中氧的浓度，达到规定值，方可进行设备启动、开停车或动火检修。国内外相关标准、规范中该规定值为可燃气体着火爆炸下限的20%，规定吹扫置换用氮气中含氧量不得大于0.5%(V)。

氢气加氢站内的电力负荷，主要是压缩机、公用工程(如冷却水)等用电，为均衡氢气加气过程，站内均设有一定容量的储氢罐，因此，突然停电，一般情况下不会引发事故或人员伤亡和较大的经济损失，按电力负荷分类标准，应为三级负荷。由于目前国内外的示范加氢站与加油加气站类似，均采用加气或加氢过程的自动化系统，包括加氢过程的压力、流量和程序控制，以及可燃气体的报警检测系统，若突然停电，将影响其正常运行，甚至引起事故的发生，所以规定通信、监测系统应设不间断电源。

鉴于氢气的特性，为防止因氢气泄漏诱发着火、爆炸等安全事故的发生，氢气管道接头、附件选择的基本原则是：具有优良的承压能力、密封性好和施工、维修方便。每 2 台加气机应设置不少于 1 只 8kg 手提式干粉灭火器或 2 只 4kg 手提式干粉灭火器；加气机不足 2 台按 2 台计算。由于氢气与天然气同为可燃气体，其特性类似，所以参照 GB 50156《汽车加油加气站设计与施工规范》中的相关规定：加油站、压缩天然气加气站、加油和压缩天然气加气合建站可不设消防给水系统。氢气是易燃易爆气体，着火爆炸范围宽、点火能量低，氢气密度小，极易向上扩散，为确保加氢站的安全运行，规定除应采用防爆灯具外，其灯具还宜安装在较低处，并不得安装在氢气释放源的正上方。

7.3.2 船用氢安全

从船舶低碳排放实现手段来看，目前造船界还没有成熟的解决方案，由挪威船级社(DNV)和德国劳氏船级社(GL)合并组建的全球最大船级社 DNV GL 集团此前曾表示，航运业要实现国际海事组织(IMO)的温室气体减排 50% 的目标难度很大，潜在的技术措施包括液化天然气(LNG)燃料、碳中性燃料、燃料电池动力等。其中，燃料电池动力技术以其高效率、零排放，兼具绿色环保、能量密度高、稳定性好、安静无噪声和不受环境因素影响等优点，续航力上也高于现在的蓄电池船。可以预见，氢燃料电池是未来航运业的首选。目前，阻碍氢燃料电池动力发展的主要原因之一为氢气的高危险性。氢气的易燃易爆特性和历史上的数起重大氢气爆炸事故令人们“谈氢色变”。在燃料电池船舶领域，尤其是客船这种有可能率先进行氢燃料电池应用的船型，安全性是船东和乘客优先考虑的问题。安全性的好坏将是决定氢燃料电池船舶有没有市场，能不能推广的核心问题。

氢燃料电池客船要实现营运和推广，除了要符合国家标准化规范外，其氢气系统还必须要满足船级社的有关规定。2015 年国际海事组织通过了《国际使用燃气或其他低闪点燃料船舶安全规则》。该规范涉及了船舶设计与布置、消防安全、防爆、通风、电气控制以及安全检测等方面，并对燃料气罐的围护、管道材料以及燃料加注给出了详细的规定。美国船级社(ABS)发布的《气体燃料船舶推进和辅机系统》规范也对储罐、管路、加注和通风等方面进行规定。挪威船级社规范中，对燃料电池动力装置的设计原则、材料要求、布置和控制系统设计、安全系统设计等方面进行详细的规定。

中国船级社(CCS)也发布了一系列气体燃料船舶规范指南，包括《气体燃料动力船检验指南》《船舶应用替代燃料指南》《天然气燃料动力船舶规范》《液化天然气燃料加注作业指南》《液化天然气燃料加注趸船规范》，以及一些液化气运输船舶规范如《散装运输液化气体船舶构造与设备规范》和《液化天然气运输船营运检验和审核指南》等。所涉及的规范内容包括：供气系统的材料、管路设计、围护、加注、消防、防爆、通风、电气和监测控制等方面。2017 年的《船舶应用替代燃料指南第 2 篇》直接将船用燃料电池系统作为规范

图7-10 船舶氢燃料加注

对象，为燃料电池客船的氢气系统提供了最有针对性的参考。氢燃料电池在船舶上的应用安全要求可从船用氢燃料储存、船用氢燃料加注(见图7-10)和船用燃料电池等多方面分别讨论。

(1)燃料储存安全要求

燃料罐与燃料接触部分的材料应与储存燃料相容。对于氢燃料储存系统，应考虑氢脆现象对使用寿命的影响。燃料罐与船舶系统连接时，其应固定在甲板上。燃料罐的支撑和固定装置应根据最大预期静态和动态倾角及最大的加速度预期值进行设计，并考虑船舶特性和燃料罐位置。燃料罐支撑构件应能防止罐体的移动。燃料罐连接至船舶燃料管系的连接管应具有足够的柔性补偿。应提供在燃料罐连接意外断开或破裂时可限制燃料泄漏量的装置。燃料罐和燃料供应系统的设计应确保燃料泄漏后所采取的安全动作不会导致不可接受的动力损失。当使用氢气瓶之外的其他储氢方式时，应进行风险评估并经船舶检验机构认可。若使用氢气瓶瓶组单元，除压力释放系统外，氢气瓶瓶组单元中每个气瓶均应能在任何情况下被隔离。任一气瓶的隔离都不应影响其他气瓶的可用性。氢气瓶瓶组单元的单只气瓶公称容积不得大于450L，总容积不得大于3000L。可使用多个氢气瓶瓶组单元。

压缩氢气燃料罐安全泄放装置的气体出口应连至船舶气体燃料透气系统，气体燃料透气系统的出口设置应满足下列要求：

①应能使气体排放不受阻碍且垂直向上排出。

②布置成能使水或雪进入透气系统的可能性减少至最低限度。

③透气出口处应设置阻火器。

④透气管出口的高度应高出露天甲板，通常不小于B/3① 或6m，取其大者，并高出工作区域和走道6m。对于内河船舶，如布置困难，经评估，透气管出口应高于露天甲板及其所在位置的工作区域和走道(如适用)3m。

⑤透气出口应位于距离起居、服务和机器处所的空气进口或开口及着火源不小于10m处。对于内河船舶，如布置困难，距离可由10m降至5m，但须经船舶检验机构评估认可。

⑥透气系统应独立于起居处所、服务处所、控制站或其他非危险区域的透气系统。

⑦透气管路的设计和布置应考虑温度变化、气流流动和船体运动等因素的影响。

(2)燃料加注安全要求

加注站应位于露天甲板上，以便提供足够的自然通风。围蔽式或半围蔽式加注站应进行风险评估，评估报告应经船舶检验机构认可。围蔽式或半围蔽式加注站的舱壁应为气密。加注管路不得直接穿过起居处所、控制站或服务处所。如加注管路穿过围蔽处所，则

① B为船舶处于或低于最深吃水(对于海船为夏季载重线吃水，对内河船为满载吃水)时的最大型宽，m。

其应被环围在通风导管内，通风导管的设置应满足双壁管的要求。加注过程中应进行持续通风和气体探测，如通风失效或在通风导管中探测到气体，则应在加注控制位置发出声光报警。加注系统的布置应能使加注时不会有气体排放到空气中。

氢燃料加注系统应有良好的温升控制措施。每一加注管路靠近接头处应串联安装1个手动操作截止阀和1个遥控关闭阀，或安装1个手动操作和遥控组合阀，应能在加注操作控制位置和(或)其他安全位置释放遥控阀。加注总管和燃料罐之间的加注管系布置应符合燃料管路的要求，应设有在加注完成后排空加注管内燃料的措施，加注管路应布置成可对其进行惰化和除气，加注管路未进行加注作业时应处于惰化或除气状态。如加注管路的布置存在交叉情况，则应设置适当的隔离装置以确保不会有燃料被意外驳运至未用于加注作业的船舶一侧。应设置1套船岸通信线路或等效设施，用于与燃料加注方进行自动和手动紧急切断通信。

(3)氢燃料电池发电装置安全

氢燃料电池发电系统是指由氢燃料电池、燃料重整装置(如设有)及其相关联的管路构成的整体。氢燃料电池发电装置是指氢燃料电池发电系统，以及用于向船舶提供电力所需的其他系统和组件，包括维持氢燃料电池运行的辅助系统。一次燃料是指为氢燃料电池发电系统提供的燃料。重整燃料是指由燃料重整装置产生的富氢气体。燃料废气是指从燃料重整装置或氢燃料电池阳极排出的废气。空气废气是指从氢燃料电池阴极排出的废气。过程空气是指为燃料重整装置或氢燃料电池阴极供应的空气，如图7－11所示。

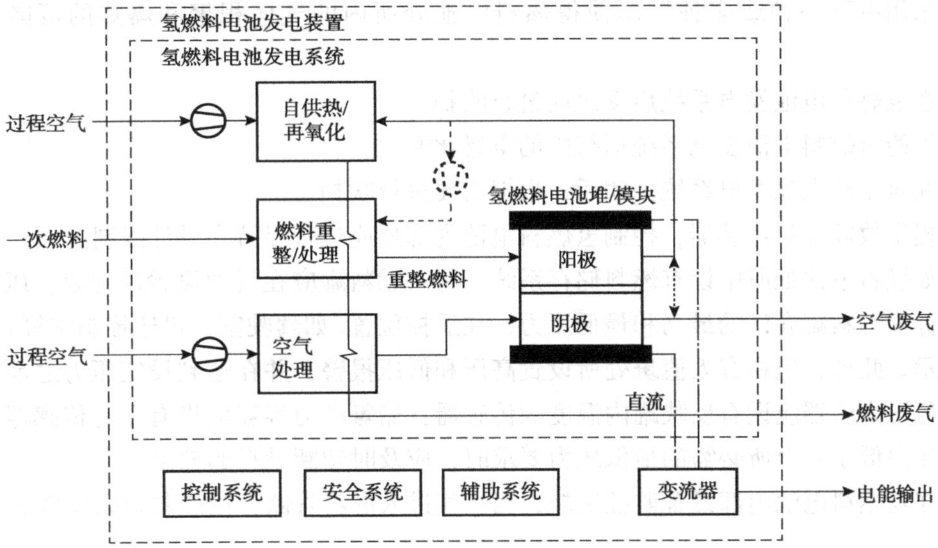

图7－11 氢燃料电池发电系统及氢燃料电池发电装置示意

船舶经年度检验、中间检验、与氢燃料电池发电装置相关的临时检验合格后，应在安全与环保证书记事栏或签证栏中签署“可使用氢燃料电池发电装置作为动力”。签发的安全与环保证书应存放于船上，以供随时检查。

氢燃料电池发电装置的安装和试验，应对整个系统不同负荷状态(如启动、正常运行、满负荷、受控关闭和紧急关闭)进行试验，并至少应验证，在发生火灾探测报警、气体探测报警、电源故障、可编程控器故障、保护装置触发/故障、保护系统故障、风险评估报告中风险等级较高的其他故障时，系统能自动进入安全状态。对燃料维护系统、燃料加注系统、燃料供应系统进行安装和试验；管系的安装和试验，应使用合适的试验气体验证气体燃料的管路、阀和连接件没有泄漏；燃料电池处所、燃料罐处所、双壁管(如设有)、燃料罐接头处所(如设有)等通风系统的安装和试验；检查氢燃料电池发电装置与船舶主电网连接的断路器的联锁装置(若设有)的有效性。氢燃料电池发电装置作为主电源时，与船舶的氢燃料电池发电装置独立供电、氢燃料电池发电装置与发电机组(如有时)共同供电、氢燃料电池发电装置与电池组(如有时)共同供电、备用电源的转换、氢燃料电池发电装置的并网与解列转换、负荷突变和切断负荷等系统的相互影响应进行试验，应证明在任何操作工况下，船舶有足够的推进功率。

(4)燃料电池处所的安全

为了最大限度地减少燃料电池处所发生气体爆炸的可能性，燃料电池处所的设计原则应能使得其在正常状态下的危险程度降低到非危险的水平，但在特定的非正常状态下存在变为危险区域的可能性。用于隔开2个相邻的燃料电池处所的单个舱壁应具有足够的强度，能承受任一处所中发生气体爆炸的影响，而不影响与其相邻的处所和设备的完整性。有可能导致危险的超压故障，如燃料管路或垫片破裂，应通过合适的防爆泄压措施和实施紧急切断系统进行处理。

应采用以下一种或多种措施使得燃料电池处所内的气体积聚和爆炸的可能性降至最低：

①在氢燃料电池发电系统启动之前进行吹扫。

②平衡氢燃料电池发电系统运行中的空燃比①。

③在氢燃料电池发电系统关闭后，根据需要进行吹扫。

④提供故障监控传感器，控制氢燃料电池内部反应过程保持在设计限制内。

⑤如燃料电池处所中设有燃料储存系统，每一燃料罐应在就地设置压力表，压力表上应清晰标明燃料罐允许的最高和最低压力，在遥控位置(如驾驶室、机舱控制室等)应设置压力显示。此外，应在有人值班处所设置高压和低压报警，并在达到设定压力之前发出报警。储氢压力容器应设有反映罐内温度的传感器；储氢压力容器应设有压力传感器，当容器内部压力低于安全所必需的最低压力要求时，应及时切断燃料的输出。

⑥在氢燃料电池内部设置监控措施，当空气进入燃料管路，或燃料进入空气管路能发出警示。

⑦检查氢燃料电池的压力和温度。

⑧当故障发生时，能通过自动控制的方式防止氢燃料电池内部的反应向其他部件和位置蔓延。

---

① 空燃比，是混合气中空气与燃料之间的质量的比例。一般用每克燃料燃烧时所消耗的空气的克数来表示，空燃比是发动机运转时的一个重要参数。

(5)船用氢的消防

燃料电池处所的几何形状应设计成能够使气体积聚或气阱减至最小。就防火而言，燃料电池处所和任何含有泵、压缩机、热交换器、蒸发器或压力容器等燃料制备设备的处所应视为A类机器处所或重要机器处所。燃料电池处所内的灭火系统以及用于氢燃料电池及其部件冷却的水雾系统应持有船用产品证书，燃料电池处所内的可燃物应尽可能减少，灭火系统应与使用的燃料和氢燃料电池技术相适应。船舶检验机构允许采用其他替代消防安全措施，但应通过基于燃料特性的风险评估证明该措施的等效性。

压缩氢气燃料罐位于开敞甲板时，面向燃料罐的起居处所、服务处所、控制站、脱险通道和机器处所的限界面应采用“A－60”级防火分隔。此种隔热应延伸至驾驶室甲板底面，或舱壁实际高度。燃料罐处所应与A类机器处所或重要机器处所或其他有较大失火危险处所隔离，此种隔离应为1个至少900mm的隔离空舱，且应在A类机器处所或重要机器处所或其他有较大失火危险处所内靠近隔离空舱一侧采用“A－60”级防火分隔。在确定燃料罐处所与其他具有较小失火危险处所之间的防火分隔时，从防火角度而言，燃料罐处所应视作A类机器处所或重要机器处所。燃料罐处所与燃料罐处所之间应设置1个至少900mm的隔离空舱或采用“A－60”级防火分隔。对于氢气瓶，氢气瓶外壁距离氢气瓶间舱壁不小于900mm时，氢气瓶间可视作隔离空舱。但氢气瓶直接布置在A类机器处所或重要机器处所或其他具有较大失火危险处所上方时，氢气瓶间或氢气瓶与上述处所之间仍应设置1个至少900mm的隔离空舱(对于内河船舶，如布置困难，经船舶检验机构批准后，该距离可小于900mm，但不应小于500mm)，且应在A类机器处所或重要机器处所或其他有较大失火危险处所内靠近隔离空舱一侧采用“A－60”级防火分隔。

加注站与A类机器处所、起居处所、控制站和较大失火危险处所的限界面应采用“A－60”级防火分隔，但与失火危险较小的液舱、空舱、辅机处所以及卫生间和其他类似处所的该类限界面可降至“A－0”级。

燃料电池处所的限界面包括出入门(如设有)应为钢质气密型。燃料电池处所与周围所有处所应采用“A－60”级防火分隔，燃料电池处所之间也应采用“A－60”级防火分隔。在实际不可行的情况下，船舶检验机构可允许采用替代的防火限界面设计以达到同等的安全水平。燃料电池处所之间若采用单层舱壁分隔，该分隔应具有足够的强度以承受任一燃料电池处所内燃气爆炸的影响，且不会影响邻近处所的完整性和设备。

(6)船体布置安全性原则

氢燃料电池船舶的船体与舱室布置设计时，需充分考虑燃料电池动力系统的特殊性，特别应满足如下要求：考虑船舶的安全操作及与船舶相关的其他危险，燃料舱应布置成使其在碰撞或搁浅后的受损概率降至最低；燃料围护系统、燃料管系及其他燃料释放源的设置和布置应能使释放的气体通向露天的安全位置；进入含有燃料释放源的处所的通道或其他开口，应布置成可燃气体、窒息性气体或有毒气体不会逸入设计时未考虑存在这些气体的处所；燃料管系应予以保护，以防止机械损伤；推进系统和燃料供应系统应设计成任何气体泄漏后的安全动作不会导致不可接受的动力损失；应将设有用气设备的处所内的气体爆炸概率降至最低；排气系统应安装适当的爆炸压力释放装置；对于客船，应采取物理隔离或等效防范措施，以防止营运期间乘客或其他非授权人员进入燃料舱、加注站。

7.4 航天用氢安全

氢的能量密度很高，是普通汽油的3倍，这意味着燃料的自重可减轻2/3，这对航天飞机无疑是极为有利的。早在第二次世界大战期间，氢即用作A－2火箭发动机的液体推进剂（见图7－12），氢能在航空航天领域得以推广使用，1960年液氢首次用作航天动力燃料。1970年美国发射的“阿波罗”登月飞船使用的起飞火箭也是用液氢作燃料。现在氢已是火箭领域的常用燃料。航天飞机以氢作为发动机的推进剂，以纯氧作为氧化剂，液氢就装在外部推进剂桶内，每次发射需用1450m^3，重约100t。

图7－12 氢用作A－2火箭发动机的液体推进剂

运载火箭是航天的基础和支柱，而液体火箭发动机则是运载火箭的核心。液氢液氧火箭发动机，以液态氧为氧化剂、以液态氢为燃烧剂，能大幅降低火箭起飞质量，具有高性能无污染等特点，成为大推力液体火箭发动机的首选。2019年12月27日，被称为“胖五”的长征五号遥三运载火箭在中国文昌航天发射场点火升空，成功将搭载的实践二十号卫星送入预定轨道。“胖五”是我国首款重型运载火箭，具备将14t载荷送入地球同步转移轨道的运载能力。助推这一“大家伙”一飞冲天的燃料就包含“液氢—液氧”，不同于目前常规火箭使用的化学燃料，“胖五”的燃料大部分是－183℃的液氧和－252.8℃的液氢，因此又被称为“冰箭”。“胖五”的成功发射，不仅证明液氢在我国航天领域的应用已经成熟，也为如火如荼的氢能产业吹来了一股新的东风。

我国航天101所，用“火箭实力”推广氢能应用。作为我国规模最大的航天动力地面试验研究基地，航天101所先后建成4条液氢生产线和国内最大的液氢储存库，建成国内唯一的火箭整级、大推力及上面级氢氧发动机点火试验设施群，建成国内功能最完善的低温火箭部组件试验综合体，为我国长征三号甲系列金牌火箭氢氧三子级、长征五号系列运载火箭氢氧芯级为代表的新一代火箭零碳排放动力系统研制提供了全方位试验保障服务。

同时，在氢氧火箭动力系统地面试验过程中做到了无废气、废水排放，实现了绿色环保航天地面试验基地建设，引领我国空间探索与开发朝着无毒、无污、无废的绿色环保方向发展。

从21世纪初，航天101所便开始将相关航天氢能技术成果转化并把相关基础设施对社会开放共享，建设国内首套70MPa等级车用复合材料气瓶真实介质循环试验系统，并开展氢气快速充/放特性研究，建设了国内首座商用氢液化工厂、首座液氢储存的加氢示范站，为全球首辆可量产液氢动力轿车来华展示提供液氢加注服务。

2021年9月20日，央视新闻发布我国氢液化系统是由我国自主研制而成，国产化率超90%；在透平膨胀机、压缩机等关键设备上，我国都做到了国产化。该系统调试成功，并实现35h连续稳定生产。这是我国在液氢领域里程碑式的突破。该氢液化系统设计液氢产能为1.7t/d，在满负荷状态下更是能实现2.3t/d。这表示，我国在氢液化设备上已经将核心技术掌握在自己的手中，不用再受国外企业的束缚。长久以来，国外企业对我国的垄断就此被打破。

航天科技集团的种种成绩，将有效弥补我国在液氢产能上的不足，为我国密集的航天发射任务提供坚实的支撑，保障火箭燃料供给充足。这将为我国航天发展，插上腾飞的翅膀。同时，还将推动我国液氢发展向前迈进一大步。由此，我国液氢产量将实现显著提升；同时，还将推动我国氢储运、长距离运输的发展，毕竟与高压储运相比，液氢更适合大规模部署与运输。

液氢与液氧组成的双组元低温液体推进剂的能量极高，已广泛用于发射通信卫星、宇宙飞船和航天飞机等运载火箭中(见图7-13)，液体燃料放置在外挂燃料箱内，该外挂箱分为两部分，前部分装液氧，后部分装液氢。

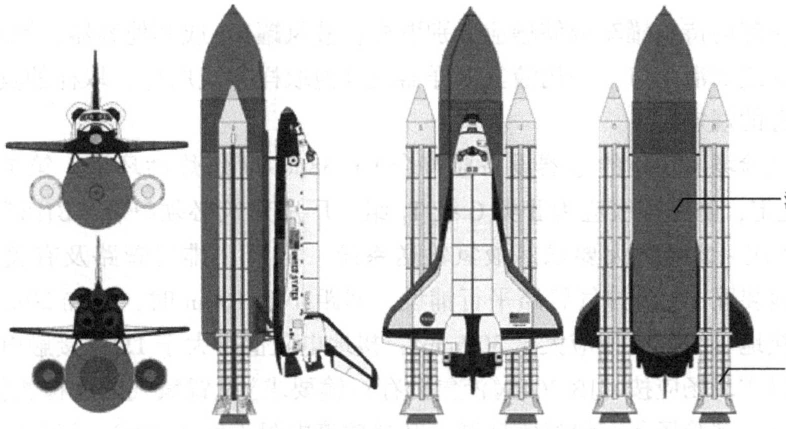

图7-13 奋进号航天飞机

火箭试验场储放着几十万加仑液氢，用作火箭推进剂的液氢，加注前对其质量进行检查，液氢运到航天发射场24h以后进行第1次质量检验，液氢加注前7d内及泄出后24h内应进行质量检验，上述检查其质量应符合表7-1中"使用指标"要求。

表7-1 液氢质量检查指标要求

序号	项目名称	验收指标		使用指标	
		A级	B级	A级	B级
1	氢含量	≥99.999%	≥99.996%	≥99.997%	≥99.995%
2	仲氢含量	≥95.0%	≥95.0%	—	—
3	可固化的气体杂质总含量	$\leqslant 10.0\times10^{-6}$	$\leqslant 10.0\times10^{-6}$	—	—
4	氧(含氩)含量	$\leqslant 1.0\times10^{-6}$	$\leqslant 1.0\times10^{-6}$	$\leqslant 2.0\times10^{-6}$	$\leqslant 2.0\times10^{-6}$
5	氮、水和总碳含量	$\leqslant 9.0\times10^{-6}$	$\leqslant 9.0\times10^{-6}$	—	—

续表

序号	项目名称	验收指标		使用指标	
		A级	B级	A级	B级
6	氮含量	$\leqslant 4.0\times10^{-6}$	$\leqslant 4.0\times10^{-6}$	$\leqslant 8.0\times10^{-6}$	$\leqslant 8.0\times10^{-6}$
7	水含量	$\leqslant 4.0\times10^{-6}$	$\leqslant 4.0\times10^{-6}$	$\leqslant 10.0\times10^{-6}$	$\leqslant 10.0\times10^{-6}$
8	总碳含量	$\leqslant 1.0\times10^{-6}$	$\leqslant 1.0\times10^{-6}$	$\leqslant 2.0\times10^{-6}$	$\leqslant 2.0\times10^{-6}$
9	氦	—	$\leqslant 30\times10^{-6}$	—	$\leqslant 30\times10^{-6}$

注：①含量均为体积比。

②不含氦原料生产的液氢称为A级，含氦原料生产的液氢称为B级。

③进场验收时，仲氢含量可以免检。

④本标准中的“总碳”指“甲烷”“一氧化碳”“二氧化碳”三者之和。

⑤液氢推进剂使用前化验时，如果其中“氮”“总碳”含量超过指标，但若“氮、水和总碳”三者含量总和未超过指标时，亦可认为合格。

数据来源：GJB 5405《液氢安全应用准则》。

对每个装有液氢的待检罐车或储罐应分别取样；液氢罐车(或其他容器)检验样品的取样点为专用取样阀或加泄出口，采用液氢取样器或其他取样方式取样，取样的具体方法应符合相关操作规程的规定。

液氢贮存、试验场所使用的电器设备应符合 GB 3836.1《爆炸性环境　第1部分：设备通用要求》的规定，防爆等级应为Ⅱ类C级 T_1 组。厂房建筑必须符合 GBJ16《建筑设计防火规范》甲类1级~2级防火要求。液氢输送系统、容器、排气管路及有关设备每隔15~20m要设接地装置；2条排气管路平行铺设，间距小于100m时，每隔20m搭接；每对法兰应搭接。接地母线截面积应大于300mm²；接地电阻值不大于1Ω；接触电阻值不大于0.01Ω。液氢操作现场应按 GJB 2645《液氢贮存运输要求》设置氢气浓度检测报警装置。液氢的贮存、处理、试验场所，设避雷装置，其总散流电阻不大于10Ω。管路以及经常处于密封情况下的储氢系统，设置安全阀，定期检查，保证其状态良好。液氢操作现场应有良好的通风，避免现场达到可燃极限或窒息浓度。操作现场50m内严禁一切明火，任何人不能带火种进入现场。

现场操作人员必须穿着符合 GB 4385《防静电鞋、导电鞋安全技术要求》规定的导电鞋或导电长统靴，外穿符合 GB 12014《防护服装　防静电服》规定的防静电工作服或纯棉工作服，内穿纯棉内衣。防护服装的尺码应合体舒适。裤管应罩在鞋(靴)帮外面。防护服装应定期检查，妥善维护保管。任何液氢操作之前应对个人防护装具进行检查。在液氢可能溢出或飞溅的场合，操作人员应佩戴防护面罩(或护目镜)和长臂纯棉手套。不应用手触摸非绝热或绝热性能不良的液氢槽罐与管道表面。禁止进入液氢大量泄漏的场所。因特殊需要必须进入时，应佩戴自供空气的防毒面具或长管式面具。使用长管式面具时，软管入口端应处于空气清新处并有专人看管。

习题与思考题

1. 简述石油化工领域氢气罐或罐区之间的防火间距及安全要求。

2. 简述石油化工用氢中氢气瓶(集装瓶)的安全技术要求。

3. 简述石油化工用氢中氢气罐的安全技术要求。

4. 简述石油化工用氢中氢气管道安全技术要求。

5. 简述石油化工用氢中氢气系统安全技术要求。

6. 化工园区氢气管道系统应如何设放空管方可保证氢气管道安全要求?

7. 在交通领域加氢站的压缩机、充(灌)装气瓶、加氢机有哪些安全要求?

8. 在加氢站高压 H_2 加注过程中,由于压缩和 H_2 的 J-T 效应的双重作用,车载氢瓶内 H_2 容易快速升温,存在哪些安全隐患,如何预防?

9. 为确保加氢过程的安全稳定运营,在储氢罐与加氢枪之间如何考虑来确保安全?

10. 加氢站常用的压缩机类型主要有哪些?各有什么特点?分别存在哪些安全风险?

11. 简述加氢站储气装置安全技术要求。

12. 加氢站压缩机、储气罐、加氢机和卸气柱等设备的爆炸危险区域是如何划分的?

13. 从安全的角度分析为何加氢站内的通信、监测系统应设不间断电源?

14. 简述船用氢燃料电池处所的安全技术要求。

15. 船舶用氢中压缩氢气燃料罐安全泄放装置的气体出口应连至船舶气体燃料透气系统,气体燃料透气系统的出口设置应满足哪些安全要求?

16. 科研用氢如何管理能降低实验室风险?

17. 结合近年来实验室安全,研讨实验室用氢有哪些安全隐患,如何预防?

18. 结合被大家亲切地称为“胖五”的长征五号遥三运载火箭在中国文昌航天发射场点火升空,谈谈我国航空航天的氢应用国产化的飞速发展史。

19. 浅谈火箭试验场储放氢气的安全技术要求。

20. 结合2015感动中国十大人物之一——航天科技集团火药雕刻师徐立平的“为火药整形,与死亡共舞,26年造就大国工匠”网络学习资料,谈谈航空航天科技工作者的家国情怀和崇尚科学并为科学献身的精神,并结合自身专业谈谈安全的重要性。(资料参考网址:http://news.cctv.com/2016/02/14/VIDE1VWDTFFlcpDBaQfUb1pg160214.shtml)

第8章 氢安全评价技术

安全评价，也称危险性评价或风险评估，其作为一种科学、有效、先进的安全管理方法，早在19世纪50年代初期，就被欧美一些资本主义国家用于灾害预防和企业安全管理。安全评价是以实现工程和系统安全为目的，应用安全系统工程的原理和工程技术方法，对系统中固有或潜在的风险等有害因素进行识别与定性、定量分析，判断系统发生危险的可能性及其后果严重程度，提出安全对策及建议，从而为制定防范措施和管理决策提供科学依据。由氢能自身的物理、化学性质所致，制氢、储氢、输氢和用氢构成的氢能全产业链均存在不同程度的事故风险，开展安全评价对氢能产业预防和减少安全事故，促进产业稳定健康发展具有重要现实意义。本章将介绍氢安全评价基本框架及主要安全评价方法，并重点阐述安全检查表法、预先危险性分析法、危险与可操作性分析、概率评价法、火灾、爆炸指数评价法和基于SAFETI软件的定量评估技术。

8.1 安全评价概述

8.1.1 风险与安全评价

当前，人们在从事氢气生产、储运、使用等各类环节工作时均会遇到并必须认真考虑的问题，就是氢能这一物质将带来多大的风险，以及可能会出现何种意想不到的损失。对于氢安全评价，也就是要测算某个涉氢系统潜在的风险率是否超过其允许的限度。为此，首先要搞清楚风险的含义和风险大小用什么量值来表示。

对于风险(Risk)要同时考虑以下2个方面：

(1)事故后果，即受害程度或损失大小。有无风险在很大程度上取决于可能造成多大损失。

(2)事故概率，即造成某种损失或损害的难易程度。损害发生的难易性一般是用某种损害发生的可能性大小来描述。

考虑上述2个方面的问题，可以用式(8-1)来表示风险：

$$风险(Risk)=后果(Consequences)\times 概率(Probability) \tag{8-1}$$

式(8-1)说明，在没有危险的地方就没有风险；另外，在没有不可靠性的地方也没有风险。例如，当没有储氢装置存在，或储氢装置各部分都绝对可靠时就不存在风险。

从另一个角度来看，风险也可以用式(8-2)来定义：

$$风险(Risk)=危险源(Hazard)/安全防护(Safeguards) \tag{8-2}$$

例如，在利用水电解制氢过程中，危险源主要是氢气。但是在制氢时，要面对多大的风险要看现场安全防护措施和设备情况。如果站房内环境和建筑安全、供电设施、检测系统、防雷设施、静电消除设施等安全体系均满足要求，风险就小；反之，风险则大。

一方面，随着安全防护的增大，风险会减小；另一方面，只要危险源不为零，风险就客观存在。可以看出安全评价是个动态过程，所希望的是尽量地减少危险源，通常讲的本质安全正是从这个概念引申出来的。本质安全就是危险源趋近于零的理想状态。

从上述风险的2个定义可以看出，风险的定量计算问题是比较复杂的。式(8－1)中，“概率”表示人们已经认识到的危险源能够引起的事故可能性。对于这个可能性，目前多作为概率事件来处理，引入概率计算方法来解决。“后果”则表示发生某一事故时所造成的各种损害的严重程度。其中有的可以用“金钱”来衡量，有的(如人的死亡、环境破坏、污染)是无法用金钱来衡量的。即使是对同一个事故结果，通常也可以估计到若干种损害。作为这一项的解析指标，在经济学中使用的是“效用”。效用是对各种损害总和用单一的尺度来表现的一种指标。所以风险的大小，也可以用式(8－3)的风险率来表示：

$$风险率 = P \times U \tag{8-3}$$

式中：P为某一事项发生的概率；U为该事项发生的效用(一般为负值)。

作为风险评价，效用U一般应考虑3个方面：费用(Cost)，包括安全投资和保险费用；利益(Benefit)，开展安全工作带来的效益；损害(Damage)，事故造成的损失。当然，在安全评价或风险评价的初步阶段，效用一般只考虑损害，即所谓的严重度，用严重度代入式(8－3)中来计算风险率。

安全评价就是对系统存在的不安全因素进行定性和定量分析，通过与评价标准的比较得出系统的危险程度，提出改进措施。

所以，安全评价与其他工程系统评价、产品评价、工艺评价等一样，都是从明确的目标值开始，对工程、产品、工艺的功能特性和效果等属性进行科学测定，最后根据测定的结果用一定的方法综合、分析、判断，并作为决策的参考。

上述安全评价的定义中，包含有3层意思：第一，对系统存在的不安全因素进行定性和定量分析，这是安全评价的基础，这里面包括安全测定、安全检查和安全分析；第二，通过与评价标准的比较得出系统发生危险的可能性或程度的评价；第三，提出改进措施，以寻求最低的事故率，达到安全评价的最终目的。

8.1.2 安全评价标准

定量化的风险率或危害度是否达到要求的(期盼的)安全程度，需要有一个标准进行比较，这个标准称为安全标准。

安全标准的确定主要取决于一个国家、行业或部门的政治、经济、技术和安全科学发展的水平。很显然，一个国家的政治制度是其安全政策方针的主要决定因素，保护人民的生命财产安全应该是一个先进发达国家的基本国策。

充足的财富、发达的技术，当然会为人们提供舒适的生活工作环境创造条件，但是随着生产技术的发展，新工艺、新技术、新材料、新能源的出现，又会产生新的危险；同时，对已经认识到的危险，由于技术、资金等因素的制约，也不可能完全杜绝。所以，安全标准实际上就是确定一个危害度，这个危害度必须是社会各方面允许的，可以接受的。同时，安全标准本身也是个科学问题。随着安全科学的发展，人们认识到，世界上没有绝对安全。那种认为事故为零就是最终安全标准的看法是不客观的，安全标准是在社会发展进程中不断修订和完善的。

确定安全标准的主要方法有统计法和风险与收益比较法。对系统进行安全评价时，也可根据综合评价得到的危险指数进行统计分析，确定使用一定范围的安全标准。美国部分工作地点死亡安全指标见表8－1。

表8－1　美国部分工作地点死亡安全指标（每年以接触2000h计）

工业类型	FAFR值	年死亡概率[死亡/(人·年)]
工业	7.1	1.4×10^{-4}
商业	3.2	0.6×10^{-4}
制造业	4.5	0.9×10^{-4}
服务业	4.3	0.86×10^{-4}
运输及公用事业	16	3.6×10^{-4}
采矿、采石业	31	6.2×10^{-4}

FAFR值是指劳动1亿小时的死亡率(Fatality Accident Frequency Rate)。

从表8－1中可以看到，美国工业生产死亡概率为1.4×10^{-4}死亡/(人·年)，这就意味着每10万美国人因工业生产每年有14人死亡，但是美国人没有因害怕这个风险而放弃去工厂工作，说明这个风险能够被美国社会所接受，所以这个风险率就可以作为美国人进行工业生产的安全标准。

美国原子能委员会报告中所引用的收益和风险率的关系说明，人们要获得较大的收益，必须要承担较大的风险，风险较小的活动收益也较少。可以从中权衡选择适当的值作为安全标准。一般认为，在生产活动中若以死亡/(人·年)表示死亡概率，则10^{-3}数量级的作业危险性很大，是不能接受的，要立即采取安全措施；10^{-4}数量级的作业，一般人不愿意做，需要支出费用进行改善；10^{-5}数量级与游泳溺死的风险率相当，需要引起关注；而10^{-6}数量级与天灾死亡的风险相同，此时由于遇上危险的概率低，人们会积极参与此类工作。

对于包括氢在内的危险化学品生产装置和储存设施周边防护目标所承受的个人风险，GB 36894《危险化学品生产装置和储存设施风险基准》中给出了相关要求，如表8－2所示。高敏感防护目标包括文化设施、教育设施、医疗卫生、社会福利设施等场所和设施。重要防护目标包括公共图书展览设施、文物保护单位、宗教场所、城市轨道交通设施等场所和设施。一般防护目标按照住宅、行政办公、体育、商业、旅游、金融等类别建筑或设施内人员、面积，可分为三类。

表8-2 个人风险基准

防护目标	个人风险基准/(次/年)≤	
	危险化学品新建、改建、扩建生产装置和储存设施	危险化学品在役生产装置和储存设施
高敏感防护目标 重要防护目标 一般防护目标中的一类防护目标	3×10^{-7}	3×10^{-6}
一般防护目标中的二类防护目标	3×10^{-6}	3×10^{-5}
一般防护目标中的三类防护目标	3×10^{-5}	3×10^{-5}

8.1.3 安全评价原理

安全评价的基本原理主要有相关性原理、类推性原理、惯性原理和量变到质变原理。

(1)相关性原理。安全评价的对象是系统，虽然系统有大有小，千差万别，但其基本特征是一致的。系统的整体功能和任务是组成系统的各个子系统、单元综合发挥作用的结果。因此，不仅系统与子系统、子系统与单元有着密切的关系，各子系统之间、各单元之间也存在着密切的相关关系。所以，在评价过程中只有找出这种相关关系，并建立相关模型，才能正确地对系统的安全性做出评价。

对于每个系统，其属性、特征与事故都存在因果的相关性，这是相关性原理在安全评价中应用的理论基础。

(2)类推性原理。即按照一定规则进行推算，根据两个或两类对象之间存在的某些相同或相似的属性，从一个已知对象具备的某种属性来推断出另一个对象也具有这一属性的一种推理方法。

类推性原理既可由一种现象推算出另一种现象，也可根据已掌握的实际统计资料，采用合理的统计推算方法进行推算，求得基本符合实际需要的资料，以弥补调查统计资料的不足，供安全评价工作应用。

对于具有相同特征的类似系统的安全评价，可采用类推性原理。

(3)惯性原理。对于同一个事物，可以根据事物的发展都带有一定的延续性即所谓惯性，来推断系统未来发展趋势。所以惯性原理也可称为趋势外推原理。应该注意的是，应用此原理进行安全评价是有条件的，它是以系统的稳定性为前提。也就是说，只有在系统稳定时，事物之间的内在联系及其基本特征才有可能延续下去。但是，绝对稳定的系统是不存在的，这就要根据系统某些因素的偏离程度对评价结果进行修正。

(4)量变到质变原理。任何一个事物在发展变化过程中都存在从量变到质变的规律。同样，在一个系统或项目中，许多有关安全的因素也都存在量变到质变的规律：在评价一个系统或项目的安全时，也都离不开从量变到质变的原理。因此，量变到质变原理在安全评价工作中有广泛应用。

8.1.4 安全评价程序

安全评价是在危险有害因素辨识和分析的基础上，结合其他因素进行全面考虑，评估发生事故风险的可能性及危害程度，并与公认的安全指标相比较，以衡量风险的程度，并决定是否需要采取相应措施的过程。氢安全评价主要由准备阶段、危险因素识别与分析、定性及定量评价、提出安全对策、形成安全评价结论及建议、编制安全评价报告等相关的步骤组成，详见图8－1。

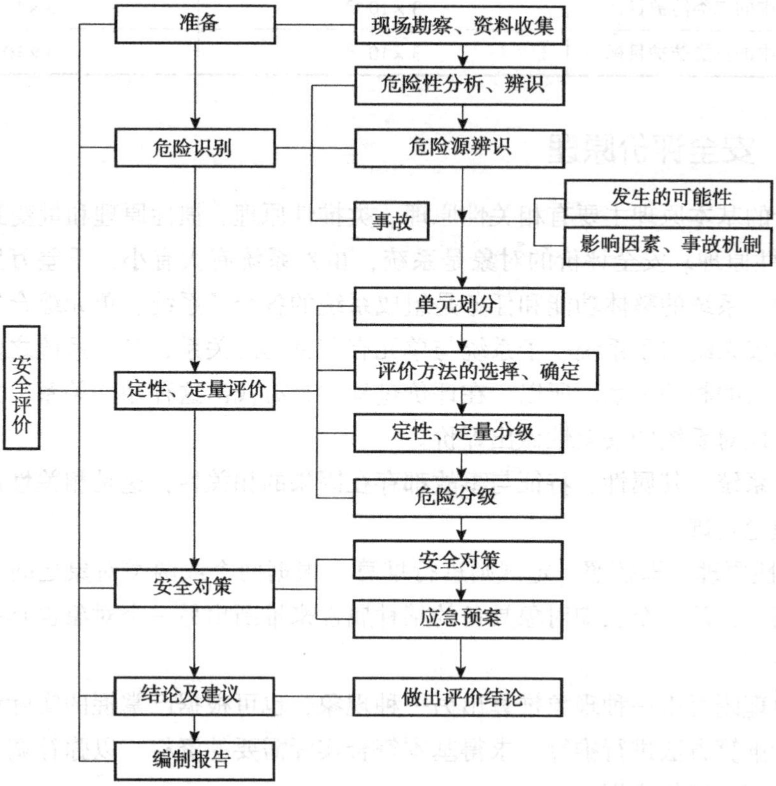

图8－1　安全评价程序

(1)准备阶段

明确被评价对象和范围，收集国内外氢能相关法律法规、技术标准及工程和系统的技术资料。

(2)危险因素识别与分析

根据被评价的氢“制、储、运、用”工程和系统的情况，识别和分析危险因素。在确定分析对象后，可以参考GB/T 13861《生产过程危险和有害因素分类与代码》，从人的因素、物的因素、环境因素和管理因素4个方面开展分析，并选取标准中对应的危险有害因素名称和代码，从而避免危险有害因素辨识时出现遗漏。对辨识出的危险有害因素，可以进一步分析得到因素可能诱发的事故种类。可以参考GB 6441《企业职工伤亡事故分类》标准，将事故划分为常见的20类，使辨识过程和结果做到科学性和全面性。表8－3所示为几种典型的危险有害因素。

表8-3 危险有害因素识别举例

设备/场所	危险有害因素辨识	危险有害因素分析	事故种类
电解槽	易燃气体	电解槽内的氢气发生泄漏，积聚氢气遇点火源引发爆炸	其他爆炸
低温液氢储罐	低温气体	液氢发生泄漏，人体接触，可能导致低温冻伤	其他伤害
氢长管拖车	静电和杂散电流	长管拖车卸料过程中可能产生静电，引发火灾	火灾

(3)定性及定量评价

在危险因素识别和分析的基础上，划分评价单元，选择合理的评价方法，对工程和系统发生事故的可能性和严重程度进行定性及定量评价。

(4)提出安全对策

根据定性、定量评价结果，提出消除或减弱危险因素的技术和管理措施及建议。

(5)形成安全评价结论及建议

简要列出主要危险和有害因素的评价结果。指出工程、系统应重点防范的重大危害因素。明确生产经营者应重视的重要安全措施。

(6)编制安全评价报告

依据安全评价的结果，编制相应的安全评价报告。

8.1.5 安全评价方法分类

目前国内外已经提出并应用的安全评价方法有几十种，每种方法都有一定的针对性，也就是说由于评价对象的多样性，因而也就提出许多种评价方法。按照安全评价结果的量化程度，安全评价方法可分为定性安全评价法和定量安全评价法。

(1)定性安全评价方法

定性安全评价方法主要是根据经验和直观判断能力对生产系统的工艺、设备、环境、人员和管理等方面的状况进行定性的分析，安全评价的结果是一些定性的指标，如是否达到某项安全指标、事故类别和导致事故发生的因素等。

属于定性安全评价方法的有安全检查表、专家现场询问观察法、因素图分析法、事故引发和发展分析、作业条件危险性评价法(LEC 法)、故障类型和影响分析(FMEA)、危险与可操作性分析(HAZOP)等。

(2)定量安全评价方法

定量安全评价方法是运用基于大量的实验结果和广泛的事故资料统计分析获得的指标或规律(数学模型)，对生产系统的工艺、设备、设施、环境、人员和管理等方面的状况进行定量的计算，安全评价的结果是一些定量的指标，如事故发生的概率、事故的伤害(或破坏)范围、定量的危险性、事故致因的事故关联度或重要度等。

按照安全评价给出的定量结果的类别不同，定量安全评价方法还可分为概率风险评价法、伤害(或破坏)范围评价法和危险指数评价法。

1)概率风险评价法。是根据事故基本致因的发生概率，应用数理统计中的概率分析方法，求取事故基本致因的关联度(或重要度)或整个评价系统的事故发生概率的安全评价方法。事故树分析(FTA)、逻辑树分析、概率理论分析、马尔可夫模型分析、模糊矩阵法、统计图表分析法等都可以由基本致因的发生概率计算整个评价系统的事故发生概率。

2)伤害(或破坏)范围评价法。是根据事故的数学模型，应用数学计算方法，求取事故对人员的伤害范围或对物体的破坏范围的安全评价方法。液体泄漏模型、气体泄漏模型、气体绝热扩散模型、池火火焰与辐射强度评价模型、火球爆炸伤害模型、爆炸冲击波超压伤害模型、蒸气云爆炸超压破坏模型、毒物泄漏扩散模型和锅炉爆炸伤害TNT当量法都属于伤害(或破坏)范围评价法。

3)危险指数评价法。危险指数评价法应用系统的事故危险指数模型，根据系统及其物质、设备(设施)和工艺的基本性质和状态，采用推算的办法，逐步给出事故的可能损失、引起事故发生或使事故扩大的设备、事故的危险性以及采取安全措施的有效性的安全评价方法。常用的危险指数评价法有：道化学公司火灾爆炸危险指数评价法，蒙德火灾爆炸毒性指数评价法，易燃、易爆、有毒重大危险源评价法。

8.2 安全检查表法

安全检查表法(Safety Check List，SCL)是依据相关的标准、规范，对工程、系统中已知的危险类别、设计缺陷以及与一般工艺设备、操作、管理有关的潜在危险性和有害性进行判别检查。安全检查表法作为安全系统工程中最基础、最简便、应用最广泛的系统危险性评价方法，早在20世纪中期，就被许多发达国家用于保险、军事等部门或领域。安全检查表既是一种安全检查和诊断工具，又是一种发现潜在危险有害因素的有效手段，它适用于工程、系统的设计、建造和运行的各个阶段，对系统安全评价具有重要作用。氢的生产、储存、运输和利用涉及各类系统、设备设施及操作和管理，如电解水制氢工艺系统、氢气长管拖车、管道输氢系统、高压气态氢储罐、加氢作业等。为了查明涉氢领域中的不安全因素，依据氢能相关的法律法规和标准规范，对氢能工程和系统中潜在的危险性和有害性进行分析，可以有效提升系统整体安全水平。

8.2.1 安全检查表的定义及分类

通常为检查某一系统、设备以及各种操作管理和组织措施中的不安全因素，确定系统的安全状态，事先对检查对象加以剖析、分解、查明问题所在，并根据理论知识、实践经验、有关标准、规范和事故情报等进行周密细致的思考，确定检查的项目和要点，以提问、打分等方式，将检查项目和要点按系统编制成表，以备在设计或检查时，按规定的项目进行检查和诊断，这种表就叫作安全检查表。

根据安全检查的目的不同，可将安全检查表分为5类：

(1)设计审查用的安全检查表。设计审查用安全检查表主要供设计人员在设计工作中应用，同时供安全人员进行设计审查时应用。设计用安全检查表中应系统、全面列出有关的规程、规定和标准，以利于设计人员按规程要求进行设计，并可避免设计人员和审查人员发生争议。

(2)厂级安全检查表：厂级安全检查表既可供全厂性安全检查时应用，又可供安监部门日常巡回检查时应用，还可供上级有关部门巡回检查应用。这种安全检查表既应系统、全面，又应充分结合本厂实际设置安全检查项目。

(3)车间用安全检查表。车间用安全检查表供各车间定期安全检查或预防性安全检查工作中使用。其内容应涵盖防止本车间事故发生的各有关方面，主要集中在防止人身及机械设备的事故方面。

(4)班组及岗位用安全检查表。班组及岗位用安全检查表可供班组、岗位(一般一个班组从事同一岗位)进行自查、互查或安全教育用。其内容主要集中在防止人身事故及误操作引起的事故方面，应根据所在岗位的工艺与设备的防灾控制要点来确定，要求内容具体、易于检查。

(5)专业性安全检查表。专业性安全检查表主要用于专业性的安全检查或特种设备的安全检查。例如，加氢站可编制用于对氢气泄漏、火灾爆炸事故等进行检查用的专业性安全检查表。专业性安全检查表应突出重点，不必面面俱到，具有专业性强、技术要求高的特点。

8.2.2 安全检查表的编制步骤及依据

实际应用中，可以根据生产系统、车间、班组和岗位等不同部门编制安全检查表，也可以按专题编写安全检查表。安全检查表编制后，还要在实施过程中不断修改完善，使其更加符合实际，以便通过一定时间的实践应用，达到标准化、规范化。

(1)安全检查表的编制步骤

1)熟悉系统。包括系统的结构、功能、工艺流程、主要设备、操作条件、布置和已有的安全设施等。

2)收集资料。收集有关的安全法律法规、标准、制度及本系统过去发生过事故的资料，作为编制安全检查表的依据。

3)划分单元。按功能或结构将系统划分为子系统或单元，逐个分析潜在的危险因素。

4)编制检查表。针对危险因素，依据有关法律法规、标准规定，参考过去事故的教训和经验确定安全检查表的检查要点、内容和为达到安全指标应采取的措施。

(2)安全检查表的编制依据

1)有关规程、规范、规定和标准。例如，加氢站安全检查表应以GB/T 34583《加氢站用储氢装置安全技术要求》、GB/T 34584《加氢站安全技术规范》、GB 50156《汽车加油加气加氢站技术标准》、《安全操作规程》中的有关规定作为编制的依据，使安全检查表的内容符合这些标准规范的要求。

2)本单位的经验，即本单位长期形成的安全管理经验和生产管理经验，以及基于本单位的实际状况，对本单位的事故预防工作有效的安全技术措施。

3)事故案例资料。包括国内外同行业、同类型的事故案例资料。

4)系统安全分析的结果，即通过事故树分析(FTA)、事件树分析(ETA)等系统安全分析方法进行分析，找出导致事故的各个基本事件，并以这些分析方法的分析结果作为编制安全检查表的依据。

8.2.3 安全检查表的内容及形式

安全检查表一般将检查项目以表格的形式列出，表的格式没有统一的规定。为了使编制的安全检查表尽可能做到无遗漏，可以综合考虑从人、物、环境和管理4个方面开展编制。

最简单的安全检查表只有4个栏目，即序号、检查内容、检查结果（“是”、“否”栏）和备注（注明措施、要求或其他事项），见表8-4。

表8-4 加氢设施安全检查表

序号	检查内容	检查结果		备注
		是(√)	否(×)	
1	加氢设施邻近行车道的地上氢气设备是否设有防撞柱（栏）？			
2	储氢容器、氢气储气井的出口管道上是否设置了过流防止阀？			
3	氢气压缩机间或箱柜是否有泄压结构？			
4	是否存在其他工艺管道穿过或跨越加氢站房的情况？			
5	涉氢工艺管道与管沟、电缆沟和排水沟相交叉时是否采取了防护措施？			
……	……			

为了提升检查效果，可通过增设栏目使安全检查表进一步具体化。例如，可以增加“标准及要求”栏目，列出各检查项目的检查标准依据，使检查者和被检查者明确应该怎样做、做到什么程度；还可以增设“整改意见”和“完成日期”等栏目，以便于及时解决存在的问题，确保系统的安全。

为了使检查人员特别重视对危险性大的项目进行检查，可以对各个检查项目的轻重程度做出标记，即分析各检查项目的危险程度并划分为不同的重要等级（如一级、二级、三级）。

安全检查要在表末或表头注明被检查对象（地点等）、检查者和（或）检查日期等信息，以备安全管理工作中应用。

加氢站储氢罐的超压泄放装置安全检查如表8-5所示。

表8-5 加氢站储氢罐的超压泄放装置安全检查表

被检查单位：××加氢站　　设备：储氢装置的超压泄放装置　　检查人：　　检查日期：

检查项目	重要等级	检查标准	检查结果	备注
储氢罐的超压泄放装置基本要求	一级	（1）制造单位应持有特种设备制造许可证； （2）应按照相关规范要求进行型式试验，并取得型式试验证明文件； （3）出厂时应附带产品合格证或者质量合格证明书，并且应在产品上装设牢固的金属铭牌； （4）排放能力不得小于储氢装置的安全泄放量； （5）与被保护的储氢装置或者管道之间应直接相连； （6）支撑结构应有足够的强度和刚度，以保证能承受该泄放装置泄放时所产生的反作用力		

续表

检查项目	重要等级	检查标准	检查结果	备注
超压泄放装置安全阀	二级	(1)经校准合格铅封后，方可安装； (2)应设置在排放管路上容易安装、检查、维护的部位，安全阀的阀体应垂直向上； (3)储氢装置与安全阀之间连接管的通孔的面积不得小于安全阀的进口截面积，且连接管应尽可能短； (4)应每年至少校验一次		
超压泄放装置爆破片	一级	(1)爆破时不应产生火花和金属碎片； (2)应根据使用寿命进行定期更换； (3)应设有安全保护盖		

注：①将检查情况在检查结果表格内打"√"或"×"。

②发现问题填入备注栏。

此外，还可以用评分的方法来表达检查结果，表中可以列出分值范围和评分依据，氢气柜安全评价检查见表8-6。

表8-6 氢气柜安全评价检查表

序号	检查内容	评分标准	分值	得分
1	气柜各节及柜顶无泄漏	一处泄漏扣5分	10	
2	各节水封槽保持满水，水槽保持少量溢流水	一节不符合扣5分	20	
3	导轮、导轨运行正常，油盖有油	不符合要求不得分	20	
4	各节之间防静电连接完好、可靠	不符合要求不得分	10	
5	气柜接地线完好无损，电阻不大于10Ω	不符合要求不得分	10	
6	配备可燃性气体检测报警器，定期校验，保证完好	一个不符合不得分	10	
7	高低液位报警准确完好	一个不符合不得分	20	
合计			100	

8.2.4 安全检查表的使用及注意事项

应用安全检查表法开展安全分析主要有以下3个步骤：

(1)选择或编制安全检查表

编制安全检查表主要依据：有关法律法规、标准、规范、规程、手册；国内外事故情报；行业和本单位的经验；其他分析方法所确定的危险有害因素和安全措施。编制人员一般为经验丰富的工程师、操作人员、管理人员、安技人员组成的小组。编制安全检查表时，针对不同的检查对象，可以选用第4~7章中有关氢的"制、储、运、用"的安全要求作为编制依据。

(2)应用安全检查表进行安全分析

检查小组现场视察并比较实际设备操作情况与安全检查表中的项目是否符合，若不符合要求，则记录缺陷。小组成员不用经验非常丰富，可以次于安全检查表制作人员。

(3)检查结果归档

将检查结果以报告形式给出，指出主要缺陷、改进方法、措施，跟踪危险源的状态。

8.3 预先危险性分析法

预先危险性分析(Preliminary Hazard Analysis，PHA)法可以用于在涉氢系统设计的早期识别危险和潜在事故，进而实现在非受控环境下对能量或危险材料泄漏地点的基本检查。PHA 技术最早由美国陆军开发，后来成功应用于国防工业以及机械和化工企业的安全分析中。PHA 之所以称为“预先”，是因为它通常还需要更多、更全面的研究加以完善。现在，人们已经在 PHA 的基础上开发出很多种衍生方法，如危险识别(Hazard Identification，HAZID)和快速风险评级(Rapid Risk Ranking，RRR)。

PHA 的总体目标是在系统开发过程的早期发现潜在的危险、威胁和危险事件，这样人们就可以在项目的后续阶段消除、缓解或者控制这些危险。

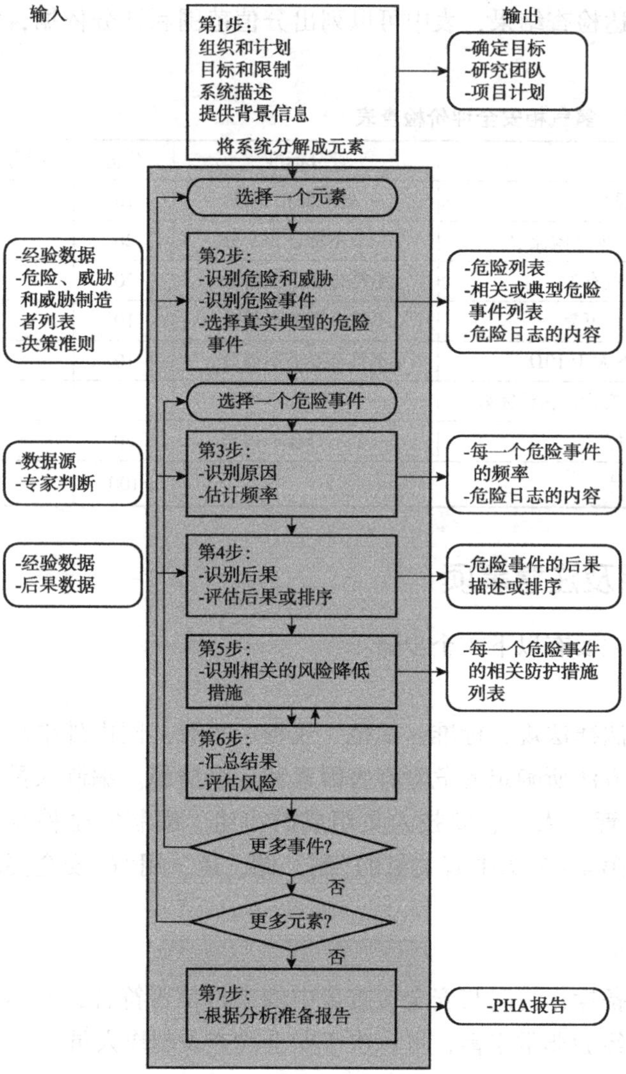

图 8-2　PHA 分析过程

PHA 更加具体的目标包括：①识别需要保护的资产；②识别可能会发生的危险事件；③确定每一个危险事件的主要原因；④确定每一个危险事件可能发生的频率；⑤确定每一个危险事件的严重程度；⑥识别每一个危险事件相关的防护措施；⑦评估与每一个危险事件有关的风险；⑧确定风险的最重要来源(对各种风险影响因子进行排序)。

PHA 最好是在系统设计的早期使用，但是也能在后期使用。PHA 可以是一项独立的分析，也可以是一个更加全面的安全评价中的一部分。如果 PHA 属于后者，那么它的分析结果可以用来筛选未来涉及的评估事件。

8.3.1 主要分析步骤

PHA 可以分为 6 步执行，主要步骤如下：①计划和准备；②识别危险和危险事件；③确定危险事件的频率；④确定危险事件的后果；⑤提出风险降低措施的建议；⑥评估风险；⑦撰写报告。

分析步骤如图 8-2 所示。

1. 计划和准备

为了让安全评价能够获得满意的结果，需要非常精心地计划和准备评估过程。它包括：①定义安全评价的目标；②指定评价团队，组织工作；③建立项目计划(包括时间和资源计划)；④描述并界定研究对象(考虑危险波及的范围，包括物理实体和运营过程)；⑤熟悉研究对象；⑥提供背景信息(法律、规定、之前的意外情况等)。这些工作不一定需要严格按照顺序完成，有时候必须要同时进行多项工作，有时候还需要从一项工作直接跳到另一项。比如，研究目标的界定也可能需要修改项目计划。

2. 识别危险和危险事件

(1)识别危险和威胁。这项工作的目标是全面地了解评价对象存在或者可能存在的危险和威胁。通常，可以使用来自相似系统的经验和表 8－4 所示的危险检查表，另外也可建立评价对象的危险日志。需公司(评价对象)各个部门的人员参与。对于识别出的每一个危险或威胁，评价团队都应该记录这个危险或威胁包括的内容、出现的位置及危险的程度。

PHA 基本上是一种头脑风暴技术，但是使用了更加结构化的方法，让整个工作流程更加有效。比如，在 PHA 分析中，可以提出下列问题：

1)是否有与硬件相关的危险?

2)是否有与软件相关的危险?

3)是否有任何人员导致的危险?

4)是否有任何与程序步骤有关的危险?

5)是否存在明显的软件、硬件和人员之间交互的危险?

(2)识别潜在的危险事件。系统中各个部分的人员都应该参与识别危险事件，会议采用头脑风暴形式。对识别出来的危险和威胁，需要逐个讨论，并列出可能由这些危险和威胁(或者同其他危险和威胁共同作用)导致的危险事件。列出的清单可能相当长，但是不需要过分拘泥于清单中有哪些内容，评价团队稍后可以对清单进行分类，并剔除掉无关的事件。无论是否与当前的危险或威胁相关，建议列出所有的事件。如果发现新的危险或者威胁，也应该将其添加到危险日志中。

通常可以将事件分为 2 类：随机事件、蓄意行动。这些类别还可以进一步划分成多个子类别，方便识别相关的事件。当有新的事件被发现时，通常也会发现新的类别，这是一个循环的过程，直到评价团队认为危险事件的清单对于评价的目标已经足够了。

在这个环节中，评价团队需要努力识别出未来的可能情况。这项工作可以使用以下资源：以前事故和意外的报告、事故统计、专家判断、运营数据、现有的应急计划。

为了识别出蓄意的不安全行为，分析人员需要在最开始就找到可能的不安全行为者。将不安全行为者进行分类，有助于发现可能的不安全行为。不安全行为者可以是普通罪犯、互联网罪犯、访客、外部人员、竞争对手、吸毒人员，也可能是企业自己的雇员。对于行动的描述应该包括行动的模式。

(3)选择真实典型的危险事件。根据评价对象以及可以利用的时间和资源的情况，可能需要减少危险事件的数量。评价团队应该先对清单进行精简，去除那些对于安全没有影响或者重要性很低的事件。被移除的这些事件可能发生的概率很低，也可能发生之后的后果非常轻微。评价团队应该对移除的事件建档，并添加简单注释描述移除的原因。另外，对剩余的每一个事件都应该进行清晰定义，尤其要明确正在发生什么、为什么发生、在哪里发生。

为了能够全面了解所有的危险事件，可以将这些事件列在一个矩阵中，电解水制氢系统不同位置上的危险和威胁如表 8－7 所示。如果一个危险事件和某一个具体地点相关，则在矩阵中两者相交的位置打一个叉号，表示这一事件必须在未来的分析中加以考虑。

表 8－7　电解水制氢系统不同位置上的危险和威胁

危险/威胁 位置	泄漏	火灾	爆炸	灼烫	触电	机械伤害
电解槽	×	×	×	×	×	
氢分离器	×	×	×	×		
氧分离器	×	×	×	×		
循环泵	×	×	×	×	×	×
补水泵					×	×
氢纯化器脱氧、干燥塔	×	×	×	×	×	

3. 确定危险事件的频率

在这一步中，评价团队需要识别并讨论事件的成因，预测发现每一个危险事件的频率。这一步的因果分析通常非常简单粗糙，仅仅记录每个事件的显著原因，使用频率分级的方法估计频率，如表 8－8 所示。

表 8－8　频率等级

等级	频率	描述
5. 相当平常	1～10	预计事件会经常发生
4. 有时发生	0.1～1	事件现在发生了，以后碰到也很正常
3. 可能发生	10^{-3}～10^{-1}	稀有事件，人的一生中可能会碰到
2. 很少发生	10^{-5}～10^{-3}	非常稀有的事件，在同类的工程中也不见得碰到过
1. 非常罕见	10^{-5}～0	几乎不可能发生的事件

频率估计一般都要基于历史数据（如之前是否有类似的事件发生?）、专家判断及对于未来的假设。历史数据可以包括本企业（工厂）或者其他行业、其他组织和权威机构的有关特殊事件和未遂事故的统计和报告。

除了上述原因之外，评价团队还需要评估已经实施的用来阻止危险事件的防护方法。

4. 确定危险事件的后果

该步骤需要识别并评估每一个危险事件引发的可能后果。评估既需要考虑即时后果，也需要考虑将来一段时间出现的后果，可以使用多种方法进行评估。其中包括：最可能的情况；可以想象的最坏情况；可能的最坏情况（确实有可能发生的最坏情况）。

选择哪一种方法，需要取决于 PHA 的目标，以及 PHA 是否是一个更加全面的风险分析的第一步。

很多时候，可能需要分别对不同类别的资产进行后果评估。这些资产的类别可以是：与人员相关(雇员、第三方人员)、环境、设施、设备、声誉等。

在完成危险事件后果的评估后，每一个后果都需要被划分到某一个类别中，可以使用表 8 -9 进行划分。此外，在评估后果时，还应考虑用来减轻后果的措施。

表 8 -9　按照严重程度对后果分级

级别	后果类型		
	人	环境	财产
5. 灾难性	1 人以上死亡或 10 人以上重伤	生态资源恢复的时间不少于 5 年	系统全部损失，系统外遭受重大破坏
4. 重大损失	1 人死亡或 9 人(含 9 人)以下重伤	生态资源恢复的时间为 2 ~ 5 年	系统主要部分损失，造成数月的生产停顿
3. 严重破坏	永久性致残、长期住院治疗	生态资源恢复的时间不多于 2 年	无法忽视的系统破坏，生产停顿数周
2. 破坏	医护治疗和瞬时受伤	当地环境遭到短期破坏，恢复的时间不多于 1 个月	轻微的系统破坏，对生产有轻微影响
1. 轻微破坏	轻微受伤、烦躁和干扰	有轻微的环境破坏	轻微的财产损失

5. 提出风险降低措施的建议

在评价团队考虑现有防护方法时，可能经常会有新的或者改进的方法以及其他危险降低的手段涌现出来，评价团队也可以在方法建议中提到这些新的进展。当然，最终还是由分析的目标确定是否采用这些新的改进方法，而评价团队应该把注意力放在发现危险、威胁和危险事件上，并描述出评价对象的危险等级。评价团队应该推荐并整理出风险降低措施的名单，确定是否有方法会对不止一个危险事件产生影响。

6. 评估风险

在这一步中，需要列出所有的潜在危险事件，以及它们的相应频率和后果，从而描述出与评价对象有关的风险。有时候，还需要计算每一个危险事件的风险优先级(RPN)。

接下来，可以将危险事件写入风险矩阵中，表示风险情况，并显示出最严重的事件。还可以进一步对危险事件或改进措施的优先级进行排序。

风险矩阵是一种表格式的危险事件或者事故场景频率和严重度的表示方法。风险矩阵可以根据危险事件的重要程度对它们进行排序，筛掉不重要的事件，或者评估每一个事件在降低风险方面的需求。现在没有被广泛认可的有关矩阵规模、行列标签这些参数的标准。在大多数风险矩阵中，规模和严重度都会被分为 3 ~ 6 个等级，一般横轴表示频率，而纵轴表示严重程度。在表 8 -10 的风险矩阵中，频率和严重程度分别分为 5 个等级。矩阵中的每一个单元格都代表频率和严重度的一种组合，并被赋予一个优先级或者其他的风险描述符。不同的层级可以使用定性或者定量的方法描述，可能包括事故对人、环境、资产和声誉造成的后果。

表 8-10 风险矩阵

概率/后果	1 非常罕见	2 很少发生	3 可能发生	4 有时发生	5 相当平常
5. 灾难性	5	10	15	20	25
4. 重大损失	4	8	12	16	20
3. 严重破坏	3	6	9	12	15
2. 破坏	2	4	6	8	10
1. 轻微破坏	1	2	3	4	5

注：□可接受——只考虑 ALARP(As Low As Reasonably Practicable，ALARP，最低合理可行)措施；□可接受使用 ALARP 原则，考虑进一步分析；□不可接受，需要降低风险。

7. 撰写报告

如果风险评估想要成为决策的依据，决策制定者就必须要能够理解风险评估团队的结论和给出的建议。因此，必须要尽可能清楚简洁地展示出风险评估得到的信息。

风险评估的结果展示通常采用报告的形式，也可以配有说明手册、幻灯片和视频。报告是风险评估的一项重要内容，在评估过程中应该尽早开始相关的工作。

由于管理决策经常是非常重要并且具有深远的影响，因此需要决策制定者对于评估团队所有的发现都具有足够的信心。

风险评估报告应该是精心撰写、值得信任的，可以涵盖并已经确认了所有的结果。所有的结论和建议都应该可以在文档中找到它们的背景、模型、输入数据和计算方法等信息。

因为风险评估尤其是定量方法非常复杂，理解报告总会有一定的难度。因此，清晰的描述、采用决策制定者和其他参与人员可以明白的语言建档就显得非常重要。

报告的细致程度应该与风险的水平相匹配。如果系统的风险水平较低，通常就不需要像高风险系统那样制作一份非常详尽的报告。

报告的撰写和细致的程度还需要取决于研究的目标及报告的对象。

8.3.2 PHA 方法注意事项

PHA 需要建立评价小组，至少应包括一两名经验丰富的工程师(最好他们还拥有安全工程师的背景)，以及有丰富经验的操作人员来进行分析工作。简而言之，PHA 需要分析人员具备足够的经验并且理解系统。

由于 PHA 是在项目早期阶段进行的，一般可以得到的系统信息量十分有限。对于一家涉氢企业来说，必须要在分析开始之前就明确主要的工艺流程，同时还需要了解氢气的物理化学危险性、储存量及涉氢装置设备中的主要元件(如储氢容器、压缩泵等)。

PHA 必须要基于所有与系统有关的安全相关信息，如设计准则、设备规范等涉氢的安全标准规范、以前发生的事故情况、类似系统之前进行过的危险分析等。在进行分析时，上述这些信息都应该可以使用。

PHA 的主要优势包括：简单易用，不需要很多培训；是绝大多数风险分析中不可缺少的第一步；识别并提供危险及相应风险的日志；可以在项目早期阶段使用，即可以在设计阶段使用；是一种多变的方法，可以解决很多问题。

PHA 的主要局限包括：难以表示可能出现很多不同后果的事件；无法评价危险组合或者共存型系统失效模式的风险；很难显示防护的作用，也就无法为防护措施排序。

8.3.3 PHA 方法举例

下面以步骤 2～步骤 6 为例，通过具体事例说明评价过程。例如，采用长管拖车将氢气从制氢站运送给客户这一过程，评价对象包括以下流程：将氢气充装至长管拖车内、运送给客户、排空运输车内氢气及空车回到制氢站。在充装和排空氢气时，都是运输车司机使用一条软管将长管拖车和制氢站或者客户的接收端连接起来。同时，假设长管拖车是在正常交通状况下的公路上行驶。使用长管拖车运氢的安全要求见 6.1.2 节。

潜在的危险事件可分为以下 2 类：

(1) 不会导致氢气泄漏的事件，包括：一般交通事故；在充填和排空氢气的过程中伤害到驾驶人的事故。

(2) 会导致氢气泄漏的事件，包括：软管破裂；长管拖车储存容器出现裂纹和穿孔；安全阀泄漏；软管拧紧或松开过程中发生的氢气泄漏。

表 8－11 的 PHA 工作表中给出了氢气运输长管拖车的部分危险事件样例。

表 8－11　PHA 工作表样例

研究对象：使用长管拖车运输氢气　　　　日期：

索引编号：　　　　制作人：

编号	系统元素或行为	危险或威胁	危险事件（内容、地点、时间）	原因（触发事件）	后果（伤害了什么）	风险			风险降低措施	负责人	备注
						频率	后果	RPN			
1	连接软管	人为错误	驾驶人在没有拔掉拖车充装软管的情况下就离开制氢站	没有注意到工作受到干扰	氢气泄漏（没有被点燃）	3	2	6	在拖车上安装联锁装置，只有在软管拔掉的情况下车辆才能启动		
					火灾或爆炸	1	5	5			
2	长管拖车	驾驶路线	长管拖车倒车时撞到制氢站的设备上	道路狭窄，在制氢站内部倒车视线不佳，回车场面积不够	拖车受到损坏，无氢气泄漏	2	2	4	对制氢站相关区域进行重新设计		
					拖车上出现穿孔：（1）没有被点燃；	2	3	6			
					（2）火灾或爆炸	1	5	5			

8.4 危险与可操作性分析

危险与可操作性(Hazard and Operability，HAZOP)分析，也称为可操作性(Operability Study，OS)分析，是英国帝国化学公司(ICI)开发的系统安全分析方法，特别适用于连续的化工过程，以及类似化学工业系统的系统安全分析。

该方法于1974年开始在英国帝国化学公司使用，主要用于化工系统的设计和定型阶段发现潜在危险性和操作难点，以便考虑控制和防范措施。后来，应用范围逐渐扩大，从化工扩展到机械、仓储、运输等系统；也从大型连续生产到小型间断反应、从设计定型阶段到操作规程的审查阶段等领域获得应用。我国原安全生产监督管理总局于2011年正式批准下达HAZOP分析的安全生产行业标准制定计划，并于2013年发布了推荐性行业标准AQ/T 3049《危险与可操作性分析(HAZOP分析)应用导则》，将其作为重点推广的危险分析方法。

危险与可操作性分析是一种对工艺过程中的危险因素实行严格审查和控制的技术。它是通过关键词和标准格式寻找工艺偏差，以辨识系统存在的危险因素，并根据其可能造成的影响大小确定防止危险发展为事故的对策。

其中，“可操作性分析”的含义就是“对危险性的严格检查”，其主要考虑“工艺流程的状态参数(温度、压力、流量等)一旦与设计规定的条件发生偏离，就会出现问题或发生危险”。开发这种方法是揭示系统可能出现的故障、干扰、偏差等情况，列出危险因素的清单，估计其影响，提出相应对策。

进行危险与可操作性分析，所采用的是不同专业领域专家的“头脑风暴”法，由多个相关人员组成的小组来完成。这种分析方法的目的是激发工程设备的设计人员、安全专业人员和操作工人的想象力，使他们能够辨识设备的潜在危险性，以采取措施，排除影响系统正常运行和人身安全的隐患。

8.4.1 基本术语

进行危险性与可操作性分析时，应全面、系统地审查工艺过程，不放过任何可能偏离设计意图的情况，分析其产生原因及其后果，以便有的放矢采取控制措施。

危险性和可操作性分析常用的术语如下：

(1)意图。工艺某一部分完成的功能，一般情况下用流程图表示。设计意图是设计者期望的或规定的参数值范围，一般是指正常运行状态时的系统功能和参数，偶尔也可以指：①异常操作条件和不希望的行为，如严重的波动、管道中的水锤、电压的振荡；②老化、腐蚀、侵蚀和其他导致材料性能恶化的因素；③期望寿命、可靠性、可维护性和维修支持。

(2)偏离。与设计意图的情况不一致，在分析中运用引导词系统地审查工艺参数来发现偏离。

(3)原因。产生偏离的原因，通常是物的故障、人的失误、意外的工艺状态(如成分的变化)或外界破坏等原因引起。

(4)后果。偏离设计意图所造成的后果(如氢气泄漏等)。

(5)引导词。在危险源辨识的过程中，为了启发人的思维，对设计意图定性或定量描述的简单词语。HAZOP分析中的引导词可分为2类：如表8－12所示的7个基本引导词和如表8－13所示的时间/次序相关的6个引导词。

表8－12 危险与可操作性分析的引导词

引导词	意义	注释
NO(NOT, NONE)	无，空白：对规定功能的完全否定	设计或操作要求的指标和事件完全不发生，如无流量，无催化剂
MORE	多，过量：量的增加	同标准值相比，数值偏大，如温度、压力、流量等数值偏高
LESS	少，减量：量的减少	同标准值相比，数值偏小，如温度、压力、流量等数值偏低
AS WELL AS	伴随：性质的变化/增加	在完成既定功能的同时，伴随多余事件发生，如物料在输送过程中发生组分及相变化
PART OF	部分：性质的变化/减少	只完成既定功能的一部分，如组分的比例发生变化，无某些组分
REVERSE	相反：设计目的的逻辑相反	出现和设计要求完全相反的事或物，如流体反向流动，加热而不是冷却，反应向相反的方向进行
OTHER THAN	异常：完全替代	出现和设计要求不相同的事或物，如发生异常事件或状态、开停车、维修、改变操作模式

表8－13 时间/次序相关引导词

引导词	意义	注释
EARLY/LATE	相对于给定时间早/晚	时间与设计意图不同
BEFORE/AFTER	相对于顺序或次序提前/延后	步骤与设计的次序不同
FASTER/SLOWER	相对于速率快/慢	步骤不是在正确的时间内完成

(6)工艺参数。生产工艺的物理或化学特性。工艺参数广义上包含2类：一类是概念性的工艺参数，指系统或设备功能，如反应、混合等；另一类是物质、设备的状态参数等具体的工艺参数，如压力、温度等。因此这里的工艺参数就代表了设计意图。常用的HAZOP分析工艺参数有混合、分离、反应、添加剂、信号、电压、流量、温度、压力、pH值、组成、黏度、液位、时间、频率、速度等。

HAZOP分析的理论依据是：工艺流程的状态参数(如温度、压力、流量等)，若与设计规定的基准状态发生偏离，则会使系统的运行状态发生变化，甚至造成故障或事故。因此首先要识别偏差或偏离。

偏差可以简单地表达为：工艺参数＋引导词⟶偏差

运用引导词与工艺参数相结合分析生产工艺或操作过程出现的与意图的偏离，进而详细地分析出偏离的可能原因，以及可能造成的后果，从而采取相应措施防止产生偏离。引导词与工艺参数相结合设想偏离的例子见表8－14。

表 8-14　应用引导词与工艺参数相结合设想偏离

引导词	工艺参数	偏离
NO(没有)	FLOW(流量)	没流量
MORE(过量)	PRESSURE(压力)	压力升高
LESS(减量)	TEMPERATURE(温度)	温度降低
AS WELL AS(伴随)	FLOW(流量)	输送过程伴随其他物质
REVERSE(反向)	REACTION(反应)	反应反向进行

在分析过程中，需要注意的是引导词与不同的工艺参数结合时，其含义会有所差异，因此需要适当修改，如过量+温度则表示为温度升高，而不是温度过量。对于概念性的工艺参数，与引导词组合时也可能诱发歧义，如过量+反应则可能表示反应过快或产物产量较大，需要根据情况进行解释。此外，还有部分引导词与工艺参数组合后无任何含义，如相反+黏度、伴随+温度等。

8.4.2　HAZOP 方法分析步骤

HAZOP 分析过程可划分为确定系统、准备阶段、实施分析和结果归档 4 个阶段。

1. 确定系统

第 1 阶段的主要任务是明确分析范围和目的、明确职责、组建分析小组。

分析小组的人数应尽可能少，一般 4~7 人，但须具备所需的技术、操作技能、经验。分析小组成员一般包括组长、记录员(秘书)、设计者、用户、操作员、专家、维护人员代表(若需要)。若系统是承包单位设计完成的，则小组应包含委托单位(业主)和承包单位的人员。在系统生命周期的不同阶段，适合 HAZOP 分析的小组成员可能是不同的。HAZOP 分析需要小组成员的共同努力，每个成员均有明确的分工。

2. 准备阶段

第 2 阶段的任务主要是制定工作计划、收集数据、确定会议记录的方式、预计分析所花时间、安排时间进度表。

分析计划包括：分析的目的和范围、小组成员名单、详细的技术资料(工艺单元及各参数的设计意图；工艺单元的元件、物质及属性；管线、设备流程图、布置图)、列出引导词并解释偏差的意义、参考资料清单、会议安排(包括时间和地点等会议日程和管理安排)、记录的格式和分析所使用的模板。

收集的信息应包括过程流程图(PFD)、管路及仪表布置图(PID)、工厂布置图(GCP)、物质安全数据表(MSDS)、操作规程(SOP)、热量和物质平衡、装置数据表、开车、停车及应急程序等。

会议安排的次数和时间需要注意：每个分析节点平均需 20~30min，每个设备分配 2~3h。每次会议持续时间不要超过 4~6h(最好安排在上午)，而且分析会议应连续举行。最好把装置划分为几个相对独立的区域，每个区域讨论完毕后，会议组进行适当修整，再进行下一区域的分析讨论。对于大型装置或工艺过程，可以考虑组成多个分析组同时进行，由某个分析组的组织者担任协调员，协调员先将过程分成相对独立的若干部分，然后分配给各个组去完成。

建议的日程安排先后顺序为：①介绍参加人员；②全面陈述将要分析的系统及其操作；③介绍 HAZOP 方法；④提出首先分析的工艺单元或操作步骤；⑤运用引导词/工艺参数分析第 1 个节点；⑥转至下一个节点继续分析；⑦会议后粗略总结分析中发现的危险源与操作性问题。

3. 实施分析

第 3 阶段需要按顺序完成以下任务：

①分解系统为节点，即划分工艺单元；②选择一个工艺单元，确定其设计意图；③选择一个偏差；④确定偏差的后果和原因；⑤确定是否会出现严重的问题；⑥确定保护措施、检测方法；⑦确定可能的防护、降低危险的措施；⑧确定需采取的行动；⑨选择下一个偏差，重复以上过程；⑩选择下一个工艺单元，重复以上过程。

实施分析时由组长主持分析工作，先陈述分析计划，让成员熟悉该系统分析目的和范围；解释将要使用的引导词、工艺参数；介绍已知的危险源、操作问题和相关的危险区域。分析过程遵从系统的流程或次序，按照系统的逻辑或功能次序追踪其输入到输出。组长及组员遵从工艺参数为主的分析顺序或引导词为主的分析顺序。

4. 结果归档

第 4 阶段需要完成的任务有记录分析结果、停止分析工作、生成分析报告、确保措施的执行。如果有必要的话重新分析某些工艺单元，生成最终的报告。

8.4.3 HAZOP 方法应用实例

考察如图 8-3 所示的电解水制氢工艺系统。水电解生成 H_2 和 O_2。工业软水经纯水装置制取纯水，并送入原料水箱，经补水泵输入碱液系统，补充被电解消耗的水。电解槽中的水在直流电的作用下被分解成 H_2 与 O_2，并与循环电解液一起，分别进入框架中的氢气气液、氧气气液分离器，进行气液分离、洗涤、冷却。分离后的电解液与补充的纯水混合

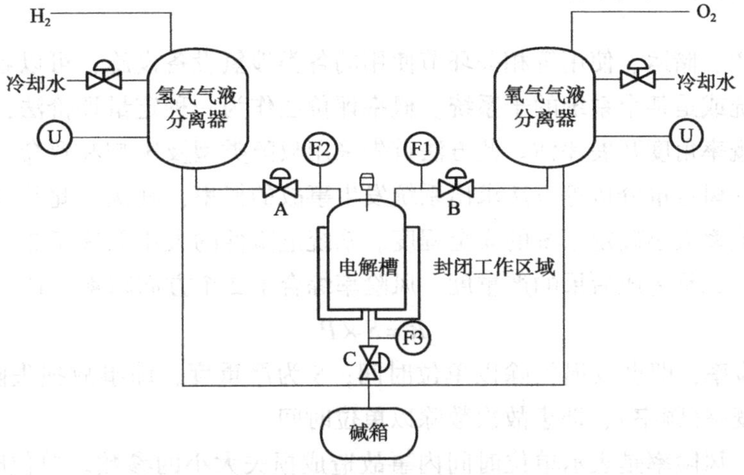

图 8-3 电解水制氢工艺

后，经碱液冷却器、碱液循环泵、过滤器送回电解槽循环、电解。调节碱液冷却器冷却水流量，控制回流碱液的温度，来控制电解槽的工作温度，使系统安全运行。具体制氢工艺可参见第4.1节。

当碱液进入电解箱速率高于额定速率时，反应释放能量增加，电解槽可能承受不了温度和压力的迅速增加。当产生的 H_2 和 O_2 排除速率过低时，大量的气体将增加电解槽的压力，增加了电解槽爆炸风险。

这里选择电解槽与碱箱之间的管线部分作为分析对象，则该部分的设计意图是向电解槽输送一定量的碱液，其工艺参数是流量。把部分引导词与工艺参数“流量”相结合，设想各种可能出现的偏离。该工艺部分危险与可操作分析的结果见表8－15。

表8－15 电解水制氢工艺危险与可操作性分析(部分)

引导词	偏离	可能原因	后果	措施
没有	没有流量	碱箱中无料 流量计故障(指示偏离) 操作者调节碱液量为0 阀门C故障而关闭 管线堵塞 管线泄漏或破裂	碱液无法进入电解槽，氢制取效率低	定期维修和检查阀门C 定期维护流量计 安装流量监控报警、紧急停车系统 工作区域通风
多	流量大	阀门C故障 流量计故障(指示偏低) 操作者调节碱液量过大	电解槽中碱液过量，电解槽液位过高	定期维护和检查阀门C 定期维护流量计 安装液位监控报警、紧急停车系统
少	流量小	阀门C故障 流量计故障(指示偏高) 操作者调节碱液量过小	电解槽电解液液位过低	定期维护流量计 安装流量监控报警、紧急停车系统

8.5 概率评价法

氢能的生产、储运、使用等相关环节使用的各类涉氢设备设施，可以看作是一个具有独立功能的系统或是某个系统的子系统。概率评价法作为一种定量评价法，可以从系统发生安全事故的概率角度开展评估。此方法首先采用故障类型及影响和致命度分析、事故树定量分析、事件树定量分析等方法求出系统发生事故的概率，其次在此基础上进一步计算风险率，以风险率大小确定系统的安全程度。系统危险性的大小取决于2个方面：一是事故发生的概率，二是造成后果的严重度。风险率综合了2个方面因素，其计算公式如下：

$$R = S \times P \tag{8-4}$$

式中：R 为风险率，即事故损失除以单位时间；S 为严重度，即事故损失除以事故次数；P 为事故发生概率(频率)，即事故次数除以单位时间。

由此可见，风险率是表示单位时间内事故造成损失大小的参数。单位时间可以是年、月、日、小时等；事故损失可以用人的死亡、经济损失或是工作日的损失等表示。

计算出风险率就可以与安全指标比较，从而得知危险是否降到人们可以接受的程度。计算风险率先需要求出系统发生事故的概率，下面就概率的有关概念和计算进行简述。

涉氢的生产、储运、使用装置或工艺过程发生事故是由组成它的若干元件相互复杂作用的结果，总的故障概率取决于这些元件的故障概率和它们之间相互作用的性质，故要计算装置或工艺过程的事故概率，先要了解各个元件的故障概率。例如，燃料电池汽车的氢系统安全防护体系由排空管、安全阀、手动截止阀、单向阀、泄压球阀、碰撞传感器、温度传感器、压力传感器、电磁阀等构成，并在监控系统中设定相应的防护值，一旦发生异常状况，则通过氢系统控制器将各种监控信息传递给各种安全设施，及时断开或关闭，使燃料电池汽车处于安全状态。要想获得氢系统安全防护体系总的故障概率，则需要掌握每一个构成元件的故障概率及系统之间的相互关系。

8.5.1 元件的故障概率及其求法

构成设备或装置的元件，工作一段时间就会发生故障或失效。故障是指元件子系统或系统在运行时达不到规定功能的情况。对可修复系统，失效就是故障。

元件在两次相邻故障间隔期内正常工作的平均时间，叫作平均故障间隔期，用 τ 表示。如某元件在第 1 次工作时间 t_1 后出现故障，第 2 次工作时间 t_2 后出现故障，第 n 次工作 t_n 时间后出现故障，则平均故障间隔期为：

$$\tau = \frac{\sum_{i=1}^{n} t_i}{n} \tag{8-5}$$

式中：τ 一般是通过实验测定几个元件的平均故障间隔时间的平均值得到。

元件在单位时间(或周期)内发生故障的平均值称为平均故障率，用 λ 表示，单位为故障次数/时间。平均故障率是平均故障间隔期的倒数，即

$$\lambda = 1/\tau \tag{8-6}$$

故障率是通过实验测定出来的，实际应用时受到环境因素的不良影响，如温度、湿度、振动、腐蚀等，故应给予修正，即考虑一定的修正系数(严重系数 k)。通过将修正系数与实验测试故障率相乘得到实际故障率。部分环境下严重系数 k 的取值见表 8－16。

表 8－16 严重系数值举例

使用场所	k	使用场所	k
实验室	1	火箭试验台	60
普通室	1.1 ~10	飞机	80 ~150
船舶	10 ~18	火箭	400 ~1000
铁路车辆、牵引式公共汽车	13 ~30		

元件在规定时间内和规定条件下完成规定功能的概率称为可靠度，用 $R(t)$ 表示。元件在时间间隔 $(0, t)$ 内的可靠度符合下列关系：

$$R(t)=e^{-\lambda t} \tag{8-7}$$

式中：t——元件运行时间。

元件在规定时间内和规定条件下没有完成规定功能（失效）的概率就是故障概率（或不可靠度），用$P(t)$表示。故障概率是可靠度的补事件，用式（8－7）得到：

$$P(t)=1-R(t)=1-e^{-\lambda t} \tag{8-8}$$

式（8－7）和式（8－8）只适用于故障率λ稳定的情况。许多元件的故障率随着时间呈浴盆曲线的变化规律，如图8－4所示。

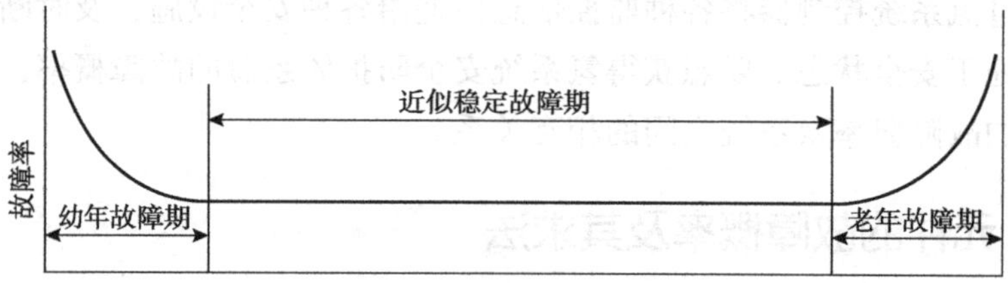

图8－4　故障率曲线

由图8－4可见，元件故障率随时间变化有3个时期，即幼年故障期（早期故障期）、近似稳定故障期（偶然故障期）和老年故障期（损耗故障期）。元件在幼年故障期和老年故障期故障率都很高。这是因为元件在新的时候可能内部有缺陷或调试过程被损坏，因而开始故障率较高，但很快就下降了。当使用时间长了，由于老化、磨损，功能下降，故障率又会迅速提高。如果设备或元件在老年故障期之前，更换或修理即将失效的部分，则可延长使用寿命。在幼年和老年2个周期之间（偶然故障期）的故障率低且稳定，式（8－7）和式（8－8）都适用。表8－17列出了各行业部分元件的故障率。

表8－17　各行业部分元件的故障率

元件	故障/（次·a^{-1}）	元件	故障/（次·a^{-1}）
控制阀	0.60	pH计	5.88
控制器	0.29	压力测量	1.41
流量测量（液体）	1.14	泄压阀	0.022
流量测量（固体）	3.75	压力开关	0.14
流量开关	1.12	电磁阀	0.42
气液色谱	30.6	步进电动机	0.044
手动阀	0.13	长纸条记录仪	0.22
指示灯	0.044	热电偶温度测量	0.52
液位测量（液体）	1.70	温度计温度测量	0.027
液位测量（固体）	6.86	阀动定位器	0.44
氧分析仪	5.65		

8.5.2　元件的连接及系统故障（事故）概率计算

涉氢装置或工艺过程是由许多元件连接在一起构成的，这些元件发生故障常会导致整个系统故障或事故的发生。因此，可根据各个元件故障概率，依照它们之间的连接关系计算出整个系统的故障概率。

元件的连接方式有串联和并联2种。

(1)串联连接的元件用逻辑或门表示，意思是任何一个元件故障都会引起系统发生故障或事故。串联元件组成的系统，其可靠度计算公式如下：

$$R = \prod_{i=1}^{n} R_i \tag{8-9}$$

式中：R_i 为每个元件的可靠度；n 为元件的数量。

系统的故障率 P 计算公式为：

$$P = 1 - \prod_{i=1}^{n} (1 - P_i) \tag{8-10}$$

式中：P_i 为每个元件的故障率。

只有 A 和 B 两个元件组成的系统，式(8-10)展开为：

$$P(A\text{或}B) = P(A) + P(B) - P(A)P(B) \tag{8-11}$$

如果元件的故障率很小，则 $P(A)P(B)$ 项可以忽略。此时式(8-11)可简化为：

$$P(A\text{或}B) = P(A) + P(B) \tag{8-12}$$

式(8-10)则可简化为：

$$P = \sum_{i=1}^{n} P_i \tag{8-13}$$

当元件的故障率较大时，不能用简化公式计算总的故障概率。

(2)并联连接的元件用逻辑与门表示，意思是并联的几个元件同时发生故障，系统就会发生故障。并联元件组成的系统故障概率 P 计算公式为：

$$P = \prod_{i=1}^{n} P_i \tag{8-14}$$

系统的可靠度计算公式如下：

$$R = 1 - \prod_{i=1}^{n} (1 - R_i) \tag{8-15}$$

系统的可靠度计算出来后，可由式(8-7)求出总的故障率 λ。

8.5.3 系统故障概率计算举例

某反应器内进行的是放热反应，当温度超过一定值后，会引起反应失控而爆炸。为及时移走热反应，在反应器外面安装了夹套冷却水系统。由反应器上的热电偶温度测量仪与冷却水进口阀连接，根据温度控制冷却水流量。为防止冷却水供给失效，在冷却水进水管上安装了压力开关并与原料进口阀连接，当水压小到一定值时，原料进口阀会自动关闭，停止反应。装置组成如图8-5所示。试计算这一装置发生超温爆炸的元件故障率、系统故障概率、可靠度和平均故障间隔期，假设操作周期为1a。

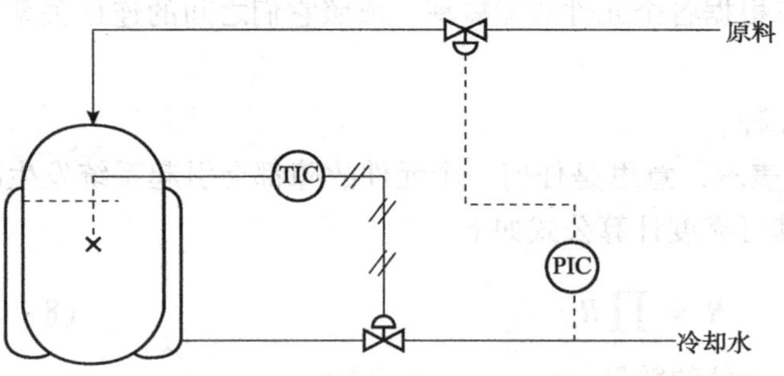

图 8-5　反应器的超温防护系统

解　由图 8-5 得知，反应器的超温防护系统由温度控制和原料关闭 2 部分组成。温度控制部分的温度测量仪与冷却水进口阀串联，原料关闭部分的压力开关和原料进口阀也是串联的，而温度控制和原料关闭 2 部分则为并联关系。

由表 8-17 查得热电偶温度测量仪、控制阀、压力开关的故障率分别为 0.52 次/a、0.60 次/a、0.14 次/a。首先根据式(8-7)和式(8-8)计算各个元件的可靠度和故障概率。

热电偶温度测量仪 $R_1 = e^{-0.52\times1} = 0.59$，$P_1 = 1 - R_1 = 1 - 0.59 = 0.41$

控制阀　$R_2 = e^{-0.60\times1} = 0.55$，$P_2 = 1 - R_2 = 1 - 0.55 = 0.45$

压力开关　$R_3 = e^{-0.14\times1} = 0.87$，$P_3 = 1 - R_3 = 1 - 0.87 = 0.13$

温度控制部分　$R_A = R_1R_2 = 0.59\times0.55 = 0.32$，$P_A = 1 - R_A = 1 - 0.32 = 0.68$

$$\lambda_A = -\ln R_A/t = -\ln 0.32/1 = 1.14$$

$$\tau_A = 1/\lambda_A = 1/1.14 = 0.88a$$

原料关闭部分　$R_B = R_2R_3 = 0.55\times0.87 = 0.48$，$P_A = 1 - R_A = 1 - 0.48 = 0.52$

$$\lambda_B = -\frac{ln\mathrm{R_B}}{t} = -\frac{\ln 0.48}{1} = 0.73$$

$$\tau_B = \frac{1}{\lambda_B} = \frac{1}{0.73} = 1.37a$$

超温防护系统 $P = P_AP_B = 0.68\times0.52 = 0.35$，$R = 1 - P = 1 - 0.35 = 0.65$

$$\lambda = -\ln R_t = -\frac{\ln 0.65}{1} = 0.43$$

$$\tau = \frac{1}{\lambda} = \frac{1}{0.43} = 2.33a$$

由计算说明，预计温度控制部分每 0.88a 发生 1 次故障，原料关闭部分每 1.37a 发生一次故障。2 部分并联组成的超温防护系统预计 2.33a 发生 1 次故障，防止超温的可靠性明显提高。

计算出安全防护系统的故障率，即可进一步确定反应器超压爆炸的风险率，从而可比较它的安全性。

8.6　道化学火灾、爆炸指数评价法

美国道化学公司火灾、爆炸危险性指数评价法是以工艺过程中物料的火灾爆炸潜在危险性为基础，结合工艺条件、物料量等因素求取火灾爆炸指数，进而可求出经济损失的大小，以经济损失评价生产装置的安全性。评价中定量的依据是以往事故的统计资料、物质

的潜在能量和现行安全措施的状况。涉氢相关设备设施的主要事故类型为火灾、爆炸等，因此利用美国道化学公司火灾、爆炸危险性指数评价法可以有效评估涉氢企业安全状况。道化学方法主要应用于氢能生产和使用环节。

美国道化学公司火灾、爆炸危险性指数评价法开创了化工生产危险度定量评价的历史。1964 年公布第 1 版，提出了以物质指数为基础的危险评价方法；1966 年，进一步提出了火灾、爆炸指数的概念(第 2 版)；1972 年，提出了代表物质潜在能量的物质系数，结合物质的特定危险值、工艺过程及特殊工艺的危险值，计算出系统的火灾、爆炸指数，以评价该系统火灾、爆炸危险程度的方法(第 3 版)；1976 年发表了第 4 版，1980 年发表了第 5 版，1987 年发表了第 6 版；在对第 6 版进行修改并给出了美国消防协会(NFPA)的最新物质系数后，于 1993 年推出了最新的第 7 版，以物质的潜在能量和现行安全措施为依据，定量地对工艺装置所含物料的实际潜在火灾、爆炸和反应危险性进行分析评价。

评价的目的：①真实地量化潜在火灾、爆炸和反应性事故的预期损失；②确定可能引起事故发生或使事故扩大的设备、装置或单元；③向管理部门通报潜在的火灾、爆炸危险性；④使工程技术人员了解各工艺部分可能造成的损失，并帮助确定减轻潜在事故严重性和总损失的有效而又经济的途径。

8.6.1 道化学火灾、爆炸指数评价法流程

道化学火灾、爆炸指数评价法的基本程序如图 8－6 所示。

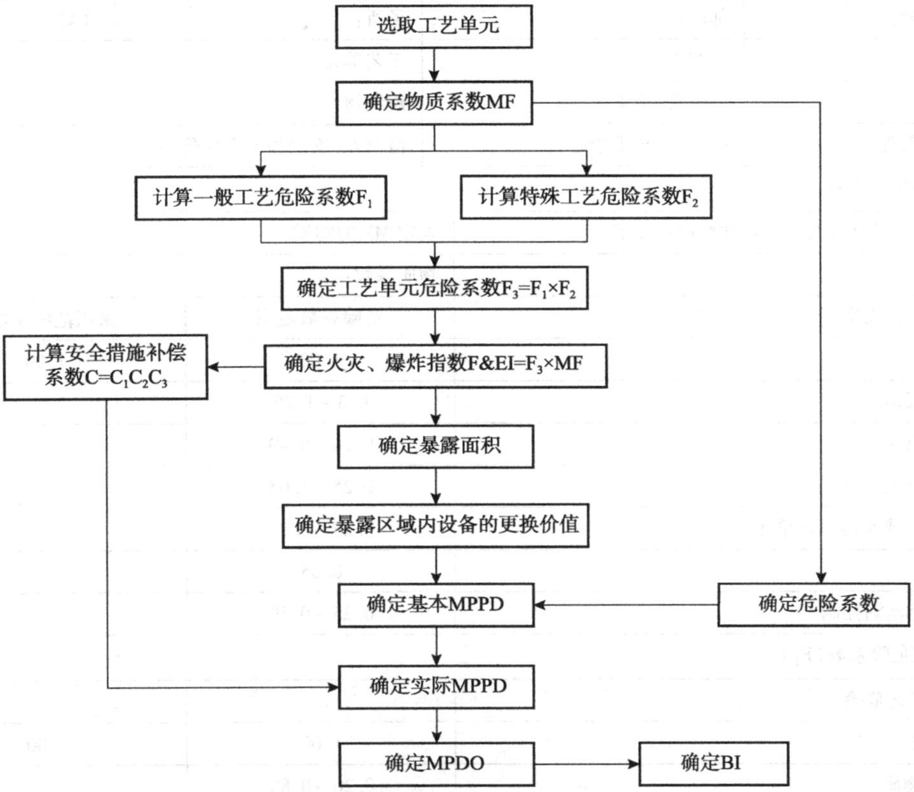

图 8－6 指数评价法的基本评价程序

(1)选取工艺单元。

(2)求取单元内的物质系数 MF。

(3)按单元的工艺条件，将采用适当的危险系数得出一般工艺危险系数和特殊工艺危险系数。

(4)用一般工艺危险系数和特殊工艺危险系数相乘求出工艺单元危险系数。

(5)将工艺单元危险系数与物质系数相乘，求出火灾、爆炸指数(F&EI)。

(6)根据火灾、爆炸指数得到单元的暴露区域半径，并计算暴露面积。

(7)查出单元暴露区域内所有设备的更换价值，确定危害系数，求出基本最大可能财产损失 MPPD(Maximum Possible Property Damage，MPPD，最大可能财产损失)。

(8)计算安全措施补偿系数。

(9)应用安全措施补偿系数乘以基本最大可能财产损失 MPPD，确定实际最大可能财产损失 MPPD。

(10)根据实际最大可能财产损失，确定最大可能工作日损失 MPDO。

(11)用 MPDO 确定停产损失 BI(按美元计算)。

在评价之前首先要准备如下资料：

(1)装置或工厂的设计方案，工艺流程图。

(2)火灾、爆炸指数计算表(见表 8－18)。

表 8－18　火灾、爆炸指数(F&EI)计算

地区/国家：	部门：	场所：	日期：
位置：	生产单元：	工艺单元：	
评价人：	审定人(负责人)：	建筑物：	
检查人(管理部)：	检查人(技术中心)：	检查人(安全和损失预防)：	
工艺设备中的物料：			
操作状态：设计—开车—正常操作—停车		确定 MF 的物质：	
操作温度：		物质系数：	
1. 一般工艺危险	危险系数范围	采用范围系数*	
基本系数	1.00	1.00	
A. 放热反应	0.3～1.25		
B. 吸热反应	0.20～0.40		
C. 物料处理与输送	0.25～1.05		
D. 密闭式或室内工艺单元	0.25～0.90		
E. 通道	0.35		
F. 排放和泄漏控制	0.25～0.50		
一般工艺危险系数(F_1)			
2. 特殊工艺危险			
基本系数	1.00	1.00	
A. 毒性物质	0.20～0.80		

续表

B. 负压（<66.5 kPa）	0.50	
C. 接近易燃范围的操作：		
惰性化— 未惰性化—		
（1）罐装易燃液体	0.50	
（2）过程失常或吹扫故障	0.30	
（3）一直在燃烧范围内	0.80	
D. 粉尘爆炸	0.25～2.00	
E. 压力：操作压力（kPa，绝对），释放压力（kPa，绝对）		
F. 低温	0.20～0.30	
G. 易燃及不稳定物质的量（kg），物质燃烧热 H_c（J/kg）		
（1）工艺中的液体及气体		
（2）储存中的液体及气体		
（3）储存中的可燃固体及工艺中的粉尘		
H. 腐蚀与磨蚀	0.10～0.75	
I. 泄漏－接头和填料	0.10～1.50	
J. 使用明火设备		
K. 热油、热交换系统	0.15～1.15	
L. 转动设备	0.50	
特殊工艺危险系数（F_2）		
工艺单元危险系数（$F_3 = F_1F_2$）		
火灾爆炸指数（$F\&EI = F_3MF$）		

注：* 无危险时系数用0。

（3）安全措施补偿系数表（见表8－19）。

表8－19　安全措施补偿系数

1. 工艺控制安全补偿系统（C_1#）		
项目	补偿系数范围	采用补偿系数*
（1）应急电源	0.98	
（2）冷却装置	0.97～0.99	
（3）抑爆装置	0.84～0.98	
（4）紧急切断装置	0.96～0.99	
（5）计算机控制	0.93～0.99	
（6）惰性气体保护	0.94～0.96	
（7）操作规程/程序	0.91～0.99	
（8）化学活泼性物质检查	0.91～0.98	
（9）其他工艺危险分析	0.91～0.99	

续表

2. 物质隔离安全补偿系统(C_2#)		
项目	补偿系数范围	采用补偿系数*
(1)遥控阀	0.96～0.98	
(2)卸料/排空装置	0.96～0.98	
(3)排放系统	0.91～0.97	
(4)联锁装置	0.98	
3. 防火措施安全补偿系统(C_3#)		
项目	补偿系数范围	采用补偿系数*
(1)泄漏检测装置	0.94～0.98	
(2)结构钢	0.95～0.98	
(3)消防水供应系统	0.94～0.97	
(4)特殊灭火系统	0.91	
(5)洒水灭火系统	0.74～0.97	
(6)水幕	0.97～0.98	
(7)泡沫灭火装置	0.92～0.97	
(8)手提式灭火器材/喷水枪	0.93～0.98	
(9)电缆防护	0.94～0.98	
单元安全措施补偿系数 $C=C_1C_2C_3$		

注：*无安全补偿系数时，填入1.00。
#所采用的各项安全补偿系数的乘积。

(4)工艺单元风险分析汇总表(见表8-20)。

表8-20　工艺单元风险分析汇总

序号	内容	工艺单元
1	火灾、爆炸指数	
2	危险等级	
3	暴露区域半径	m
4	暴露区域面积	m^2
5	暴露区域内财产价值	
6	危害系数	
7	基本最大可能财产损失(基本MPPD)	
8	安全措施补偿系数	
9	实际最大可能财产损失(实际MPPD)	
10	最大可能工作日损失(MPDO)	d
11	停产损失(BI)	

(5)生产单元风险分析汇总表(见表8-21)。

表8-21 生产单元风险分析汇总

地区/国家:		部门:			场所:		
位置:		生产单元:			操作类型:		
评价人:		生产单元总替换价值:			日期:		
工艺单元主要物质	物质系数	火灾、爆炸指数 F&EI	影响区内财产价值	基本 MPPD	实际 MPPD	最大可能工作日损失(MPDO)	停产损失(BI)

8.6.2 道化学火灾、爆炸指数评价法的计算过程

1. 选择工艺(评价)单元

一套生产装置包括许多工艺单元，但计算火灾、爆炸指数时只评价那些从损失预防角度来看影响比较大的工艺单元，这些单元可称为评价单元。工艺单元的划分要根据设备间的逻辑关系，如水电解制氢系统是以水电解法制取氢气并含增压、储存、净化、充装等操作单元装置的工艺系统总称，由水电解槽、气液分离器、冷却器、洗涤器、氢分析仪等组成。

(1)选择恰当的评价单元需要考虑以下几个方面:

①潜在化学能(物质系数)。

②工艺单元中危险物质的数量。

③资金密度(每平方米美元数)。

④操作压力和操作温度；导致火灾、爆炸事故的历史资料。

⑤对装置起关键作用的单元。

一般来说，参数值越大，该工艺单元就越需要评价。

(2)选择恰当工艺单元时，还应注意以下几个要点:

①由于火灾、爆炸指数体系是假定工艺单元中所处理的易燃、可燃或化学活性物质的最低量为2268kg或2.27m^3，因此，若单元内物料量较少，则评价结果就有可能被夸大，一般所处理的易燃、可燃或化学活性物质的量至少为454kg或0.454m^3，评价结果才有意义。

②当设备串联布置且相互间未有效隔离，要仔细考虑如何划分单元。

③要仔细考虑操作状态(如开车、正常生产、停车、装料、卸料、填加触媒等)及操作时间，对F&EI有影响的异常状况，判别选择一个操作阶段还是几个操作阶段来确定重大危险。

2. 确定物质系数(MF)

物质系数是表述物质在燃烧或其他化学反应引起的火灾、爆炸时释放能量大小的内在特性，是一个最基础的数值。物质系数是由美国消防协会(NFPA)规定的N_F、N_R(分别代表物质的燃烧性和化学活性)决定的。物质系数和特性表中提供了大量的化学物质系数，

它能用于大多数场合。

(1)表外物质系数

在求取物质系数和特性表未列出的物质、混合物或化合物的物质系数时，必须确定其可燃性等级（N_F）或可燃性粉尘等级(S_t)，即首先确定表8－22左栏中的参数。液体和气体的N_F由闪点求得，可燃性粉尘或尘雾的S_t值由粉尘爆炸试验确定，可燃固体的N_F值则依其性质不同在表8－22左栏中分类表示。

表8－22　物质系数取值

液体、气体的易燃性或可燃性	NFPA 325M 或 NFPA 49	反应性或不稳定性				
		$N_R=0$	$N_R=1$	$N_R=2$	$N_R=3$	$N_R=4$
不燃物	$N_F=0$	1	14	24	29	40
F. P. >93.3℃	$N_F=1$	4	14	24	29	40
22.8℃ <F. P. <93.3℃	$N_F=2$	10	14	24	29	40
22.8℃ <F. P. <37.8℃或F. P. <22.8℃并且B. P. <37.8℃	$N_F=3$	16	16	24	29	40
F. P. <22.8℃并且B. P. <37.8℃	$N_F=4$	21	21	24	29	40
可燃性粉尘或尘雾						
S_t-1($K_{st}\leqslant$200bar·m/s)		16	16	24	29	40
S_t-2($K_{st}<$201~300bar·m/s)		21	21	24	29	40
S_t-3($K_{st}>$300bar·m/s)		24	24	24	29	40
可燃性固体						
厚度大于40mm紧密的	$N_F=1$	4	14	24	29	40
厚度小于40mm疏松的	$N_F=2$	10	14	24	29	40
泡沫材料、纤维、粉尘物等	$N_F=3$	16	16	24	29	40

注：①F. P. 为闭杯闪点。②B. P. 为标准温度和压力下的沸点。③1bar＝10^5Pa。

物质、混合物或化合物的反应性等级N_R根据其在环境温度条件下的不稳定性(或与水反应的剧烈程度)，按NFPA 704确定。

$N_R=0$，在燃烧条件下仍保持稳定的物质，通常包括以下物质：

1)不与水反应的物质。

2)在温度>300℃时用差示扫描量热计(DSC)测量显示温升的物质。

3)用DSC试验时，在温度≤500℃时不显示温升的物质。

$N_R=1$，稳定，但在加温加压条件下成为不稳定的物质，一般包括以下物质：

1)接触空气、受光照射或受潮时发生变化或分解的物质。

2)在>150~300℃时显示温升的物质。

$N_R=2$，在加温加压条件下发生剧烈化学变化的物质。通常包括以下物质：

1)用DSC做试验，在温度≤150℃时显示温升的物质。

2)与水剧烈反应或与水形成潜在爆炸性混合物的物质。

$N_R=3$，本身能发生爆炸分解或爆炸反应，但需要强引发源或引发前必须在密闭状态下加热的物质，一般包括以下物质：

1）加温加热时对热机械冲击敏感的物质。

2）加温加热时或密闭，即与水发生爆炸反应的物质。

$N_R=4$，在常温常压下易于引爆分解或发生爆炸反应的物质。

若该物质为氧化剂，则 N_R 再加1（但不超过4）；对冲击敏感性物质，N_R 为3或4；如得出的 N_R 值与物质的特性不相符，则应补做化学品反应性试验。

（2）混合物

工艺单元内混合物物质应按"在实际操作过程中所存在的最危险物质"原则来确定。发生剧烈反应的物质，如 H_2 和 O_2 在人工条件下混合、反应，反应持续而快速，生成物为非燃烧性、稳定的产物，则其物质系数应根据初始混合状态来确定。

混合溶剂或含有反应性物质溶剂的物质系数，可通过反应性化学试验数据求得；若无法取得时，则应取组分中最大的MF作为混合物MF的近似值（最大组分浓度≥5%）。

对由可燃粉尘和易燃气体在空气中能形成爆炸性的混合物，其物质系数必须用反应性化学品试验数据来确定。

（3）烟雾

易燃或可燃液体的微粒悬浮于空气中能形成易燃的混合物，在远远低于其闪点的温度下，能像易燃蒸气与空气混合物那样具有爆炸性。防止烟雾爆炸的最佳措施是避免烟雾的形成，特别是不要在封闭的工艺单元内使可燃液体形成烟雾。如果会形成烟雾，则需将物质系数提高1级。

（4）物质系数的温度修正

如果物质闪点小于60℃或反应活性温度低于60℃，则该物质系数不需要修正；若工艺单元温度超过60℃，则对MF应做修正，见表8－23。

表8－23 物质温度系数修正

MF温度修正	N_F	S_t	N_R	备注
a. 填入 N_F（粉尘为 S_t）、N_R				若工艺单元是反应器，则不必考虑温度修正
b. 若温度<60℃，则转至"e"项				
c. 若温度高于闪点，或>60℃，则在 N_F 栏内填"1"				
d. 若温度大于放热起始温度或自燃点，则在 N_R 栏内填"1"				
e. 各竖行数字相加，当总数≥5时，填"4"				
f. 用"e"栏数和表8－22确定MF				

3. 工艺单元危险系数（F_3）

工艺单元危险系数（F_3）包括一般工艺危险系数（F_1）和特殊工艺危险系数（F_2），对每项系数都要进行恰当的评价。

（1）一般工艺危险性系数

一般工艺危险性系数是确定事故损害大小的主要因素，共有6项。根据实际情况，并不是每项系数都采用。

1)放热化学反应。若所分析的工艺单元有化学反应过程，则选取此项危险系数，所评价物质的反应性危险已经为物质系数所包括。

①轻微放热反应的危险系数为0.3，包括加氢、水合、异构化、磺化、中和等反应。

②中等放热反应危险系数为0.5，包括：

a. 烷基化——引入烷基形成各种有机化合物的反应。

b. 酯化——有机酸和醇生成酯的反应。

c. 加成——不饱和碳氢化合物和无机酸的反应，无机酸为强酸时系数增加到0.75。

d. 氧化——物质在氧中燃烧生成CO_2、H_2O的反应，或者在控制条件下物质与氧反应不生成CO_2、H_2O的反应，对于燃烧过程及使用氯酸盐、硝酸、次氯酸、次氯酸盐类强氧化剂时，系数增加到1.00。

e. 聚合——将分子连接成链状物或其他大分子的反应。

f. 缩合——两个或多个有机化合物分子连接在一起形成较大分子的化合物，并常伴有失去小分子(如水、氯化氢醇等)的反应。

③剧烈反应——指一旦反应失控有严重火灾、爆炸危险的反应，如卤化反应，系数取1.00。

④特别剧烈的反应，系数取1.25，指相当危险的放热反应。

2)吸热反应。反应器中所发生的任何吸热反应，系数均取0.25。

①煅烧——加热物质除去结合水或易挥发性物质的过程，系数取0.40。

②电解——用电流离解离子的过程，系数为0.20。

③热解或裂化——在高温、高压和触媒作用下，将大分子裂解成小分子的过程，当用电加热或高温气体间接加热时，系数为0.20；直接用火加热时，系数为0.4。

3)物料处理与输送。用于评价工艺单元在处理、输送和储存物料时潜在的火灾危险性。

①所有Ⅰ类易燃或液化石油气类的物料在连接或未连接的管线上装卸时的系数为0.5。

②采用人工加料，且空气可随时加料进入离心机、间歇式反应器、间歇式混料器设备内，并且能引起燃烧或发生反应的危险，不论是否采用惰性气体置换，系数均取0.5。

③可燃性物质存放于库房或露天时的系数：

a. 对$N_F=3$或$N_F=4$的易燃液体或气体，系数取0.85，包括桶装、罐装、可移动挠性容器和气溶胶罐装。

b. 表8-22中所列$N_F=3$的可燃固体，系数取0.5。

c. 表8-22中所列$N_F=2$的可燃性固体，系数取0.4。

d. 闭杯闪点大于37.8℃并低于60℃的可燃性液体，系数取0.25。

若上述物质存放于货架上且未安设洒水装置，系数要加0.20，此处考虑的范围不适合于一般储存容器。

4)封闭单元或室内单元。封闭区域定义为有顶且三面或多面有墙壁的区域，或无顶但四周有墙封闭的区域。封闭单元或室内单元系数选取原则如下：

①粉尘过滤器或捕集器安置在封闭区域内时，系数取0.50。

②在封闭区域内，在闪点以上处理易燃液体时，系数取0.3；如果处理易燃液体量>4540kg，系数取0.45。

③在封闭区域内，在沸点以上处理液化石油气或任何易燃液体量时，系数取0.6；若易燃液体的量大于4540kg，则系数取0.90。

④若已安装了合理的通风装置，则①、③两项系数减50%。

5)通道。生产装置周围必须有紧急救援车辆的通道，“最低要求”是至少在2个方向上设有通道，选取封闭区域内主要工艺单元的危险系数时要格外注意。

①至少有1条通道必须是通向公路的，火灾时消防道路可以看作是第2条通道，设有监控水枪并处于待用状态。

②整个操作区面积大于925m^2，且通道不符合要求时，系数为0.35。

③整个库区面积大于2315m^2，且通道不符合要求时，系数为0.35。

④面积小于上述数值时，要分析它对通道的要求。如果通道不符合要求，影响消防，则系数取0.20。

6)排放和泄漏控制。此内容是针对大量易燃、可燃液体溢出危及周围设备的情况；该项系数仅适用于工艺单元内物料闪点小于60℃或操作温度大于其闪点的场合。为了评价排放和泄漏控制是否合理，必须估算易燃、可燃物总量及消防水能否在事故发生时得到及时排放。

①排放量按以下原则确定：

a. 对工艺和储存设备，取单元中最大储罐的储量加上第二大储罐10%的储量。

b. 采用30min的消防水量。

②排放和泄漏控制系数选取的原则：

a. 设有堤坝防止泄漏液流入其他区域，但堤坝内所有设备露天放置时，系数取0.5。

b. 单元周围为一块可排放泄漏液的平坦地，一旦失火，会引起火灾，系数为0.5。

c. 单元的三面有堤坝，能将泄漏液引至蓄液池或地沟，并满足以下条件，不取系数：蓄液池或地沟的地面斜度土质地面不得小于2%，硬质地面不得小于1%；蓄液池或地沟的最外缘与设备之间的距离至少小于15m，如果没有防火墙，可以减少其距离；蓄液池的储液能力至少等于①中a.与b.之和。

d. 如蓄液池或地沟处设有公用工程管线或管线的距离不符合要求，系数取0.5。

(2)特殊工艺危险性系数

特殊工艺危险性系数是影响事故发生概率的主要因素，特定的工艺条件是导致火灾、爆炸事故发生的主要原因。特殊工艺危险包括下列12项：

1)毒性物质。毒性物质能够扰乱人们机体的正常反应，因而降低了人们在事故中制定对策和减轻伤害的能力。毒性物质的危险系数为0.2N_H，对于混合物，取其中最高的N_H值。N_H是美国消防协会在NFPA 704中定义的物质毒性系数，其值在NFPA 325M或NFPA 49中已列出。对于新物质，可请工业卫生专家帮助确定。

NFPA 704对物质的N_H分类为：

$N_H=0$，火灾时除一般可燃物的危险外，短期接触没有其他危险的物质；

$N_H=1$，短期接触可引起刺激，致人轻微伤害的物质，包括要求使用适当的空气净化呼吸器的物质；

$N_H=2$，高浓度或短期接触可致人暂时失去能力或残留伤害的物质，包括要求使用单独供给空气的呼吸器的物质；

$N_H=3$，短期接触可致人严重的暂时或残留伤害的物质，包括要求全身防护的物质；

$N_H=4$，短暂接触也能致人死亡或严重伤害的物质。

2）负压操作。本项内容适用于空气泄入系统会引起危险的场合。当空气与湿度敏感性物质或氧敏感性物质接触时可能引起危险，在易燃混合物中引入空气也会导致危险。该系数只用于绝对压力小于500mmHg(66661Pa)的情况，系数为0.50。

如果采用该系数，就不再采用下面“燃烧范围内或其附近的操作”和“释放压力”中的系数，以免重复。大多数气体操作、一些压缩过程和少许蒸馏操作都属于本项内容。

3）燃烧范围或其附近的操作。某些操作导致空气引入并夹带进入系统，空气的进入会形成易燃混合物，进而导致危险。

①$N_F=3$或$N_F=4$的易燃液体储罐，在储罐泵出物料或者突然冷却时可能吸入空气，系数取0.50。打开放气阀或在负压操作中未采用惰性气体保护时，系数为0.50。储存有可燃液体，其温度在闭杯闪点以上且无惰性气体保护时，系数也为0.50。如果使用惰性化的密闭蒸汽回收系统，且能保证其气密性则不用选取系数。

②只有当仪表或装置失灵时，工艺设备或储罐才处于燃烧范围内或其附近，系数为0.30，任何靠惰性气体吹扫，使其处于燃烧范围之外的操作，系数为0.30，该系数也适用于装载可燃物的船舶和槽车。若已按“负压操作”选取系数，此处不再选取。

③由于惰性气体吹扫系统不实用或者未采取惰性气体吹扫，使操作总是处于燃烧范围内或其附近时，系数为0.80。

4）粉尘爆炸。本项系数将用于含有粉尘处理的单元，如粉体输送、混合粉碎和包装等。除非粉尘爆炸试验已经证明没有粉尘爆炸危险，否则都要考虑粉尘系数。所有粉尘都有一定的粒径分布范围。为了确定系数，采用10%粒径，即在这个粒径处有90%粗粒子，其余10%为细粒子，根据表8-24确定合理的系数。

表8-24 粉尘爆炸危险系数确定

粉尘爆炸危险系数		
粉尘粒径/μm	泰勒筛/网目	系数
>175	60~80	0.25
150~175	80~100	0.50
100~155	100~150	0.75
75~100	150~200	1.25
<75	>200	2.00

注：在惰性气体气氛中操作时，表中系数减半。

5）释放压力。操作压力高于大气压时，由于高压可能会引起高速率的泄漏，所以要采用危险系数；是否采用危险系数，取决于单元中的某些导致易燃物料泄漏的构件是否会发生故障。

操作压力（表压）的计算公式为：

$$\text{表压} = \text{绝对压力} - \text{大气压} \tag{8-16}$$

当操作压力小于6895kPa（表压）时，由图8-7查得危险系数值，或通过式（8-17）计算得到：

$$Y = 0.16109 + 1.61503\left(\frac{X}{1000}\right) - 1.42879\left(\frac{X}{1000}\right)^2 + 0.5172\left(\frac{X}{1000}\right)^3 \tag{8-17}$$

式中：Y 为危险系数；X 为操作压力，bf/in^2，系按照式（8-16）确定的表压。单位换算为：1bf/in^2 = 6894.76Pa。

用图8-7中的曲线能直接确定闪点低于60℃的易燃、可燃液体的危险系数。对其他物质，可先由图8-7中曲线查出初始系数值，再用下列方法加以修正：

①焦油、沥青、重润滑油和柏油等高黏性物质，用初始系数乘以0.7作为危险系数。

②单独使用压缩气体或利用气体使易燃液体压力增至103kPa（表压）以上时，用初始系数值乘以1.2作为危险系数。

③液化的易燃气体（包括所有在其沸点以上储存的易燃物料），用初始系数值乘以1.3作为危险系数。

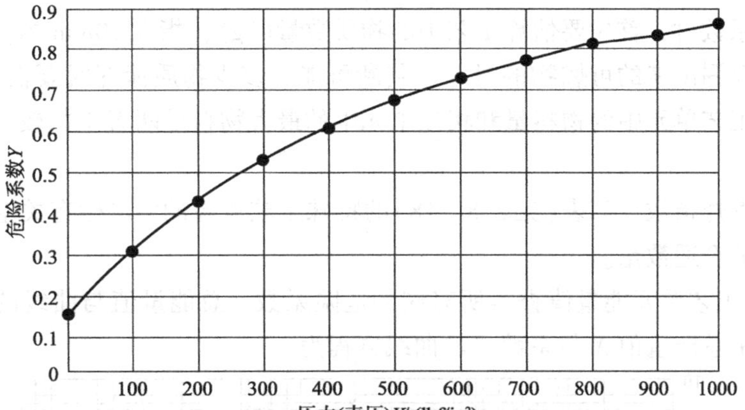

图8-7 易燃、可燃液体的压力危险系数

表8-25可确定压力大于6895kPa（表压）时的易燃、可燃液体的压力危险系数。

表8-25 易燃、可燃液体的压力危险系数

压力（表压）/kPa	危险系数	压力（表压）/kPa	危险系数
6895	0.86	17238	0.98
10343	0.92	20685～68950	1.00
13790	0.96	>68950	1.50

6)低温。本项主要考虑碳钢或其他金属在其展延或脆化转变温度以下时可能存在的脆性问题；如经过认真评价，确认在正常操作和异常情况下均不会低于转变温度，则不用系数。低温系数给定原则为：

①采用碳钢结构的工艺装置，操作温度等于或低于转变温度时，系数取0.30。如果没有转变温度数据，则可假定转变温度为10℃。

②装置为碳钢以外的其他材质，操作温度等于或低于转变温度时，系数取0.20。切记，如果材质适于最低可能的操作温度，则不用给系数。

7)易燃和不稳定物质的数量。易燃和不稳定物质数量主要讨论单元中易燃物和不稳定物质的数量与危险性的关系，分为3种类型，用各自的系数曲线分别评价。对每个单元而言，只能选取1个系数，其依据是已确定为单元物质系数代表的物质。

①工艺过程中的液体或气体。该系数主要考虑可能泄漏并引起火灾危险的物质数量，或因暴露在火中可能导致化学反应事故的物质数量。它应用于任何工艺操作，如用泵向储罐送料的操作。该系数适用于下列已确定作为单元物质系数代表的物质：

a. 易燃液体和闪点低于60℃的可燃液体。

b. 易燃气体。

c. 液化易燃气。

d. 闭杯闪点高于60℃，且操作温度高于其闪点的可燃液体。

e. 化学活性物质，不论其可燃性大小($N_R=2$，3或4)。

确定该项系数时，首先要估算工艺中的物质数量(kg)，指在10min内从单元中或相连的管道中可能泄漏出来的可燃物的量。在判断可能有多少物质泄漏时要借助于一般常识。经验表明，取工艺单元中的物料量和相连单元中的最大物料量两者中的较大值作为可能泄漏量是合理的。

在火灾、爆炸指数计算表(见表8-18)的特殊工艺危险的"G"栏有关空格中填写易燃或不稳定物质的合适数量。

由图8-8工艺单元能量值查得所对应的危险系数。总能量值与曲线的相交点代表系数值。该曲线中总能量值X与系数Y的曲线方程为：

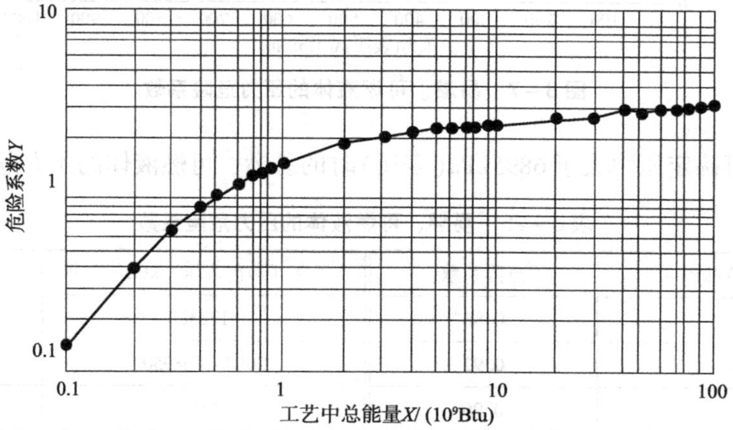

图8-8　工艺中的液体和气体的危险系数

$$\lg Y=0.17179+0.42988(\lg X)-0.37244(\lg X)^2+0.17712(\lg X)^3-0.029984(\lg X)^4 \quad (8-18)$$

式中，X 的单位为 10^9Btu。

$$1\ \text{Btu}=1055.05585\text{J}\approx 1.06\text{kJ}$$

由图 8－8 求出的工艺过程中的可燃或不稳定物料总量乘以燃烧热 H_c(J/kg)，得到总热量(J)。燃烧热 H_c 可以从相关文献或化学反应试验数据中查得。

对于 $N_R=2$ 或 N_R 值更大的不稳定物质，其 H_c 可取 6 倍于分解热或燃烧热中的较大值。分解热也可从化学反应试验数据中查得。

在火灾、爆炸指数计算表(见表 8－18)的特殊工艺危险"G"栏有关空格处填入燃烧热 H_c(J/kg)值。

②储存中的液体或气体(工艺操作场所之外)。操作场所之外储存的易燃和可燃液体、气体或液化气的危险系数比"工艺中的"要小，这是因为它不包含工艺过程，工艺过程有产生事故的可能。本项包括桶或储罐中的原料、罐区中的物料，以及可移动式容器和桶中的物料。

对单个储存容器可用总能量值(储存物料量乘以燃烧热而得)查图 8－9 确定其危险系数；对于若干个可移动容器，用所有容器中的物料总能量查图 8－9 确定系数。对于不稳定的物质，取最大分解热或燃烧热的 6 倍作为 H_c(燃烧热值)。

如果单元中的物质有几种，则查图 8－9 时，要找出总能量与每种物质对应的曲线中最高的一条曲线的交点，然后再查出与交点对应的系数值，即为所求系数。

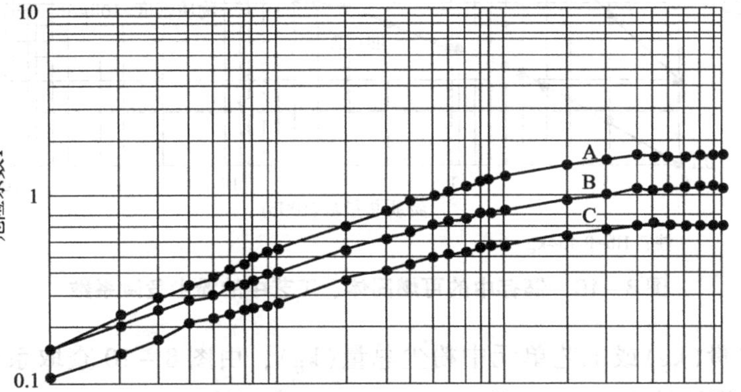

注：A=液化气；B=Ⅰ类易燃液体（闪点<37.8℃）；C=Ⅱ类可燃液体（37.8℃<闪点<60℃）

图 8－9 储存中的液体和气体的危险系数

图 8－9 中曲线 A、B 和 C 的总能量值(X)与系数(Y)的对应方程分别为：

曲线 A：

$$\lg Y=-0.289069+0.472171(\lg X)-0.074585(\lg X)^2-0.018641(\lg X)^3 \quad (8-19)$$

曲线 B：

$$\lg Y=-0.403115+0.378703(\lg X)-0.046402(\lg X)^2-0.015379(\lg X)^3 \quad (8-20)$$

曲线 C：

$$\lg Y = -0.558394 + 0.363321(\lg X) - 0.057296(\lg X)^2 - 0.010759(\lg X)^3 \quad (8-21)$$

以上各式中，X 的单位为 10^9 Btu。

例：若有 2 个相距 20m 的容器，分别储存有 100kgH_2、100kgCH_4，求物料的危险系数。

通过查询物质理化特性，可以计算各类物质的能量，并最终得到总能量：

$$100\text{kg } H_2 \times 120.6 \times 10^6 \text{J/kg} = 120.6 \times 10^8 \text{J}$$

$$100\text{kg } CH_4 \times 50.2 \times 10^6 \text{J/kg} = 50.2 \times 10^8 \text{J}$$

$$\text{总能量} = 170.8 \times 10^8 \text{J}$$

根据物质种类确定曲线：H_2 和 CH_4 均为气体(图 8－9 曲线 A)。查图 8－9，总能量对应曲线 A 的系数约为 1.6。

③储存中的可燃固体和工艺中的粉尘。本项包括储存中的固体和工艺单元中粉尘的量系数，涉及的固体或粉尘就是确定物质系数的那些基本物质。根据物质密度、点火难易程度及维持燃烧的能力来确定系数，如图 8－10 所示。

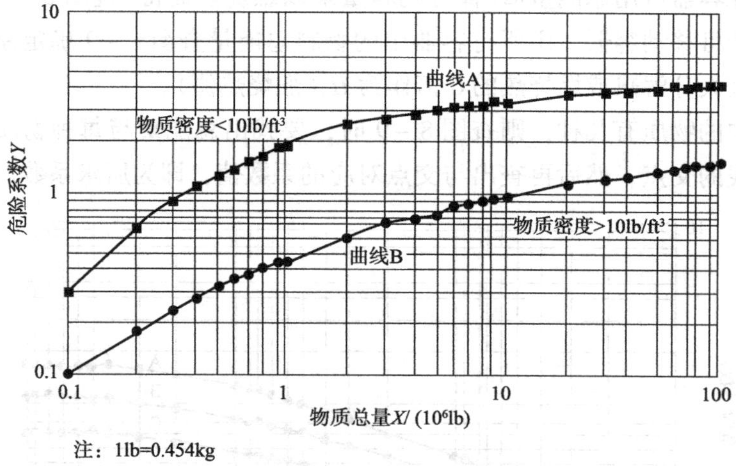

图 8－10　储存中的可燃固体、工艺中的粉尘危险系数

储存固体总量(kg)或工艺单元中粉尘总量(kg)，由图 8－10 查取系数。图 8－10 中 lb/ft^3 与 t/m^3 的换算关系如下：$1t/m^3 \approx 62.428lb/ft^3$，则 $1lb/ft^3 = 16.02kg/m^3$。因此，根据物质的密度是否小于 $1lb/ft^3$，即 $160.2kg/m^3$，确定选用曲线 A 或曲线 B。如果储存的是粉尘，则可以使用粉尘的松密度进行计算。松密度是指包括颗粒内外孔及颗粒间空隙的松散颗粒堆积体的平均密度。

对于 $N_R = 2$ 或更高的不稳定物质，用单元中物质实际质量的 6 倍，查曲线 A 来确定系数。

图 8－10 中曲线 A、B 的方程式分别为：

曲线 A：

$$\lg Y = 0.280423 + 0.4464559(\lg X) - 0.28291(\lg X)^2 + 0.066218(\lg X)^3 \quad (8-22)$$

曲线 B：

$$\lg Y = -0.358311 + 0.459926(\lg X) - 0.141022(\lg X)^2 + 0.02276(\lg X)^3 \quad (8-23)$$

以上两式中，X 的单位为 10^6lb。

$$1\text{lb} = 0.454\text{kg}$$

例：水煤气法制氢时用无烟煤或焦炭为原料与水蒸气经高温反应而得水煤气。净化后再使它与水蒸气一起通过触媒令其中的 CO 转化成 CO_2 可得含氢气体，再压入水中以溶去 CO_2，再通过含氨的乙酸亚铜溶液中除去残存的 CO 而得较纯氢气。1 座仓库，不计通道时面积为 $100m^2$，货物堆放高度为 5m，即容积为 $500m^3$。若存储无烟煤的密度为 $1800kg/m^3$，则总质量为：

$$1800\text{kg/m}^3 \times 500\text{m}^3 = 900000\text{kg}$$

因平均密度 $>160.2kg/m^3$，故查曲线 B，得其量系数为 0.6。

8）腐蚀。虽然正规的设计留有腐蚀余量，但腐蚀或侵蚀问题仍可能在某些工艺中发生。此处的腐蚀速率被认为是外部腐蚀速率和内部腐蚀速率之和。切不可忽视工艺物流中少量腐蚀可能产生的影响，它可能比正常的内部腐蚀和由于油漆破坏造成的外部腐蚀强得多，砖的多孔性和塑料衬里的缺陷都可能加速腐蚀。腐蚀系数按以下规定选取：①腐蚀速率（包括点腐蚀和局部腐蚀）$<0.127mm/a$，系数为 0.10；②腐蚀速率 $>0.127mm/a$，且 $<0.254mm/a$，系数为 0.20；③腐蚀速率 $>0.254mm/a$，系数为 0.50；④如果应力腐蚀裂纹有扩大的危险，系数为 0.75，这一般是氯气长期作用的结果；⑤要求用防腐衬里时，系数为 0.20。但如果衬里仅仅是防止产品污染，则不取系数。

9）连接头和填料处泄漏。垫片、接头或轴的密封处及填料处可能是易燃、可燃物质的泄漏源，尤其是在热和压力周期性变化的场所，应该按工艺设计情况和采用的物质选取系数。具体按下列原则选取泄漏系数：①泵和压盖密封处可能产生轻微泄漏时，系数为 0.10；②泵、压缩机和法兰连接处产生正常的一般泄漏时，系数为 0.30；③承受热和压力周期性变化的场合，系数为 0.30；④如果工艺单元的物料是有渗透性或磨蚀性的浆液，则可能引起密封失效，或者工艺单元使用转动轴封或填料函时，系数为 0.40；⑤单元中有玻璃视镜、波纹管或膨胀节时，系数为 1.50。

10）明火设备的使用。当易燃液体、蒸气或可燃性粉尘泄漏时，工艺中明火设备的存在额外增加了引燃的可能性。此时应分为 2 种情况选取系数：一是明火设备设置在评价单元中；二是明火设备附近有各种工艺单元。从评价单元可能发生泄漏点到明火设备的空气进口的距离就是图 8－11 中要采取的距离，单位用 ft 表示。

图 8－11 中曲线 A－1 用于：①确定物质系数的物质可能在其闪点以上泄漏的任何工艺单元；②确定物质系数的物质是可燃性粉尘的任何工艺单元。

图 8－11 中曲线 A－2 用于：确定物质系数的物质可能在其沸点以上泄漏的任何工艺单元。

系数确定的方法：按照图 8－11 用潜在泄漏到明火设备空气进口的距离与相对应曲线（A－1 或 A－2）的交点即可得到系数值。

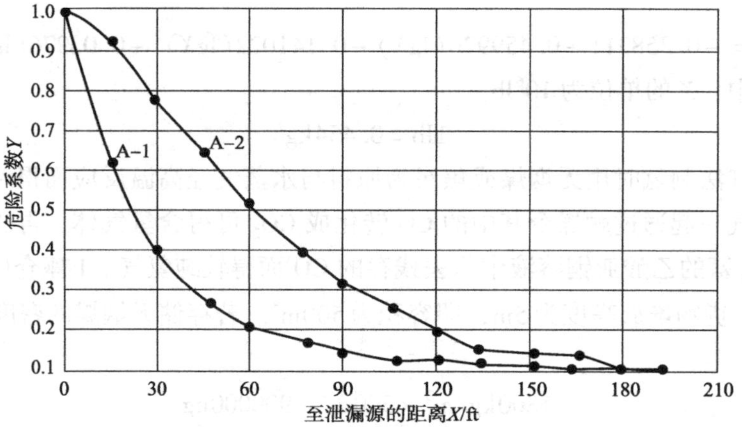

注：1ft=0.3048m

图8-11 明火设备危险系数

曲线A-1、A-2中，可能的泄漏源距离(X)与系数(Y)对应的方程为：

曲线A-1：

$$\lg Y = -3.3243\left(\frac{X}{210}\right) + 3.75127\left(\frac{X}{210}\right)^2 - 1.42523\left(\frac{X}{210}\right)^3 \tag{8-24}$$

曲线A-2：

$$\lg Y = -0.3745\left(\frac{X}{210}\right) - 2.70212\left(\frac{X}{210}\right)^2 + 2.09171\left(\frac{X}{210}\right)^3 \tag{8-25}$$

以上两式中，X的单位为ft。

如果明火设备本身就是评价工艺单元，则到潜在泄漏源的距离为0；如果明火设备加热易燃或可燃物质，则即使物质的温度不高于其闪点，危险系数也取1.00。

明火设备的使用系数不适用于明火炉。本项所涉及的任何其他情况，包括所处理的物质低于其闪点都不用取危险系数。

如果明火设备在工艺单元内，并且工艺单元中选作物质系数的物质的泄漏温度可能高于闪点，则不管距离多少，危险系数至少取0.10。

对于带有“压力燃烧器”的明火设备，若空气进气孔为3m或更大且不靠近排放口之类的潜在的泄漏源，危险系数取标准燃烧器所确定系数50%；但是，当明火加热器本身就是评价单元时，则危险系数不能乘以50%。

11)热油交换系统。大多数交换介质可燃且操作温度经常在闪点或沸点之上，因此增加了危险性。此项危险系数是根据热交换介质的使用温度和数量来确定的。热交换介质为不可燃物或虽为可燃物但使用温度总是低于闪点时，不用考虑这个危险系数，但应对产生油雾的可能性加以考虑。

按照表8-26确定热油交换系统的危险系数时，其油量可取下列两者中较小者：油管破裂后15min的泄漏量；热油循环系统中的总油量。

表8-26 热油交换系统的危险系数

油量/m^3	系数	
	大于闪点	等于或大于沸点
<18.9	0.15	0.25
18.9~37.9	0.30	0.45
37.9~94.6	0.50	0.75
>94.6	0.75	1.15

热交换系统中储备的油量不计入，除非它在大部分时间里与工艺单元保持联系。

此处建议，计算热油循环系统的火灾、爆炸指数时，应包含运行状态下的油罐(不是油储罐)、泵、输油管及回流油管。根据经验，这样做的结果会使火灾、爆炸指数较大。热油循环系统作为评价热油系统时，则按"明火设备的使用"的规定选取系数。

12)转动设备。工艺单元内大容量的转动设备会带来危险，虽然还没有确定一个公式来表征各种类型和尺寸转动设备的危险性，但统计资料表明，超过一定规格的泵和压缩机很可能引起事故。

评价工艺单元中使用或评价工艺单元本身是以下转动设备的，可选取系数0.5：大于600马力(1马力=735.5W)的压缩机；大于75马力的泵；发生故障后因混合不均、冷却不足或终止等原因引起反应温度升高的搅拌器和循环泵；其他曾发生过事故的大型高速转动设备，如离心机等。

评价了所有的特殊工艺危险后，计算基本系数与所涉及的特殊工艺危险系数的总和，并将它填入火灾、爆炸指数计算表中的"特殊工艺危险系数(F_2)"栏中。

(3)工艺单元危险系数

一般工艺危险系数的计算见式(8-26)：

$$一般工艺危险系数(F_1)=基本系数+所有选取的一般工艺危险系数之和 \quad (8-26)$$

特殊工艺危险系数的计算见式(8-27)：

$$特殊工艺危险系数(F_2)=基本系数+所有选取的特殊工艺危险系数之和 \quad (8-27)$$

工艺单元危险系数的计算见式(8-28)：

$$工艺单元危险系数(F_3)=一般工艺危险系数(F_1)\times特殊工艺危险系数(F_2) \quad (8-28)$$

F_3范围为1~8。若计算出的$F_3>8$，取$F_3=8$。

4. 计算火灾、爆炸指数(F&EI)

火灾、爆炸指数用来估计生产过程中的事故可能造成的破坏。各种危险因素，如反应类型、操作温度、压力和可燃物的数量等，表征了事故发生概率、可燃物的潜能及由工艺控制故障、设备故障、振动或应力疲劳等导致的潜能释放的大小。

按直接原因，易燃物泄漏并点燃后引起的火灾或燃料混合物爆炸的破坏类型有：冲击波或燃爆；初始泄漏引起的火灾；容器爆炸引起对管道与设备的撞击；引起二次事故——其他可燃物的能量释放。

随着单元系数和物质系数的增大，二次事故变得更加严重。

火灾、爆炸指数由式(8－29)计算：

火灾、爆炸指数(F&EI)＝单元危险系数(F_3)×物质系数(MF)　　(8－29)

计算F&EI时，一次只分析、评价一种危险，使分析结果与特定的最危险状况(如开车、正常操作、停车)相对应。

按照F&EI数值划分危险等级，见表8－27，可使人们对火灾、爆炸的严重程度有一个相对的认识。

表8－27　F&EI值及危险等级

F&EI值	1～60	61－96	98～127	128～158	>158
危险等级	最轻	较轻	中等	很大	非常大

F&EI被汇总记入火灾、爆炸指数计算表中(见表8－18)。

5. 安全措施补偿系数

(1)安全措施补偿系数计算程序

建造任何一个化工装置(或化工厂)时，应该考虑一些基本设计要点，要符合各种规范、规章的要求，还要实施相关安全措施。

实施安全措施，则能降低事故的发生概率和危害。安全措施可分为工艺控制、物质隔离、防火措施3类，其补偿系数分别为C_1、C_2、C_3。

安全措施补偿系数按下列程序进行计算，并汇总于安全措施补偿系数表(表8－19)中：

①直接把合适的系数填入该安全措施右边采用补偿系数一列。

②没有采取的安全措施，系数记为1.0。

③每一类安全措施的补偿系数是该类别中所有选取系数的乘积。

④将C_1、C_2、C_3相乘便得到总补偿系数。

⑤将补偿系数填入工艺单元风险分析汇总表(表8－20)中。

选择的安全措施应能切实地减少或控制评价单元的危险，提高安全可靠性，最终结果是确定损失减少的金额或使最大可能财产损失降到更为实际的程度。

(2)工艺控制补偿系数(C_1)

①应急电源——0.98。本补偿系数适应于基本设施(仪表电源、控制仪表、搅拌器和泵等)具有应急电源且能从正常状态自动切换到应急状态。只有当应急电源与评价单元事故的控制有关时才考虑这个系数。例如，在某一反应过程中维持正常搅拌是避免失控反应的重要手段，若为搅拌器配备应急电源就有明显的保护功能，因此应予以补偿。

②冷却——0.97、0.99。如果有备用冷却系统，冷却能力为正常需要量的1.5倍且至少维持10min，则系数为0.97；如果冷却系数难保证在出现故障时维持正常的冷却10min以上，则补偿系数为0.99。

③抑爆——0.84、0.98。粉体设备或蒸气处理设备上安有抑爆装置或设备本身有抑爆作用时，系数为0.84；采用防爆膜或泄爆口防止设备发生意外时，系数为0.98。只有那些在突然超压(如燃爆)时能防止设备或建筑物遭受破坏的释放装置才能给予补偿系数，对

于那些在所有压力窗口器上都配备的安全阀、储罐的紧急排放口之类常规超压释放装置则不考虑补偿系数。

④紧急停车装置——0.96、0.98、0.99。若振动仪能使设备自动停车，系数为0.96；出现情况异常时能紧急停车并转换到备用系统，补偿系数为0.98；重要的转动设备如压缩机、透平机和鼓风机等装有振动测定仪时，若振动仪只能报警，系数为0.99。

⑤计算机控制——0.93、0.97、0.99。设置在线计算机以帮助操作者，但它不直接控制关键设备或经常不用计算机操作时，系数为0.99。具有失效保护功能的计算机直接控制工艺操作时，系数为0.97。采用下列3项措施之一者，系数为0.93：a. 关键现场数据输入的冗余技术；b. 关键输入的异常中止功能；c. 备用的控制系统。

⑥惰性气体保护——0.94、0.96。盛装易燃气体的设备有连续的惰性气体保护时，系数为0.96；如果惰性气体系统有足够的容量并自动吹扫整个单元时，系数为0.94。但是，惰性吹扫系统必须人工启动或控制时，不取系数。

⑦操作指南或操作规程——0.91～0.99。正确的操作指南、完整的操作规程是保证正常作业的重要因素。下面列出最重要的条款并规定分值：开车为0.5；正常停车为0.5；正常操作条件为0.5；低负荷操作条件为0.5；备用装置启动条件(单元循环或全回流)为0.5；超负荷操作条件为1.0；短时间停车后再开车规程为1.0；检修后的重新开车为1.0；检修程序(批准手续、清除污物、隔离、系统清扫)为1.5；紧急停车为1.5；设备、管线的更换和增加为2.0；发生故障时的应急方案为3.0。

将已经具备的操作规程各项的分值相加作为式(8－30)中的X，并按式(8－30)计算补偿系数：

$$补偿系数=1.0-\frac{X}{150} \tag{8-30}$$

此外，也可以根据操作规程的完善程度，在0.91～0.99的范围内确定补偿系数。

⑧活性化学物质检查——0.91、0.98。用活性化学物质大纲检查现行工艺和新工艺(包括工艺条件的改变、化学物质的储存和处理等)，是一项重要的安全措施。如果按大纲进行检查是整个操作的一部分，系数为0.91；如果只是在需要时才进行检查，系数为0.98。采用此项补偿系数的最低要求是至少每年操作人员应获得1份应用于本职工作的活性化学物质指南，如不能定期地提供则不能选取补偿系数。

⑨其他工艺过程危险分析——0.91～0.98。几种其他的工艺过程危险分析工具也可用来评价火灾、爆炸危险。这些方法是：定量风险评价(QRA)，详尽的后果分析，事故树分析(FTA)，危险和可操作性研究(HAZOP)，故障类型和影响分析(FMEA)，环境、健康、安全和损失预防审查，故障假设分析，检查表评价，以及工艺、物质等变更的审查管理。相应的补偿系数如下：a. 定量风险评价为0.91；b. 详尽的后果分析为0.93；c. 事故树分析(FTA)为0.93；d. 危险和可操作性研究(HAZOP)为0.94；e. 故障类型和影响分析(FMEA)为0.94；f. 环境、健康、安全和损失预防审查为0.96；g. 故障假设分析为0.96；h. 检查表评价为0.98；i. 工艺、物质等变更的审查管理为0.98。

定期开展上面所列的任一危险分析时，均可按规定取相应的补偿系数。如果只是在必要时才进行一些危险分析，可仔细斟酌后取较高一些的补偿系数。

(3)物质隔离补偿系数(C_2)

①远距离控制阀——0.96、0.98。如果单元备有遥控的切断阀以便在紧急情况下迅速地将储罐、容器及主要输送管线隔离，则系数为0.98；如果阀门至少每年更换1次，则系数为0.96。

②备用泄料装置——0.96、0.98。如果备用储槽能安全地(有适当的冷却和通风)直接接受单元内的物料，补偿系数为0.98；如果备用储槽安置在单元外，则系数为0.96；对于应急通风系统，如果应急通风管能将气体、蒸气排放至火炬系统或密闭的受槽，系数为0.96；与火炬系统或受槽连接的正常排气系统的补偿系数为0.98。

③排放系统——0.91、0.95、0.97。为了自生产和储存单元中移走大量的泄漏物，地面斜度至少要保持2%（硬质地面1%），以便使泄漏物流至尺寸合适的排放沟。排放沟应能容纳最大储罐内所有的物料再加上第二大储罐10%的物料，以及消防水1h的喷洒量。满足上述条件时，补偿系数为0.91。只要排放设施完善，能把储罐和设备内以及附近的泄漏物排净，就可采用补偿系数0.91。如果排放装置能汇集大量泄漏物料，但只能处理少量物料(约为最大储罐容量的1/2)时，系数为0.97；许多排放装置能处理中等数量的物料时，则系数为0.95。

④联锁装置——0.98。装有联锁系统以避免出现错误的物料流向以及由此而引起的不需要的反应时，系数为0.98。此系数也能适用于符合标准的燃烧器。

(4)防火措施补偿系数(C_3)

①泄漏检测装置——0.94、0.98。安装了可燃气体检测器，但只能报警和确定危险范围时，系数为0.98；若它既能报警又能在达到燃烧下限之前使保护系统动作，系数为0.94。

②钢质结构——0.95、0.97、0.98。防火涂层应达到的耐火时间取决于可燃物的数量及排放装置的设计情况。如果采用防火涂层，则所有的承重钢结构都要涂覆，且涂覆高度至少为5m，这时取补偿系数为0.98；涂覆高度大于5m而小于10m时，系数为0.97；如果有必要，涂覆高度大于10m时，系数为0.95。防火涂层必须及时维护，否则不能取补偿系数。钢筋混凝土结构采用和防火涂层一样的系数。另外的防火措施是单独安装大容量水喷洒系统来冷却钢结构，这时取补偿系数为0.98，而不是按照“喷洒系统”的规定来取。

③消防水供应——0.94、0.97。消防水压力为690kPa（表压)或更高时，补偿系数为0.94；压力低于690kPa（表压)时系数为0.97。工厂消防水的供应要保证按计算的最大需水量连续供应4h。对危险不大的装置，供水时间少于4h可能是合适的。如果满足上述条件，则补偿系数为0.97。

④特殊系统——0.91。特殊系统包括二氧化碳、卤代烷灭火及烟火探测器、防爆墙或防爆小屋等。由于对环境存在潜在的危害，不推荐安装新的卤代烷灭火设施。特殊系统的补偿系数为0.91。地上储罐如果设计成夹层壁结构，当内壁发生泄漏时外壁能承受所有的负荷，此时采用0.91的补偿系数。

⑤喷洒系统——0.74～0.97。洒水灭火系统的补偿系数为0.97。室内生产区和仓库使

用的湿管、干管喷洒灭火系统的补偿系数按表 8 - 28 选取。

表 8 - 28 室内生产区和仓库使用的湿管、干管喷洒灭火系统的补偿系数

危险等级	设计参数/[L/(min·m)^2]	补偿系数	
		湿管	干管
低危险	6.11 ~ 8.15	0.87	0.87
中等危险	8.56 ~ 13.6	0.81	0.84
非常危险	>14.3	0.74	0.81

⑥水幕——0.97、0.98。在点火源和可能泄漏的气体之间设置自动喷水幕，可以有效地减少点燃可燃气体的危险。为保证良好的效果，水幕到泄漏源之间的距离至少要为 23m，以便有充裕的时间检测并自动启动水幕。最大高度为 5m 的单排喷嘴，补偿系数为 0.98；在第 1 层喷嘴之上 2m 内设置第 2 层喷嘴的双排喷嘴，其补偿系数为 0.97。

⑦泡沫装置——0.92 ~ 0.97。如果设置了远距离手动控制的将泡沫注入标准喷洒系统的装置，补偿系数为 0.94，该系数是对喷洒灭火系统补偿系数的补充；全自动泡沫喷射系统的补偿系数为 0.92，全自动意味着当检测到着火后泡沫阀自动地开启。为保护浮顶罐的密封圈设置的手动泡沫灭火系统的补偿系数为 0.97，当采用火焰探测器控制泡沫系统时，补偿系数为 0.94。锥形顶罐配备有地下泡沫系统和泡沫室时，补偿系数为 0.95；可燃液体储罐的外壁配有泡沫灭火系统时，如为手动其补偿系数为 0.97，如为自动控制则系数为 0.94。

⑧手提式灭火器或水枪——0.93 ~ 0.98。如果配备了与火灾危险相适应的手提式或移动式灭火器，补偿系数为 0.98。如果安装了水枪，补偿系数为 0.97；如果能在安全地点远距离控制它，则系数为 0.95；带有泡沫喷射能力的水枪，其补偿系数为 0.93。

⑨电缆保护——0.94、0.98。仪表和电缆支架均为火灾时非常容易遭受损坏的部位。如采用带有喷水装置，其下有 14 ~ 16 号钢板金属罩加以保护时，系数为 0.98；如金属罩上涂以耐火涂料以取代喷水装置时，其系数也为 0.98。若电缆管埋在地下的电缆沟内（不管沟内是否干燥），补偿系数为 0.94。

6. 计算暴露半径和暴露区域

(1)暴露半径

暴露半径表明生产单元危险区域的平面分布，是一个以工艺设备的关键部位为中心，以暴露半径为半径的圆。若评价的对象是一个小设备，则以该设备的中心为圆心，以暴露半径画圆；若设备较大，则应从设备表面向外量取暴露半径。暴露区域的中心常常是泄漏点，经常发生泄漏的点则是排气口、膨胀节和连接处等部位。暴露半径按式(8 - 31)计算，单位为 ft 或 m（1ft = 0.3048m）。

$$
\begin{aligned}
R &= \mathrm{F\&EI} \times 0.84(\mathrm{ft}) \\
R &= \mathrm{F\&EI} \times 0.256(\mathrm{m})
\end{aligned}
\tag{8-31}
$$

(2)暴露区域面积

暴露半径决定了暴露区域的大小，按式(8 - 32)计算暴露区域的面积(ft^2 或 m^2)：

$$暴露区域面积 = \pi R^2 \quad (8-32)$$

暴露区域面积的数值填入工艺单元风险分析汇总表(见表8-20)的第4行。

暴露区域意味着其内的设备将会暴露在本单元发生的火灾或爆炸环境中。为了评价这些设备遭受的损坏，要考虑实际影响的体积。该体积是一个围绕着工艺单元的圆柱体的体积，其面积是暴露区域，高度相当于暴露半径。有时用球体的体积来表示也是合理的。该体积表征了发生火灾、爆炸事故时生产单元所承受风险的范围。

如果暴露区域内有建筑物，但该建筑物的墙耐火或防爆或两者兼而有之，那么此时该建筑物没有危险因素而不应计入暴露区域内；如果暴露区域内设有防火墙或防爆墙，则墙后的面积也不算作暴露面积。另外还要考虑：

1)包含评价单元的单层建筑物的全部面积可以看作是暴露区域，除非它用耐火墙分隔成几个独立的部分。如果有爆炸危险，即使各部分用防火墙隔开，整个建筑面积都要看作暴露区域。

2)防爆墙可以看作暴露区域的界限。

7. 暴露区域内财产价值

暴露区域内财产价值可由区域内含有的财产(包括在存物料)的更换价值来确定：

$$更换价值 = 原来成本 \times 0.82 \times 增长系数 \quad (8-33)$$

式中：0.82是考虑场地平整、道路、地下管线、地基等在事故发生时不会遭到损失或无须更换的系数；增长系数则由工程预算专家确定。

更换价值可按以下几种方法计算：

1)采用暴露区域内设备的更换价值。

2)用现行的工程成本来估算暴露区域内所有财产的更换价值(地基和其他一些不会遭受损失的项目除外)。

3)从整个装置的更换价值推算每平方米的设备费，再乘上暴露区域的面积，即为更换价值。对老厂最适用，但其精确度差。

计算暴露区域内财产的更换价值时，需计算在存物料及设备的价值。储罐的物料量可按其容量的80%计算；塔器、泵、反应器等计算在存量或与之相连的物料储罐物料量，也可用15min流量或其有效容积计算。

物料的价值要根据制造成本、可销售产品的销售价及废料的损失等来确定，要将暴露区内的所有物料包括在内。

计算时，不重复计算2个暴露区域相重叠的部分。

8. 危害系数的确定

危害系数也称破坏系数，是由工艺单元危险系数(F_3)和物质系数(MF)按图8-12来确定的，它代表单元中物料泄漏或反应能量释放所引起的火灾、爆炸事故的综合效应。危害系数填入工艺单元风险分析汇总表(见表8-20)。

9. 计算基本最大可能财产损失(Base MPPD)

$$基本最大可能财产损失 = 暴露区域的更换价值 \times 危害系数 \quad (8-34)$$

基本最大可能财产损失是假定没有任何一种安全措施来降低损失。确定了暴露区域、

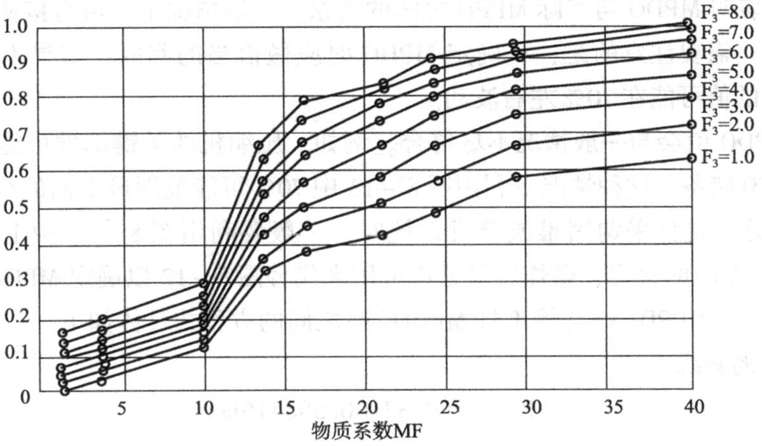

图8－12 危害系数计算

暴露区域内财产和危害系数后，则可计算按理论推断的暴露面积(实质上是暴露体积)内有关设备价值的数据。暴露面积代表基本最大可能财产损失，是根据多年来开展损失预防积累的数据而确定的。基本最大可能财产损失填入工艺单元风险分析汇总表(见表8－20)和生产单元风险分析汇总表（见表8－21)中。

10. 实际最大可能财产损失(Actual MPPD)

$$\text{实际最大可能财产损失}=\text{基本最大可能财产损失}\times\text{安全措施补偿系数} \quad (8-35)$$

实际最大可能财产损失，表示在采取适当的(但不完全理想)防护措施后事故造成的财产损失。如果这些防护装置出现故障，其损失值应接近于基本最大可能财产损失。实际最大可能财产损失填入工艺单元风险分析汇总表(见表8－20)的和生产单元风险分析汇总表(见表8－21)相应的栏目中。

11. 最大可能工作日损失(MPDO)

根据MPPD，按图8－13查取MPDO。得到的MPDO值填入工艺单元风险分析汇总表(见表8－20)及生产单元风险分析汇总表(见表8－21)。

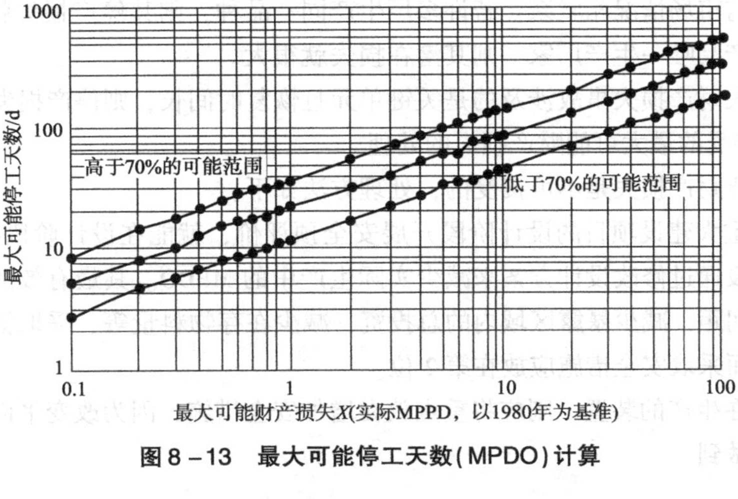

图8－13 最大可能停工天数(MPDO)计算

图8－13表明MPDO与实际MPPD之间的关系。一般情况下，可直接从中间那条线读出MPDO的值。需要注意的是，在确定MPDO时应做恰当的判断；如果不能做出精确判断，则MPDO的值可能在70%左右波动。

有时，MPDO值会与一般情况不尽符合。例如，压缩机的关键部件可能有备品，备用泵和整流器也有储备，这种情况下利用图8－13中70%可能范围最下面的线来查取MPDO是合理的；反之，部件采购困难或单机系统时，一般要利用图8－13中上面的线来确定MPDO。另外，专门的火灾、爆炸后果分析可用来代替图8－12以确定MPDO。

图8－13中，MPPD(X)与停工日MPDO(Y)之间的方程式具体如下。

上限70%的斜线：

$$\lg Y = 1.550233 + 0.598416\lg X \tag{8-36}$$

正常值的斜线：

$$\lg Y = 1.325132 + 0.59247\lg X \tag{8-37}$$

下限70%的斜线：

$$\lg Y = 1.045515 + 0.610426\lg X \tag{8-38}$$

12. 停产损失(BI)

按美元计，停产损失(BI)按式(8－39)计算：

$$BI = (MPDO/30) \times VPM \times 0.7 \tag{8-39}$$

式中：VPM为每月产值；0.7为考虑固定成本和利润的系数。

停产损失(BI)填入工艺单元风险分析汇总表(见表8－20)和生产单元风险分析汇总表(见表8－21)中。

13. 关于最大可能财产损失、停产损失和工厂平面布置的讨论

(1)可以接受的最大可能财产损失和停产的风险值

可以接受的最大可能财产损失和停产的风险值取决于不同类型的工厂，应该与类似的工厂进行比较，一个新装置的损失风险预测值应不超过有同样技术的、相同规模的类似工厂；或采用工厂(生产单元)更换价值的10%作为可以接受的最大可能财产损失。

此外，要与市场情况相联系。若许多厂生产同一品种，则其停产损失就小；若被破坏的工厂是某一产品唯一生产厂家，则其潜在损失就很大。

若发生重大财产损失事故涉及的是关键单元且恢复时间长，则停产损失就大。

(2)不可接受的最大可能财产损失的处理

若最大可能财产损失是不可接受的，处理方法如下：

1)通过在重大建设项目的设计阶段开展安全预评价，就能在设计阶段提前发现问题，从而可在此阶段通过修改设计方案来减少实际生产中的MPDO。其最有效的办法是改变平面布置，增大间距，减少暴露区域内的总投资，减少在存物料量等，采取消除或减少危险的预防措施；而采取安全措施应放在第2位。

2)对于正在生产的装置，则应将重点放在增加安全措施，因为改变平面布置或减少物料在存量较难做到。

(3) F&EI 分析与平面布置

F&EI 分析要求工艺单元和重要建筑物、设备之间有合适距离，F&EI 越大，装置之间距离就越大，因此要求设备与建筑物的安全、易于维修、方便操作、成本和效益兼顾。若分析结果不能接受，则应增大间距或采取更先进的工程措施，并估算其后果。

8.6.3　道化学火灾、爆炸指数评价法的特点与适用范围

美国道化学公司自 1964 年开发第 1 版火灾、爆炸指数评价法以来，历经 29 年，不断地进行补充、修改、完善，1993 年推出了第 7 版，是一种比较成熟、可靠的方法，且由于其方法独特、有效、容易掌握，曾在 20 世纪 70 年代衍生发展出日本的六阶段安全评价法、英国的蒙德火灾、爆炸、毒性指标法等。

道化学公司火灾、爆炸指数评价法能定量地对工艺过程、生产装置及所含物料的实际潜在火灾、爆炸和反应性危险逐步推算并进行客观评价，并能提供评价火灾、爆炸总体危险性的关键数据，能很好地剖析生产单元的潜在危险，并提出相应的安全措施。但该方法大量使用图表，涉及大量参数的选取，且参数取值范围较宽，容易因人而异，因而影响了评价的准确性。

道化学公司火灾、爆炸指数评价法适用于生产、储存和处理具有易燃、易爆、有化学活性或有毒物质的工艺过程及其他有关工艺系统，如氢生产的工艺装置等。

8.7　SAFETI 软件定量评估

挪威船级社(DET NORSKE VERITAS，DNV)是全球领先的风险管理机构，其自主研发的定量风险分析软件 PHAST 和 SAFETI，在全球拥有广泛用户群体，计算模型得到验证。

SAFETI™系列软件，是全球第一款定量风险分析软件，在同类软件中应用最为广泛全面。该软件被中国国家安全生产监督管理总局所认可，软件内嵌的定量评价方法更被写入 2003 版《安全预评价导则》附录 B 中。此外，GB 50074《石油库设计规范》中油罐安全距离标准的设定就是运用 DNV 公司的后果计算软件 PHAST(当时的 PHAST Professional 5.2 版)来协助制定的。此外，该软件已成为行业标准，被全球广泛认可，已成为荷兰全境唯一指定 QRA 软件，其后果计算软件 PHAST 更被美国交通运输部推荐用于模拟事故场景。

SAFETI™系列软件包括 PHAST、LEAK、SAFETI 3 个独立分析工具，分别进行后果计算、失效频率分析及综合风险计算。其中 PHAST 是 SAFETI 软件的子模块，可以独立运行进行计算。

8.7.1　SAFETI & PHAST 软件概述

1. SAFETI & PHAST 软件的使用领域

(1) SAFETI 使用领域

SAFETI 软件是业界最全面的工业标准 QRA 软件，拥有 30 多年开发历史，在国内外广泛用于对石油化工设施及过程工业中的定量风险评价分析和化工品危险品运输的风险分

析。其核心的QRA模型已经得到无数工程实践的反复检验，是一款成熟稳定准确可靠的定量风险评价分析工具。

SAFETI软件充分考虑人口、屏障、天气条件等各项因素，对关于化工品泄漏或爆炸等事故风险进行量化。旨在为各国的安全监管部门及企业提供决策辅助，帮助用户在设计之初或运营阶段迅速辨识重大风险的成因，以便更好地优化设计或运营方案，有效规避风险。

SAFETI软件已经广泛应用于以下几个领域：

风险排序和危险区域识别；

为工艺操作、应急响应或土地规划提供指导；

结合PHAST后果建模，进行危害风险分析；

整合工厂整个生命周期的风险管理活动；

降低安全生产和保险成本；

计算的一致性和可追溯性；

可生成FN曲线，从而与用户定义的可接受标准进行比较。

(2)PHAST使用领域

工业领域的安全管理与风险管理离不开对事故后果、风险成因的深刻理解。PHAST是全球综合程度最高的事故后果分析软件工具，可用于分析燃烧、爆炸和有毒危害，现已被全球800多家机构使用。在问世的三十多年里，为全球石油石化、流程工业、危险品运输、核工业等诸多行业所信赖，包含工业合作伙伴突破性的模型开发研究成果，其模型的可靠性和准确性受到广泛验证，其计算结果被国内外诸多管理部门所采纳而列入安全规范。

PHAST软件可以在设计和运营的每个阶段，快速准确地评估因各类危险造成的潜在威胁，对潜在事故的发生发展进行模拟分析。其计算能力可以完成从最初泄漏到远场扩散分析，包括对液池扩散和挥发以及易燃、有毒后果的建模。

PHAST软件已经广泛应用于以下几个领域：

厂区选址、厂区设计和平面布置；

模拟计算事故后果的严重程度；

为有针对性地采取相应的安全措施提供参考；

制定应急救援计划；

提高安全意识；

进行定量风险分析。

2. SAFETI & PHAST软件主要功能模块

(1)泄漏模块

泄漏模块是用来计算物料泄漏到大气环境中的流速和状态，泄漏计算分为2部分：泄漏孔处的流速和状态；膨胀至大气压水平的流速和状态。SAFETI(PHAST)的泄漏计算考虑了多种可能的情况，液相、气相或者气液两相泄漏；气液两相分层储存状态下，当泄漏从下方液体处发生时，先液体泄漏随后气体泄漏的自动计算功能；单纯物或者混合物的泄漏；稳定流速的泄漏或速度随时间变化的泄漏；室内泄漏；长输管道泄漏；考虑截断阀开启、放空功能启用等安全措施作用下的泄漏变化；管道上控制阀、泵、压缩机对泄漏结果的影响；支持众多安全措施启用后泄漏发生变化的用户自定义模型(如水喷淋对泄漏物料的稀释作用等)。

(2)扩散模块

通过对泄漏模块得到的结果以及天气情况进行计算得到云团的传播扩散情况。在扩散模块中，SAFETI(PHAST)也考虑了多种可能的情况，包括：云团中液滴的形成；云团中的液滴下落到(地)表面；落地后在地表形成液池；液池形成后的再次蒸发；蒸发形成气云与空气的混合、与原有云团混合后的持续扩散传播；云团的降落；云团的抬升；密云的扩散模型；重气云的扩散模型；浮云的扩散模型；被动扩散模型。

(3)火灾热辐射模块

在SAFETI(PHAST)中可以计算得到以下可能的可燃性后果：喷射火模型，包括圆锥体模型和American Petroleum Institute(API)模型；升级版动态火球模型(模拟火球腾空、半径变化、表面放射功率变化的动态过程)；升级版池火：两相(发光和多烟)池火灾模型；闪火模型。

火灾模块计算得到的结果有以下几种表征形式：热辐射强度；热辐射剂量水平；热辐射导致的致死率水平；闪火影响范围；3D空间计算并呈现障碍物对火灾热辐射的阻挡作用。

(4)爆炸模块

在SAFETI(PHAST)中有不同的蒸气云爆炸模型可供选择：TNT爆炸模型；阻塞空间爆炸的Multi Energy(ME)模型；阻塞空间爆炸的Baker - Strehlow Tang(BST)模型；沸液膨胀蒸气爆炸模型BLEVE；室内爆炸NFPA 68模型：超压在下风向变化趋势；不同超压等级的影响半径等。

(5)毒性模块

在SAFETI(PHAST)中，毒性计算模型包括：毒性剂量计算模型；毒性概率数模型；毒性致死率模型(概率数法、危险剂量法)；室内毒性计算模型；仓库火灾的毒性计算模型。

通过毒性模块计算可以得出浓度随下风向距离变化的曲线，主要包括以下结果：毒气云浓度随下风向距离变化的曲线；下风向某位置浓度随时间的变化曲线；云团中毒性负荷值；毒性概率值；毒性致死率；室内、室外毒气云浓度、剂量、概率数及致死率变化图表；仓库火灾后毒气云扩散情况。

(6)风险模块

综合上述PHAST软件计算得到的事故结果，以及SAFETI软件中与风险模型相关的其他风险参数模型计算结果，再与LEAK软件计算得到的事件频率来计算风险值。其中与风险模型相关的其他风险参数模型包括：天气、风玫瑰信息模型；人口模型；点火源模型；风险观测点模型；事件树模型；脆弱度模型。不同建筑物级别：根据个别建筑物抵抗热辐射、爆炸冲击波、毒性危害的能力分类。SAFETI软件计算的风险结果包括：个人风险等高线；个人风险排序报告；社会风险FN曲线；社会风险排序报告；社会风险PLL报告；爆炸数据详细分析报告(Safeti 3D模块)；火灾热辐射数据详细分析报告(Safeti 3D模块)；爆炸超压、火灾热辐射的频率超越曲线报告(Safeti 3D模块)；爆炸超压、火灾热辐射不同水平、闪火范围的频率等高线报告(Safeti 3D 模块)。

8.7.2 LEAK 软件概述

LEAK 软件采用碳氢化合物泄漏的历史失效数据库(HCRD)，该数据库包括可用于进行定量风险评价和可靠性分析的通用风险和可靠性数据。

用户可以在 LEAK 软件中将整个装置划分为不同的区域，在每个区域下还可以划分不同的工艺段，而每个工艺段中则包括不同的设备。LEAK 软件可以计算出总体的泄漏频率，也可以计算出各个区域、工艺段和设备对风险的贡献。

LEAK 软件可以计算出指定泄漏孔径范围或泄漏速率范围的泄漏频率。用户可以指定多个泄漏孔径范围，如 0 ~ 10mm、10 ~ 100mm 等，软件会依次给出各个孔径范围的泄漏频率值；另外，用户也可以指定多个泄漏速率的范围，如 0 ~ 5kg/s、5 ~ 10kg/s 等，软件会依次给出各个泄漏速率范围的泄漏频率值。

LEAK 软件的计算包括以下几个步骤：收集数据；创建一个新的 LEAK 项目分析；设置该分析的属性；将装置划分区域、工艺段、设备；输入各个设备的压力；输入各基本设备：储罐、管道等；定义输出的结果形式：泄漏孔径/泄漏速率；计算泄漏频率；增加其他设备。

8.7.3 SAFETI 应用举例

1. 基本流程

运用 DNV 公司 SAFETI 软件进行定量风险计算，要在充分熟悉装置情况和周围环境情况的条件下，输入相关的工艺设备参数、气象参数、平面布置、点火源位置及人口分布等，分析可能发生的事故；根据评价人员对事故状态的分析，选用不同的模型进行计算，以数字或图表的形式，计算出某事故的风险结果，然后将该结果与相应的风险标准进行比较，若得到的风险结果是可以接受的，则评价工作完成；若风险结果不能接受，则应考虑相应的安全措施，并进行重复计算，直到降低风险至可以接受程度，完成最终评价。

(1)确定事故类型

通过各评价单元危险有害因素分析，找出可能引起较严重后果的事故类型，建立相应的事故模型。

(2)泄漏模型

通过输入物料数据(种类、物料量)、设备运行工况参数(温度、压力)、管道粗糙度、各种阀门及弯头的数量以及事故类型，选择模型计算方法(平均速率或最大初始速率)以及有毒物影响的平均时间，设定泄漏点位置与高度等，软件将模拟计算出物料靠自身动能释放到大气环境中的各项指标，如释放速率、释放持续时间等。

(3)扩散模型

当容器内的物料释放到大气环境中且自身动能已基本消耗完后，其扩散主要受气象条件、地形等因素的影响，包括风向、风速、大气稳定度、气温、气压、相对湿度、地面粗糙度等。

(4)火灾爆炸模型

当易燃易爆物质扩散到大气环境中，遇火源可能产生闪火、喷射火、火球及爆炸等事故后果，对人及环境产生的危害主要是燃烧热辐射和爆炸冲击波。燃烧热辐射的计算模型有 API 和 Shell 模型，爆炸冲击波的计算模型有 TNT、Multi – Energy 及 Baker – Stewhlow。可根据工程项目的特征及资料情况选择不同的火灾爆炸模型。

(5)风险计算

建立了事故模型后，输入项目所在地的大气稳定度、风向及风速，然后输入人口分布、点火源分布及关心点的地理坐标，导入项目平面布置图，可计算出关心点的风险值、个人风险等值线及表示社会风险水平的 F – N 曲线。

2. 应用实例

(1)背景描述

某加氢站采用电解水制氢，设计氢气储气瓶组作为固定的储氢设备，同时根据需要配置长管拖车以提高供氢能力。固定储氢设备可满足加注 35MPa 和 70MPa 燃料电池汽车的氢气加注要求。加氢站为三级站。加氢站平面布置如图 8 – 14 所示，制氢、加氢区位于厂区东北角，其北侧、东侧为厂区围墙，西侧为压缩机房，南侧为绿化草坪。制氢、加氢区布置有电解水制氢系统、高压储氢瓶组、长管拖车、氢气压缩机、加氢机等设施。加氢站周边环境无居民住宅楼，也无人口聚集的商场、医院等大型公共建筑或广场，周边没有工业危险品仓库，距离主要交通干道和人行道较远。加氢站内工作人员 5 人。若设备或连接管道由于高压、腐蚀等因素发生破裂，将可能导致大量氢泄漏并引起火灾爆炸事故。现场设有氢泄漏紧急停车系统，当出现氢泄漏时，关闭管道上主要阀门，同时对电解水制氢设备、氢气压缩机等设备进行紧急停车，保障人身安全及站内设备安全。加氢站的具体安全要求见 7. 3. 1 节。

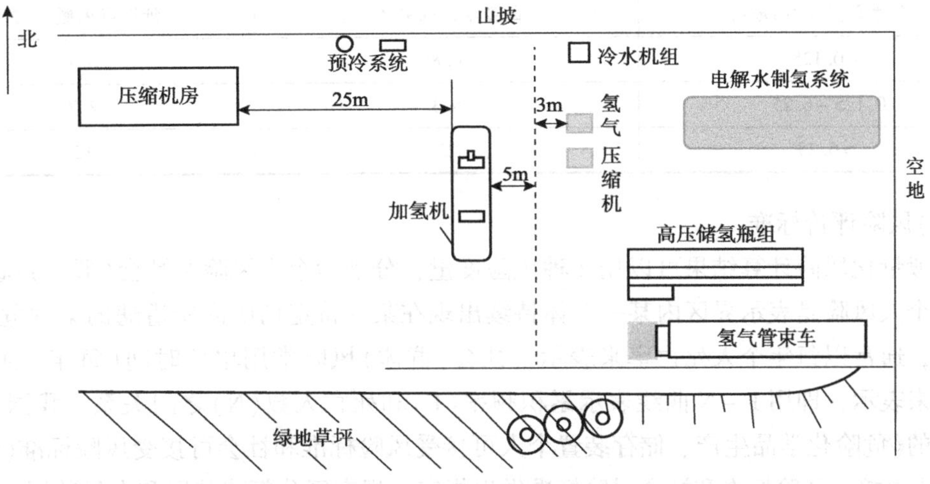

图 8 – 14 加氢站平面布置示意

加氢设施主要由以下几个部分组成：

①制氢区：包括电解水制氢装置及氢气压缩机。

②拖车卸车区：包括长管拖车和卸气柱。

③储气压缩区：包括固定式高压储气装置和氢气压缩机。

④加氢区：包括加氢机及加氢区天棚。

(2)模拟条件

1)事故后果计算参数

事故后果模拟中主要考虑氢泄漏引起的火灾、爆炸事故。气象条件为：风速 2m/s，大气稳定度 F。另外，假定从泄漏事故发生到氢泄漏紧急停车系统启动时间为 2min，其他软件模拟所用的基本参数见表 8-29。

表 8-29　事故后果计算采用的基本参数

事故单元	物质量/kg	系统温度/℃	系统压力/MPa	泄漏孔径/mm
高压储氢瓶组	900	10	90	50

2)风险计算参数

由于高压、材质、焊缝、腐蚀等因素造成高压设备及连接管线出现大孔泄漏或破裂，并引发爆炸事故的概率取 2×10^{-6}；氢泄漏后出现不同事故后果的概率采用 SAFETI 软件中默认值。

如果高压氢设备发生氢泄漏，产生立即点燃的原因主要来自氢自燃或静电。在 SAFETI 模式中，立即点燃由事件树点燃概率处理。氢气既是可燃物又是易爆物，高压氢气泄漏后立即点燃，则会发生喷射火焰；氢气泄漏到密闭或半封闭空间内，延迟点燃，则会发生爆燃或爆轰事故。因此，考虑氢气的点火概率时，要区分直接点燃和延迟点燃。在点火概率取值方面，美国防火协会对不同强度的泄漏采用不同的点火概率，如表 8-30 所示。

表 8-30　美国防火协会的氢气点火概率取值

氢气泄漏速率/(kg/s)	直接点火概率/%	延迟点火概率/%
<0.125	0.8	0.4
0.125~6.25	5.3	2.7
>6.25	23	12

(3)风险评价标准

一般量化风险计算结果可以用 2 种风险度量，分别为个人风险及社会(群体)风险。特定场所个人风险是表示界区内某一个体持续出现在某一特定场所内所遭遇的某种危险发生的频率，通常以每年个人死亡率来表示；社会(群体)风险常用单位时间(每年)的死亡人数概率来表示，即用 F-N 曲线表示累积频率(F)和死亡人数(N)之间关系。我国在 2014 年发布的《危险化学品生产、储存装置个人可接受风险标准和社会可接受风险标准(试行)》中对个人可接受风险标准和社会风险标准做出规定，规定区分新建装置和在役装置，并且对于不同人员密度的场所有不同的规定，具体要求如表 8-31 和图 8-15 所示。本次风险评价采用的个人风险标准为 3×10^{-5}/a，它表示对位于该风险等值线内的居民来说，该项目带来的风险是可接受的；而表示社会风险标准的 F-N 曲线则采用图 8-15 中所示标准值。

表 8-31 我国个人可接受风险标准值

防护目标	个人可接受风险标准(概率值)	
	新建装置(每年)≤	在役装置(每年)≤
低密度人员场所(人数＜30人)：单个或少量暴露人员	1×10^{-5}	3×10^{-5}
居住类高密度场所(30人≤人数＜100人)：居民区、宾馆、度假村等；公众聚集类高密度场所(30人≤人数＜100人)：办公场所、商场、饭店、娱乐场所等	3×10^{-6}	1×10^{-5}
高敏感场所(人数≥100人)：学校、医院、幼儿园、养老院、监狱等；重要目标：军事禁区、军事管理区、文物保护单位等；特殊高密度场所(人数≥100人)：大型体育场、交通枢纽、露天市场、居住区、宾馆、度假村、商店、饭店、娱乐场所	3×10^{-7}	3×10^{-6}

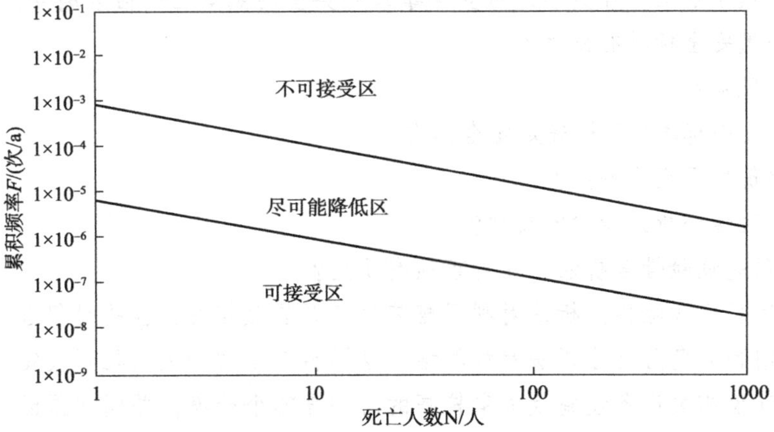

注：不可接受区指风险不能被接受。可接受区指风险可以被接受，无须采取安全改进措施。尽可能降低区指需要尽可能采取安全措施，降低风险。

图 8-15 我国社会可接受标准

(4)风险评价结果

通过建立以上事故模型，并导入该加氢站平面布置图，得到风险值计算结果。由高压储氢瓶组氢泄漏造成的社会风险 F-N 曲线，如图 8-16 所示。

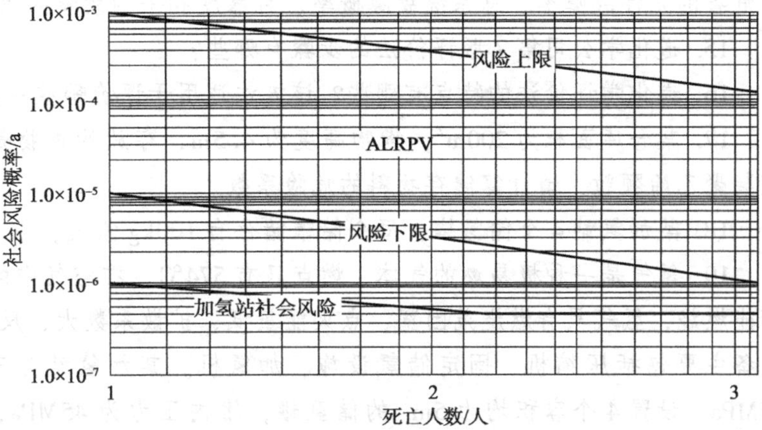

图 8-16 氢泄漏造成社会风险的 F-N 曲线

(5)小结

对于该加氢站，由于站内所有的居民均处于 1×10^{-5}/a 风险等值线以外，表明社会风险的 F－N 曲线全部处于风险可接受区域。这说明该加氢站的氢泄漏火灾、爆炸风险水平是完全可以接受的。

由此可见，通过应用 SAFETI 软件进行事故模拟，并将模拟结果以图表形式表达出来，可以直观地看出事故的影响范围。为保证正确使用该软件，需结合工程实际，积累实际工程事故经验，并对模拟过程中每一参数深入了解，确保每一输入项的合理性，使模型能够准确地模拟实际工程事故。

习题与思考题

1. 简述氢安全评价的程序。

2. 简述氢安全评价的常用方法和各自的适用范围。

3. 简述危险与可操作性分析法(HAZOP)的优缺点。

4. 查阅文献了解国内外典型的氢安全事故和典型的氢安全评估案例分析。

5. 国内外氢安全标准有哪些?

6. 什么是风险?

7. 什么是安全标准?怎样确定安全标准?

8. 安全评价的原理有哪些?

9. 预先危险性分析法步骤有哪些?

10. 采用预先危险性分析法的注意事项有哪些?

11. 请利用预先危险性分析法对利用瓶装氢气开展氢相关实验的过程进行安全评价。

12. 请利用预先危险性分析法对加氢站给氢燃料汽车的加氢过程开展安全评价。

13. 简述涉氢相关设备设施故障率较高的时期是哪个阶段，并阐述原因。

14. 某液氢储罐当内部液氢蒸发产生的气氢压力超过一定值后，会自动打开排气口阀释放内部过多氢气以防止内部超压。为及时移走内部过多氢气，在储罐顶部安装了压力传感器，由压力传感器与排气口阀连接，根据压力控制排气口开启。试计算这一装置发生超压危害的元件故障率、总系统故障概率、可靠度和平均故障间隔期，假设操作周期为 1a。

15. 道化学公司第 7 版评价法的步骤有哪些?

16. 道化学评价法的特点有哪些?该方法适用于评价哪些对象?

17. 某仓库面积为 $200m^2$，货物高度为 4.5m，存放的货物是平均密度为 $449kg/m^3$ 的袋装聚乙烯颗粒，请计算储存物料的危险系数。

18. 某加氢站 4 个储氢罐，每个储罐储存有 100kg 氢气，求储罐中物料的危险系数。

19. 氢气是一种极易燃的气体，燃点只有 574℃，在空气中的体积分数为 4% ~75% 时都能燃烧，氢气具有燃烧范围宽、点火能量低、扩散系数大、反应活性高的特点。加氢站设备主要包括压缩机、固定储氢设施、加氢机。某加氢站为三级站，设计加氢压力为 35MPa，设置 4 个容积均为 $5m^3$ 的储氢罐，罐内压力为 45MPa，每罐氢气质量为 153kg。使用氢气专用压缩机对氢气进行加压，压缩机有冷却系统。加气枪上安装压力传感器、温度传感器、过电压保护、软管拉断裂保护及优先顺序加气控制系统等功能。加氢站配置有氮气瓶组，作为气控系统气源和加氢站管路、设备的吹扫气体。为提高站内的安全性，该站采用氢气集中放散系统，其中：卸气柱、压缩机、固定式储气瓶和加氢机的放散均接至总管集中放散。因此考虑氢气的易扩散性、易缩胀性、易燃烧性、易爆炸性的特点，在站内安装有安防监控系统，以确保站点的运营安全。储氢罐内空气进入量很少，氧含量低于1%，无爆炸危险。储氢罐采用加强级防腐，腐蚀速率可能大于0.127mm/a但小于0.254mm/a。加氢站有完整的操作规程，对所经营的危险品的性质和工艺过程有一定的了解，并按有关设计规范和管理规定采取相应的安全措施，加氢站没有隔离安全措施，配备有手提式或移动式二氧化碳灭火器，电缆埋在地下。通过现场实地测量，该加氢站储罐区与相邻小区间的距离21m，符合GB 50156《汽车加油加气加氢站技术标准》要求。此外，该加氢站系有资质的单位设计和施工的，手续齐全，防雷、防静电设施完善，且做到定期检查，结果符合要求。消防器材配备规范齐全，完好有效，有健全组织机构，并配备有专职的安全生产管理人员，且该站主要负责人和安全生产管理人员均持有相应的资质证书，所有从业人员均经过培训考核合格后，持证上岗，编制有健全的岗位责任制、安全管理制度和操作规程，编制有事故应急预案，并能定期进行救援演练。假设加氢站的价值为100万元(人民币，下同)，1个储氢罐的价值为15万元，增长系数为1.2，1个储氢罐每月产值为1万元，估计损失时间为30d。试采用道化学火灾、爆炸指数评价法，对该站的火灾、爆炸危险性进行定量评价。

20. 请建立高压气氢拖车的安全检查表。

21. 请建立加氢机的安全检查表。

22. 请使用HAZOP方法对加氢站压缩机作业过程开展评价。

23. 习近平总书记指出，“我们必须始终保持高度警惕，既要高度警惕‘黑天鹅’事件，也要防范‘灰犀牛’事件”，“用大概率思维应对小概率事件，牢牢守住不发生系统性风险的底线”。“黑天鹅”事件指低概率安全事件，如新冠感染、空难。“灰犀牛”事件指高概率安全事件，如交通事故、火灾。你认为氢安全事故属于“黑天鹅”事件还是“灰犀牛”事件，应该如何预防氢安全事故？

24. 请思考自己离一名合格的氢行业安全人员的标准还存在哪些差距？准备如何缩小这些差距？

第9章 氢控制系统设计与应用

控制理论是研究自动控制共同规律的技术科学，自动控制是指在没有人直接参与的情况下，利用控制装置使被控对象自动地按照预定的规律运行和变化。在工程技术与科学的发展过程中，控制理论发挥着至关重要的作用。在空间飞行器、导弹导航系统和机器人系统中扮演着重要角色，在现代制造工业、工业过程控制等领域的作用也越来越重要。如数控机床加工工具的数字控制，压力、温度、流量、液位等过程变量的控制；新能源氢能的“制—储—运—用”全产业链的安全保障均离不开控制理论。本章从控制系统基本概念和控制系统设计基础出发，同时结合水电解制氢和天然气制氢工艺讲述氢安全的控制方案。

9.1 控制技术基础

9.1.1 控制系统的基本组成

在安全生产过程中，典型氢设备是在一定的温度、压力、流量等工艺条件下进行的。因此，必须对这些工艺变量进行控制，使其稳定在生产正常的范围内。

一个自动控制系统主要由2大部分组成：一部分是起到控制作用的自动控制装置，它包括控制仪表、测量仪器及执行器等；另一部分是需要控制的生产设备，即被控对象。图9-1为控制系统的基本组成框图。

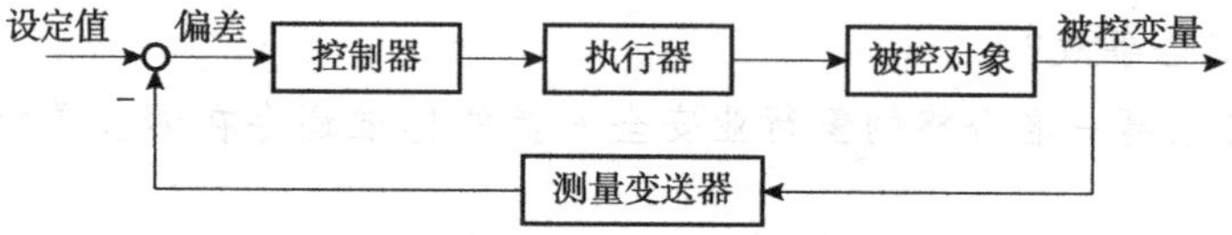

图9-1 控制系统的基本组成

(1)被控对象。在自动控制系统中，工艺变量需要控制的生产设备称为被控对象，简称对象。在氢安全生产中，包括各种制氢设备、储氢设备和输氢设备等。

(2)测量变送器。包括测量元件和变送器，将需要控制的工艺参数转化为一种特定信号(电动信号或气动信号)的仪表，在自动控制系统中起着“眼睛”的作用，因此要求其准确、快速、灵敏。

(3)控制器。又称调节器，它将测量变送器送来的信号与其被控变量设定的工艺参数进行比较，得到偏差信号，根据偏差的大小按照一定的运算规律计算出控制信号，并将控制信号传送给执行器。控制器有正作用控制器和负作用控制器2种形式。

(4)执行器。又称执行机构，接收控制器送来的信号，自动改变阀门的开度，从而改变输送给被控对象的能量或物料量。最常用的执行器是气动薄膜控制阀。当采用电动控制器时，控制阀还需增加一个电气转换器。控制阀有气开式和气关式2种形式。

在一个自动控制系统中，上述4个部分必不可少。除此之外，还有一些辅助装置，如给定装置、转换装置、显示仪表、报警装置、信号联锁系统等。

9.1.2　控制系统的分类

1. 按系统的结构分类

(1)开环控制系统

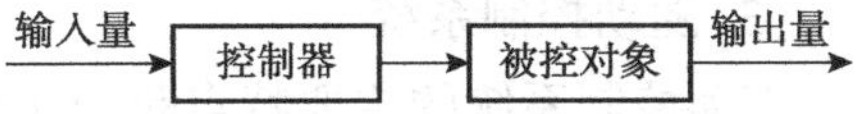

图9－2　开环控制系统

如果系统的输出量与输入量之间没有反馈作用，且输出对系统的控制过程不发生影响时称为开环控制系统。开环控制系统的职能框图如图9－2所示。

开环控制系统结构比较简单、成本低、响应速度快、工作稳定，但是当系统输出量出现误差时，它无法自动调整。因此，如果系统的干扰因素和元件特性变化不大，或可预先估计其变化范围并可预先加以补偿时，采用开环控制系统具有一定的优越性，并能达到相当高的精度。

(2)闭环控制系统

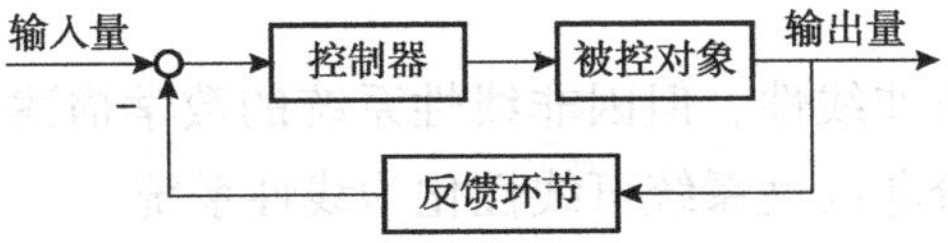

图9－3　闭环控制系统

如果系统的输出量与输入量之间具有反馈联系，即输出量对系统的控制过程有直接影响称为闭环控制系统，也称为反馈控制系统。闭环控制系统的职能框图如图9－3所示。

当系统的元件特性发生变化或出现干扰因素时，引起的输出量的误差可以自动进行纠正，其控制精度较高。但由于控制系统中总有储能元件存在，或在传动装置中存在摩擦、间隙等非线性因素的影响，如果参数选择不适当将会引起闭环控制系统振荡，甚至不能工作。因此，控制精度和稳定性之间的矛盾，必须通过合理选择系统参数来解决。另外，闭环控制系统的结构复杂，相对于开环控制系统成本高。

(3)开环控制系统与闭环控制系统的比较

从开环控制系统和闭环控制系统的职能框图可以看出，开环控制系统结构简单、容易维护、成本低，由于没有反馈，所以稳定性不是主要问题，但是系统无法抑制扰动信号对输出的影响。因此当输出量难以测量或测量成本太高或没有必要测量，又不存在扰动信号或扰动可以忽略时，采用开环控制系统。

闭环控制系统也称为反馈控制系统，因输出信号被反馈到输入端，所以使系统的外部干扰和内部参数的变化最终都可通过输出反馈到输入端，利用偏差对系统的输出进行调节，从而抑制干扰对输出的影响。但因闭环控制系统引入了反馈，所以系统的稳定性成为非常重要的问题。另外与开环控制系统相比，闭环控制系统的控制要复杂些，所使用的元器件数量要多一些，因此成本要比开环控制系统高。

2. 按输入量的变化规律分类

(1)恒值控制系统

恒值控制系统的设定值是一个恒定值，它的任务是使控制系统的被控变量维持在给定恒定值上。对于控制系统的主要要求是当被控变量受某种干扰而偏离恒定值时，通过自动调节功能使它尽可能快地恢复到恒定值。

(2)程序控制系统

在程序控制系统中，将已知设定值的变化规律事先预存在计算机中，系统按照计算机控制指令的要求运行。

(3)随动控制系统

随动控制系统的主要特点是设定值的变化规律事先不能确定。要求输出量能迅速、平稳、准确地复现控制信号的变化规律。故又称为伺服控制系统。

3. 描述系统的数学模型分类

(1)线性控制系统

当各元件输入输出特性是线性的，系统的状态和性能可以用线性微分方程来描述时，称这种系统为线性控制系统。

(2)非线性控制系统

非线性控制系统是指不能用线性微分方程来描述的系统，此种系统包含变量中具有非线性关系的元器件。

严格地说，任何物理系统总是不同程度地具有非线性，但因非线性系统的数学描述和求解非常复杂，所以在工程允许的情况下，大部分非线性系统可线性化为线性系统。

9.1.3 控制系统的过渡过程及性能指标

从被控对象受到干扰作用使被控变量偏离给定值时起，控制器开始发挥作用，使被控变量回复到给定值范围内。然而这一回复并不是瞬间完成的，而是要经历一个过程，这个过程就是控制系统的过渡过程。在过渡过程中，被控变量的变化情况、偏离设定值的最大限度，以及系统消除偏差的速度、精度等都是衡量控制系统控制质量的依据。

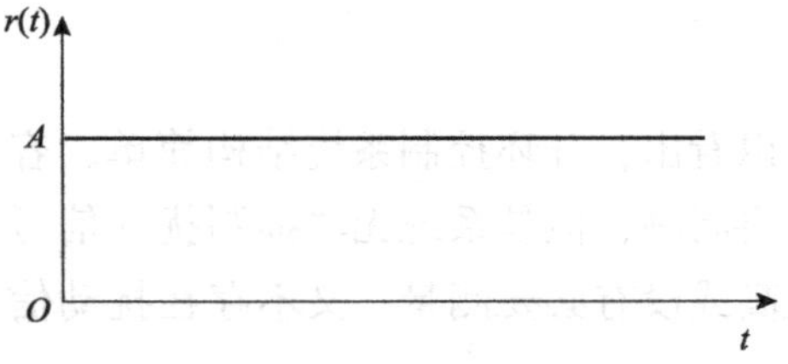

图9-4 阶跃信号

1. 控制系统的过渡过程

在生产过程中，干扰形式多种多样，而大部分具有随机性，其中阶跃干扰对控制系统的影响最大，且最为多见，如图9-4所示。

阶跃信号的表达式详见式(9-1)：

$$r(t)=\begin{cases}0 & t<0\\ A & t\geqslant 0\end{cases} \tag{9-1}$$

在阶跃干扰作用下，控制系统的过渡过程有振荡发散、等幅振荡、衰减振荡和单调衰减4种基本形式，如图9-5所示。

①振荡发散过程。如图9-5(a)所示，系统在受到阶跃干扰作用后，被控变量不但不能回到设定值，反而越来越偏离设定值，以致超出生产的规定限度，严重时引起生产事

故。这是一种不稳定的过渡过程，因此要尽量避免。

②等幅振荡过程。如图 9－5(b)所示，系统在受到阶跃干扰作用后，被控变量在某一稳态值附近振荡，而振荡幅值恒定不变，系统不能稳定下来，一般不采用。

③衰减振荡过程。如图 9－5(c)所示，系统在受到阶跃干扰作用后，被控变量在稳定值附近上下波动，经过两三个周期就稳定下来。这是一种稳定的过渡过程，多数情况下控制系统都希望得到这样的过渡过程。

④非振荡的单调衰减过程。如图 9－5(d)所示，系统在受到阶跃干扰作用后，被控变量没有振荡，最终稳定下来，是一种稳定的过渡过程。但是和衰减振荡过程相比，其回复到稳定状态的速度慢、时间长，因此一般不采用。

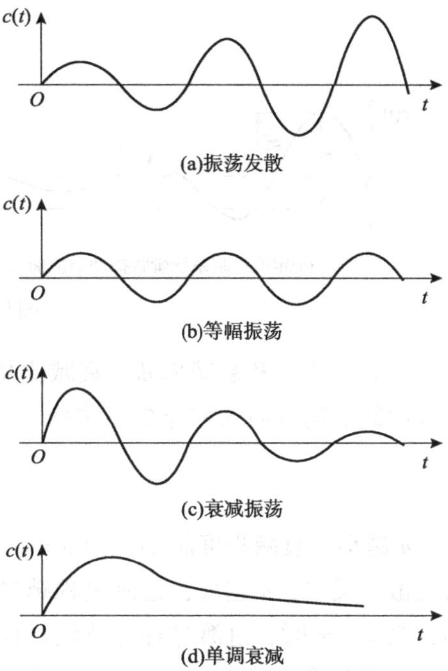

图 9－5　过渡过程的基本形式

综上所述，一个自动控制系统的过渡过程，首先应是一个趋于稳定的过程，是满足生产要求的基本保证；其次，在大多数情况下，应是一个衰减振荡的过程。

2. 控制系统的性能指标

衰减振荡的过渡过程能使被控变量在受到干扰作用后重新趋于稳定，并且控制速度快、回复时间短。但是每一个工艺过程对衰减振荡的控制质量要求不同，因此要分析和评价一个控制系统的好坏，就要建立统一的衡量标准。采用什么样的指标作为衡量标准是根据工艺过程的实际需要而定的，通常采用单项性能指标和综合性能指标 2 大类标准。

(1)单项性能指标

单项性能指标是以阶跃响应曲线形式表示的性能指标，它是以系统受到阶跃输入作用后的响应曲线(又称为过渡过程曲线)的形式给出的，如最大偏差(或超调量)、衰减比(或衰减率)、余差、回复时间等，称为过渡过程的质量指标。

图 9－6(a)所示为定值控制系统受到阶跃扰动信号作用后的衰减振荡过渡过程曲线，因为系统的设定值不变，所以被控变量总是围绕着过程的设定值变化；图 9－6(b)所示为随动控制系统的设定值阶跃变化的衰减振荡过渡过程曲线，整个过程始终是围绕着新的设定值波动的。

①最大偏差 A 和超调量 σ　对于定值控制系统来说，最大偏差是指过渡过程中被控变量第 1 个波的峰值与给定值的差，如图 9－6(a)中的 A；在随动控制系统中，如图 9－6(b)所示，通常采用式(9－2)所示的另一个指标超调量 σ：

$$\sigma = \frac{c(t_p) - c(\infty)}{c(\infty)} \times 100\% \tag{9-2}$$

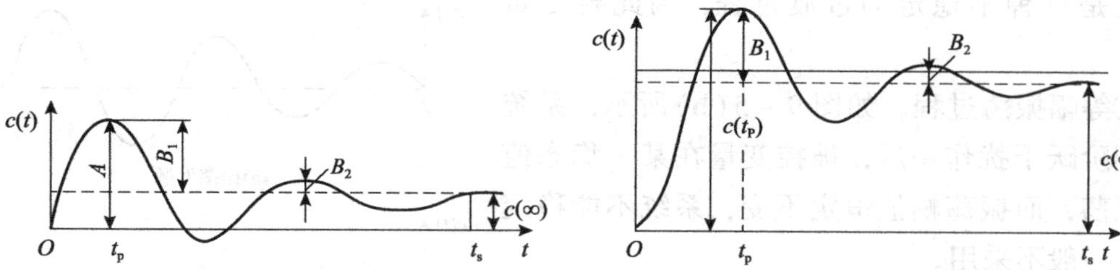

(a)定值控制系统阶跃扰动响应曲线　(b)随动控制系统设定值阶跃变化响应曲线

图9－6　过渡过程曲线

②衰减比 n 和衰减率 ϕ　衰减比是衡量一个振荡过程的衰减程度的指标，它等于过渡过程曲线上同方向的相邻2个波峰之比，见式(9－3)：

$$n = \frac{B_1}{B_2} \tag{9-3}$$

n 越小，衰减程度越小。当 $n=1$ 时，过渡过程为等幅振荡；$n<1$ 时，过渡过程为振荡发散。反之，n 越大，过渡过程越接近非周期的单调过程，$n>1$ 时，过渡过程为衰减振荡；当 $n\to\infty$ 时，过渡过程为单调过程。实际生产中，为了保证控制系统有一定的稳定裕度，一般要求衰减比在4∶1～10∶1。

衡量振荡衰减程度的另一种指标是衰减率，它是指每经过一个周期后，波动幅度衰减的百分数，如式(9－4)所示：

$$\phi = \frac{B_1 - B_2}{B_1} \tag{9-4}$$

衰减比和衰减率两者有简单的对应关系，如衰减比为4∶1时，衰减率为0.75；衰减比为10∶1时，衰减率为0.9。

③余差 $e(\infty)$　指过渡过程结束后，被控变量新的稳态值 $c(\infty)$ 与设定值之差。它是衡量控制系统稳态准确性的性能指标。余差反映了控制系统的控制精度，余差越小，精度越高，控制质量越好。在实际生产过程中，余差大小只要满足生产工艺要求即可。

④回复时间 t_s　也称为过渡过程时间或调整时间，是指被控变量从过渡状态回复到新的稳定状态的时间间隔，即过渡过程开始到结束所需的时间。从理论上讲，被控变量完全达到新的稳定状态需要无限长的时间，但一般认为当被控变量进入新稳态值的±5%(或±2%)的范围内不再超出时，就算过渡过程已经结束。因此，实际的回复时间就是从扰动开始到被控变量进入新稳态值的±5%(或±2%)范围内所经历的时间。回复时间是衡量控制系统快速性的一个指标。

⑤振荡周期 T　过渡过程的第1个波峰与相邻的第2个同向波峰之间的时间间隔称为振荡周期(或称为工作周期)，其倒数称为振荡频率，它是为衡量控制系统快速性的性能指标。在相同的衰减比条件下，振荡周期与回复时间成正比。

实际生产中，控制系统的各项性能指标是彼此相关、相互约束的，不可能出现同时都是最好的情况。确定性能指标时应主要看能否满足工艺要求，如对于定值控制系统，一般要求被控变量最大偏差小。尽可能快速地回复到设定值；对于随动控制系统，要求被控变量以一定的精度快速跟上给定值的变化，因此希望超调量小、过渡过程时间尽可能短。

(2)综合性能指标

实际生产中时常会用偏差积分指标衡量控制系统性能的优劣。它是过渡过程中被控变量偏离其新稳态值的误差沿时间轴的积分。无论是误差幅度大还是时间长都会使误差积分增大，因此它是一类综合性能指标，希望它越小越好。

假定控制系统希望的输出与实际输出分别为$r(t)$和$c(t)$，则定义误差(偏差)$e(t)$如式(9－5)所示：

$$e(t)=c(t)-r(t) \tag{9-5}$$

当系统有余差时，定义式如式(9－6)所示：

$$e(t)=c(\infty)-c(t) \tag{9-6}$$

误差积分可以有各种不同的形式，常用的有以下几种。

①误差积分(IE)，见式(9－7)：

$$\mathrm{IE}=\int_0^\infty e(t)\,\mathrm{d}t \tag{9-7}$$

②绝对误差积分(IAE)，见式(9－8)：

$$\mathrm{IAE}=\int_0^\infty |e(t)|\,\mathrm{d}t \tag{9-8}$$

③平方误差积分(ISE)，见式(9－9)：

$$\mathrm{ISE}=\int_0^\infty e^2(t)\,\mathrm{d}t \tag{9-9}$$

④时间与绝对误差乘积积分(ITAE)，见式(9－10)：

$$\mathrm{ITAE}=\int_0^\infty t|e(t)|\,\mathrm{d}t \tag{9-10}$$

⑤时间与误差平方乘积积分(ITSE)，见式(9－11)：

$$\mathrm{ITSE}=\int_0^\infty te^2(t)\,\mathrm{d}t \tag{9-11}$$

采用不同的积分公式意味着估计整个过渡过程优良程度时的侧重点不同。例如ISE对大偏差敏感，若用ISE指标来整定控制器参数，则所得到的过渡过程不会出现大偏差，当然其他指标将会有所下降；若用ITAE指标来整定控制器参数，其过渡过程的初始偏差较大，而随着时间的推移，偏差将很快降低。也就是说，它的过渡过程曲线将会出现较大的最大偏差(或超调量)，但回复时间较短。ITSE兼有ISE和ITAE的特点，用它来整定控制器参数，可以得到比较理想的结果。人们可以根据生产过程的要求，特别是结合经济效益考虑加以选用。误差积分指标有一个缺点，它不能保证控制系统具有合适的衰减率，而衰减率是人们首先关注的。例如，等幅振荡过程是人们不能接受的，然而它的IE却等于0，显然极不合理。为此，通常的做法是先规定衰减率的要求。在这个前提下，系统仍然可能有一些灵活的余地，这时再考虑使误差积分为最小。

9.1.4 对控制系统的基本要求

评价一个自动控制系统的性能优劣的指标体现在3个方面即稳定性、准确性和快速性，简称稳、准、快。

(1)稳定性

只有闭环控制系统才会有稳定性问题，而稳定是一个闭环控制系统正常工作的前提条件，任何系统只有在稳定的情况下才有可能正常工作。由前面的分析可知，闭环控制系统的实质是“检测偏差并减小偏差”，因此对稳定性的工程理解是：如果一个控制系统不能做到“减小偏差”，甚至“放大偏差”，那么这个控制系统就是不稳定的。

系统的稳定是有裕度的，也称为稳定裕度。稳定裕度越大，系统的稳定程度越深，系统抗干扰的能力也就越强。

(2)准确性

准确性是由系统的稳态精度来衡量的，它是指 $t \to \infty$ 时(系统过渡过程结束后进入稳态过程时)，系统的输入给定值与输出响应稳态值的差值大小，称为系统的稳态误差。

(3)快速性

理想的控制系统被控变量(输出)与给定值(输入)应是相等的。但是，由于机械运动部件质量、惯量、电路中储能元件以及物理装置功率的限制，使得控制系统的被控物理量不能瞬时响应输入量的变化。所以，当给定值变化时，被控变量不可能立即等于给定值，而需要经过一个过渡过程，即动态过程。

快速性表明系统输出对输入响应的快慢程度。系统响应越快，说明系统复现输入信号的能力越强。

不同性质的控制系统，对稳定性、准确性和快速性要求各有侧重。系统的稳定性、准确性、快速性相互制约，应根据实际需求合理选择。

9.2 控制系统设计基础

9.2.1 被控对象的动态特性

控制系统在初始平衡状态下受到某一时间函数 $r(t)$ 的输入作用时，其输出响应是另一个时间函数 $c(t)$。$r(t)$ 与 $c(t)$ 之间存在着某种因果关系，称为系统的动态特性。系统的动态特性一般采用数学模型精确描述。建立数学模型时所使用的数学工具不同，数学表达式的形式就不同。在经典控制理论中，能够描述控制系统的数学模型形式有：微分方程、传递函数、动态结构图、频率特性等。这些数学模型之间联系紧密，各有特点及其适用场合，并且可以互相转换，其中微分方程是数学模型的最基本形式。

建立系统数学模型的方法有：解析法和实验法。解析法是从基本物理规律出发，即利用各个专门学科领域提出的物质和能量守恒性及连续性原理，分析系统各部分运动的机理，然后根据这些机理列写系统的运动微分方程，通过数学推导得到系统的数学模型。解析法是建立系统数学模型的基本方法。实验法是根据系统的运行和试验数据建立系统的模型，这种方法也称为系统辨识。实验法是建立或者验证系统数学模型的一个重要手段。

1. 微分方程

许多动态系统，无论是机械系统、电学系统、热力学系统，还是经济、生物系统，其动态特性都可以由微分方程描述。系统的微分方程是在时域内描述系统的数学模型，通过对系统微分方程求解，即可得到系统输出随时间变化的响应曲线，它具有明显的物理意义，可以直观地对系统性能进行评价。

微分方程是自动控制系统数学模型的基本形式，传递函数、动态结构图、频率特性都可由它演化而来。

用分析法列写一个自动控制系统的微分方程的一般步骤如下：

(1)根据控制系统的需要，确定系统的输入变量和输出变量。

(2)从输入端开始，按信号传递顺序，依据各环节所遵循的原理或定律，列写各变量的微分方程。

(3)消去中间变量，并对方程进行标准化处理：将与输入有关的各项放在等号右边，与输出有关的各项放在等号的左边，方程两端分别按降幂排列。

2. 传递函数

(1)拉普拉斯变换

若函数$f(t)$满足下列条件：

①当$t<0$时，$f(t)=0$；当$t\geqslant 0$时，$f(t)$在每个有限区间上是分段连续的；

②$\int_0^{\infty} f(t)e^{-\sigma t}\mathrm{d}t < \infty$，其中$\sigma$为正实数，即$f(t)$为指数级的；则可定义$f(t)$的拉普拉斯变换$F(s)$：

$$F(s) = L[f(t)] = \int_0^{\infty} f(t)e^{-st}\mathrm{d}t \tag{9-12}$$

式中：$f(t)$为原函数；$F(s)$为象函数；$s=\sigma+j\omega$为复变量；L为拉普拉斯运算符号。

在拉普拉斯变换中，s的量纲是时间的倒数，即$1/t$，$X(s)$的量纲是$x(t)$的量纲与时间t量纲的乘积。

拉普拉斯变换是把时域函数$f(t)$变成了复数域函数$F(s)$。同样，也可通过拉普拉斯逆变换把复数域函数$F(s)$变换为时域函数$f(t)$。

拉普拉斯逆变换为：

$$f(t) = L^{-1}[F(s)] = \frac{1}{2\pi j}\int_{\sigma-j\omega}^{\sigma+j\omega} F(s)e^{st}\mathrm{d}s \tag{9-13}$$

(2)传递函数的定义

在零初始条件下，线性定常系统输出拉普拉斯变换与输入拉普拉斯变换之比，称为系统的传递函数。

设线性控制系统的微分方程描述为：

$$\begin{aligned} &a_n y^{(n)}(t) + a_{n-1}y^{(n-1)}(t) + \cdots + a_1 y^{(1)}(t) + a_0 y(t) \\ &= b_m x^{(m)}(t) + b_{m-1}x^{(m-1)}(t) + \cdots + b_1 x^{(1)}(t) + b_0 x(t) \end{aligned} \tag{9-14}$$

式中：$x(t)$为系统的输入；$y(t)$为系统的输出；a_n，a_{n-1}，…，a_0和b_m，b_{m-1}，…，b_0为常数。

在初始条件为0的情况下，对式(9-14)两边进行拉普拉斯变换得：

$$a_n s^n Y(s) + a_{n-1} s^{n-1} Y(s) + \cdots + a_1 s Y(s) + a_0 Y(s) \\ = b_m s^m X(s) + b_{m-1} s^{m-1} X(s) + \cdots + b_1 s X(s) + b_0 X(s) \tag{9-15}$$

根据定义，线性系统的传递函数为：

$$G(s) = \frac{b_m s^m + b_{m-1} s^{m-1} + \cdots + b_1 s + b_0}{a_n s^n + a_{n-1} s^{n-1} + \cdots + a_1 s + a_0} \tag{9-16}$$

关于传递函数的几点说明：

①拉普拉斯变换是一种线性积分运算，而传递函数是经过拉普拉斯变换导出的，因此传递函数的概念仅适用于线性定常系统。

②传递函数是在零初始条件下定义的，传递函数原则上不能反映控制系统在非零初始条件下的运动规律。

③传递函数是一种以控制系统参数表示的输入量与输出量之间关系的数学表达式，它取决于控制系统本身的特性，而与输入量和输出量的形式和大小无关。

④传递函数是一种以复变量 s 为变量的代数数学模型。

⑤传递函数的分母多项式 $N(s) = a_n s^n + a_{n-1} s^{n-1} + \cdots + a_1 s + a_0$ 称为系统的特征多项式，代表系统的固有特性。分母多项式等于0，即 $a_n s^n + a_{n-1} s^{n-1} + \cdots + a_1 s + a_0 = 0$，称为系统的特征方程。

⑥控制系统特征方程的根称为控制系统的极点。而传递函数分子多项式等于零得到的根称为控制系统的零点。

⑦传递函数分母多项式中 s 的最高阶次(等于输出量最高阶导数的阶数)为 n 时，称为 n 阶系统。在实际控制系统中，传递函数中分母中 s 的阶次 n 一定大于或等于分子中 s 的阶次 m，即 $n \geq m$，因为实际系统总具有惯性，系统的能量总是有限的。

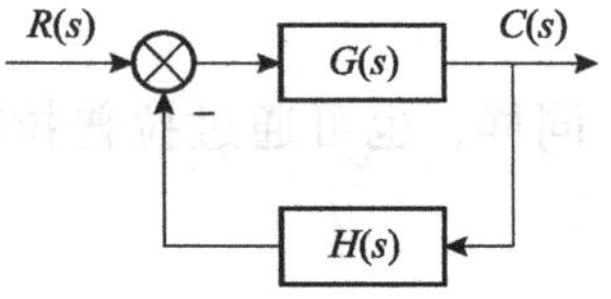

图 9-7　系统框图

3. 框图

控制系统框图是系统数学模型的一种图形表示方法，如图 9-7 所示。框图形象地表示了系统内部各环节的数学模型、各变量之间的相互关系及信号流向。根据框图，通过一定的运算变换可求得系统传递函数。故框图对于系统的描述、分析、计算是极为方便的，因而被广泛应用。

(1)框图的基本组成

控制系统框图由信号线、方框、相加点和引出点 4 种基本单元组成。

①信号线。带箭头的直线，如图 9-8(a)所示，箭头表示信号传递的方向，信号线上标注信号的原函数或象函数。

②方框。对信号进行运算和转换，如图 9-8(b)所示。方框中表示的是该输入输出之间环节的传递函数。

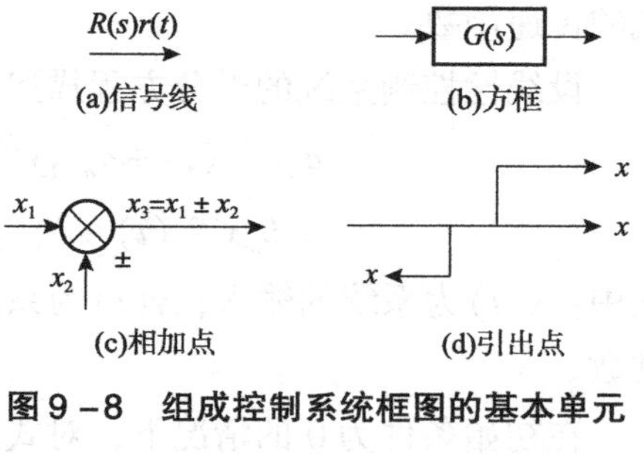

图 9-8　组成控制系统框图的基本单元

③相加点。也称为比较点，对 2 个或 2 个以上

输入信号进行代数求和运算，如图9-8(c)所示，“+”表示相加，“-”表示相减。在相加点处加减的信号必须是同种变量，运算时的量纲也要相同。相加点可以有多个输入，但输出是唯一的。

④引出点。也称为分支点，表示信号引出或分支的位置，如图9-8(d)所示，从同一点引出的信号大小和性质完全相同。

(2)框图的连接方式

1)串联

前一环节的输出为后一环节的输入，即方框和方框首尾相连，称为框图串联，如图9-9所示。

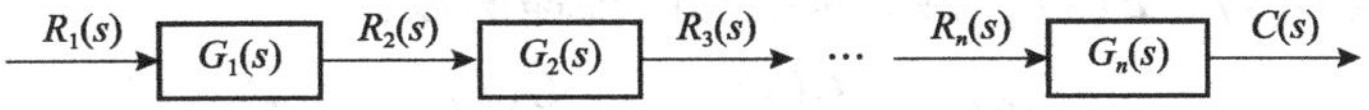

图9-9 串联连接

根据传递函数的定义可以得到：

$$\begin{aligned} R_2(s) &= G_1(s)R_1(s) \\ R_3(s) &= G_2(s)R_2(s) \\ &\vdots \\ C(s) &= G_n(s)R_n(s) \end{aligned} \tag{9-17}$$

在无负载效应时，系统的总传递函数为：

$$G(s) = \prod_{i=1}^{n} G_i(s) \tag{9-18}$$

2)并联

各环节的输入信号相同，系统的输出为各环节的代数和，这种连接方式称为框图的并联，如图9-10所示。

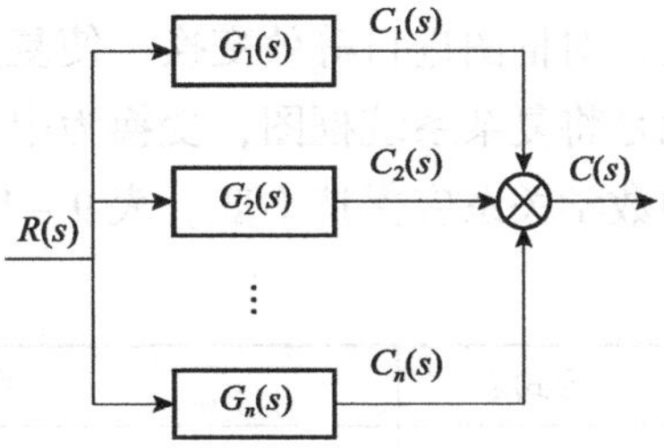

图9-10 并联连接

根据传递函数的定义可以得到

$$\begin{aligned} C_1(s) &= G_1(s)R(s) \\ C_2(s) &= G_2(s)R(s) \\ &\vdots \\ C_n(s) &= G_n(s)R(s) \end{aligned} \tag{9-19}$$

总的输出：

$$G(s) = [G_1(s) + G_2(s) + \cdots + G_n(s)]R(s) \tag{9-20}$$

并联后总的传递函数为：

$$G(s) = \sum_{i=1}^{n} \pm G_i(s) \tag{9-21}$$

3) 反馈连接

反馈是将系统的输出量全部或部分地返回输入端，如图9-11所示。反馈连接是闭环系统传递函数框图的最基本形式。

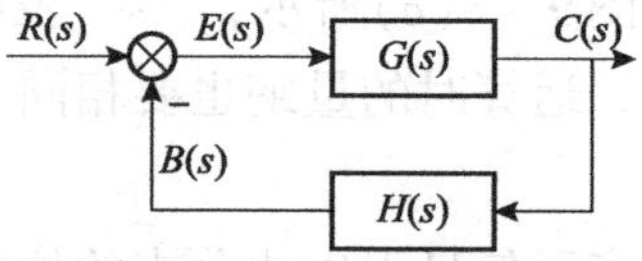

图 9-11　反馈连接

由图 9-11 可得：

$$E(s)=R(s)-B(s)$$
$$C(s)=G(s)E(s) \qquad (9-22)$$
$$B(s)=H(s)C(s)$$

消去中间变量 $E(s)$、$B(s)$，得到系统总的传递函数：

$$\Phi(s)=\frac{C(s)}{R(s)}=\frac{G(s)}{1+G(s)H(s)} \qquad (9-23)$$

式中：$G(s)$ 为前向通道传递函数；$H(s)$ 为反馈通道传递函数；$\Phi(s)$ 为系统闭环传递函数；$G(s)H(s)$ 为系统开环传递函数。

闭环传递函数的量纲决定于 $C(s)$ 与 $R(s)$ 的量纲，两者可以相同也可以不同。若反馈回路传递函数 $H(s)=1$，称为单位反馈系统。此时有：

$$\Phi(s)=\frac{C(s)}{R(s)}=\frac{G(s)}{1+G(s)} \qquad (9-24)$$

(3) 框图的等效变换

实际的自动控制系统，各环节之间可能存在错综复杂的连接关系，不仅仅只是环节之间简单的串联、并联和反馈连接方式。要获得整个系统的传递函数就要通过一系列化简法则，对框图进行等效变换，使复杂的框图得到简化，从而求出系统的传递函数。等效变换就是将复杂系统框图，变换为串联、并联和反馈基本结构形式，变换前后输入输出之间总的数学关系应保持不变。表 9-1 汇总了等效变换的化简规则。

表 9-1　框图等效变换规则

形式	变换前	变换后
引出点左移	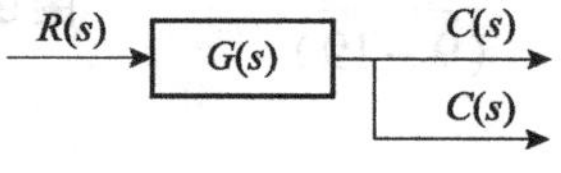	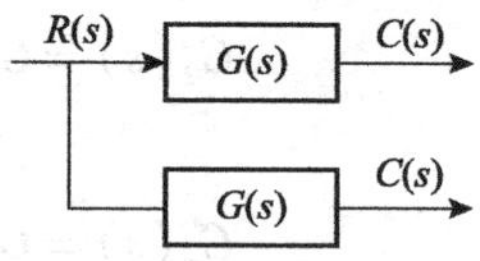
引出点右移	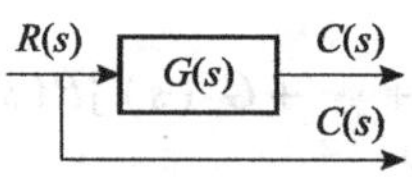	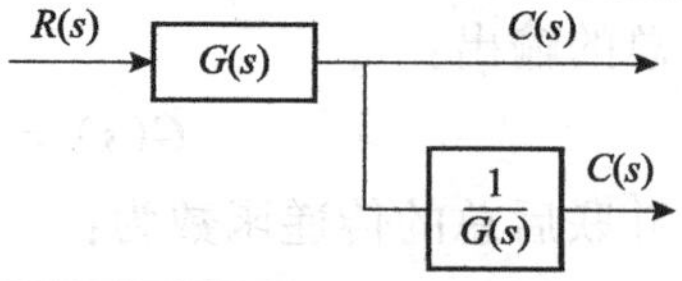
引出点互换	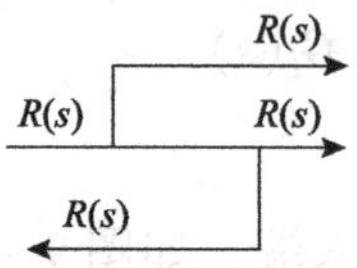	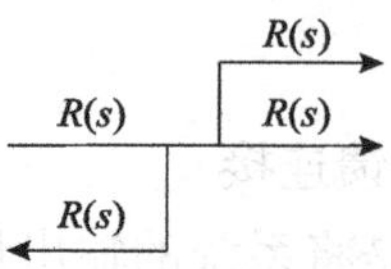

续表

形式	变换前	变换后
相加点左移	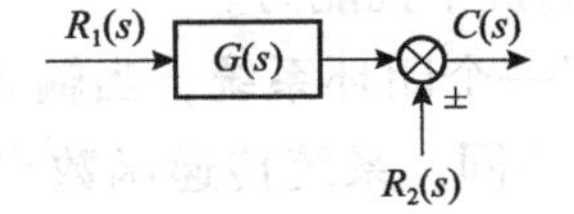	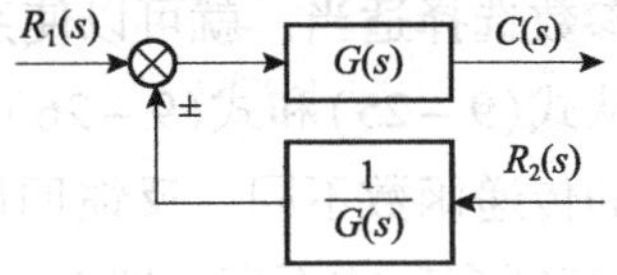
相加点右移	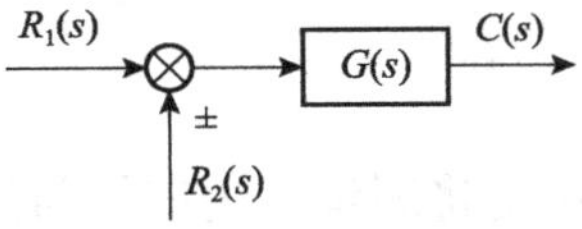	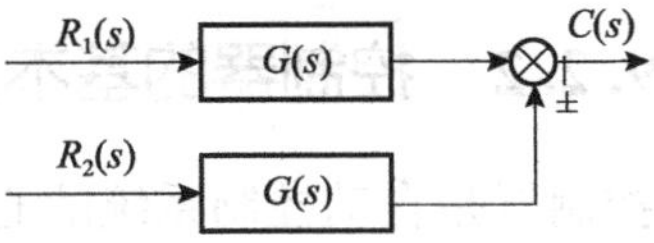
相加点互换	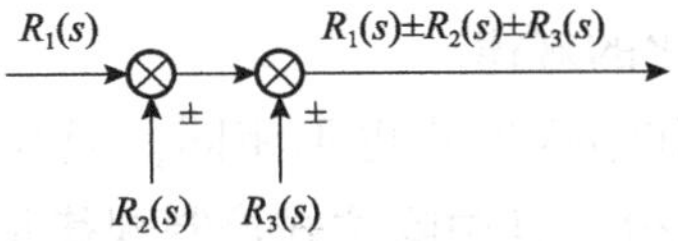	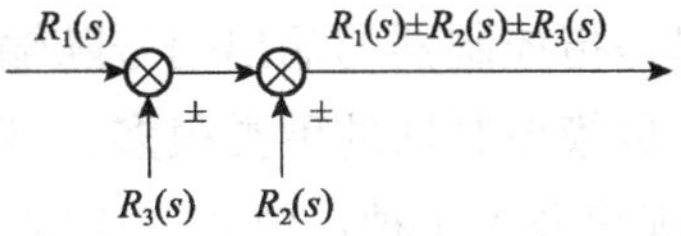

4. 闭环控制系统的传递函数

图9－12所示为具有设定值$R(s)$、扰动量$N(s)$和被控变量$C(s)$的典型闭环控制系统框图。图中，$G_1(s)$和$G_2(s)$是前向通道传递函数，$H(s)$为反馈通道传递函数。

根据线性系统的叠加原理，系统输入与系统的干扰相互独立地对系统起作用。设输入$R(s)$引起的输出为$C_R(s)$，干扰$N(s)$引起的输出为$C_N(s)$。

①令干扰$N(s)=0$，则系统框图如图9－13所示。

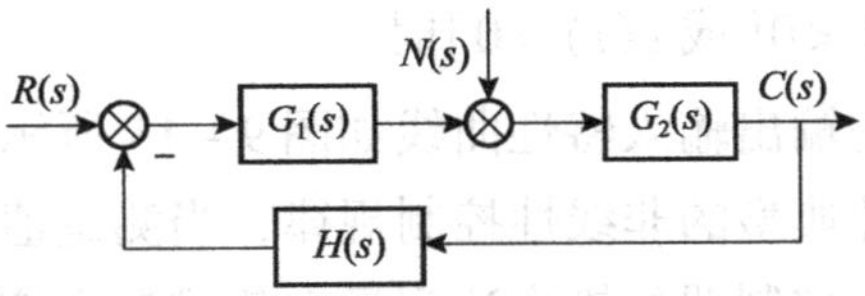

图9－12 闭环控制系统框图

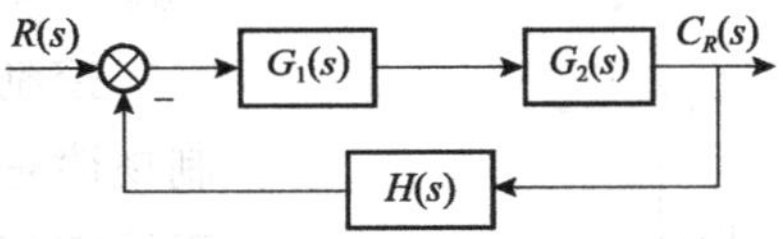

图9－13 $N(s)=0$时闭环控制系统框图

则可得系统在输入作用下的传递函数为：

$$G_R(s)=\frac{C_R(s)}{R(s)}=\frac{G_1(s)G_2(s)}{1+G_1(s)G_2(s)H(s)} \tag{9-25}$$

②令输入$R(s)=0$，则系统框图如图9－14所示。

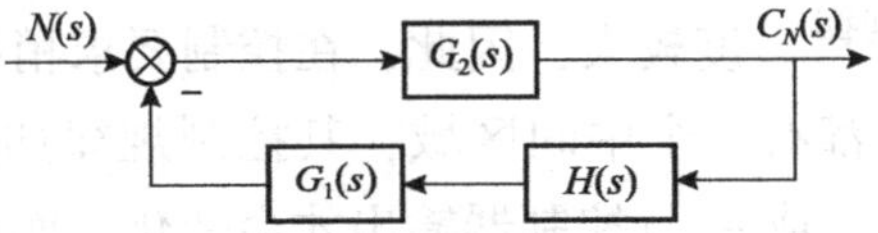

图9－14 $R(s)=0$时闭环控制系统框图

则可得系统在干扰作用下的传递函数为：

$$G_N(s)=\frac{C_N(s)}{N(s)}=\frac{G_2(s)}{1+G_1(s)G_2(s)H(s)} \tag{9-26}$$

式(9-26)中，若取$|G_1(s)H(s)|\gg 1$，且$|G_1(s)G_2(s)H(s)|\gg 1$，则干扰所引起的输出趋于0。因此，尽管系统在运行的过程中，干扰是不可避免的，但对于反馈控制系统，只要系统参数选择适当，就可以使系统具有很强的抗干扰能力。

从式(9-25)和式(9-26)可知，对于同一个闭环系统，当输入的位置不同时，前向通道的传递函数不同，反馈回路的传递函数不同，系统传递函数也不同。但$G_R(s)$和$G_N(s)$的特征多项式不变，即$1+G_1(s)G_2(s)H(s)=0$。

9.2.2 控制器的基本控制规律

控制器是自动控制系统的心脏。它的作用是将测量变送信号与给定值相比产生的偏差信号，按一定的运算规律产生输出信号，推动执行器，实现对生产过程的自动控制。控制规律是指控制器的输出信号随输入信号变化的规律。

尽管控制器的种类很多，其工作原理和结构形式也不相同，但其基本的控制(也称调节)规律分为4种：位式、比例、积分、微分。其中除位式控制规律是断续控制外，其他3种均为连续控制。

不同的控制规律适应不同的输出要求，在了解常见基本控制规律的特点及适用条件的基础上，根据过渡过程的品质指标要求，结合被控对象的特性，才能正确地选用适当的控制规律。

1. 位式控制规律

双位控制是位式控制规律中最简单的形式。理想的双位控制规律的数学表达式为：

$$u(t)=\begin{cases}u_{\max} & 当\ e(t)>0[或\ e(t)<0]时\\ u_{\min} & 当\ e(t)<0[或\ e(t)>0]时\end{cases} \tag{9-27}$$

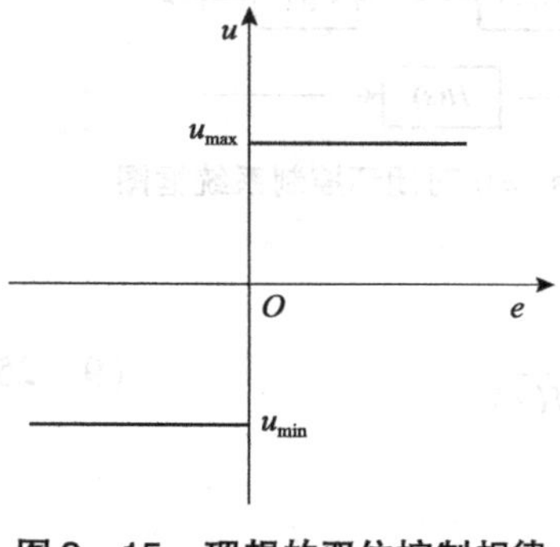

图9-15 理想的双位控制规律

控制器的输出输入特性曲线如图9-15所示。双位控制规律是一种典型的非线性控制规律，当测量值大于或小于给定值时，控制器的输出达到最大值或最小值2个极限位置。与控制器相连的执行器相应也只有“开”和“关”两个极限工作状态。

位式控制结构简单，成本较低，使用方便，对配用的控制阀无任何特殊要求。其缺点是被控变量总在波动，控制质量不高。当被控对象纯滞后较大时，被控变量波动幅度较大，因此，在控制要求稍高的场合，不宜使用。

实际应用的双位控制器都有一个中间区域，其控制规律如图9-16所示。可以看出，只有当偏差达到一定数值($e_{\min}$或$e_{\max}$)控制器输出才会变化，而在中间区域内控制器的输出将取决于它原来所处的状态。中间区域出现的原因：一是执行机构有不灵敏区，这时理想双位控制实际上是具有中间区的双位控制；二是采用双位控制的系统本身的要求不高，只要求被控变量在2个极限值之间。采用具有中间区双位控制器的控制系统的过渡过程曲线如图9-17所示。

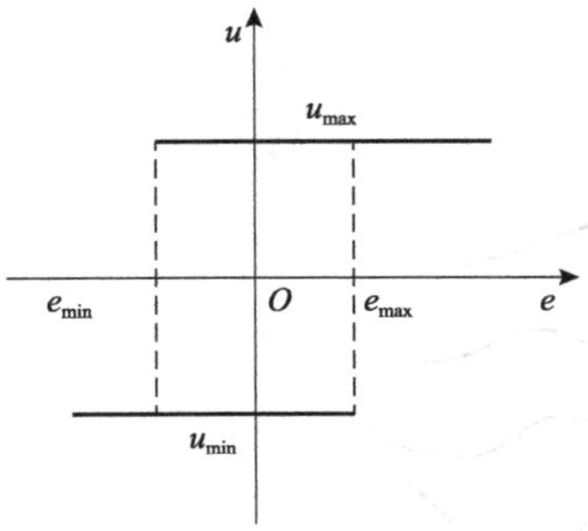

图9－16　实际的双位控制规律

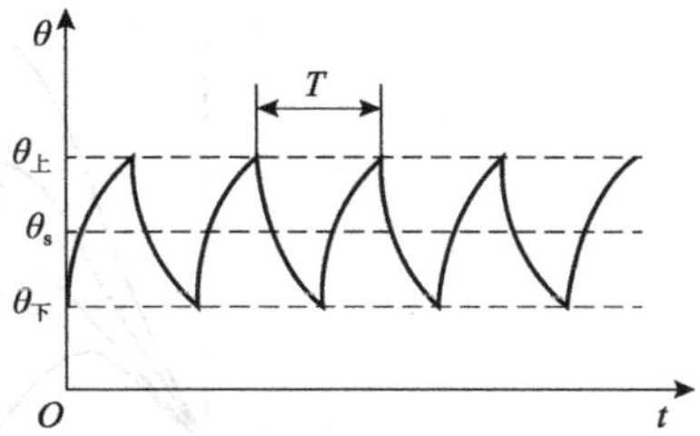

图9－17　实际双位控制系统的过渡过程曲线

2. 比例控制规律(P)

(1)比例放大系数(K_P)

在比例控制中，控制器的输出信号 $u(t)$ 与输入偏差 $e(t)$ 成比例关系：

$$u(t)=K_Pe(t) \tag{9-28}$$

控制器传递函数为：

$$G(s)=K_P \tag{9-29}$$

式中：K_P 为比例增益或放大倍数。

在阶跃输入作用下，比例控制规律的输出特性如图9－18所示。

比例控制是最基本、最主要、应用最普遍的规律，它能较为迅速地克服干扰的影响，使系统很快地稳定下来。比例控制适用于干扰小、扰动幅度小、负荷变化不大、滞后较小或者控制精度要求不高的场合，比例控制有余差存在。

(2)比例度(δ)

工业上使用的控制器，常采用比例度来表示比例作用的强弱。比例度是指控制器的输入相对变化量与相应输出量的相对变化量之比的百分数。

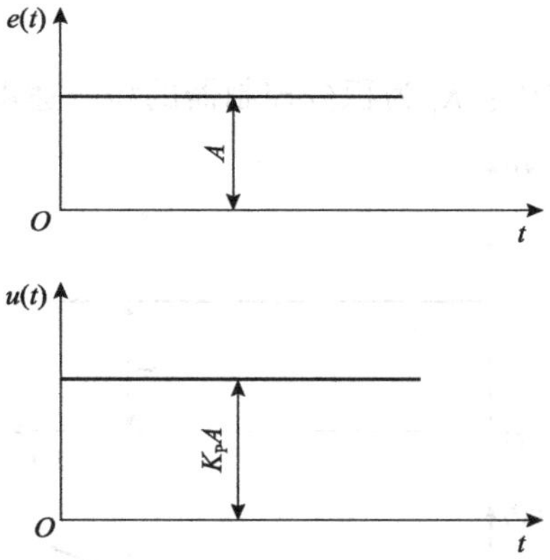

图9－18　比例控制的阶跃响应曲线

$$\delta=\frac{\dfrac{\Delta e}{(e_{max}-e_{min})}}{\dfrac{\Delta u}{(u_{max}-u_{min})}}\times 100\% \tag{9-30}$$

式中：Δe 为控制器输入信号的变化量；Δu 为控制器输出信号的变化量；$e_{max}-e_{min}$ 为控制器输入信号的变化范围；$u_{max}-u_{min}$ 为控制器输出信号的变化范围。

(3)比例度对过渡过程的影响

在比例控制系统中，控制器的比例度不同，其过渡过程的形式也不同，如图9－19所示。可以看出，系统的余差、最大偏差、振荡周期、系统的稳定性和比例度成正比。

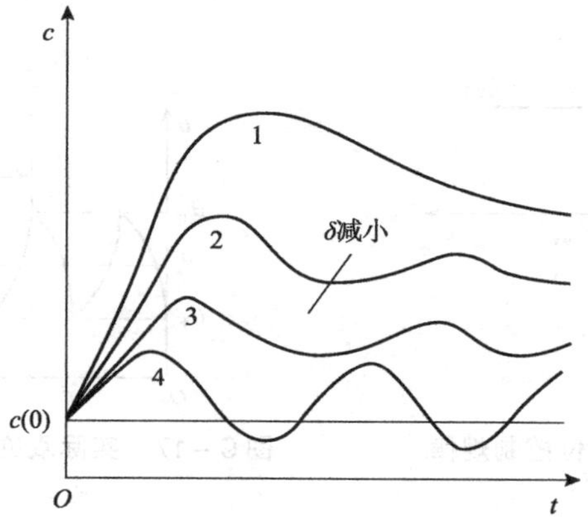

图9-19　不同δ的过渡过程

3. 积分控制规律(I)

在积分控制中，控制器的输出信号 $u(t)$ 与输入偏差 $e(t)$ 的积分成比例关系：

$$u(t) = K_I \int_0^t e(t)\mathrm{d}t = \frac{1}{T_I}\int_0^t e(t)\mathrm{d}t \tag{9-31}$$

其传递函数为：

$$G(s) = K_I \frac{1}{s} = \frac{1}{T_I s} \tag{9-32}$$

式中：K_I 为积分控制器的积分速度；T_I 为积分时间常数。

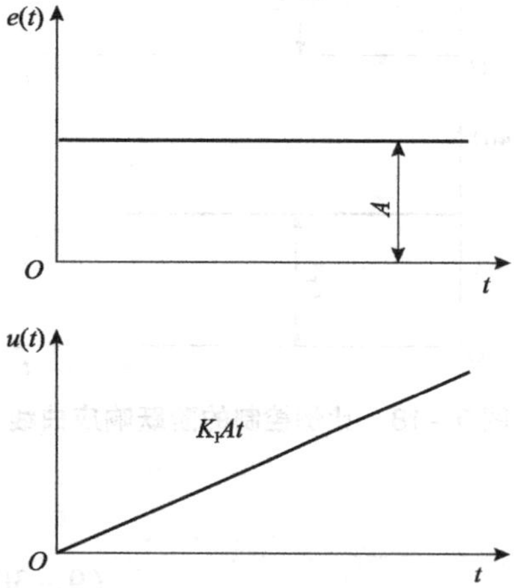

图9-20　积分控制的阶跃响应曲线

在阶跃输入作用下，积分控制规律的输出特性如图9-20所示。

积分控制器输出信号的大小不仅与输入偏差信号的大小有关，还与偏差存在时间的长短有关。只要有偏差，控制器的输出就不断变化。偏差存在的时间越长，输出信号的变化也越大，积分控制作用是力图消除余差。但是，积分控制的输出总要滞后于偏差的变化，不能及时有效地克服扰动的影响。因此，实际控制系统中，通常不单独使用积分控制规律，而是将它和比例控制组合成比例积分控制规律来应用。

4. 比例积分控制规律(PI)

(1)比例积分控制规律(PI)

比例积分控制规律(PI)是比例控制与积分控制2种控制规律的组合，其数学表达式为：

$$u(t) = K_P\left[e(t) + \frac{1}{T_I}\int_0^t e(t)\mathrm{d}t\right] \tag{9-33}$$

传递函数为：

$$G(s) = K_P\left(1 + \frac{1}{T_I s}\right) \tag{9-34}$$

PI 控制规律将比例控制反应快和积分控制能消除余差的优点结合在一起。比例积分控制器的阶跃响应曲线如图 9-21 所示。

在 $t=T_I$ 时，输出 $u(t)=2K_PA$。因而可将积分时间(T_I)定义为：在阶跃输入作用下，控制器的输出达到比例输出 2 倍时所经历的时间。

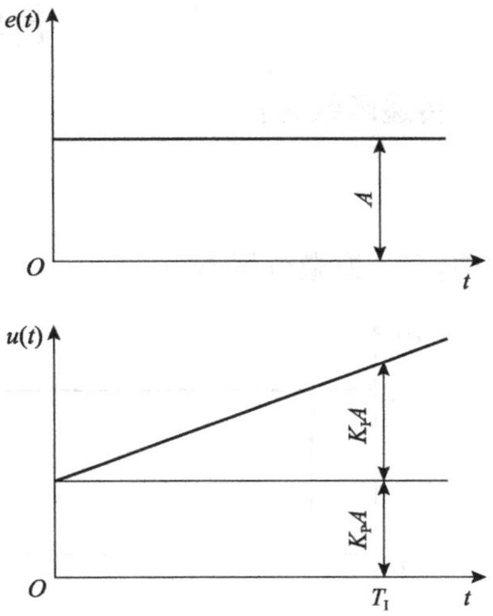

图 9-21 比例积分阶跃响应曲线

(2)积分时间对过渡过程的影响

在比例积分控制系统中，若保持控制器的比例度不变，则积分时间对过渡过程的影响如图 9-22 所示。可以看出，积分时间减小，最大偏差减小、余差消除加快，但是系统的振荡加剧，稳定性下降。

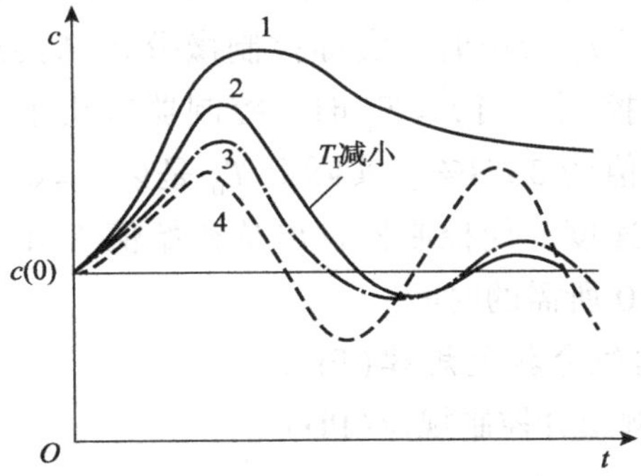

图 9-22 不同 T_I 的过渡过程

在比例控制系统中加入积分作用使得控制系统的稳定性有所下降，因此若保持原有的稳定性，则必须根据积分时间的大小，适当地增加比例度，但是这样会使系统的振荡周期增大，控制时间增加，最大偏差增加。也就是说，积分作用的引入消除了系统余差却降低了系统的其他品质指标。

5. 微分控制规律(D)

在微分控制中，控制器的输出信号 $u(t)$ 与输入偏差 $e(t)$ 的变化速度成比例关系：

$$u(t)=T_D\frac{de(t)}{dt} \tag{9-35}$$

其传递函数为：

$$G(s)=T_Ds \tag{9-36}$$

式中：T_D 为微分时间常数。

在阶跃输入作用下，微分控制规律的输出特性如图 9-23 所示。

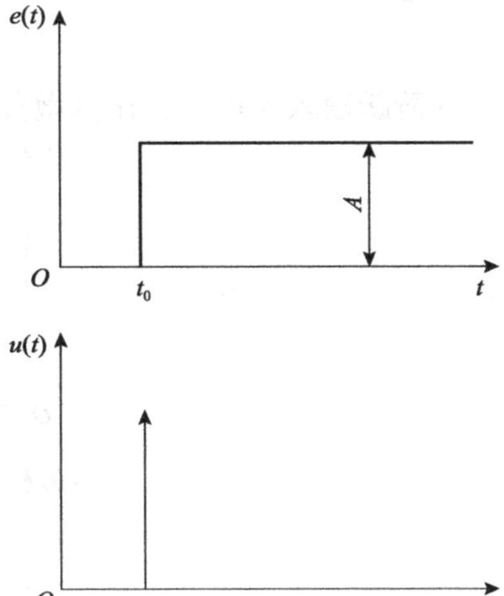

图 9-23 理想微分控制的阶跃响应曲线

从图 9-23 中可以看出，微分控制器的输出与偏差变化的速度有关，而与是否存在偏差无关，即微分作用对恒定不变的偏差是没有克服能力的。因此，微分控制不能单独使用。实际上，微分控制总是与比例控制或比例积分控制组合使用。

在实际工程中，可以实现的微分控制都具有一定的惯性，其微分方程为：

$$T_D \frac{du(t)}{dt} + u(t) = K_D T_D \frac{de(t)}{dt} \tag{9-37}$$

传递函数为：

$$G(s) = \frac{K_D T_D s}{T_D s + 1} \tag{9-38}$$

式中：K_D 为微分增益。

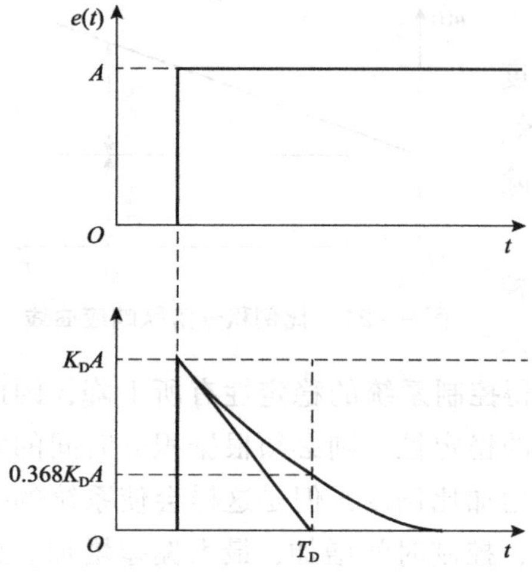

图 9-24　实际微分控制的阶跃响应曲线

与理想微分控制规律相比，式(9-38)增加了一个时间常数为 T_D 的惯性环节，这种微分控制称为实际微分控制规律。在幅值为 A 的阶跃扰动作用下实际微分控制的输出为 $u(t)=K_DAe^{-t/T_D}$，其响应曲线如图 9-24 所示。

实际微分控制的阶跃响应是指数下降曲线，若 K_D 很大而 T_I 较小时，实际控制微分控制接近于理想微分控制。当 $t=T_D$ 时，控制器输出下降到初始跃变值的 36/8%。实际上 T_D 是以 $t=0$ 时响应的变化速度，使控制器输出从初始值 K_DA 变化到稳态值 0 所需的时间。

6. 比例微分控制规律(PD)

(1)比例微分控制规律(PD)

比例微分控制规律(PD)是比例控制与微分控制 2 种控制规律的组合，其数学表达式为：

$$u(t) = K_P\left(e(t) + T_D \frac{de(t)}{dt}\right) \tag{9-39}$$

传递函数为：

$$G(s) = K_P(1 + T_D s) \tag{9-40}$$

在阶跃输入作用下，比例微分控制规律的输出特性如图 9-25 所示。

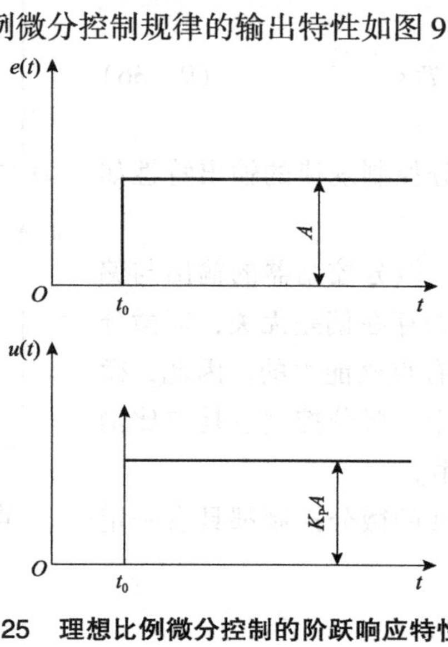

图 9-25　理想比例微分控制的阶跃响应特性曲线

实际生产中，采用比例控制与实际微分控制组合的比例微分控制，阶跃响应曲线如图9－26所示。其数学表达式为：

$$u(t)=K_PA+K_PA(K_D-1)e^{(-K_D/T_D)t} \tag{9-41}$$

实际控制器的微分增益 K_D 一般在5～10。从图9－26可以看出，在 $t=T_D/K_D$ 时，比例微分控制器的输出从跃变脉冲的顶点下降了微分作用部分最大输出的63.2%。令 $t=T_D/K_D$，则 $t=T_D/K_D$ 的 K_D 倍就是微分时间 T_D。

由于微分作用总是力图阻止被控变量的变化，适当的选择微分作用，有利于提高系统的稳定性。

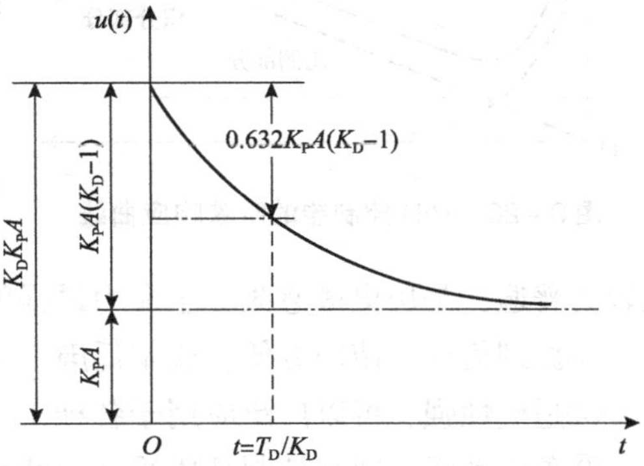

图9－26 实际比例微分控制的阶跃响应特性曲线

(2)微分时间对过渡过程的影响

在比例微分控制系统中，若保持控制器的比例度不变，微分时间对过渡过程的影响如图9－27所示。可以看出，随着微分时间的增加，微分作用增强；当 K_D 选择合适时，控制系统的品质指标得到全面改善。

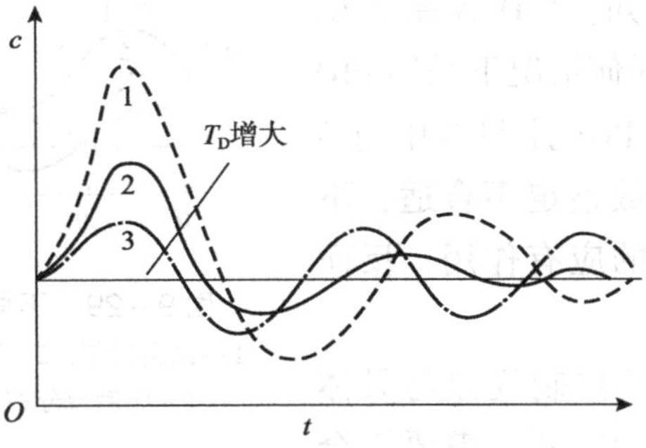

图9－27 不同 T_D 的过渡过程

7. 比例积分微分控制规律(PID)

理想的PID控制规律的数学表达式为：

$$u(t)=K_P\left[e(t)+\frac{1}{T_I}\int_0^t e(t)\,dt+T_D\frac{de(t)}{dt}\right] \tag{9-42}$$

传递函数为：

$$G(s)=K_P\left(1+\frac{1}{T_Is}+T_Ds\right) \tag{9-43}$$

式(9－42)所描述的控制器在物理上是无法实现的，工业上实际采用PID控制器的传递函数为：

$$G(s)=K_P^*\frac{1+\frac{1}{T_I^*s}+T_D^*s}{1+\frac{1}{K_IT_Is}+\frac{T_D}{K_D}s} \tag{9-44}$$

其中，$K_P^*=FK_P$，$T_I^*=FT_I$，$T_D^*=T_D/F$。

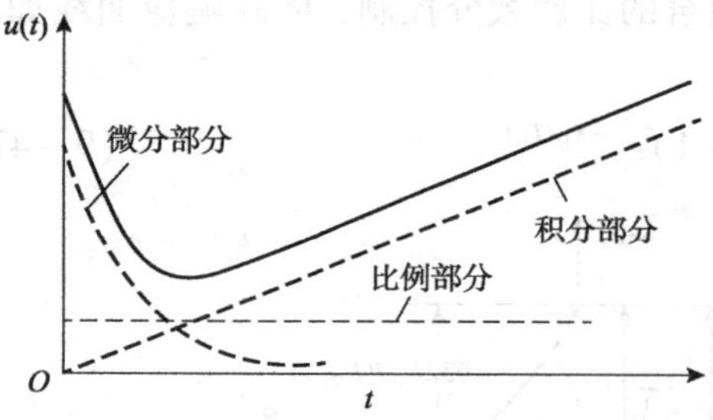

图 9-28 PID 控制器的阶跃响应曲线

式中带 * 的量为控制器参数的实际值，不带 * 的值为各参数的刻度值。F 为相互干扰系数；K_I 为积分增益。图 9-28 所示为工业用 PID 控制器的阶跃响应曲线。

在 PID 控制器中，比例、积分和微分作用取长补短、互相配合。如果比例增益、积分时间、微分时间设置适当，就可以获得较高的控制质量。因此，PID 控制器的适应性较强，应用也较为普遍，是历史最悠久、生命力最强的基本控制方式。PID 控制具有如下优点：

①原理简单，使用方便，成本低廉，易于操作。

②适应性强，可以广泛应用于各种工业过程控制领域。

③鲁棒性强，即其控制品质受对象特性的变化不太敏感。

8. 控制器控制规律的选取

图 9-29 所示为同一被控对象在相同阶跃扰动作用下，采用不同控制规律时具有相同衰减比的响应曲线。可知：PID 控制作用最佳，但这并不意味着在任何情况下采用 PID 控制规律都是合理的。在 PID 控制器中有 3 个参数需要整定，如果参数整定不合适，不仅不能发挥各种控制规律的应有作用，反而会适得其反。

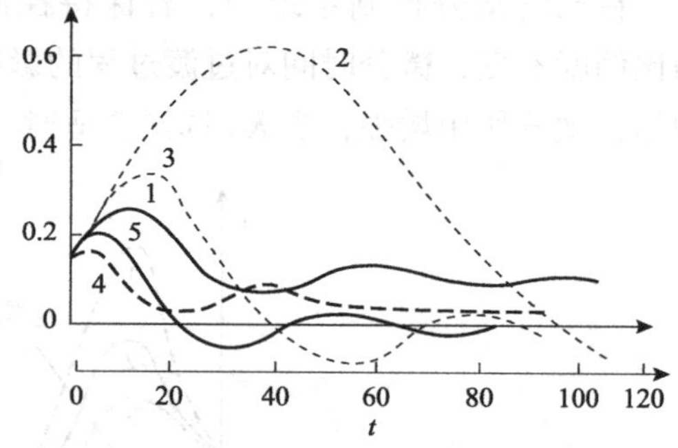

图 9-29 不同控制规律阶跃响应比较

1—比例控制；2—积分控制；3—比例积分控制；
4—比例微分控制；5—比例积分微分控制

事实上，选择什么样的控制规律与具体对象匹配，这是一个复杂的问题，需要综合考虑多种因素才能获得合理解决。通常，选择控制器控制规律时应根据对象特性、负荷变化、主要扰动和控制要求等具体情况，同时还应考虑系统的经济性及系统投入方便等。控制器动作规律选取原则如下：

(1)在一般的控制系统中，比例控制是必不可少的。当广义对象(被控对象、控制阀、测量变送器)控制通道时间常数较小，负荷变化较小，而工艺要求不高时，可选择单纯的比例控制规律，如储罐液位、不太重要的压力等参数的控制。

(2)当广义对象控制通道时间常数较小，负荷变化较小，而工艺要求无余差时，可选用比例积分控制规律，如管道压力、流量等参数的控制。

(3)当广义对象控制通道时间常数较大或容量滞后较大时，应引入微分作用。如工艺允许有余差，可选取比例微分控制规律；如工艺要求无余差时，则选用比例积分微分控制规律，如温度参数的控制。

9.2.3 PID 控制器参数的工程整定方法

当一个控制系统设计安装完成后，系统各个环节及被控对象各通道的特性就不能再改变了，唯一能改变的就是控制器参数，即控制器的比例系数 K_P、积分时间 T_I 和微分时间 T_D。通过改变这 3 个参数的大小就可以改变整个系统的性能，获得较好的过渡过程和控制质量。控制器参数整定的目的就是按照已定的控制系统，求取使控制系统质量最好的控制器参数值。

控制器参数的整定方法有很多种，通常可分为 2 大类：理论计算整定法和工程整定法。理论计算整定法是已知被控对象的特性，通过理论计算来求取控制器的最佳参数。但是，在缺乏足够的被控对象特性资料的情况下，使用理论计算整定法很难得到正确可靠的控制器参数；而且对于复杂过程来说，它的计算方法繁琐、工作量大，比较费时。因此，理论计算整定法一般适用于科研工作中做方案比较。工程上常常从实际出发，使用工程整定法。工程整定法，就是避开被控对象的特性和数学描述，来获取控制器参数的最佳数值。工程整定法是一种近似的方法，所得到的控制器参数不一定是最佳数值，但是十分切合实际。工程整定法包括经验试凑法、临界比例度法和衰减曲线法。

1. 经验试凑法

经验试凑法是工程技术人员在长期生产实践中，从各种控制规律对系统控制质量影响的定性分析中，总结出来的一种行之有效并得到广泛应用的工程整定法。经验试凑法主要适用于温度、流量、压力和液位 4 类控制系统，将控制器参数预先设置在表 9－2 的某些数值上，然后施加一定的人为扰动(如改变设定值等)，观察控制系统的过渡过程，如果过渡过程不够理想，则按一定顺序改变控制器参数，这样反复试凑，直到获得满意的控制质量为止。

表 9－2　各种控制系统整定参数的范围

被控变量	控制器参数		
	δ/%	T_I/min	T_D/min
温度	20～90	3～10	0.5～3
流量	40～100	0.1～1	
压力	30～70	0.4～3	
液位	20～80		

经验试凑法简单可靠，容易掌握，适用于各种系统。特别是对于外界干扰作用频繁的系统，采用这种方法更为适合。但是这种方法对控制器参数较多的情况，不易找到最好的整定参数。

2. 临界比例度法(又称稳定边界法)

临界比例度法，是在系统闭环的情况下，用纯比例控制的方法获得临界振荡数据，即临界比例度 δ_K 和临界振荡周期 T_K，如图 9－30 所示。然后利用一些经验公式，求取满足衰减过渡过程的控制器参数。其整定计算公式见表 9－3。

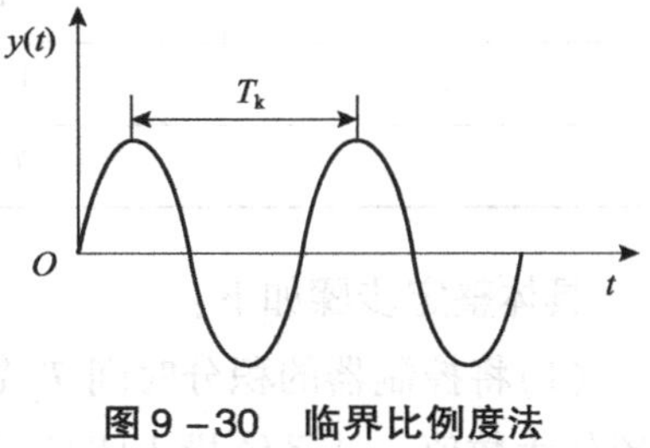

图 9－30　临界比例度法

表 9－3　临界比例度法经验算式

控制规律	δ	T_I	T_D
P	$2\delta_K$		
PI	$2.2\delta_K$	$0.85T_K$	
PID	$1.7\delta_K$	$0.5T_K$	$0.13T_K$

具体整定步骤如下：

(1)将控制器的积分时间 T_I 置于最大($T_I=\infty$)，微分时间 T_D 置于零($T_D=0$)，比例度 δ 置较大数值，让系统投入闭环运行。

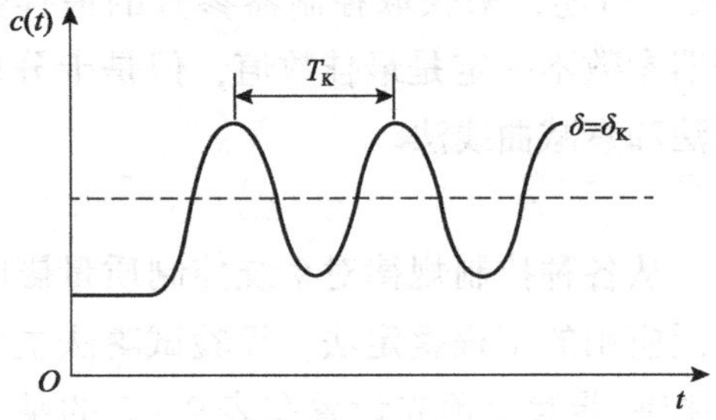

图 9－31　临界振荡曲线

(2)待系统稳定后，将比例度 δ 由大逐渐减小，直到系统出现等幅振荡，即临界振荡过程，如图 9－31 所示，记下此时的比例度 δ_K(临界比例度)，在过渡过程曲线上计算 2 个波峰的时间 T_K(临界振荡周期)。

(3)根据 δ_K 和 T_K 值，按照表 9－3 求出控制器的参数 δ、T_I、T_D 值。

(4)将控制器的比例度 δ 设置为整定后的值，然后依次设置积分时间 T_I 和微分时间 T_D 的值。加入干扰后，观察系统的响应过程，若过渡过程不满足系统性能指标要求，再适当调整 δ 值，直到过渡过程满足要求。

临界比例度法简单方便，适用于一般的控制系统。但是使用临界比例度法整定参数有 2 个条件：一是工艺允许被控变量做等幅振荡；二是在获取等幅振荡曲线时，不能使控制阀出现全关或全开的极限状态。

3. *衰减曲线法*

在一些不允许或不能得到等幅振荡的情况下，采用衰减曲线法。和临界比例度法不同的是在纯比例下获得 4：1 衰减比振荡曲线作为参数整定的依据，记录此时的比例度 δ_S 和振荡周期 T_S。然后利用表 9－4 中给出的经验公式，求出相应的控制器参数。

表 9－4　衰减曲线经验公式

控制规律	δ	T_I	T_D
P	δ_S		
PI	$1.2\delta_S$	$0.5T_S$	
PID	$0.8\delta_S$	$0.3T_S$	$0.1T_S$

具体整定步骤如下：

(1)将控制器的积分时间 T_I 置于最大($T_I=\infty$)，微分时间 T_D 置于 0($T_D=0$)，比例度 δ 置较大数值，让系统投入闭环运行。

(2)待系统稳定后，将比例度 δ 由大逐渐减小，直到系统出现 4：1 的衰减振荡为止，如图 9－32 所示，记下此时的比例度 δ_S，在过渡过程曲线上计算 2 个波峰的时间 T_S。

(3)根据 δ_S 和 T_S 值，按照表 9－4 求出控制器的参数 δ、T_I、T_D 值。

(4)根据(3)的计算结果设置控制器的参数值。加入干扰后，观察系统的响应过程，若过渡过程不满足系统性能指标要求，再适当调整整定的参数值。

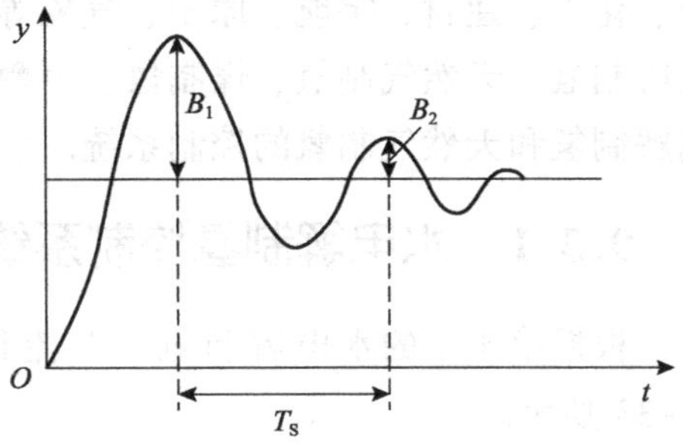

图 9－32　4∶1 的衰减振荡曲线

经验试凑法、临界比例度法和衰减曲线法 3 种工程整定方法有各自的优缺点和适用范围，要针对具体系统的特点和生产要求，选择适当的整定方法。不管用哪种方法，所得到的控制器参数都需要通过现场试验，反复调整，直到取得满意的效果。

9.2.4　简单控制系统的设计

一个简单控制系统的主要设计步骤如下：

(1)了解被控对象的动静态特性、工艺过程、设备。选择被控对象和控制变量。

(2)选择传感器类型和数量，确定传感器的安装位置。

(3)按照生产过程的特点、安全运行等来选择气动、电动或液动调节阀，确定阀门的流通能力和气开、气关形式。

调节阀作用方式的选择应根据生产工艺要求来决定，考虑当信号压力中断(如调节阀故障，仪表供电中断或气源中断)时，视调节阀所处开启或关闭的位置，对生产工艺造成的危害性大小而定。如阀处于打开位置时危害小，则应选用气关式；反之，则选用气开式，通常考虑 3 个因素：①人身和设备的安全；②介质的特性；③保证质量和减少经济损失。

(4)搭建控制系统模型。

(5)确定控制器的控制规律、控制器的正反作用及控制器参数的整定。

对于控制器来说，如果偏差增加，控制器输出增加，控制器的放大系数为正，则该控制器称为正作用控制器；如果偏差增加，控制器输出减小，控制器的放大系数为负，则该控制器称为反作用控制器。

任何一个控制系统在投运前，必须确定控制器的正反作用。控制器正反作用的选择原则是保证控制系统是闭环负反馈系统，即：

(控制器放大系数 ±)(调节阀放大系数 ±)(被控对象放大系数 ±)(测量变送器放大系数 ±)＝(－)

(6)控制系统投入运行。

9.3　制氢控制系统

氢气作为冷却气、保护气、原料气、还原气和燃料气，已广泛用于电力、电子、冶金、化工、建材、宇航、原子、气象等需要氢气的行业。由第4章可知，制氢的方法有水电解制氢、天然气制氢、煤制氢、甲醇裂解制氢等，本节主要从工艺和安全等方面讲解水电解制氢和天然气制氢的控制系统。

9.3.1 水电解制氢控制系统

根据第4章的水电解制氢工艺流程图(图4-2)，画出水电解制氢工作简图，如图9-33所示。

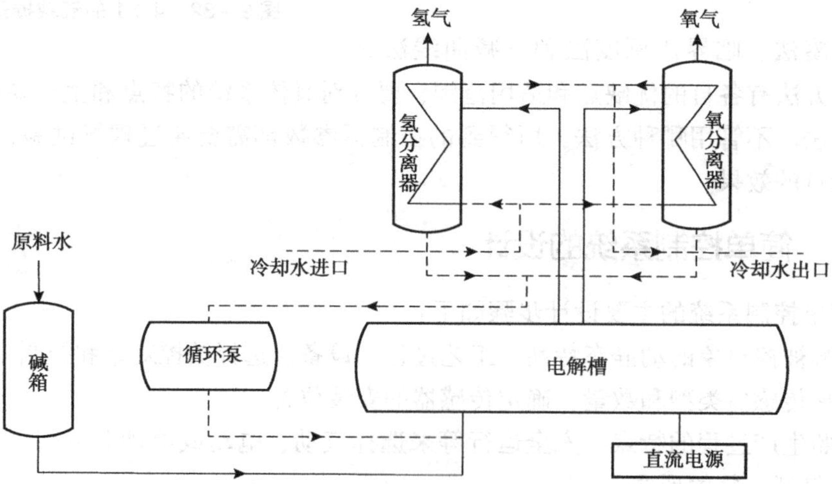

图9-33 水电解制氢工作简图

水电解制氢的控制系统随着仪表技术、自动控制技术的发展而不断更新发展。满足工艺要求和制氢过程的安全可靠，必须合理地选择被控变量、控制变量、控制点、控制方式。根据工艺要求合理选择。对于水电解制氢装置，通常有压力控制系统、温度控制系统、液位控制系统等。

1. 压力控制系统

电解槽的操作压力是制氢装置的主要控制参数，必须设置压力控制系统，使压力维持在恒定值。由于氢气的流动性能远高于氧气，氧气侧的压力更平稳，因此选择电解槽氧气侧的氧分离器的压力作为被控变量。选择氧气流量为控制变量，在氧气出口管道上设置调节阀，考虑氢气的危险性和安全因素，选用气开式气动薄膜调节阀，如图9-34所示。

图9-35所示为压力控制系统框图。压力控制系统属于单闭环定值控制系统，而且压力信号没有滞后，PID控制器采用正作用的比例积分(PI)动作规律，采用PI控制器就可满足控制要求。

当外界干扰使氧分离器压力(P)增加时，通过压力测量变送器将压力信号转换为标准的电压(或电流)信号，与工艺要求的压力设定值(P_r)进行比较，得到增加的偏差(E)信号，正作用PID控制器的输出增加，气开式的气动阀门开大，氧气流量增加，氧分离器压力(P)减小。反之，如果外界干扰使氧分离器压力减小，通过PID控制，使氧分离器压力增加。实现了氧分离器压力的控制。

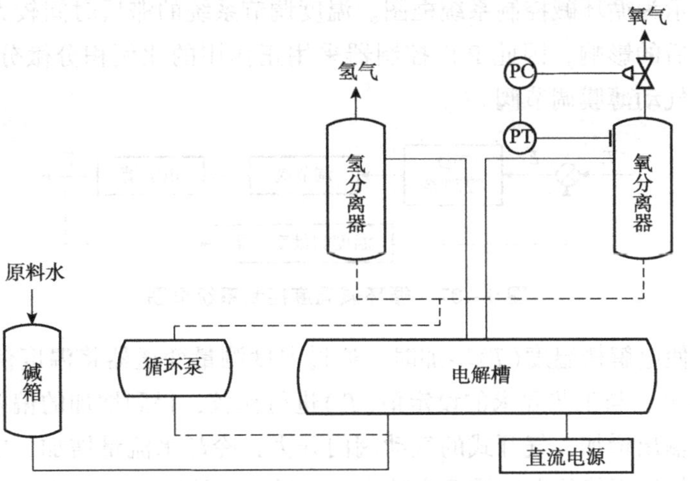

图 9-34　压力控制系统工艺流程

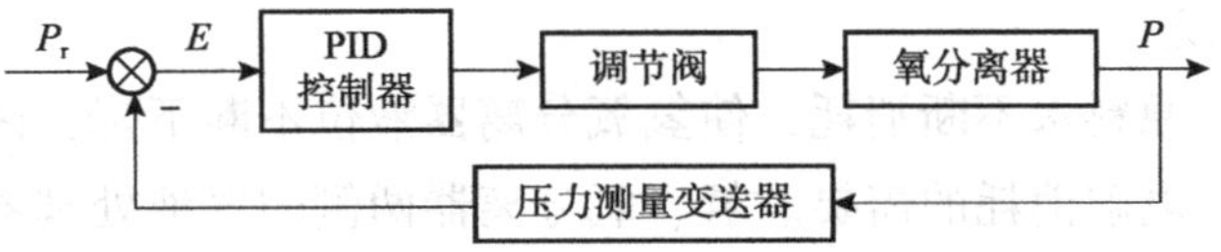

图 9-35　压力控制系统框图

2. 温度控制系统

在气体产量、环境温度和碱液循环量固定的情况下，电解槽温度和循环碱温度之间有一个恒定的差值，因此可通过控制循环碱温度来达到调节电解槽温度的目的。选择循环碱温度为被控变量，冷却水为控制变量。温度测量变送器安装在电解槽入口处循环碱液的管道上，如图 9-36 所示。

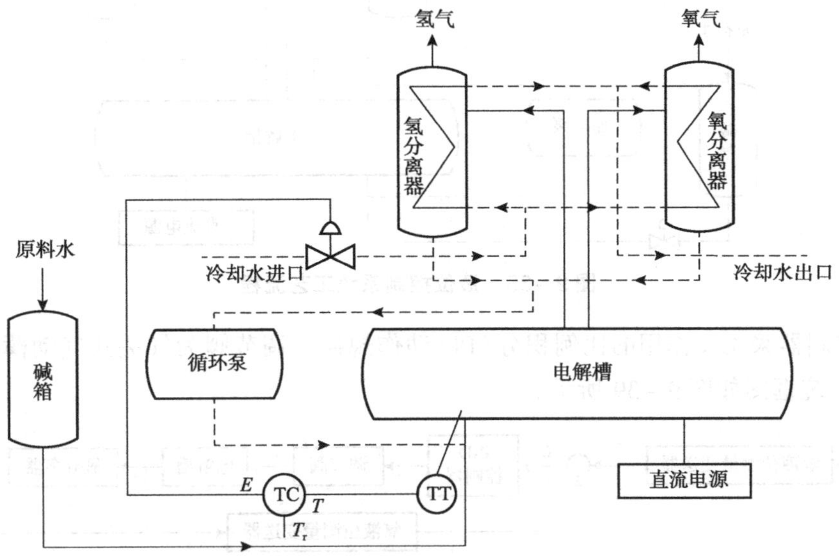

图 9-36　电解槽温度控制系统工艺流程

图9－37所示为循环碱控制系统框图。温度调节系统的滞后时间较大，可以利用微分作用消除系统滞后的影响，因此PID控制器采用正作用的比例积分微分(PID)动作规律。调节阀为气开式气动薄膜调节阀。

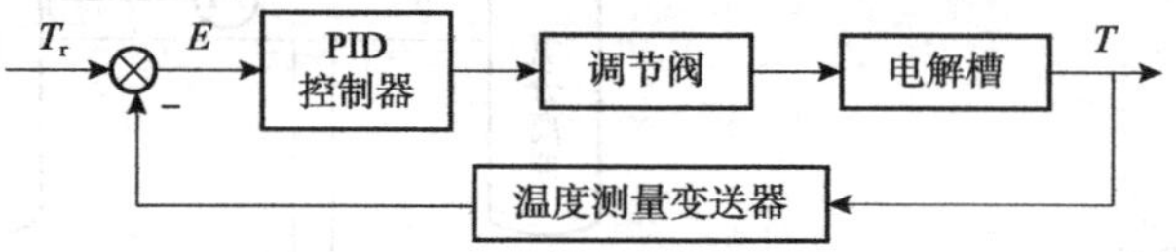

图9－37　循环碱温度控制系统框图

当外界干扰使电解槽温度(T)增加时，通过温度测量变送器将温度信号转换为标准的电压(或电流)信号，与工艺要求的设定值(T_r)进行比较，得到增加的偏差(E)信号，正作用PID控制器的输出增加，气开式的气动阀门开大，冷却水流量增加，电解槽温度(T)减小。反之，如果外界干扰使电解槽温度减小，通过PID控制，使电解槽温度增加。实现了电解槽温度的控制。

3. *液位控制系统*

在电解过程中，原料水不断消耗，使氢氧分离器液位不断下降，因此需要通过补水泵补充原料水，以满足电解消耗的需要。氢、氧分离器两侧的气液处理器底部是相通的，当两侧的压力不平衡时，液位会偏向压力低的一侧，由于两侧产气量不同，所以将控制点选在氢侧，如图9－38所示。

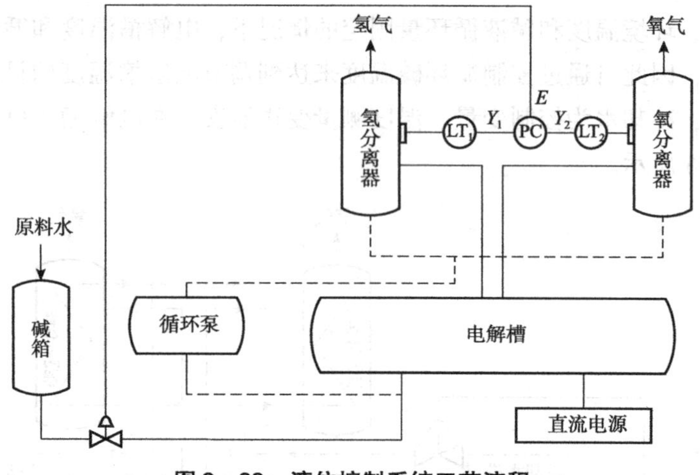

图9－38　液位控制系统工艺流程

PID控制器采用反作用的比例积分(PI)动作规律，调节阀为气关式气动薄膜调节阀。液位控制系统框图如图9－39所示。

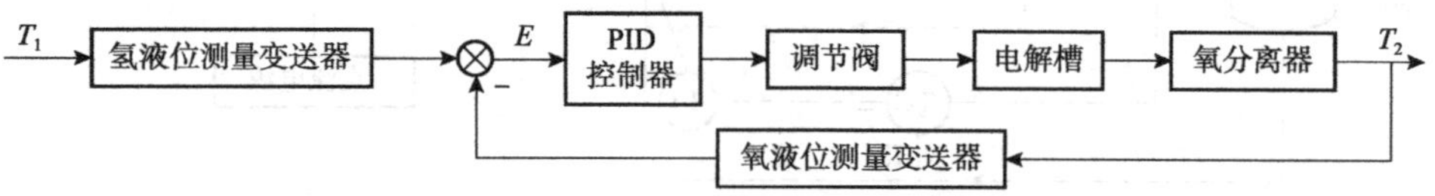

图9－39　液位控制系统框图

当外界干扰使氧分离水箱液位(T_2)增加时，通过液位测量变送器将液位信号转换为标准的电压(或电流)信号，与氢分离器液位(T_1)进行比较，得到减小的偏差(E)信号，反作用PID控制器的输出增加，气关式的气动阀门关小，碱液流量减小，氧分离器液位(T_2)减小。反之，当外界干扰使氧分离水箱液位减小时，通过PID控制，使氧分离水箱液位增加。

当外界干扰使氢分离器液位(T_1)增加时，与氧分离器液位(T_2)进行比较，得到增加的偏差(E)信号，反作用PID控制器的输出减小，气关式的气动阀门开大，碱液流量增加，氧分离器液位(T_2)增加，即氧分离器液位(T_2)跟随氢分离器液位(T_1)增加而增加。反之，外界干扰使氢分离器液位(T_1)减小时，氧分离器液位(T_2)也跟着减小。实现了氧分离器液位(T_2)跟随氢分离器液位(T_1)的变化而变化。

4. 报警系统的设计

对于运行过程中的重要参数，如电解槽工作压力的上限值，电解槽温度的上限值，氢、氧分离器液位的上、下限值，循环碱液循环量的下限值，气源压力下限值，氢气纯度下限值，氧气纯度下限值等，需设有声光报警和联锁控制等操作。

9.3.2 天然气制氢控制系统

如图4-7、图4-8所示，天然气中的烷烃在适当的压力和温度下，就会发生一系列化学反应生成转化气，转化气再经热交换、冷凝等过程，使气体在自动化的控制下通过装有多种吸附剂的PAS装置后，一氧化碳、二氧化碳等杂质被吸收塔吸附。氢气送往用气单位，吸附了杂质的吸附剂，经解析后，解析气送往变换炉作为燃料，吸附剂完成再生。为了确保生产的安全进行，提高产品氢气的质量，需要对天然气制氢装置的过程参数进行控制。

1. 压力控制系统

(1)天然气进界区压力控制系统

天然气以一定的压力进入原料气缓冲罐，其控制系统工艺流程图9-40所示。被控变量为进缓冲罐的天然气压力(0~0.5MPa)；控制变量为天然气的流量，控制阀是气关式调节阀，控制器为反作用。

(2)燃料气缓冲罐进口压力控制系统

燃料气以一定的压力进入原料气缓冲罐，其控制系统工艺流程图9-41所示。被控变量为进缓冲罐的燃料气压力(0~0.3MPa)；控制变量为燃料气的流量，控制阀是气关式调节阀，控制器为正作用。

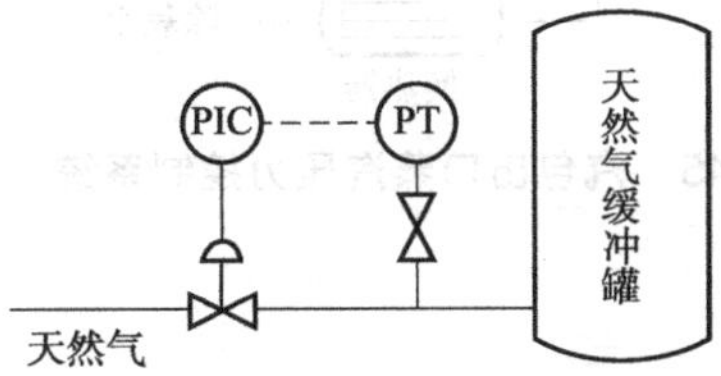

图9-40 天然气进界压力控制系统工艺流程

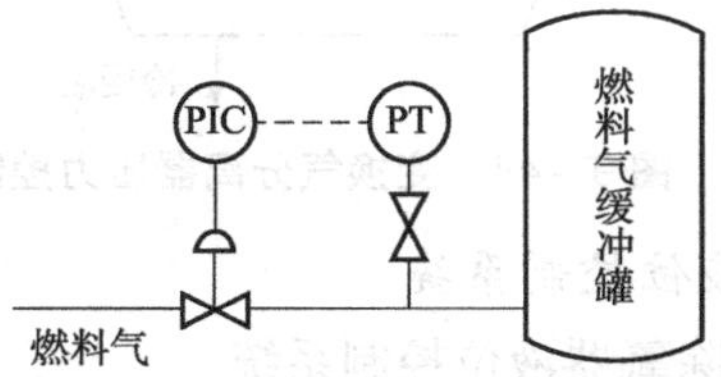

图9-41 燃料气缓冲罐进口压力控制系统工艺流程

(3)蒸汽分离器出口蒸汽压力控制系统

蒸汽分离器出口蒸汽压力控制系统工艺流程如图9－42所示。被控变量为蒸汽分离器出口蒸汽压力(0～0.3MPa)；控制变量为来自汽包的蒸汽流量，控制阀是气关式调节阀，控制器为反作用。

(4)产品氢气缓冲罐入口氢气压力控制系统

产品氢气缓冲罐进口氢气压力控制系统工艺流程如图9－43所示。被控变量为缓冲罐进口氢气压力(0～3MPa)；控制变量为氢气的流量，控制阀是气关式调节阀，控制器为正作用。

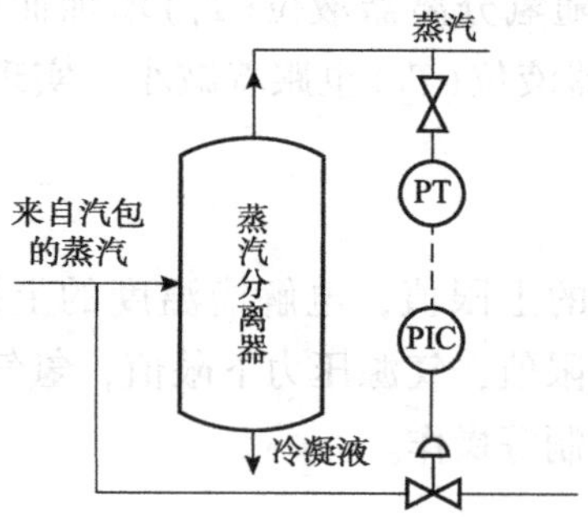

图9－42　蒸汽分离器出口蒸汽压力控制系统工艺流程

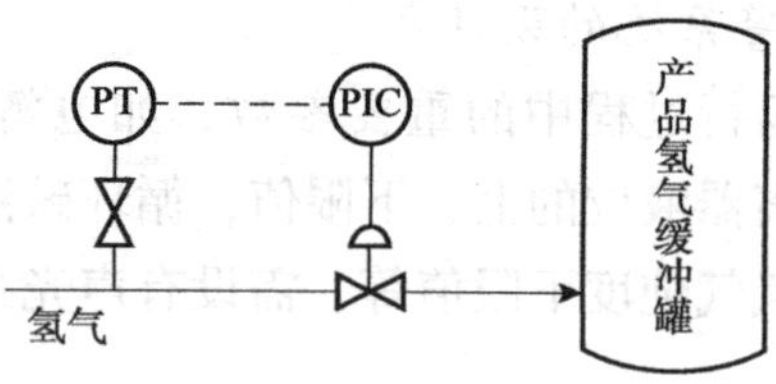

图9－43　产品氢气缓冲罐进口氢气压力控制系统

(5)变换气分离器压力控制系统

变换气(H_2、CH_4、CO、CO_2、N_2等)分离器出口压力控制系统工艺流程如图9－44所示。被控变量为变换气出口压力(0～3MPa)，稳定压力的变换气送到变换气缓冲罐；控制变量为超压的变换气放空流量，控制阀是气开式调节阀，控制器为反作用。

(6)汽包出口蒸汽压力控制系统

汽包出口蒸汽压力控制系统工艺流程如图9－45所示。被控变量为汽包出口蒸汽压力(0～3MPa)；控制变量为汽包出口蒸汽的流量，控制阀是气开式调节阀，控制器为反作用。

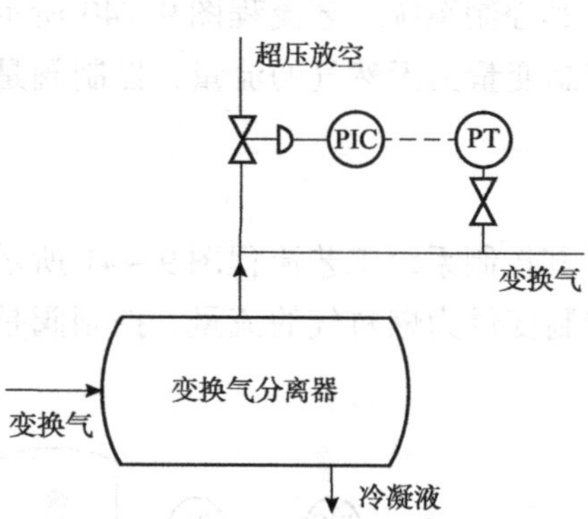

图9－44　变换气分离器压力控制系统

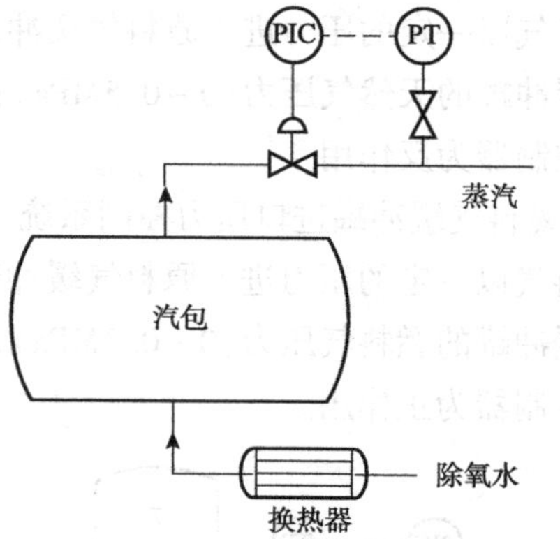

图9－45　汽包出口蒸汽压力控制系统

2. 液位控制系统

(1)除氧器液位控制系统

除氧器液位控制系统工艺流程如图9－46所示。被控变量为除氧器的液位(0～

400mm)，当液位低于150mm或高于500mm时报警；控制变量为脱盐水的流量，控制阀是气关式调节阀，控制器为反作用。

(2)蒸汽分离器液位控制系统

蒸汽分离器液位控制系统工艺流程如图9-47所示。被控变量为蒸汽分离器液位(0~500mm)，当液位高于400mm时报警；控制变量为冷凝液排除的流量，控制阀是气关式调节阀，控制器为反作用。

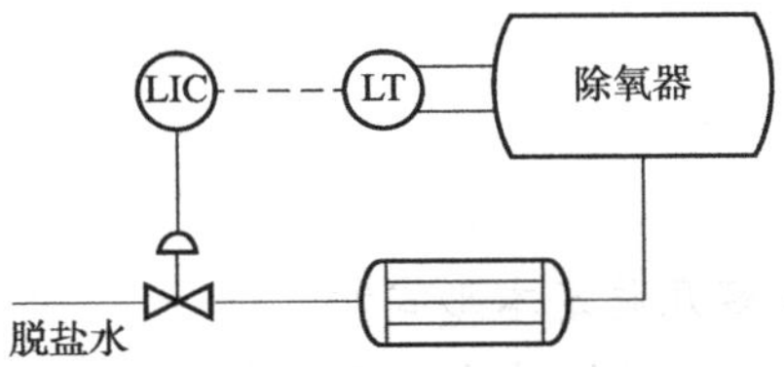

图9-46 除氧器液位控制系统

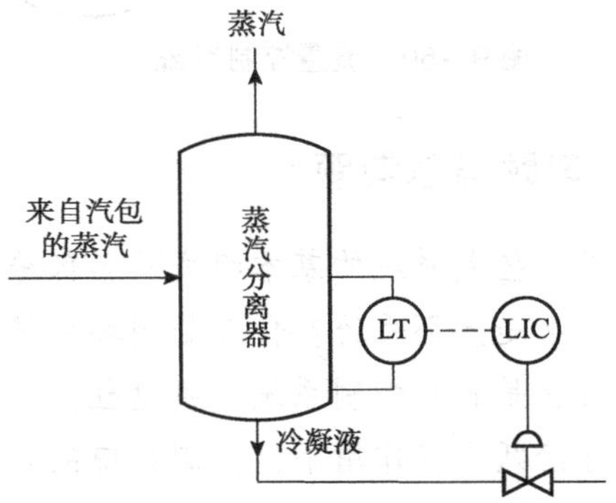

图9-47 蒸汽分离器液位控制系统

(3)变换气分离器液位控制系统

变换气分离器液位控制系统工艺流程如图9-48所示。被控变量为变换气分离器液位(0~500mm)，当液位低于200mm或高于400mm时报警；控制变量为冷凝液排除的流量，控制阀是气关式调节阀，控制器为反作用。

(4)汽包液位控制系统

汽包液位控制系统工艺流程如图9-49所示。被控变量为汽包液位(0~600mm)，当液位低于200mm或高于400mm时报警；控制变量为除氧水流量，控制阀是气关式调节阀，控制器为反作用。

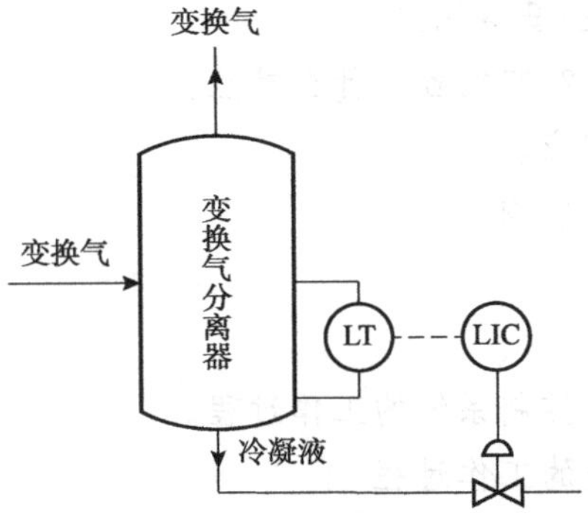

图9-48 变换气分离器液位控制系统

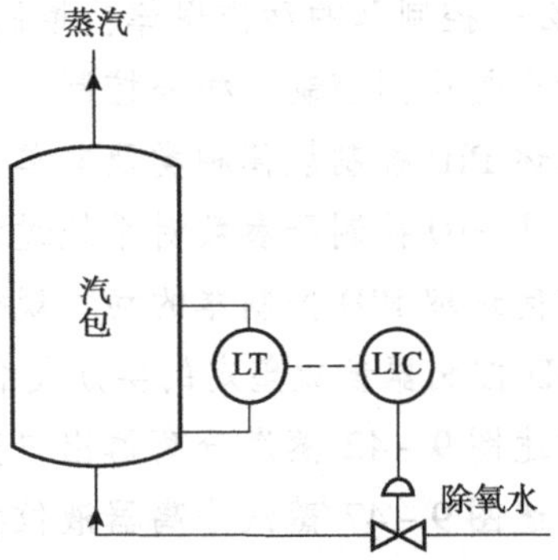

图9-49 汽包液位控制系统

3. 流量控制系统

实现天然气流量和水蒸气流量控制的同时，工艺要求天然气和水蒸气按照一定的比例

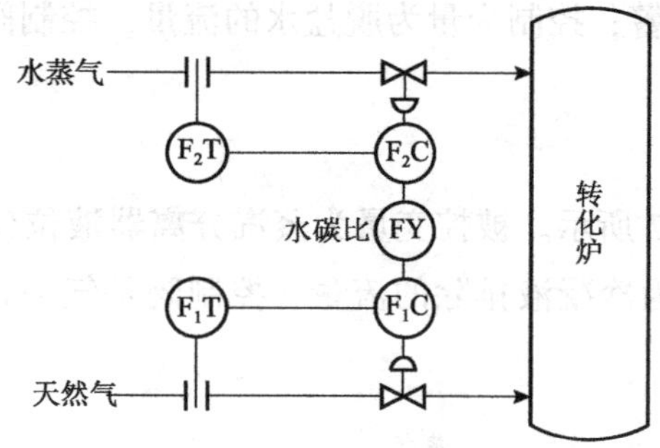

图 9－50 流量控制系统

进入转化炉。其工艺流程如图 9－50 所示。天然气的流量为 50～500Nm³/h，控制阀是气关式调节阀，控制器(F_1C)是反作用；水蒸气的流量为 0～1350Nm³/h，控制阀是气开式调节阀，控制器(F_2C)是正作用。图中“FY”是比值系数，等于天然气流量/水蒸气流量，比值系数的大小由转化炉的工艺确定。

习题与思考题

1. 简述控制系统的基本组成及各部分的作用。
2. 什么是开环系统？什么是闭环系统？
3. 什么是自动控制系统过渡过程？
4. 在阶跃干扰作用下，控制系统的过渡过程有哪几种基本形式？
5. 试画出衰减比分别为 $n<1$、$n=1$、$n>1$、$n\to\infty$ 时的过渡过程曲线。
6. 表示自动控制系统衰减振荡过程的控制指标有哪些？
7. 简述传递函数的定义及特点。
8. 简化下方框图，求控制系统的传递函数 $C(s)/R(s)$。

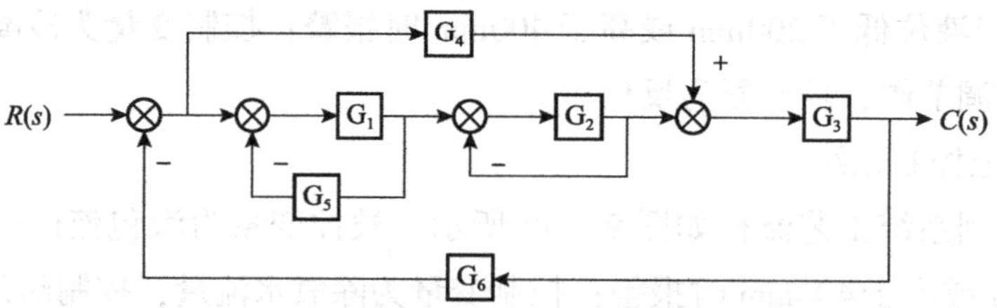

题 8 图

9. 什么是控制器的动作规律？控制器有哪些基本规律？
10. 什么是比例控制、积分控制、微分控制？它们各有什么特点？
11. 简述 PID 控制规律种类及其单位阶跃响应。
12. 简述 PID 控制器参数对系统过渡过程的影响。
13. 如何选取 PID 控制器的动作规律？
14. PID 控制器参数整定的实质是什么？
15. 简述图 9－42 蒸汽分离器出口蒸汽压力控制系统的工作过程。
16. 简述图 9－47 蒸汽分离器液位控制系统的工作过程。
17. 如图 9－48 所示，当冷凝液的温度降低时，分析该系统的工作过程。
18. 如图 9－50 所示，分析：(1) 水蒸气流量增加时，系统的工作过程；(2) 天然气流量增加时，控制系统的工作过程。

第 10 章　氢事故应急管理与救援

氢的安全问题受到各界的广泛关注，涉及氢的事故也引起了人们的高度重视。氢的安全事故中最引人注目的可追溯到 1937 年德国齐柏林的“兴登堡号”焚毁事件(图 10－1)。1931 年，编号为 LZ－129 的飞艇由德国齐柏林公司设计建造，是 1 艘德国早期的大型载客硬式飞艇，“兴登堡号”飞艇全长 244.75m，最大直径 41.4m，艇体内部的 16 个巨型氢气囊，全重 110t，载重 19t，最大时速 135km，也是迄今为止人类历史上最长、体积最大的飞行器。1936 年 3 月 4 日，“兴登堡号”正式开始客运业务，主要用来载客、运货及邮件服务。1937 年 5 月 6 日下午 7 点 25 分左右，充满氢气的“兴登堡号”飞艇在新泽西州莱克赫斯特着陆过程中，在距离地面约 300ft 的空中起火燃烧。“兴登堡号”从尾部开始燃烧，飞艇尾部发生了 2 次爆炸，在美国新泽西州莱克赫斯特海军基地 300 英尺的上空降落时仅用了 34s 火势就横扫了整个飞船，造成 36 人遇难。

图 10－1　在莱克赫斯特爆炸起火的“兴登堡号”

美国探索频道的《流言终结者》节目通过实验，得出一个结论：“兴登堡号”的起火失事与其表面的铝热剂涂层有一定的关系，它是氧化铁外加防潮功能的醋酸纤维制造而成的，这种高度易燃的混合物几乎等同于火箭的燃料，覆盖在醋酸纤维上的漆料是靠铝粉硬化的，而铝粉也是高度易燃的物质，内部填充的氢气是此次失事的罪魁祸首。美国探索频道一期节目分析此次失事的另外一个可能性：由于飞艇晚到，艇长急于降落，在错过了降低时机后大幅度转向，导致结构破坏，一根固定钢缆断裂划破气囊，氢气外泄，然后因为静电火花引燃了氢气导致的事故。“兴登堡号”的焚毁是人类航空史上的一大悲剧，它结束了飞艇作为载人工具进行洲际飞行的历史，此后氢气不再用于载客飞艇，飞艇气囊填充也逐渐被氦气取代。

近几年，氢气引发的事故各国也频有报道，2019 年 5 月 23 日傍晚 6 时 20 分韩国江原道江陵市大田洞科技园区，一家利用太阳能制氢的创新型中小企业的非营利机构，工人对容量为 400L 的氢气罐进行测试，不料氢气罐发生爆炸(图 10－2)，事故造成 2 人死亡，

6 人受伤，工厂 3 栋楼破损，附近 1 处建筑物倒塌，钢筋严重弯曲。爆炸声传播至 8km 之外，不仅是工业园区，附近的商店也成了一片废墟(图 10 －3)，该次事故是自 21 世纪以来全球多国发展氢燃料电池的进程中，首次发生在氢储存过程中的大规模爆炸事故，同时也是韩国国内首次发生的涉及氢燃料的爆炸事故。

图 10 －2　韩国江原道江陵市氢气罐发生爆炸

图 10 －3　爆炸现场破损情况

虽然爆炸没有引发火灾等后续事故，但该事件向涉氢的业界敲响了警钟，储罐贯穿氢气制、储、运、用各个环节，必须引起高度重视。

2019 年 6 月 10 日，挪威奥斯陆郊外桑维卡加氢站爆炸并起火(图 10 －4)。所幸爆炸没有产生直接伤亡，仅烧毁了加氢站背后黑色的栅栏设备，并触发了附近汽车的安全气囊，导致 2 名人员被送往急诊室。因为爆炸威力大，加氢站附近的 E16 和 E18 公路双向封闭。爆炸的原因是高压储罐的 1 个特殊插头的装配错误，导致发生氢气泄漏，泄漏产生氢气和空气的混合物，并被点燃爆炸。事故引发的问题反映出应明确加氢站和加氢站合建站的标准规范，形成 1 套加氢、氢能以及燃料电池安全运行和监控的机制。

图 10 －4　挪威首都奥斯陆郊外的一处加氢站发生爆炸

对于氢引发的安全事故，我国也有发生。2013 年 4 月 28 日，1 辆装有氢气瓶的面包车在苏州市区行驶时突然着火(图 10 －5)，面包车司机逃出驾驶室。随即，车辆发生爆炸。爆炸伴随大火，火势猛烈，约有 4 层楼高，并造成路边 1 幢 6 层居民楼的沿街窗玻璃全部震碎，该爆炸事故至少造成 5 人受伤。据了解，车辆装载至少 4 瓶氢气，是用来充气球的。2015 年 6 月 28 日上午 10 时 04 分，内蒙古鄂尔多斯市准格尔旗准格尔经济开发区伊东九鼎化工有限责任公司发生一起氢气泄漏爆炸事故，造成正在附近施工的 3 名工人死亡，6 人受伤。

图 10－5 发生爆炸面包车的残骸，消防员已将火扑灭

由此可见，氢气引发的安全事故不可小觑，未来，人类要想大规模用氢，不仅要在“制、储、运和用”等环节掌握氢的危险性、氢脆及应力腐蚀机理、氢安全风险评估、氢安全检测及控制等关键技术，还需要做好氢事故的应急管理。正如古人云：“非止排难于变切，亦将防患于未然。”

氢的特点决定了氢事故后果的灾难性、毁灭性和伤害性。听天由命、被动地面对事故是不可取的。积极开展氢事故应急管理，通过事前计划和应急措施，充分利用一切可能的力量，做好应对氢灾害事件的心理和物质准备，是各级管理人员必须考虑和实施的工作。由于氢属于危险化学品，现有国家标准、行业标准对危险化学品应急救援做出了明确规定，因此，本章将从危险化学品事故应急预案基本构成、应急救援物资配备以及现场应急救援指挥角度进行论述，相关内容能够为氢事故的应急管理与救援提供借鉴。

10.1 氢事故应急预案

1. 氢事故应急预案基本概述

氢事故应急预案是指针对氢能相关，由于各种原因造成或可能造成的众多人员伤亡及其他具有较大社会危害的事故，为迅速、有序地开展应急行动，降低人员伤亡和经济损失而预先制定的有关计划或方案。

1）应急预案的基本原则。应急预案是开展应急救援行动的行动计划和实施指南，是一个透明和标准化的反应程序，使应急救援活动能够按照预先周密的计划和有效的实施步骤有条不紊地进行，这些计划和步骤是快速响应和应急救援的基本保证。由于事故发生突然、扩散迅速、危害途径多、作用范围广，因此，事故发生后救援行动必须迅速、准确和有效。编制氢事故应急预案在遵照预防为主的前提下，应该贯彻统一指挥、分级负责、区域为主、单位自救与社会救援相结合的原则。

值得注意的是，编制事故应急预案是一项涉及面广、专业性很强的工作，靠单一部门是很难完成的，必须把各方面的力量组织起来，形成预案编制小组。在应急预案实施过程中，需要成立统一的救援指挥部，并在指挥部的指挥下，与救灾、公安、消防、化工、环保、卫生、劳动等部门紧密配合，协同作战，迅速有效地组织和实施事故应急预案，才能最大可能地避免或减少损失。

2）氢事故应急预案的基本任务。编制氢事故应急预案的基本任务包括5个方面，具体内容如表10－1所示。

表10－1　编制氢事故应急预案的基本任务

序号	任务	内容
1	控制危险源	及时控制危险源是编制化学事故应急预案的首要任务。只有及时控制危险源，才能从源头上有效预防氢事故的发生，并在事故发生后控制事故的扩展和蔓延，实施及时有效的救援活动
2	抢救受害人员	抢救受害人员是实施事故应急预案的重要任务。在实施事故应急预案行动中，快速有序地进行现场急救和安全转送伤员是降低伤亡率、减少事故损失的关键行动
3	指导群众防护和撤离	根据氢事故的类型和性质，及时指导和组织群众采取各种措施进行自身防护和互救工作，并迅速从危险区域或可能受到伤害的区域撤离
4	清理现场，消除危害	对事故产生的有毒、有害物质以及可能对人体和环境继续造成危害的物质，及时组织人员予以清除，防止危害的进一步扩大
5	查找事故原因，估算危害程度	事故发生后，及时做好事故调查与处理工作，并估算出事故的波及范围和危险程度

2. 氢事故应急预案的内容

根据《中华人民共和国安全生产法》和《危险化学品安全管理条例》的有关规定，国家安全生产监督管理局编制了《危险化学品事故应急救援预案编制导则（单位版）》（安监管危化字〔2004〕43号），基于该文件关于危险化学品事故应急救援预案的内容，氢事故应急预案的主要内容应包括以下几个方面：

1）基本情况。基本情况主要包括单位的地址、经济性质、从业人数、隶属关系、主要产品、产量等内容，周边区域的单位、社区、重要基础设施、道路等情况；危险化学品运输单位运输车辆情况及主要的运输产品、运量、运地、行车路线等内容。

2）危险目标及其危险特性、对周围的影响。可根据生产、储存、使用危险化学品装置、设施现状的安全评价报告，健康、安全、环境管理体系文件，职业安全健康管理体系文件，重大危险源辨识结果等材料辨识的事故类别、综合分析的危害程度，确定危险目标，并根据确定的危险目标，明确其危险特性及对周边的影响。

3）危险目标周围可利用的安全、消防、个体防护的设备、器材及其分布。

4）应急救援组织机构、组成人员和职责划分。依据危险化学品事故危害程度的级别设置分级应急救援组织机构。组成人员包括主要负责人及有关管理人员、现场指挥人员。主要职责包括：①组织制定危险化学品事故应急救援预案；②负责人员、资源配置、应急队伍的调动；③确定现场指挥人员；④协调事故现场有关工作；⑤批准本预案的启动与终止；⑥事故状态下各级人员的职责；⑦危险化学品事故信息的上报工作；⑧接受政府的指令和调动；⑨组织应急预案的演练；⑩负责保护事故现场及相关数据。

5）报警、通信联络方式。依据现有资源的评估结果，保证24h有效的报警装置；24h

有效的内部、外部通信联络手段；运输危险化学品的驾驶员、押运员报警及与本单位、生产厂家、托运方联系的方式、方法。

6)事故发生后应采取的处理措施。根据工艺规程、操作规程的技术要求，确定采取的紧急处理措施；根据安全运输卡提供的应急措施及与本单位、生产厂家、托运方联系后获得的信息而采取的应急措施。

7)人员紧急疏散、撤离。依据对可能发生危险化学品事故场所、设施及周围情况的分析结果，提出事故现场人员清点、撤离的方式、方法；非事故现场人员紧急疏散的方式、方法，抢救人员在撤离前、撤离后的报告；周边区域的单位、社区人员疏散的方式、方法。

8)危险区的隔离。依据可能发生的危险化学品事故类别、危害程度级别，确定危险区的设定；事故现场隔离区的划定方式、方法；事故现场隔离方法；事故现场周边区域的道路隔离或交通疏导办法。

9)检测、抢险、救援及控制措施。依据有关国家标准和现有资源的评估结果，确定检测的方式、方法及检测人员防护、监护措施；抢险、救援方式、方法及人员的防护、监护措施；现场实时监测及异常情况下抢险人员的撤离条件、方法；应急救援队伍的调度；控制事故扩大的措施；事故可能扩大后的应急措施。

10)受伤人员现场救护、救治与医院救治。依据事故分类、分级，附近疾病控制与医疗救治机构的设置和处理能力，制定具有可操作性的处置方案，应包括：接触人群检伤分类方案及执行人员；依据检伤结果对患者进行分类及现场紧急抢救方案；接触者医学观察方案；患者转运及转运中的救治方案；患者治疗方案；入院前和医院救治机构确定及处置方案；信息、药物、器材储备信息。

11)现场保护与现场洗消，包括事故现场的保护措施，明确事故现场洗消工作的负责人和专业队伍。

12)应急救援保障包括内部保障和外部救援。内部保障依据现有资源的评估结果，其内容包括：①确定应急队伍，如抢修、现场救护、医疗、治安、消防、交通管理、通信、供应、运输、后勤等人员；②消防设施配置图、工艺流程图、现场平面布置图和周围地区气象资料、危险化学品安全技术说明书、互救信息等存放地点、保管人；③应急通信系统；④应急电源、照明；⑤应急救援装备、物资、药品等；⑥危险化学品运输车辆的安全、消防设备、器材及人员防护装备。保障制度目录包括：①责任制；②值班制度；③培训制度；④危险化学品运输单位检查运输车辆实际运行制度(包括行驶时间、路线，停车地点等内容)；⑤应急救援装备、物资、药品等检查、维护制度(包括危险化学品运输车辆的安全消防设备、器材及人员防护装备检查、维护)；⑥安全运输卡制度(安全运输卡包括运输的危险化学品性质、危害性、应急措施、注意事项及本单位、生产厂家、托运方应急联系电话等内容，每种危险化学品一张卡片，每次运输前，运输单位向驾驶员、押运员告之安全运输卡上有关内容，并将安全运输卡交驾驶员、押运员各一份)；⑦演练制度。

外部救援依据对外部应急救援能力的分析结果，确定单位的互助方式；请求政府协调应急救援力量，应急救援信息咨询；专家信息。

13）预案分级响应条件。依据危险化学品事故的类别、危害程度的级别和从业人员的评估结果，可能发生的事故现场情况分析结果，设定预案的启动条件。

14）事故应急救援终止程序。确定事故应急救援工作结束，通知本单位相关部门、周边社区及人员事故危险已解除。

15）应急培训计划。依据对从业人员能力的评估和社区或周边人员素质的分析结果，应急培训计划的内容包括：应急救援人员的培训；员工应急响应的培训；社区或周边人员应急响应知识的宣传。

16）演练计划。依据现有资源的评估结果，演练计划包括：演练准备；演练范围与频次；演练组织。

17）附件。主要包括：组织机构名单；值班联系电话；组织应急救援有关人员联系电话；危险化学品生产单位应急咨询服务电话；外部救援单位联系电话；政府有关部门联系电话；本单位平面布置图；消防设施配置图；周边区域道路交通示意图和疏散路线、交通管制示意图；周边区域的单位、社区、重要基础设施分布图及有关联系方式，供水、供电单位的联系方式；保障制度等。

3. 氢事故应急预案的编写

编制事故应急预案要求高，难度大，组织复杂。预案中要有侦查、洗消、灭火、抢救、人员防护撤离、通信联络、器材保障等多项内容。因此，应急指挥部必须在全面调查的基础上，周密细致地制定出事故应急预案。

（1）编制要求

事故一旦发生，事故应急预案就是救援行动的指南。为确保应急行动的准确性，在制定事故应急预案时要根据系统、企业单位事故潜在威胁的情况和现有救援力量的实际，将分散在各系统、各部门的各种力量有效地组织起来，形成整体力量，最大限度地发挥整体效能。另外，编制事故应急预案是一项系统工程，它具有严格的科学性和实践性，预案一定要结合实际情况认真细致地考虑各项影响因素，并经演习的实践考验，不断补充、修正和完善。

（2）编制的依据

1）依据单位重大灾害事故危险源的数量和发生事故的可能性，并结合可能发生的事故类型、性质、影响范围以及后果的严重程度等来制定预案，预案应该具有一定的现实性和实用性，提供的数据资料必须真实、准确、可靠。

2）预案中有权威性的应急指挥组织系统情况和有关应急救援方面的立法文件和规范规定。

3）调查相关事项并出具有关图表。有关图表主要包括城市地图、城市交通图、城市水系及管道分布图、重点防护目标分布图、建筑物情况图、人口情况图、救援能力分布总图、监测、化验力量分布图，连续3年的气象资料、救援能力调查表等。

4）调查应急事故状态下所需应急器材、设备、物资的储备和供给保障的可能性。

5）选择2~3个撤离安置点和对撤离路线上休息站的实地调查。

（3）编制步骤

制定事故应急预案，按以下4步进行：

1)编制准备。①成立预案编制小组；②制订编制计划；③收集资料；④初始评估；⑤危险源辨识和风险评价；⑥能力与资源评估。

2)编写预案。制定预案要分工负责，组织编写预案要涉及各个方面、各个部门，必须在统一领导下，制定专门的部门牵头组织，吸收有关单位参加，共同拟定。

3)审定、实施。

4)适时修订预案。制定预案要现场勘查，反复修改。为使预案切实可行，尤其是重点目标区的具体行动预案，拟定前需要组织有关部门、单位的专家、领导到现场进行实地勘查。预案拟定后还要组织有关部门、单位的领导和专家进行评议，使制定的预案更清楚、更科学合理。

(4)编制的格式及要求

1)格式包括：①封面，有标题、单位名称、预案编号、实施日期、签发人(签字)、公章；②目录；③引言、概况；④术语、符号和代号；⑤预案内容；⑥附录；⑦附加说明。

2)基本要求包括：①使用A4白色胶版纸(70g以上)；②正文采用仿宋4号字；③打印文本。

4. 氢事故应急预案的组织机构与责任

(1)企业法人的责任

企业法人应根据国家法律、条例和国际标准，识别所管辖的重大危险设施和物质，将识别或决定的重大危险设施和化学危险物质的临界量向地方政府报告。对重大危险设施应制定控制危害的条例，编写安全报告，定期检查，增补或修改安全报告，并上报主管当局。企业必须在事故发生后的规定期限内，向政府安全监督管理部门提供一份详细的事故报告，阐明事故的起因、经过、造成的影响和采取的行动，并提出改进措施和预防事故再发生的详细建议。

(2)应急指挥中心的责任

由政府主管部门与地区或企业(集团)协商组建“应急指挥中心”。该中心在业务上接受上级主管部门的指导、协调和调动。日常工作则由所隶属的地区或企业(集团)领导。

办公室的责任主要有：负责日常业务工作；接受上级指示，收集并分析化工事故信息，建立档案，并承担业务咨询工作；定期对外发布信息、交流经验；定期开展专业培训或组织演习。

工程抢险队(组)由熟悉重大危险设施和化工工艺专业的人员组成。其职责有：发生事故时，工程抢险队立即进入现场，尽快排除危险源，同时要采取措施保护现场，防止有毒、有害物质扩散；迅速修复或更换已破损的设备、仪表等装置，为恢复生产做准备；负责火灾的补救、有毒化学物质的洗涤、消毒和处理；参与事故原因的调查；协助保安人员维持秩序、疏散人员并救助伤员。

医疗救护队(组)由经过专业培训的医务人员组成。其职责有：负责对事故现场的中毒者和伤员的抢救和搜寻工作；负责对中毒者和伤员的救护、包扎、诊治和人工呼吸等现场急救；经初步抢救后，对伤病员进行分类、观察，采取进一步治疗措施；对重症患者，负责向有条件的医疗单位转送；负责死亡者的尸体处理。

(3)专家(技术顾问)组责任

专家或技术顾问由主管当局或安全卫生技术协会提名，经评议产生。其成员包括从事安全、卫生、环保、化工、设计、设备、工会组织和大专院校等部门具有专业知识的人员，也可以从熟悉化工状况和职业安全卫生的监查人员中招聘。其责任有：对化学事故、重大危害控制系统的人员进行教育培训、提供咨询和专业讲座；对化学有害物质、重大危害控制系统进行评价；协助建立重大危险设施、主要化学毒物数据库，并向国内外用户提供咨询和应答；参与国家主管当局对企业的安全卫生监察和对事故的调查，并提出改进建议；事故调查结束，要写出报告呈报上级主管部门，并通知事故单位。

(4)作业场所职工的义务

作业场所职工包括员工、临时工、合同工、外来人员及在作业场区域内的其他人员。其职责有：遵守国家法律、条例和安全操作规程，积极参与控制重大危害事故的预防；精心操作，严格执行工艺操作规程，遵守纪律，认真记录；正确使用、妥善保管劳动保护用品、器具和防护器材、消防器材等；一旦发生重大事故，遵守一切应急程序，并及时向上级报告或发出警报。

5. 氢事故应急预案的装备

为保证应急预案的有效实施，各相关部门应制定应急装备的配备标准，并做好应急装备的保管工作，使其处于良好的使用状态，一旦发生事故就能立即投入应用。

1)应急装备的配备原则。根据承担的任务和要求进行选配，配备的原则遵循实用性、功能性、耐用性和安全性，

2)基本应急装备的分类。基本应急装备分为两类：一类是基本装备，即通信装备、交通工具、照明装备和防护装备等；另一类是专用装备，即各专业队员所用的专用工具物品，如侦检装备、医疗急救器械和急救药品等。

3)应急装备的保管和使用。各部门都应制定应急装备的保管、使用制度和规定，指定专人负责，并进行定时检查。做好应急装备的交接清点工作和应急装备的调度使用记录，严禁装备被随意挪用，保证事故应急预案的顺利实施。

6. 氢事故应急演习

应急演习是指来自多个机构、组织或群体的人员针对假设的事件，执行实际紧急事件发生时各自职责和任务的排练活动。通过演习，评估应急预案是否能够有效地付诸实践，验证应急预案的可行性和应对各种可能出现的紧急情况的适应性，找出应急准备工作中需要改善的潜在问题，确保应急人员的协调性和履行职责的熟练性。

事故应急救援演习分为室内演习和现场演习。

1)室内演习又称组织指挥演习。由指挥、通信、防化、救援等部门的代表或关键人员组成，在各级职能机关、部门的统一领导下，按一定的目的和要求进行演习活动。这种演习以室内组织指挥的形式将各级救援力量组织起来，实施应急救援任务。室内演习的规模根据演习任务的具体要求，可以是综合性的，也可以是单一项目的演习，或者是几个项目联合演习。

2)现场演习又称事故假定实地演习。根据任务要求和规模可分为单项训练、局部演习

和综合演习。

单项训练是针对性地完成应急救援任务中的某个单项科目而进行的基本操作，如个人防护训练、空气监测训练、通信训练等单一项目训练。一般情况下，只有搞好各个单项训练，才能顺利地进行下一步的演习。

局部演习是针对应急救援任务中的某个科目、某个部分进行演习，是考核各应急援救单位之间的协调程度而进行的基本工作。

综合演习是检验指挥部的指挥、协调能力和专业救援队的救援能力及其配合情况，各种保障系统的完善情况和群众的避灾能力等。

演习的基本内容如表10－2所示。表中所涉及的内容是一般情况，实际应用中还应该根据演习的具体任务增减内容。

表10－2 演习的基本内容

序号	演习内容	序号	演习内容
1	工厂生产系统运行情况	10	交通控制及交通道口的管理
2	厂内应急情景和应急抢险情况	11	治安和宣传工作
3	急救与医疗	12	居民及无关人员的撤离
4	厂内洗涤消毒	13	防护区的洗消污水处理及上、下水源污染
5	染毒空气监测与化验	14	事故后的善后工作
6	事故区人数清点及人员控制	15	气象、地形、地物对事故危害程度的影响
7	防护指导	16	向上级报告情况及向友邻单位通报情况
8	通信及报警信号	17	讲评和总结
9	各种标志布设	18	演习资料汇总

7. 演习的讲评和总结

通过讲评，发现事故应急救援预案中的潜在问题，并寻求改进措施，使应急预案更加完善，更具有适用性、可行性和可操作性。讲评后写出总结报告。总结报告内容包括：通过演习发现的潜在问题；对演习准备情况的评价；对预案有关程序、内容的建议和改进意见；在训练、器材设备方面的改进意见；对演习情况设置的意见；对演习指挥中心的意见等。

8. 对预案的修正

事故应急救援预案必须通过实践考验，证实该预案切实可行后才能实施。演习后，根据评价、总结的意见，进行进一步验证，认为确实需要修正的预案内容要在最短的时间内修正完毕，并报上级批准。

9. 氢事故应急预案的组织与实施

化学事故应急预案的组织与实施直接关系到整个救援工作的成败，在错综复杂的救援工作中，组织工作显得尤为重要。事故应急预案实施的基本步骤具体如下：

1）接报。接报是指接到执行救援的指示或要求救援的报告。接报是实施救援工作的第一步，完整的接报工作对成功实施救援有重要的作用。接报人应问清报告人姓名、单位部门、联系电话；问明事故发生的时间、地点、事故单位、事故原因、主要毒物、事故性质

（毒物外溢、爆炸、燃烧）、危害波及范围和程度；问明对救援的要求，并做好电话记录，同时向上级有关部门报告。

2）设点。设点是指各救援队伍在事故现场，选择有利地形（地点）设置现场救援指挥部或救援、急救医疗点。救援指挥部、救援和医疗急救点的设置应根据现场情况，以利于有序地开展救援和自身安全保护为准则。

3）报到。各救援队伍进入救援现场后，立即到现场指挥部报到，了解现场情况，接受任务，实施救援工作。

4）救援。进入现场的救援队伍按照各自的职责和任务开展工作。

5）撤点。撤点是指救援过程中根据救援任务的需要或气象和事故发展的变化而进行的临时性转移，或应急救援工作结束后撤离现场。在转移过程中应注意安全，保持与救援指挥部和各救援队的联系。救援工作结束后，各救援队撤离现场以前必须取得现场救援指挥部的同意，撤离前做好现场的清理工作。

6）总结。执行救援任务后应做好救援总结，总结经验与教训，积累资料，以便再战。

10.2 氢事故应急救援物资配备

氢事故发生后，为及时控制事故源，抢救受害人员，指导人员防护和撤离，清除危害后果，需要做好各种应急救援准备。应急物资是应急准备的重要内容之一，包括用于处置事故的车辆和各类侦检、个体防护、警戒、通信、输转、堵漏、洗消、破拆、排烟照明、灭火、救生等物资及其他器材。在 GB 30077《危险化学品单位应急救援物资配备要求》中对危险化学品单位应急救援物资的配备原则、总体配备要求、作业场所配备要求、企业应急救援队伍配备要求、其他配备要求和管理维护做了明确规定。制氢、储氢、输氢以及用氢等涉氢单位的应急物资配备应该满足此要求。

1. 应急物资配备原则和基本要求

应急物资配备应遵守以下原则：

（1）氢相关单位应急救援物资应根据单位内危险化学品的种类、数量和危险化学品事故可能造成的危害进行配置。根据企业规模和重大危险源级别可将危险化学品单位分为三类，危险化学品单位类别划分依据见表 10－3。

表 10－3 危险化学品单位类别划分依据

企业规模	危险化学品重大危险源级别			
	一级危险化学品重大危险源	二级危险化学品重大危险源	三级危险化学品重大危险源	四级危险化学品重大危险源
从业人数 300 人以下或营业收入 2000 万元以下	第二类危险化学品单位	第三类危险化学品单位	第三类危险化学品单位	第三类危险化学品单位
从业人数 300 人以上 1000 人以下或营业收入 2000 万元以上 4000 万元以下	第二类危险化学品单位	第二类危险化学品单位	第二类危险化学品单位	第三类危险化学品单位

续表

企业规模	危险化学品重大危险源级别			
	一级危险化学品重大危险源	二级危险化学品重大危险源	三级危险化学品重大危险源	四级危险化学品重大危险源
从业人数1000人以上或营业收入4000万元以上	第一类危险化学品单位	第二类危险化学品单位	第二类危险化学品单位	第二类危险化学品单位

注：①表中所称的“以上”包括本数，所称的“以下”不包括本数。

②没有危险化学品重大危险源的危险化学品单位可作为第三类危险化学品单位。

(2)应急救援物资应符合实用性、功能性、安全性、耐用性以及单位实际需要的原则，应满足单位员工现场应急处置和企业应急救援队伍所承担救援任务的需要。

氢相关单位应急救援物资的配备应满足国家、行业标准要求，并可以根据企业实际情况增配应急救援物资的种类和数量。

2. 作业场所配备要求

在氢相关单位作业场所，应急救援物资应存放在应急救援器材专用柜或指定地点。作业场所应急物资配备应符合表10－4的要求。

表10－4 作业场所救援物资配备要求

序号	物资名称	技术要求或功能要求	配备	备注
1	正压式空气呼吸器	技术性能符合GB/T 18664要求	2套	
2	化学防护服	技术性能符合AQ/T 6107要求	2套	具有有毒、腐蚀性危险化学品的作业场所
3	过滤式防毒面具	技术性能符合GB/T 18664要求	1个/人	类型根据有毒有害物质确定，数量根据当班人数确定
4	气体浓度检测仪	检测气体浓度	2台	根据作业场所的气体确定
5	手电筒	易燃易爆场所，防爆	1个/人	根据当班人数确定
6	对讲机	易燃易爆场所，防爆	4台	
7	急救箱或急救包	物资清单见GBZ 1	1包	
8	吸附材料或堵漏器材	处理化学品泄漏	*	以工作介质理化性质选择吸附材料，常用吸附材料为干沙土(具有爆炸危险性的除外)
9	洗消设施或清洗剂	洗消受污染或可能受污染的人员、设备和器材	*	在工作地点配备
10	应急处置工具箱	工作箱内配备常用工具或专业处置工具	*	防爆场所应配置无火花工具

注：“*”表示由单位根据实际需要进行配置。

3. 企业应急救援队伍配备要求

企业应急救援队伍应急救援人员的个人防护装备配备应满足表10－5的要求。

表10－5 应急救援人员的个体防护装备配备要求

序号	名称	主要用途	配备	备份比	备注
1	头盔	头部、面部及颈部的安全防护	1顶/人	4∶1	
2	二级化学防护服装	化学灾害现场作业时的躯体防护	1套/10人	4∶1	1)以值勤人员数量确定 2)至少配备2套
3	一级化学防护服装	重度化学灾害现场全身防护	*		
4	灭火防护服	灭火救援作业时的身体防护	1套/人	3∶1	指挥员可选配消防指挥服
5	防静电内衣	可燃气体、粉尘、蒸汽等易燃易爆场所作业时的躯体内层防护	1套/人	4∶1	
6	防化手套	手部及腕部防护	2副/人		应针对有毒有害物质穿透性选择手套材料
7	防化靴	事故现场作业时的脚部和小腿部防护	1双/人	4∶1	易燃易爆场所应配备防静电靴
8	安全腰带	登梯作业和逃生自救	1根/人	4∶1	
9	正压式空气呼吸器	缺氧或有毒现场作业时的呼吸防护	1具/人	5∶1	1)以值勤人员数量确定 2)备用气瓶按照正压式空气呼吸器总量1∶1备份
10	佩戴式防爆照明灯	单人作业照明	1个/人	5∶1	
11	轻型安全绳	救援人员的救生、自救和逃生	1根/5人	4∶1	
12	消防腰斧	破拆和自救	1把/人	5∶1	

注：①表中"备份比"是指应急救援人员防护装备配备投入使用数量与备用数量之比。
②根据备份比计算的备份数量为非整数时向上取整。
③第三类危险化学品单位应急救援人员可使用作业场所配备的个体防护装备，不配备该表中的装备。
④"＊"表示由单位根据实际需要进行配置，本标准不作规定。

在救援车辆配备数量方面，第一类危险化学品单位抢险救援车辆数量应不少于3辆，第二类危险化学品单位的抢险救援车辆数量应为0～2辆，第三类危险化学品单位可以根据实际情况配备车辆。

在企业应急救援队伍抢险救援车品种方面应满足下列要求：

(1)第一类危险化学品单位

①灭火抢险救援车，包括水罐或泵浦抢险救援车、水罐或泡沫抢险救援车、干粉泡沫

联用抢险救援车，选择其中一种车配置1辆。

②专勤抢险救援车，包括多功能抢险救援车或气防车、危险化学品事故抢险救援车或防化洗消抢险救援车，各配置1辆。

③举高抢险救援车和后勤抢险救援车根据企业实际情况配置。

(2)第二类危险化学品单位

①灭火抢险救援车，包括水罐或泵浦抢险救援车、水罐或泡沫抢险救援车、干粉泡沫联用抢险救援车，选择其中一种车配置1辆。

②专勤抢险救援车，包括多功能抢险救援车或气防车、危险化学品事故抢险救援车或防化洗消抢险救援车，根据实际需要进行配置。

(3)第三类危险化学品单位

灭火抢险救援车，包括水罐或泵浦抢险救援车、水罐或泡沫抢险救援车，选择其中一种车配置1辆。

企业应急救援队伍主要抢险救援车辆的技术性能应满足表10-6的要求，涉及毒性气体的气体防护车内应急救援物资配备可参考表10-7配置。

表10-6　企业应急救援队伍主要抢险救援车辆的技术性能

技术性能		第一类危险化学品单位		第二类危险化学品单位		第三类危险化学品单位	
发动机功率/kW		≥191		≥132		≥132	
比功率/(kW/t)		≥10		≥8		≥8	
水罐抢险救援车出水性能	出口压力/MPa	1	1.8	1	1.8	1	1.8
	流量/(L/s)	60	30	40	20	40	20
水罐抢险救援车出泡沫性能/类		A、B		A、B		B	
举高抢险救援车额定工作高度/m		≥30		≥20		≥20	
多功能抢险救援车	起吊质量/kg	≥5000		≥3000		≥3000	
	牵引质量/kg	≥10000		≥10000		≥10000	

表10-7　气体防护车内应急救援物资配备要求

序号	物资名称	主要功能或技术要求	配备	备注
1	正压式空气呼吸器	技术性能符合GB/T 18664要求	2套	配备空气瓶1个/套
2	苏生器	自动进行正负压人工呼吸	1套	
3	医用氧气瓶	治疗中毒人员	2个	
4	移动式长管供气系统	在缺氧或有毒有害气体环境中的抢险救灾人员提供长时间呼吸保护	1台	
5	对讲机	易燃易爆场所应为防爆型	2台	
6	抢险救援服	抢险人员躯体保护，橘红色	1套/人	根据气体防护车上配备的人员确定
7	头戴式照明灯	灭火和抢险救援现场作业时的照明，易燃易爆场所应为防爆型	1个/人	根据气体防护车上配备的人员确定

续表

序号	物资名称	主要功能或技术要求	配备	备注
8	一级化学防护服	重度化学灾害现场全身防护	2 套	
9	二级化学防护服	化学灾害现场作业时的躯体防护	2 套	
10	隔热服	强热辐射场所的全身防护	*	
11	折叠担架	运送事故现场受伤人员	2 副	
12	急救包	盛放常规外伤和化学伤害急救所需的敷料、药品和器械等	1 个	
13	可燃气体检测仪	检测事故现场易燃易爆气体，可检测多种易燃易爆气体的体积浓度	2 台	根据企业可燃气体的种类配备
14	有毒气体检测仪	具备自动识别、防水、防爆性能，能探测有毒、有害气体及氧含量	2 台	根据企业有毒有害气体的种类配备

注：“*”表示由单位根据实际需要进行配置，本标准不作规定。

企业应急救援队伍抢险救援物资配备应满足以下要求：

①第一类危险化学品单位应急救援队伍的抢险救援物资配备的种类和数量不应低于表 10-8～表 10-18 的要求。

表 10-8　第一类危险化学品单位侦检器材配备要求

序号	物资名称	主要用途或技术要求	配备	备注
1	有毒气体检测仪	具备自动识别、防水、防爆性能；能检测有毒、有害气体及氧含量	2 台	
2	可燃气体检测仪	检测事故现场易燃易爆气体，可检测多种易燃易爆气体的浓度	2 台	
3	红外测温仪	测量事故现场温度；可预设高、低温危险报警	1 台	
4	便携式气象仪	测量风速、风向、温度、湿度、大气压等气象参数	1 台	
5	水质分析仪	定性分析液体内的化学成分	*	
6	红外热像仪	事故现场黑暗、浓烟环境中的搜寻；温差分辨率不小于 0.25℃，有效检测距离不小于 40m	*	

注：“*”表示由单位根据实际需要进行配置，本标准不作规定。

表 10-9　第一类危险化学品单位警戒器材配备要求

序号	物资名称	主要用途或技术要求	配备	备注
1	警戒标志杆	灾害事故现场警戒，有反光功能	10 根	
2	锥形事故标志柱	灾害事故现场道路警戒	10 根	
3	隔离警示带	灾害事故现场警戒；双面反光，每盘长度约 500m	10 盘	备份 2 盘

续表

序号	物资名称	主要用途或技术要求	配备	备注
4	出入口标志牌	灾害事故现场标识；图案、文字、边框均为反光材料，与标志杆配套使用，易燃易爆环境应为无火花材料	2组	
5	危险警示牌	灾害事故现场警戒警示；分为有毒、易燃、泄漏、爆炸、危险5种标志，图案为反光材料。与标志杆配套使用，易燃易爆环境应为无火花材料	5块	
6	闪光警示灯	灾害事故现场警戒警示；频闪型，光线暗时自动闪亮	5个	备份2个
7	手持扩音器	灾害事故现场指挥；功率大于10W，同时应具备警报功能	2个	

表10－10 第一类危险化学品单位灭火器材配备要求

序号	物资名称	主要用途或技术要求	配备	备注
1	机动手抬泵	可人力搬运，用作输送水或泡沫溶液等液体灭火剂的专用泵	3台	
2	移动式消防炮	扑救可燃化学品火灾	2个	
3	A、B类比例混合器、泡沫液桶、空气泡沫枪	扑救小面积化工类火灾；由储液桶、吸液管和泡沫管枪组成，操作轻便快捷	2套	
4	二节拉梯	登高作业	3个	
5	三节拉梯	登高作业	2个	
6	移动式水带卷盘或水带槽	清理水带	3个	
7	水带	消防用水的输送	2800m	
8	其他	按所配车辆技术标准要求配备	1套	扳手、水枪、分水器、接口、包布、护桥等常规器材工具

表10－11 第一类危险化学品单位通信器材配备要求

序号	物资名称	主要用途或技术要求	配备	备注
1	移动电话	易燃易爆环境应为防爆型	2部	指挥员
2	对讲机	应急救援人员间以及与后方指挥员的通信，通信距离不低于1000m，易燃易爆环境应为防爆型	1台/人	按执勤人数配备
3	通信指挥系统	符合GB 50313要求	1套	

表 10－12　第一类危险化学品单位救生物资配备要求

序号	物资名称	主要用途或技术要求	配备	备注
1	缓降器	高处救人和自救；安全负荷不低于 1300N，绳索防火、耐磨	2 套	
2	医药急救箱	盛放常规外伤和化学伤害急救所需的敷料、药品和器械等	1 个	
3	逃生面罩	灾害事故现场被救人员呼吸防护	10 个	备份 10 个
4	折叠式担架	运送事故现场受伤人员；为金属框架，高分子材料表面质材，便于洗消，承重不小于 100kg	1 架	
5	救援三角架	高处、井下等救援作业；金属框架，配有手摇式绞盘，牵引滑轮，最大承载 2500N，绳索长度不小于 30m	1 个	
6	救生软梯	登高救生作业	1 条	
7	安全绳	灾害事故现场救援，长度 50m	2 组	
8	救生绳	救人或自救工具，也可用于运送消防施救器材，50m	2 组	

表 10－13　第一类危险化学品单位破拆器材配备要求

序号	物资名称	主要用途或技术要求	配备	备注
1	液压破拆工具组	灾害现场破拆作业	1 套	根据企业实际情况选配
2	无齿锯	切割金属和混凝土材料		
3	机动链锯	切割各类木质结构障碍物		
4	手动破拆工具组	灾害现场破拆作业		

表 10－14　第一类危险化学品单位堵漏器材配备要求

序号	物资名称	主要用途或技术要求	配备	备注
1	木制堵漏楔	各类孔洞状较低压力的堵漏作业；经专门绝缘处理，防裂，不变形	1 套	每套不少于 28 种规格
2	气动吸盘式堵漏工具	封堵不规则孔洞；气动、负压式吸盘，可输转作业	1 套	根据企业实际情况和工艺特点，选配 1 套堵漏工具
3	粘贴式堵漏工具	各种罐体和管道表面点状、线状泄漏的堵漏作业；无火花材料		
4	电磁式堵漏工具	各种罐体和管道表面点状、线状泄漏的堵漏作业；适用温度不大于 80℃		
5	注入式堵漏工具	阀门或法兰盘堵漏作业；无火花材料；配有手动液压泵，液压不小于 74MPa，使用温度 －100～400℃	1 套	含注入式堵漏胶 1 箱
6	无火花工具	易燃、易爆事故现场的手动作业，铜制材料	1 套	每套不小于 11 种
7	金属堵漏套管	各种金属管道裂缝的密封堵漏	1 套	
8	内封式堵漏袋	圆形容器和管道的堵漏作业；由防腐橡胶制成，工作压力 0.15MPa，4 种，直径分别为：10mm/20mm、20mm/40mm、30mm/60mm、50mm/100mm	*	

续表

序号	物资名称	主要用途或技术要求	配备	备注
9	外封式堵漏袋	罐体外部堵漏作业；由防腐橡胶制成，工作压力0.15MPa，2种，尺寸：5mm/20mm、20mm/48mm	*	
10	捆绑式堵漏袋	管道断裂堵漏作业；由防腐橡胶制成，工作压力0.15MPa，尺寸为：5mm/20mm、20mm/48mm	*	
11	阀门堵漏套具	阀门泄漏的堵漏作业	*	
12	管道黏结剂	小空洞或砂眼的堵漏	*	

注："*"表示由单位根据实际需要进行配置，本标准不作规定。

表 10-15 第一类危险化学品单位输转物资配备要求

序号	物资名称	主要用途或技术要求	配备	备注
1	输转泵	吸附、输转各种液体；易燃易爆场所应为防爆	1 台	
2	有毒物质密封桶	装载有毒有害物质；防酸碱，耐高温	2 个	
3	吸附垫、吸附棉	小范围内吸附酸、碱和其他腐蚀性液体	2 箱	
4	集污袋	装载有害物质	2 只	

表 10-16 第一类危险化学品单位洗消物资配备要求

序号	物资名称	主要用途或技术要求	配备	备注
1	强酸、碱清洗剂	手部或身体小面积部位的洗消	5 瓶	酸碱环境下配备
2	强酸、碱洗消器	化学灼伤部位的洗消	2 只	酸碱环境下配备
3	洗消帐篷	消防人员洗消；配有电动充气泵、喷淋、照明等系统	1 套	
4	洗消粉	按比例与水混合后，对人体、物品和场地的降毒洗消	*	

注："*"表示由单位根据实际需要进行配置，本标准不作规定。

表 10-17 第一类危险化学品单位排烟照明器材配备要求

序号	物资名称	主要用途或技术要求	配备	备注
1	移动式排烟机	灾害现场的排烟和送风，配有相应口径的风管	1 台	
2	坑道小型空气输送机	缺氧空间作业，排风量符合常用救灾的要求	*	
3	移动照明灯组	灾害现场的作业照明，照度符合作业要求	1 套	
4	移动发电机	灾害现场等电器设备的供电	2 台	

注："*"表示由单位根据实际需要进行配置，本标准不作规定。

表 10-18 第一类危险化学品单位其他物资配备要求

序号	物资名称	主要用途或技术要求	配备	备注
1	心肺复苏人体模型	急救训练用	1 套	
2	空气充填泵	现场为空气呼吸器储气瓶充气	1 套	

②第二类危险化学品单位应急救援队伍的抢险救援物资配备的种类和数量不应低于表10－19的要求。

③第三类危险化学品单位应急救援队伍可使用作业场所应急救援物资作为抢险救援物资。

表10－19　第二类危险化学品单位抢险救援物资配备要求

序号	种类	物资名称	主要用途或技术要求	配备	备注
1	侦检	有毒气体检测仪	具备自动识别、防水、防爆性能，能探测有毒、有害气体及氧含量	2台	根据企业有毒有害气体的种类配备
2		可燃气体检测仪	检测事故现场易燃易爆气体；可检测多种易燃易爆气体的浓度	2台	根据企业可燃气体的种类配备
3	警戒	各类警示牌	灾害事故现场警戒警示	1套	
4		隔离警示带	灾害事故现场警戒，双面反光	5盘	备用2盘
5	灭火	移动式消防炮	扑救可燃化学品火灾	1个	
6		水带	消防用水的输送	1200m	
7		常规器材工具，扳手、水枪等	按所配车辆技术标准要求配备	1套	扳手、水枪、分水器、接口、包布、护桥等常规器材工具
8	通信	移动电话	易燃易爆环境应防爆	2部	
9		对讲机	易燃易爆环境应防爆	2台	
10	救生	缓降器	高处救人和自救；安全负荷不低于1300N，绳索防火、耐磨	2套	
11		逃生面罩	灾害事故现场被救人员呼吸防护	10个	备用5个
12		折叠式担架	运送事故现场受伤人员，为金属框架，高分子材料表面质材，便于洗消，承重不小于100kg	1架	
13		救援三角架	金属框架，配有手摇式绞盘，牵引滑轮最大承载2500N，绳索长度不小于30m	1个	
14		救生软梯	登高救生作业	1个	
15		安全绳	长度50m	2组	
16		医药急救箱	盛放常规外伤和化学伤害急救所需的敷料、药品和器械等	1个	
17	破拆	液压破拆工具组	灾害现场破拆作业	1套	根据企业实际情况选择其中一项
18		无齿锯	切割金属和混凝土材料		
19		手动破拆工具组	灾害现场破拆作业		

续表

序号	种类	物资名称	主要用途或技术要求	配备	备注
20	堵漏	木制堵漏楔	各类孔洞状较低压力的堵漏作业。经专门绝缘处理，防裂，不变形	1套	每套不少于28种规格
21	堵漏	无火花工具	易燃易爆事故现场的手动作业，钢制材料	1套	
22	堵漏	粘贴式堵漏工具	各种罐体和管道表面点状、线状泄漏的堵漏作业；无火花材料	*	
23	堵漏	注入式堵漏工具	阀门或法兰盘堵漏作业；无火花材料；配有手动液压泵，泵缸压力≥74MPa，使用温度 -100 ~ 400℃	*	
24	输转	输转泵	吸附、输转各种液体，安全防爆	1台	
25	输转	有毒物质密封桶	装载有毒有害物质，可防酸碱，耐高温	1个	
26	输转	吸附垫	小范围内的吸附酸、碱和其他腐蚀性液体	2箱	
27	洗消	洗消帐篷	消防人员洗消；配有电动充气泵、喷淋、照明等系统	1顶	
28	排烟照明	移动式排烟机	灾害现场的排烟和送风，配有相应口径的风管	1台	
29	排烟照明	移动照明灯组	灾害现场的作业照明，照度符合作业要求	1组	
30	排烟照明	移动发电机	灾害现场等电器设备的供电	*	
31	其他	水幕水带	阻挡或稀释有毒和易燃易爆气体或液体、蒸汽	1套	

注：“*”表示由单位根据实际需要进行配置，本标准不作规定。

4. 其他配备要求

涉氢相关单位，除作业场所和应急救援队伍外的其他部门应根据应急响应过程中所承担的职责配备相应的应急救援物资。沿江河湖海的涉氢单位应配备水上灭火抢险救援、水上泄漏物处置和防汛排涝物资。除作业场所的应急救援物资外的其他应急救援物资，可由涉氢单位与其周边其他相关单位或应急救援机构签订互助协议，并能在这些单位或机构接到报警后5min内到达现场，可作为涉氢单位的应急救援物资。

5. 管理和维护

应急救援物资应做好维护和管理，确保应急物资在事故时能够正常使用。

涉氢相关单位的应急救援物资应建立相关管理制度和记录，包括物资清单、物资使用管理制度、物资测试检修制度、物资租用制度、资料管理制度、物资调用和使用记录、物资检查维护、报废及更新记录。

此外，应急救援物资应明确专人管理；严格按照产品说明书要求，对应急救援物资进行日常检查、定期维护保养；应急救援物资应存放在便于取用的固定场所，摆放整齐，不得随意摆放、挪作他用。应急救援物资应保持完好，随时处于备战状态；物资若有损坏或影响安全使用的，应及时修理、更换或报废。应急救援物资的使用人员，应接受相应的培训，熟悉装备的用途、技术性能及有关使用说明资料，并遵守操作规程。

10.3　氢事故应急救援指挥

在突发事件应急处置活动中，上级领导及其机关需要对所属下级的应急活动和应对突发事件过程进行组织和领导。应急指挥最重要的是体现在紧急情况下，运用正确的指挥而充分发挥有限的应急力量控制事态发展，体现出应急指挥在突发情况下减少损失、保护生命财产安全的作用。现在，应急指挥应用到各个领域，每时每刻都在发挥着重大作用。在危险化学品领域，安全生产行业发布了 AQ/T 3052《危险化学品事故应急救援指挥导则》，为涉氢单位发生事故后的应急救援指挥提供了参考依据。本节将围绕该行业标准展开介绍，包括应急救援指挥的基本原则和基本程序。

1. 应急救援指挥基本原则

涉氢单位的应急救援指挥应遵循以下原则：

(1)坚持救人第一、防止灾害扩大的原则。在保障施救人员安全的前提下，果断抢救受困人员的生命，迅速控制危险化学品事故现场，防止灾害扩大。

(2)坚持统一领导、科学决策的原则。由现场指挥部和总指挥部根据预案要求和现场情况变化领导应急响应和应急救援，现场指挥部负责现场具体处置，重大决策由总指挥部决定。

(3)坚持信息畅通、协同应对的原则。总指挥部、现场指挥部与救援队伍应保证实时互通信息，提高救援效率，在事故单位开展自救的同时，外部救援力量根据事故单位的需求和总指挥部的要求参与救援。

(4)坚持保护环境，减少污染的原则。在处置中应加强对环境的保护，控制事故范围，减少对人员、大气、土壤、水体的污染。

(5)在救援过程中，有关单位和人员应考虑妥善保护事故现场及相关证据。任何人不得以救援为借口，故意破坏事故现场及毁灭相关证据。

2. 应急救援指挥基本程序

(1)应急响应

涉氢相关企业在发生氢安全事故后，应立即启动应急预案，组织成立现场指挥部，制订科学、合理的救援方案，并统一指挥实施。事故单位在开展自救的同时，应按照有关规定向当地政府部门报告。政府有关部门在接到事故报告后，应立即启动相关预案，赶赴事故现场(或应急指挥中心)，成立总指挥部，明确总指挥、副总指挥及有关成员单位或人员职责分工。现场指挥部根据情况，划定本单位警戒隔离区域，抢救、撤离遇险人员，制定现场处置措施(工艺控制、工程抢险、防范次生及衍生事故)，及时将现场情况及应急救援进展报告总指挥部，向总指挥部提出外部救援力量、技术、物资支持、疏散公众等请求和建议。总指挥部根据现场指挥部提供的情况对应急救援进行指导，划定事故单位周边警戒隔离区域，根据现场指挥部请求调集有关资源、下达应急疏散指令。外部救援力量根据事故单位的需求和总指挥部的协调安排，与事故单位合力开展救援。现场指挥部和总指挥部应及时了解事故现场情况，主要了解下列内容：①遇险人员伤亡、失踪、被困情况；②危险化学品危险特性、数量、应急处置方法等信息；③周边建筑、居民、地形、电源、火源等情况；④事故可能导致的后果及对周围区域的可能影响范围和危害程度；⑤应急救援设备、物资、器材、队伍等应急力量情况；⑥有关装置、设备、设施损毁情况。如果现场情况变化，现场指挥部和总指挥部根据应对救援行动及时做出相应调整。

(2)警戒隔离

涉氢相关企业应根据现场危险化学品自身及燃烧产物的毒害性、扩散趋势、火焰辐射热和爆炸、泄漏所涉及的范围等相关内容对危险区域进行评估，确定警戒隔离区。在警戒隔离区边界设警示标志，并设专人负责警戒。对通往事故现场的道路实行交通管制，严禁无关车辆进入。清理主要交通干道，保证道路畅通。合理设置出入口，除应急救援人员外，严禁无关人员进入。同时，根据事故发展、应急处置和动态监测情况，适当调整警戒隔离区。

(3)人员防护与救护

①应急救援人员防护

在抢险救援过程中，对于应急救援人员，应调集所需安全防护装备，针对不同的危险特性，采取相应安全防护措施后，方可进入现场救援。控制、记录进入现场救援人员的数量。现场安全监测人员若遇直接危及应急人员生命安全的紧急情况，应立即报告救援队伍负责人和现场指挥部，救援队伍负责人、现场指挥部应当迅速做出撤离决定。

②遇险人员救护

对于遇险人员，救援人员应携带救生器材迅速进入现场，将遇险受困人员转移到安全区。将警戒隔离区内与事故应急处理无关人员撤离至安全区，撤离时要选择正确方向和路线。对救出人员进行现场急救和登记后，交专业医疗卫生机构处置。

③公众安全防护

总指挥部根据现场指挥部疏散人员的请求，决定并发布疏散指令。安全疏散路线应避免横穿危险区。根据危险化学品的危害特性，指导疏散人员就地取材(如毛巾、湿布、口罩)，采取简易有效的措施保护自己。

(4)现场处置

①火灾爆炸事故处置

扑灭现场明火应坚持先控制后扑灭的原则。依据危险化学品性质、火灾大小采用冷却、堵截、突破、夹攻、合击、分割、围歼、破拆、封堵、排烟等方法进行控制与灭火。根据危险化学品特性，选用正确的灭火剂。禁止用水、泡沫等含水灭火剂扑救遇湿易燃物品、自燃物品火灾；禁用直流水冲击扑灭粉末状、易沸溅危险化学品火灾；禁用砂土盖压扑灭爆炸品火灾；宜使用低压水流或雾状水扑灭腐蚀品火灾，避免腐蚀品溅出；禁止对液态轻烃强行灭火。有关生产部门监控装置工艺变化情况，做好应急状态下生产方案的调整和相关装置的生产平衡，优先保证应急救援所需的水、电、汽、交通运输车辆和工程机械。根据现场情况和预案要求，及时决定有关设备、装置、单元或系统紧急停车，避免事故扩大。

②泄漏事故处置

控制泄漏源：在生产过程中发生泄漏，事故单位应根据生产和事故情况，及时采取控制措施，防止事故扩大。采取停车、局部打循环、改走副线或降压堵漏等措施。在其他储存、使用等过程中发生泄漏，应根据事故情况，采取转料、套装、堵漏等控制措施。

控制泄漏物：泄漏物控制应与泄漏源控制同时进行。对气体泄漏物可采取喷雾状水、释放惰性气体、加入中和剂等措施，降低泄漏物的浓度或燃爆危害。喷水稀释时，应筑堤收容产生的废水，防止水体污染。对液体泄漏物可采取容器盛装、吸附、筑堤、挖坑、泵吸等措施进行收集、阻挡或转移。若液体具有挥发性及可燃性，可用适当的泡沫覆盖泄漏液体。

中毒窒息事故处置：立即将染毒者转移至上风向或侧上风向空气无污染区域，并进行紧急救治。经现场紧急救治，伤势严重者立即送医院观察治疗。

其他处置要求：现场指挥人员发现危及人身生命安全的紧急情况，应迅速发出紧急撤离信号。若因火灾爆炸引发泄漏中毒事故，或因泄漏引发火灾爆炸事故，应统筹考虑，优先采取保障人员生命安全，防止灾害扩大的救援措施。维护现场救援秩序，防止救援过程中发生车辆碰撞、车辆伤害、物体打击、高处坠落等事故。

(5)现场监测

在应急救援现场，应对以下对象进行监测：①可燃、有毒有害危险化学品的浓度、扩散等情况进行动态监测；②测定风向、风力、气温等气象数据；③确认装置、设施、建(构)筑物已经受到的破坏或潜在的威胁；④监测现场及周边污染情况。现场指挥部和总指挥部根据现场动态监测信息，适时调整救援行动方案。

(6)洗消

在危险区与安全区交界处设立洗消站，并使用相应的洗消药剂，对所有染毒人员及工具、装备进行洗消。

(7)现场清理

事故现场应彻底清除各处残留的有毒有害气体。对泄漏液体、固体应该统一收集处理。对污染地面进行彻底清洗，确保不留残液。对事故现场空气、水源、土壤污染情况进行动态监测，并将监测信息及时报告现场指挥部和总指挥部。洗消污水应集中净化处理，严禁直接外排。若空气、水源、土壤出现污染，应及时采取相应处置措施。

(8)信息发布

事故信息由总指挥部统一对外发布，信息发布应做到及时、准确、客观、全面。

(9)救援结束

当事故现场处置完毕，相关遇险人员全部救出，可能导致次生、衍生灾害的隐患得到彻底消除或控制，应由总指挥部发布救援行动结束指令。

此外，应清点救援人员、车辆及器材。解除警戒，解散指挥部，救援人员返回驻地。

事故单位对应急救援资料进行收集、整理、归档，对救援行动进行总结评估，并报上级有关部门。

习题与思考题

1. 氢事故应急预案的基本原则是什么？
2. 氢事故应急预案的基本任务是什么？
3. 氢事故应急预案的编制步骤有哪些？
4. 事故应急预案中企业法人的职责有哪些？
5. 事故应急救援演习有哪几类？
6. 氢事故应急预案实施的基本步骤有哪些？
7. 应急物资配备的原则是什么？
8. 危险化学品单位类别划分依据是什么？
9. 应急物资如何进行管理和维护？
10. 应急救援指挥的基本原则是什么？
11. 应急救援指挥的基本程序包括哪些？
12. 在现场处置中，火灾爆炸事故的处置要求有哪些？
13. 泄漏事故应该如何处置？

附　　录

附录1-1　我国与氢能安全有关的标准列表

现行标准号	标准名称
GB/T 42612—2023	车用压缩氢气塑料内胆碳纤维全缠绕气瓶
GB/T 42610—2023	高压氢气瓶塑料内胆和氢气相容性试验方法
GB/T 29729—2022	氢系统安全的基本要求
GB/T 40060—2021	液氢贮存和运输技术要求
T/SHJNXH 0008—2021	镁基氢化物固态储运氢系统技术要求
GB 50156—2021	汽车加油加气加氢站技术标准
GB/T 40045—2021	氢能汽车用燃料 液氢
MSA—2021	氢燃料动力船舶技术与检验暂行规则
GB/T 40061—2021	液氢生产系统技术规范
GB/T 35544—2017/XG1—2020	车用压缩氢气铝内胆碳纤维全缠绕气瓶 第1号修改单
GB/T 24549—2020	燃料电池电动汽车安全要求
GB/T 26990—2011/XG1—2020	燃料电池电动汽车 车载氢系统 技术条件 第1号修改单
GB/T 36288—2018	燃料电池电动汽车燃料电池堆安全要求
GB/T 36544—2018	变电站用质子交换膜燃料电池供电系统
GB/T 34540—2017	甲醇转化变压吸附制氢系统技术要求
GB/T 34539—2017	氢氧发生器安全技术要求
GB/T 34544—2017	小型燃料电池车用低压储氢装置安全实验方法
GB/T 34583—2017	加氢站用储氢装置安全技术要求
GB/T 34584—2017	加氢站安全技术规范
GB/Z 34541—2017	氢能车辆加氢设施安全运行管理规程
GB/T 34425—2017	燃料电池电动汽车加氢枪
GB/T 27748.1—2017	固定式燃料电池发电系统　第1部分：安全
GB/T 33983.1—2017	直接甲醇燃料电池系统　第1部分：安全
GB/T 34537—2017	车用压缩氢气天然气混合燃气
GB/T 33292—2016	燃料电池备用电源用金属氢化物储氢系统
GB/T 31139—2014	移动式加氢设施安全技术规范
GB/T 31138—2014	汽车用压缩氢气加气机
GB/T 31037.1—2014	工业起升车辆用燃料电池发电系统　第1部分：安全
GB/T 31036—2014	质子交换膜燃料电池备用电源系统安全

续表

现行标准号	标准名称
GB/T 30084—2013	便携式燃料电池发电系统安全
GB/T 29411—2012	水电解氢氧发生器技术要求
GB/T 29124—2012	氢燃料电池电动汽车示范运行配套设施规范
GB/T 29123—2012	示范运行氢燃料电池电动汽车技术规范
GB/T 26466—2011	固定式高压储氢用钢带错绕式容器
GB/T 26916—2011	小型氢能综合能源系统性能评价方法
GB 50516—2010	加氢站技术规范
GB/T 23751. 1—2009	微型燃料电池发电系统　第 1 部分：安全
GB 4962—2008	氢气使用安全技术规程
GB/T 19774—2005	水电解制氢系统技术要求
GB 50177—2005	氢气站设计规范

附录 1－2　ISO TC197 氢能技术委员会主导的标准列表

现行标准号	标准名称
ISO 17268：2020	Gaseous hydrogen land vehicle refulling connection devices 车辆氢气加注连接装置
ISO 19880－1：2020	Gaseous hydrogen—Fuelling stations—Part 1：General requirements 气态氢－加氢站－第 1 部分：一般要求
ISO 16111：2018	Transportable gas storage devices—Hydrogen absorbed in reversible metal hydride 移动式氢气储存装置 可逆金属氢化物吸收氢
ISO 19880－3：2018	Gaseous hydrogen—Fuelling stations—Part 3：Valves 气态氢－加氢站－第 3 部分：阀门
ISO 19881：2018	Gaseous hydrogen—Land vehicle fuel containers 气态氢－车辆储氢容器
ISO 19882：2018	Gaseous hydrogen—Thermally activated pressure relief devices for compressed hydrogen vehicle fuel containers 气态氢－车载压缩氢气储罐热激活泄压装置
ISO/TS 19883：2017	Safety of pressure swing adsorption systems for hydrogen separation and purification 氢分离和净化用变压吸附系统的安全性
ISO/TR 15916：2015	Basic considerations for the safety of hydrogen systems 氢气系统安全标准
ISO 14687－3：2014	Hydrogen fuel—Product specification—Part 3：Proton exchange membrane（PEM）fuel cell applications for stationary appliances 氢燃料－产品规范－第 3 部分：固定装置用质子交换膜(PEM)燃料电池的应用

续表

现行标准号	标准名称
ISO 14687－2：2012	Hydrogen fuel—Product specification—Part 2：Proton exchange membrane(PEM) fuel cell applications for road vehicles 氢燃料－产品规范－第2部分：道路车辆用质子交换膜(PEM)燃料电池的应用
ISO 22734－2：2011	Hydrogen generators using water electrolysis process—Part 2：Residential applications 水电解制氢装置－第2部分：住宅应用
ISO 16110－2：2010	Hydrogen generators using fuel processing technologies—Part 2：Test methods for performance 使用燃料处理技术的制氢装置－第2部分：性能测试方法
ISO 26142：2010	Hydrogen detection apparatus—Stationary applications 氢气探测仪器－固定式应用
ISO 22734－1：2008	Hydrogen generators using water electrolysis process—Part 1：Industrial and commercial applications 水电解制氢装置－第1部分：工业和商业应用
ISO 16110－1：2007	Hydrogen generators using fuel processing technologies—Part 1：Safety 使用燃料处理技术的制氢装置－第1部分：安全
ISO 13985：2006	Liquid hydrogen—Land vehicle fuel tanks 液氢车辆储氢罐
ISO 13984：1999	Liquide hydrogen—Land vehicle fueling system interface 液氢－车辆加注系统接口
ISO 14687－1：1999	Hydrogen fuel—Product specification—Part 1：All applications except proton exchange membrane(PEM) fuel cell for road vehicles 氢燃料－产品规范－第1部分：除道路车辆用质子交换膜(PEM)燃料电池外的所有应用
ISO/FDIS 14687	Hydrogen fuel quality—Product specification 氢燃料品质－产品规范(修订)
ISO/FDIS 17268	Gaseous hydrogen land vehicle refuelling connection devices 车辆氢气加注连接装置(修订)
ISO/FDIS 19880－1	Gaseous hydrogen—Fuelling stations—Part 1：General requirements 气态氢－加氢站－第1部分：一般要求(修订)
ISO/FDIS 19880－5	Gaseous hydrogen—Fuelling stations—Part 5：Hoses and hose assemblies 气态氢加氢站－第5部分：软管和软管组件
ISO/FDIS 19880－8	Gaseous hydrogen—Fuelling stations—Part 8：Fuel quality control 气态氢－加氢站－第8部分：燃料品质控制
ISO/FDIS 19884	Gaseous hydrogen—Cylinders and tubes for stationary storage 气态氢－固定式储氢用气瓶和长管
ISO 22734	Hydrogen generators using water electrolysis 水电解制氢装置

附录 1－3 美国颁布并实施的氢安全领域标准法规列表

CSA ANSI HPRD 1：21—2021	Thermally activated pressure relief devices for compressed hydrogen vehicle fuel containers 车载压缩氢气储罐热激活泄压装置
SAE AIR 6464—2020	EUROCAE/SAE WG80/AE － 7AFC hydrogen fuel cells aircraft fuel cell safety guidelines 氢燃料电池飞机燃料电池安全指南
SAE J 2799—2019	Hydrogen surface vehicle to station communications hardw are and software 氢动力水面船只对加氢站通信的硬件和软件
SAE USCAR 5－5—2019	Avoidance of hydrogen embrittlement of steel 避免钢的氢脆
SAE J 3089—2018	Characterization of on－board vehicular hydrogen sensors 车载氢传感器的表征
CAN/CSA C22.2 No. 62282－2—2018	Fuel cell technologies—Part 2：fuel cell modules 燃料电池技术－第 2 部分：燃料电池模块
SAE J 2579—2018	Technical information report for fuel systems in fuel cell and other hydrogen vehicles 燃料电池和其他氢动力车辆燃料系统技术信息报告
ASTM F1624－12(2018)	Standard test method for measurement of hydrogen embrittlement threshold in steel by the incremental step loading technique 用增量级加载技术测量钢中氢脆阈值的标准试验方法
ANSI/CSA HPIT 2—2017	Compressed hydrogen station and components for fueling powered industrial trucks 压缩储氢加氢站和为工业卡车提供氢燃料的部件
ASTM D7606—2017	Standard practice for sampling of high pressure hydrogen and related fuel cell feed gases 高压氢和相关燃料电池进料气体取样的标准实施规程
SAE AS 6858—2017	Installation of fuel cell systems in large civil aircraft 在大型民用飞机上安装燃料电池系统
ANSI/CSA HGV 4.3—2016	Test methods for hydrogen fueling parameter evaluation 氢气加注参数评定的试验方法
SAE J 2601—2016	Fueling protocols for light duty gaseous hydrogen surface vehicles 氨轻型水面船只加注协议
SAE J 2594—2016	Recommended practice to design for recycling proton exchange membrane (PEM) fuel cell systems 设计再循环质子交换膜燃料电池系统的推荐方法
SAE J 2990－1—2016	Gaseous hydrogen and fuel cell vehicle first and second responder recommended practice 气态氢和燃料电池车辆第一和第二响应人员推荐实施规程

续表

SAE AMS－S－83318C—2016	Sealing compound，polysulfide type，low temperature curing，quick repair，integral fuel tanks and fuel cell cavities 密封材料、多硫化物、低温固化、快速修复、整体式燃料箱和燃料电池腔
ANSI/CSA HGV 3. 1—2015	氢气驱动汽车燃料系统部件
SAE J 2600—2015	Compressed hydrogen surface vehicle fueling connection devices 压缩氢陆地车辆加氢连接装置
ANSI/CSA HPIT 1—2015	Compressed hydrogen powered industrial truck on－board fuel storage and handling components 压缩氢动力工业卡车上的燃料储存和处理部件
CAN/CSA C22. 2 No. 62282－3－100—2015	Fuel cell technologies—Part 3－100：stationary fuel cell power systems—safety 燃料电池技术－第3部分(100)：固定式燃料电池系统－安会
NFPA 853—2015	Standard for the installation of stationary fuel cell power systems 固定燃料电池动力系统安装标准
SAE J 2719—2015	Hydrogen fuel quality for fuel cell vehicles 燃料电池车辆用氢燃料品质
ANSI/ASME B 31. 12—2014	Hydrogen piping and pipelines 氢气管路与管道
ANSI/CSA HGV 2—2014	Standard hydrogen vehicle fuel containers 标准氢能车辆燃料储罐
ANSI/CSA CHMC 1—2014	Test methods for evaluating materials compatibility in compressed hydrogen applications－Metals 压缩氢应用中评价材料相容性的试验方法－金属
SAE J 1766—2014	Recommended practice for electric and hybrid electric vehicle battery systems crash integrity testing 电动和混合动力汽车电池系统碰撞完整性测试推荐方法
SAE J 2601－2—2014	Fueling protocol for gaseous hydrogen powered heavy duty vehicles 气态氢动力重载车辆加注协议
SAE J 2578—2014	Recommended practice for general fuel cell Vehicle Safety 通用燃料电池车辆安全推荐实施规程
SAE J 1766—2014	Recommended practice for electric，fuel cell and hybrid electric vehicle crash integrity testing 燃料电池和混合动力电动汽车碰撞完整性试验推荐实施规程
SAE J 2572—2014	Recommended practice for measuring fuel consumption and range of fuel cell and hybrid fuel cell vehicles fuelled by compressed gaseous hydrogen 用压缩气体氢燃料的燃料电池和混合燃料电池车辆的燃料消耗和范围测量的推荐实施规程

续表

ANSI/CSA HGV 4. 1—2013	Hydrogen dispensing systems 加氢系统
ANSI/CSA HGV 4. 2—2013	Hoses for compressed hydrogen fuel stations, dispensers, and vehicle fuel systems 压缩氢气加氢站、加氢机和车辆燃料系统用软管
CSA ANSI/CSA HGV 4. 4—2013 (R2018)	Breakaway devices for compressed hydrogen dispensing hoses and systems 压缩氢气加氢软管和系统的安全分离装置
ANSI/CSA HGV 4. 5—2013	Priority and sequencing equipment for hydrogen vehicle fueling 氢动力汽车加注优先排序装置
CSA ANSI/CSA HGV 4. 6—2013 (R2018)	Manually operated valves for use in gaseous hydrogen vehicle fueling stations 气态氢动力汽车加氢站用手动阀
CSA ANSI/CSA HGV 4. 7—2013 (R2018)	Automatic valves for use in gaseous hydrogen vehicle fueling stations 气态氢动力汽车加氢站用自动阀
SAE J 2601 - 3—2013	Fueling protocol for gaseous hydrogen powered industrial trucks 气态氢动力工业卡车加注协议
CSA ANSI/CSA HGV 4. 8—2012 (R2018)	Hydrogen gas vehicle fueling station compressor guidelines 氢动力车辆加氢站压缩机导则
ANSI/CSA HGV 4. 10—2012	Standard for fittings for compressed hydrogen gas and hydrogen rich gas mixtures 压缩氢气和富氢气体混合物配件标准
SAE J 2574—2011	Fuel cell vehicle terminology 燃料电池车辆术语
SAE J 2615—2011	Testing performance of fuel cell systems for automotive applications 车用燃料电池系统性能测试
SAE J 2616—2011	Testing performance of the fuel processor subsystem of an automotive fuel cell system 汽车燃料电池系统燃料处理器子系统的性能测试
ASME STP - PT - 017—2008	Properties for composite materials in hydrogen service 氢环境下服役的复合材料的性能
ASME STP - PT - 005—2006	Design factor guidelines for high - Pressure composite hydrogen tanks 高压复合氢储罐设计因素指南
ANSI/CSA America FC 3—2004 (R2017)	Portable fuel cell power systems 便携式燃料电池动力系统
ASME PTC 50—2002(R2019)	Fuel cell power systems performance 燃料电池系统性能
CSA B51 - 19	Boiler, pressure vessel, and pressure piping code 锅炉、压力容器及压力管道规范
CSA ANSI HGV 4. 9 - 20	Hydrogen fueling stations 加氢站

附录1-4　CEN TC 268颁布并实施的氢能相关标准列表

CEN 17124：2022	Hydrogen fuel—Product specification and quality assurance for hydrogen refuelling points dispensing gaseous hydrogen—Proton exchange membrane（PEM）fuel cell applications for vehicles 加氢点分配气态氢的产品规格和质量保证—用于车辆的质子交换膜(PEM)燃料电池应用
CEN 17127：2020	Outdoor hydrogen refuelling points dispensing gaseous hydrogen and incorporating filling protocols 室外加氢站氢气加注和合并加氢协议
CEN 13648-1：2008	Cryogenic vessels—Safety devices for protection against excessive pressure—Part 1：Safety valves for cryogenic service 低温容器-防止超压的安全装置-第1部分：低温设备用安全阀
CEN 14398-2：2003+A2：2008	Cryogenic vessels—Large transportable non-vacuum insulated vessels—Part 2：Design，fabrication，inspection and testing 低温容器-大型可运输非真空绝热容器-第2部分：设计制造检验和测试
CEN 1626：2008	Cryogenic vessels - Valves for cryogenic service 低温容器-低温设备用阀门
CEN 1251-2：2000/AC：2006	Cryogenic vessels - Transportable vacuum insulated vessels of not more than 1000 litres volume—Part 2：Design，fabrication，inspection and testing 低温容器-体积不超过1000L的移动式真空绝热容器-第2部分：设计制造检验和测试
CEN 13458-2：2002/AC：2006	Cryogenic vessels—Static vacuum insulated vessels—Part 2：Design，fabrication，inspection and testing 低温容器-静态真空绝热容器-第2部分：设计、制造、检验及测试
CEN 13530-2：2002/AC：2006	Cryogenic vessels—Large transportable vacuum insulated vessels—Part 2：Design，fabrication，inspection and testing 低温容器-大型移动式真空绝热容器-第2部分：设计制造检验和试验
CEN 14197-2：2003/A1：2006	Cryogenic vessels—Static non-vacuum insulated vessels—Part 2：Design，fabrication，inspection and testing 低温容器-静态非真空绝热容器-第2部分：设计制造检验和测试
CEN 14197-3：2004/A1：2005	Cryogenic vessels—Static non-vacuum insulated vessels—Part 3：Operational requirements 低温容器-静态非真空绝热容器-第3部分：操作要求
CEN 14398-3：2003/A1：2005	Cryogenic vessels—Large transportable non-vacuum insulated vessels—Part 3：Operational requirements 低温容器-大型可运输非真空绝热容器—第3部分：操作要求
CEN 14197-1：2003	Cryogenic vessels—Static non-vacuum insulated vessels—Part 1：Fundamental requirements 低温容器-静态非真空绝热容器-第1部分：基本要求

续表

CEN 14398 -1：2003	Cryogenic vessels—Large transportable non - vacuum insulated vessels—Part 1：Fundamental requirements 低温容器 - 大型可运输非真空绝热容器 - 第 1 部分：基本要求
CEN 13458 -1：2002	Cryogenic vessels—Static vacuum insulated vessels—Part 1：Fundamental requirements 低温容器 - 静态真空绝热容器 - 第 1 部分：基本要求
CEN 13530 -1：2002	Cryogenic vessels—Large transportable vacuum insulated vessels—Part 1：Fundamental requirements 低温容器 - 大型移动式真空绝热容器 - 第 1 部分：基本要求
CEN 13648 -2：2002	Cryogenic vessels—Safety devices for protection against excessive pressur—Part 2：Bursting disc safety devices for cryogenic service 低温容器 - 防止超压的安全装置 - 第 2 部分：低温设备用爆破片安全装置
CEN 13371：2001	Cryogenic vessels—Couplings for cryogenic service 低温容器 - 低温设备用连接器
CEN 1797：2001	Cryogenic vessels - Gas/material compatibility 低温容器 - 气体/材料相容性
CEN 1251 -1：2000	Cryogenic vessels - Transportable vacuum insulated vessels of not more than 1000 litres volume—Part 1：Fundamental requirements 低温容器 - 体积不超过 1000L 的移动式真空绝热容器 - 第 1 部分：基本要求
CEN 10229：1998	Evaluation of resistance of steel products to hydrogen induced cracking (HIC) 钢制品抗氢致开裂性能的评价
CEN 12213：1998	Cryogenic vessels - Methods for performance evaluation of thermal insulation 低温容器 - 隔热性能评价方法

附录 1 -5　JISC 颁布并实施的氢能相关标准列表

JIS C 62282 -3 -100：2019	Fuel cell technologies - Part 3 -100：Stationary fuel cell power systems - Safety 燃料电池技术—第 3 部分 -100：固定式燃料电池系统 - 安全
JIS C 62282 -3 -200：2019	Fuel cell technologies - Part 3 -200：Stationary fuel cell power systems - Performance test methods 燃料电池技术—第 3 部分 -200：固定式燃料电池系统—性能测试方法
JIS C 62282 -3 -201：2019	Fuel cell technologies - Part 3 -201：Stationary fuel cell power systems - Performance test methods for small fuel cell power systems 燃料电池技术—第 3 部分 -201：固定式燃料电池系统—小型燃料电池动力系统性能测试方法
JIS C 62282 -3 -300：2019	Fuel cell technologies - Part 3 -300：Stationary fuel cell power systems - installation 燃料电池技术 - 第 3 部分 -300：固定式燃料电池系统—安装

续表

JIS C 62282 –6 –200：2019	Fuel cell technologies – Part 6 – 200：Micro fuel cell power systems – Performance test methods 燃料电池技术 – 第 6 部分 – 200：微型燃料电池系统 – 性能测试方法
JIS C 8825：2013	Electromagnetic compatibility（EMC）for small fuel cell power systems 小型燃料电池动力系统的电磁兼容性(EMC)
JIS C 8826：2011	Testing methods of power conditioner for grid interconnected small fuel cell power systems 电网与小型燃料电池发电系统互联用功率调节器的测试方法
JIS C 8827：2011	Testing procedure of islanding prevention measures for utility interconnected small polymer electrolyte fuel cell power system power conditioners 并网连接式小型聚合物电解质燃料电池动力系统电源装置防孤岛措施测试程序
JIS C 8841 –1：2011	Small solid oxide fuel cell power systems—Part 1：General rules 小型固体氧化物燃料电池动力系统 – 第 1 部分：一般要求
JIS C 8841 –2：2011	Small solid oxide fuel cell power systems—Part 2：General safety codes and safety testing methods 小型固体氧化物燃料电池动力系统 – 第 2 部分：一般安全规范和安全试验
JIS C 8841 –3：2011	Small solid oxide fuel cell power systems—Part 3：Performance testing methods and environment testing methods 小型固体氧化物燃料电池动力系统 – 第 3 部分：性能测试方法和环境测试方法
JIS C 8821：2008	General rules for small polymer electrolyte fuel cell power systems 小型聚合物电解质燃料电池动力系统通则
JIS C 8822：2008	General safety code for small polymer electrolyte fuel cell power systems 小型聚合物电解质燃料电池动力系统通用安全规范
JIS C 8823：2008	Testing methods for small polymer electrolyte fuel cell power systems 小型聚合物燃料电池动力系统测试方法
JIS C 8824：2008	Testing methods for environment of small polymer electrolyte fuel cell power systems 小型聚合物电解质燃料电池动力系统环境试验方法
JIS C 8831：2008	Safety evaluation test for stationary polymer electrolyte fuel cell stack 固定式聚合物电解质燃料电池电堆安全评估测试
JIS C 8832：2008	Performance test for stationary polymer electrolyte fuel cell stack 固定式聚合物电解质燃料电池电堆性能测试
JIS C 8811：2005	Indication of polymer electrolyte fuel cell power facility 聚合物电解质燃料电池动力装置指南
JIS K 0512：1995	Hydrogen 氢

参考文献

[1]塔潘·博斯. 图说氢能面向21世纪的能源挑战[M]. 肖金生译. 北京：机械工业出版社，2018.

[2]毛宗强. 氢能——21世纪的绿色能源[M]. 北京：化学工业出版社，2005.

[3]毛宗强，等. 氢安全[M]. 北京：化学工业出版社，2020.

[4]褚武扬，乔利杰，李金许，等. 氢脆和应力腐蚀基础部分[M]. 北京：科学出版社，2013.

[5]宋仁国，祁星. 高强铝合金热处理工艺、应力腐蚀与氢脆[M]. 北京：科学出版社，2021.

[6]QJ 2298—1992，用氢安全技术规范[S]. 中华人民共和国航空航天工业部，1992.

[7]GB 4962—2008，氢气使用安全技术规程[S]. 中华人民共和国国家质量监督检验检疫总局，中国国家标准化管理委员会，2008.

[8]中国电动汽车百人会. 中国氢能产业发展报告[R]. 2020.

[9]北京市经济和信息化局. 北京市氢能产业发展实施方案(2021—2025)[R]. 2021.

[10]GB/T 13861—2022，生产过程危险和有害因素分类与代码[S]. 国家市场监督管理总局，国家标准化管理委员会，2022.

[11]GB/T 29729—2013，氢系统安全的基本要求[S]. 中华人民共和国国家质量监督检验检疫总局，中国国家标准化管理委员会，2013.

[12]GB/T 37563—2019，压力型水电解制氢系统安全要求[S]. 国家市场监督管理总局，中国国家标准化管理委员会，2019.

[13]YB/T 4594—2017，焦炉煤气制氢站安全运行规范[S]. 中华人民共和国工业和信息化部，2017.

[14]李兆辉. 金属氢化物反应器吸氢过程温度场实验研究[D]. 大连：大连理工大学，2020.

[15]T/CECA 0148—2021，镁基氢化物固态储运氢系统技术要求[S]. 上海市节能协会，中国节能协会，2021.

[16]T/CCGA 40003—2021，氢气长管拖车安全使用技术规范[S]. 中国工业气体工业协会，2021.

[17]GB/T 35544—2017，车用压缩氢气铝内胆碳纤维全缠绕气瓶[S]. 中华人民共和国国家质量监督检验检疫总局，中国国家标准化管理委员会，2017.

[18]GB/T 34583—2017，加氢站用储氢装置安全技术要求[S]. 中华人民共和国国家质量监督检验检疫总局，中国国家标准化管理委员会，2018.

[19]GB/T 34584—2017，加氢站安全技术规范[S]. 中华人民共和国国家质量监督检验检疫总局，中国国家标准化管理委员会，2017.

[20]GB 50516—2010，加氢站技术规范[S]. 中华人民共和国住房和城乡建设部，国家市场监督管理总局，2010.

[21]GB 50177—2005，氢气站设计规范[S]. 中华人民共和国建设部，中华人民共和国国家质量监督检验检疫总局，2021.

[22]GB 50156—2021，汽车加油加气加氢站技术标准[S]. 中华人民共和国住房和城乡建设部，国家市场监督管理总局，2010.

[23]GJB 5405—2005，液氢安全应用准则[S]. 中国人民解放军总装备部，2005.

[24]GB/T 40045—2021，氢能汽车用燃料：液氢[S]. 国家市场监督管理总局，国家标准化管理委员会，2021.

[25]GB/T 40061—2021，液氢生产系统技术规范[S]. 国家市场监督管理总局，国家标准化管理委员

会，2021.
[26]GB/T 40060—2021，液氢贮存和运输技术要求[S]. 国家市场监督管理总局，国家标准化管理委员会，2021.
[27]MSA 2022，氢燃料电池动力船舶技术与检验暂行规则[S]. 中华人民共和国交通运输部，中华人民共和国海事局，2022.
[28]彭泓．天然气制氢装置危险与可操作性(HAZOP)分析评价[J]. 科技与企业，2014(16)：355，357.
[29]孙英慧．天然气制氢装置职业病危害因素分析及防治[J]. 内蒙古石油化工，2010，36(21)：67－70.
[30]严国伟．甲醇裂解制氢装置潜在危险因素分析及对策[J]. 化学工程与装备，2013(12)：196－197，166.
[31]蔡体杰．液氢生产中若干固氧爆炸事故分析及防爆方法概述[J]. 低温与特气，1999(3)：52－57.
[32]ZHAO Y Z，ZHOU C L，HUA Z L，et al. Comparative study on thermal behavior of 70MPa type Ⅲ and Ⅳ cylinders for hydrogen vehicle[J]. International Journal of Hydrogen Energy，2013.
[33]张洪．长管拖车的风险预防[J]. 中国特种设备安全，2012，28(12)：42－43，66.
[34]廖倩玉，陈志光．天然气管道掺氢输送安全问题研究现状[J]. 城市燃气，2021(4)：19－26.
[35]叶春峰．空分装置后备系统低温液体管道设计[J]. 山东化工，2017，46(9)：115－116.
[36]曹庆贵．安全评价[M]. 北京：机械工业出版社，2017.
[37]马文・拉桑德．风险评估：理论、方法与应用[M]. 北京：清华大学出版社，2013.
[38]张景林．安全系统工程[M]. 北京：煤炭工业出版社，2014.
[39]张峰，王勇，谢传欣．化工工艺安全分析[M]. 北京：中国石化出版社，2019.
[40]秦国军，胡莺庆，袁杰红．氢泄漏检测技术[M]. 国防工业出版社，2011.
[41]熊诗波．机械工程测试技术基础[M]. 机械工业出版社，2018.
[42]郝晓剑．光电传感器件与应用技术[M]. 电子工业出版社，2015.
[43]王庆友．光电传感器应用技术[M]. 机械工业出版社，2014.
[44]潘雪涛，温秀兰．现代传感技术与应用[M]. 机械工业出版社，2019.
[45]张早校，王毅．过程装备技术及应用[M]. 化学工业出版社，2018.
[46]慕延华，华臻，林忠海．过程控制系统[M]. 清华大学出版社，2018.
[47]孙洪程，李大字．过程控制工程设计[M]. 化学工业出版社，2020.
[48]金以慧．过程控制[M]. 清华大学出版社，1996.
[49]王燕，方景林．过程检测与控制[M]. 清华大学出版社，1900.
[50]徐湘元．过程控制技术及其应用[M]. 清华大学出版社，2015.
[51]廉迎成，林德杰．过程控制仪表及控制系统[M]. 机械工业出版社，2009.